居家宜忌速查手册

风水宜忌

|当代风水名家| 黄一真 主编

湖南美术出版社

图书在版编目（CIP）数据

居家宜忌速查手册/黄一真主编. — 长沙：湖南美术出版社，2011.12
ISBN 978-7-5356-4700-9

Ⅰ.①居… Ⅱ.①黄… Ⅲ.①住宅－室内装修－手册 Ⅳ.①TU767-62

中国版本图书馆CIP数据核字(2011)第163172号

居家宜忌速查手册

出 版 人：李小山
策　　划：金版文化
主　　编：黄一真
责任编辑：李　松　黄　佳
封面设计：景雪峰
出版发行：湖南美术出版社
　　　　　（长沙市东二环一段622号）
经　　销：湖南省新华书店
印　　刷：深圳市美达印刷有限公司
　　　　　(深圳市龙岗区平湖街道平龙东路347号2#厂房)
开　　本：711×1016　1/16
印　　张：31
版　　次：2012年3月第1版　2012年3月第2次印刷
书　　号：ISBN 978-7-5356-4700-9
定　　价：68.00元

【版权所有，请勿翻印、转载】
邮购联系：0755-83476130　邮编：518000
网　　址：http://www.ch-jinban.com/

主编简介

黄一真

当代著名风水学家，现代风水全程理论的创新者与实践者。是国内外三十多个大型机构及上市公司的专业顾问，主持了国内外逾百个著名房地产项目的风水规划、景观布局及数个城市的规划布局工作。

黄一真先生廿年精修，学贯中西，集传统堪舆学与中外建筑学之大成，继往开来，首创现代房地产项目的选址、规划、景观、户型的风水全局十大规律及三元时空法则，开拓了现代建筑的核心竞争空间。

黄一真先生的研究与实践足迹遍及世界五大洲，是参与高端项目最多、最具大局观、前瞻力、国际视野的名家，历年来对城市格局、财经趋势均作出过精确的研判，为国内外诸多上市机构提供了战略决策参考，成就斐然。

黄一真先生一贯秉持低调谦虚的严谨作风，身体力行的实证主义，倡导现代风水学的正本清源，抵制哗众取宠的媚俗行为，坚决拒绝当代风水学的庸俗化、神秘化与娱乐化。

黄一真先生以其于2000年出版的《现代住宅风水》为代表的系列住宅风水著作，立意高远、金声玉振，风行世界各地，其趋吉避凶、造福社会的真知灼见于社会的影响力彰明较著。

近期服务的国内著名高端房地产项目有金地·天悦湾、中海·紫御观邸、万科·棠樾、中海·香蜜湖1号、梅陇镇、金地·上塘道、雅戈尔中海·篁外、金地·香蜜山、百仕达·红树西岸等。

招商银行"金葵花"大讲坛演讲嘉宾。

香港凤凰卫视中文台《锵锵三人行》特邀嘉宾。

香港迎请佛指舍利瞻礼大会特邀贵宾。

2002年3月应邀赴加拿大交流讲学。

2004年7月应邀赴英国交流讲学。

黄一真先生主要著作

《现代住宅风水》、《现代办公风水》、《中国房地产风水大全》、《楼盘风水布局》、《最佳商业风水》、《色彩风水学》、《富贵家居的风水布局》、《办公风水要素》、《人居环境设计》、《健康家居》、《舒适空间设计》、《多元素设计》、《阳光空间设计》、《风水养鱼大全》、《现代风水宝典》、《风水吉祥物全集》、《住宅风水详解》、《财运风水第一书》、《楼盘开运风水》、《别墅风水大全》、《风水宜忌全书》、《小户型风水指南》、《居家庭院与植物风水》、《生活风水宝典》、《旺宅化煞风水》等。

序言

风水：目光如炬辨宜忌

住宅是人类繁衍生息的地方，是人们养精蓄锐的场所，历来就有"安居乐业"之说。人因宅而立，宅因人而存，人宅相通，感应天地。住宅的格局显示出人类适应环境的智慧，"宅兴人旺"一直是人类几千年来对住宅文化的追求。住宅的风水学是地球物理学、水文地质学、宇宙星体学、磁向方位学和人体生命信息学等学科的综合运用。因此，无论是建造私家住宅还是进行房地产项目开发，抑或是进行城市规划和建设，如果能将风水学科学地运用到建设过程中，就会达到非常理想的效果，也会使人们对建筑物和居住环境产生一种舒适感和亲切感，还能为居家带来好的运气。相反，若是风水运用不当，或者说触犯了一些风水上的禁忌，就会招致不必要的麻烦。因此，科学合理地利用风水学求得风水宝地也就成了一门学问。

什么样的房子旺财、旺官、旺健康呢？住宅的财位找对了吗？一命、二运、三风水，吉祥的居家环境，必然能给业主的人生锦上添花。人生活在自然界中，必然会受到自然环境的影响和制约。人们习惯认为风水就是讲风论水，就是先天生成的环境，而忽视了后天人为的力量。也有些人缺乏自信，认为一切都是命中注定，往往听天由命。殊不知，风水是可以改造的，调整居家风水是后天改变命运、催丁、催财、催官、催福、催学业的最有效、最快、最直接的一种补救措施。

本书从"风水之宜""风水之忌"两个方面详细介绍了住宅外观、大门、玄关、客厅、卧房与婚房、老人房与儿童房、书房与居家办公、厨房、餐厅、卫浴间、楼梯、过道、窗户、阳台、庭院、车库、吉祥物十七个部分的风水知识，逐条列出，简单明了，通俗易懂，有助于读者学习、借鉴。

居家风水的好坏与我们每个人的饮食起居息息相关，对个人的感情、事业、生活及财运都有直接且巨大的影响。希望读者在阅读此书时，能积极吸收其科学合理的成分，遵循居家风水之宜，避开居家风水之忌，为家居创造良好的人文环境和舒适的个人空间。

2006年2月于意大利翡冷翠

目 录

第一章 住宅外观风水宜忌

住宅外观风水之宜

宜001	住宅宜空缺得位	032
宜002	住宅宜正向	032
宜003	住宅宜坐北朝南	033
宜004	明堂宜宽阔	033
宜005	南方宜有空地	033
宜006	住宅宜方正	033
宜007	住宅宜西高东低	034
宜008	住宅宜空气流通	034
宜009	住宅宜朱龙玄虎四神俱全	034
宜010	住宅坐向宜旺	034
宜011	住宅宜阳光充足	035
宜012	住宅楼高宜平衡、适宜	035
宜013	住宅外观图案宜简洁	035
宜014	住宅宜呈"四"字样	035
宜015	住宅附近宜有两支文笔	036
宜016	住宅外墙颜色宜与五行搭配	036
宜017	住宅东北宜有高大的山脉	036
宜018	住宅面积宜大小适中	036
宜019	住宅的正北方宜有"金山"	037
宜020	楼宇宜色泽光亮	037
宜021	住宅西北宜有丘陵	037
宜022	住宅宜兑丘坎林	038
宜023	住宅宜东有流水，西有大路	038
宜024	住宅西南方宜有水	038
宜025	宜种树挡煞气	038
宜026	宅前屋后宜有高山	039
宜027	住宅宜被众山环绕	039
宜028	住宅左右两边宜有流水环绕	039
宜029	住宅宜左水右路	039
宜030	住宅宜四水归堂	040
宜031	住宅宜山环水抱	040
宜032	住宅宜有曲水抱城	040
宜033	住宅旁边宜有花、月形池塘	040
宜034	住宅外围宜形成"顺弓"格局	041
宜035	住宅门前左边宜有池塘	041
宜036	住宅宜三面环水	041
宜037	住宅左边宜有斑马线	041
宜038	住宅门前宜有"Z""S"路	042
宜039	毗邻间距宜适度	042
宜040	住宅远处宜有尖塔	042
宜041	住宅附近宜有商场	042
宜042	毗邻宜整齐划一	042
宜043	住宅周围宜有槐树、榆树	043
宜044	住宅周围宜有竹林	043
宜045	住宅前后宜整齐、开阔	043
宜046	宜利用植物驱邪	043

住宅外观风水之忌

忌001	住宅忌左短右长	044
忌002	住宅忌后高侧低	044
忌003	住宅忌呈三角形	044
忌004	住宅忌右短左长	045
忌005	住宅东侧忌有乱山	045
忌006	住宅忌坐向衰弱	045
忌007	住宅忌"势气"下泻	046

忌008 居住忌在"虎口屋"……………046	忌049 住宅忌藤蛇缠身……………055
忌009 住宅形状忌似刀、枪…………046	忌050 住宅忌被"丫"形水流包围……055
忌010 住宅忌被太阳暴晒……………046	忌051 住宅外围忌有死水……………055
忌011 住宅楼顶忌呈尖形……………047	忌052 住宅忌前水后墓……………056
忌012 住宅户型忌缺角………………047	忌053 住宅外围忌水势急…………056
忌013 住宅地形忌为圆形、椭圆形……047	忌054 住宅东北方忌有孤坟………056
忌014 住宅外观忌像牢房……………047	忌055 住宅忌灯柱直冲………………056
忌015 住宅忌房小人多………………047	忌056 住宅下忌有地铁穿过…………057
忌016 住宅忌房大人少………………048	忌057 忌居住在立交桥附近…………057
忌017 住宅忌对着三支烟囱…………048	忌058 住宅四面忌都是马路…………057
忌018 住宅忌处于窄巷………………048	忌059 住宅忌设于道路尽头处………058
忌019 住宅忌形如"7"和"凹"字……048	忌060 忌选择底层是商店的住宅……058
忌020 住宅忌泰山压顶………………049	忌061 住宅背后忌遭路冲……………058
忌021 住宅忌脚下悬空………………049	忌062 住宅忌紧挨路边………………058
忌022 住宅忌前宽后窄………………049	忌063 毗邻布局忌错乱………………059
忌023 住宅忌外墙剥落………………049	忌064 住宅忌有半边受路冲…………059
忌024 住宅忌外型单薄………………049	忌065 住宅门前忌有大树……………059
忌025 住宅忌设计成白墙蓝瓦………049	忌066 忌住在医院附近………………059
忌026 住宅忌形成鹤立鸡群的格局……050	忌067 忌居住在坟林旁边……………060
忌027 住宅忌众高独矮………………050	忌068 住宅忌近工业区………………060
忌028 忌选择透明的住宅……………050	忌069 住宅忌在庙宇附近……………060
忌029 忌居住得太高…………………050	忌070 住宅边忌天桥飞架……………060
忌030 住宅忌靠近悬崖边……………050	忌071 忌住在垃圾场、厕所附近……061
忌031 忌大山挡路……………………051	忌072 忌住在菜市场附近……………061
忌032 住宅忌左右是山丘……………051	忌073 忌住在高压电站等附近………061
忌033 住宅忌夹在两山中间…………051	忌074 住宅忌正对尖形物体…………062
忌034 忌选低洼之地的住宅…………051	忌075 忌住在电影院、剧院等附近……062
忌035 住宅忌"斜路东北"……………052	忌076 住宅忌面对"天斩煞"…………062
忌036 住宅后面忌靠"恶山"…………052	忌077 住宅忌色彩杂乱………………063
忌037 住宅忌四面是丘地……………052	忌078 住宅忌遭受反光冲射…………063
忌038 宅后忌无靠……………………052	忌079 忌邻栋间距不大影响采光……063
忌039 忌风大气散……………………052	忌080 住宅忌正对火性物体…………064
忌040 住宅周围的树上忌有蜂蚁……053	忌081 住宅忌正对锯齿形建筑物……064
忌041 住宅忌割脚水…………………053	忌082 住宅忌"蜈蚣煞"………………064
忌042 忌住宅四周都是林木…………053	
忌043 住宅忌两边白虎………………053	
忌044 住宅周围忌桑树成林…………054	
忌045 住宅附近忌有小桥冲屋………054	
忌046 住宅西北方忌有水池…………054	
忌047 住宅忌乾林坤水………………054	
忌048 住宅忌水冲射正南午方………054	

第二章 大门风水宜忌

大门风水之宜 宜

宜001 大门的坐向宜视情况而定............066
宜002 水流从左至右宜开虎门............066
宜003 水流从右至左宜开龙门............066
宜004 宜通过改门扉调整门向............066
宜005 地势平坦宜开中门............067
宜006 开门宜配合门前环境............067
宜007 大门宜位于交通便利处............067
宜008 开门方向宜与职业相符............068
宜009 开门方位宜结合个人追求............068
宜010 宜建造与身份相称的大门............068
宜011 大门宜有个性............068
宜012 大门宜往内推............068
宜013 外大门宜设在房子左边............069
宜014 住宅宜有后门............069
宜015 大门宜避让相邻的大门............069
宜016 大门的高度宜合乎比例............069
宜017 大门宜与墙壁保持一定距离............069
宜018 门前宜有宽广的活动场所............070
宜019 大门入口宜有门槛............070
宜020 大门宜为方形............070
宜021 外大门宜坚固耐用............070
宜022 大门的尺寸宜与房子成比例............070
宜023 门槛的颜色宜与屋主命格相配合...071
宜024 大门宜贴财神像............071
宜025 宜在门旁摆水景催财............071
宜026 开门宜见红............071
宜027 大门对角宜摆盆景............071
宜028 门柱宜笔直............072
宜029 大门图案宜与五行相生............072
宜030 开门宜见绿............072
宜031 门向宜与地垫颜色相配合............072
宜032 正大门宜贴关公像............073
宜033 大门两旁宜摆放吉祥物............073
宜034 开门宜见画............073
宜035 宜利用大门颜色开运............073
宜036 大门前宜有良好的采光............073
宜037 木门的选择宜配合居室环境............073
宜038 大门的颜色宜符合五行原则............074
宜039 外大门宜用乳白色、红色等............074
宜040 内大门宜颜色光亮............074

大门风水之忌 忌

忌001 忌街道直冲大门............075
忌002 忌斜坡冲射大门............075
忌003 门前忌有菱形、尖形建筑物............075
忌004 大门忌正对出口门............075
忌005 门前有水流忌开中门............076
忌006 自家大门忌与邻居家的太近............076
忌007 门前忌正对锁链状物品............076
忌008 大门忌对消防门............076
忌009 住宅大门忌正对电梯门............076
忌010 外大门忌与水流同向............076
忌011 门口忌正对着升降机............077
忌012 大门忌正对"反弓形"煞气............077
忌013 大门忌正对垃圾槽门口............077
忌014 大门忌直冲马路............077
忌015 两家的大门忌相对............077
忌016 忌在不同的方位同时开大门............077
忌017 大门忌对着死巷............077
忌018 门前忌有枯树............077
忌019 门口忌乱堆杂物............078
忌020 忌门高于厅............078
忌021 忌半开大门............078
忌022 内大门忌用黑色............078
忌023 大门忌正对桥............078
忌024 开门忌见山............079
忌025 大门忌太狭窄............079
忌026 大门忌正对烟囱............079
忌027 大门忌向外开............079
忌028 大门忌太宽............079
忌029 大门忌太低............079
忌030 大门忌对着窄巷............079
忌031 忌家居小门成双............080
忌032 大门忌有破损............080
忌033 门缝忌有破洞缺口............080
忌034 大门忌做成拱形............080

忌035	忌连穿三重门 …………………… 081
忌036	门框门柱忌弯曲变形 …………… 081
忌037	门柱忌有虫蛀的现象 …………… 081
忌038	忌楼梯压门 …………………………… 081
忌039	忌横梁压门 …………………………… 081
忌040	大门门槛忌断裂 ………………… 081
忌041	大门忌开在斜天花板下 ………… 081
忌042	大门忌正对厨房门 ……………… 082
忌043	开门忌见厕所 ……………………… 082
忌044	大门忌正对主卧室 ……………… 082
忌045	门忌正对镜子 ……………………… 082
忌046	大门忌正对阳台 ………………… 082
忌047	忌前门直通后门 ………………… 083
忌048	大门忌正对餐桌 ………………… 083
忌049	开门忌见墙 ………………………… 083
忌050	大门忌正对房内墙壁的尖角 …… 083
忌051	大门忌正对窗户 ………………… 083
忌052	外大门忌与内大门在同一直线 … 083
忌053	大门图案忌与方位五行相克 …… 084
忌054	大门忌正对楼梯 ………………… 085
忌055	大门忌正对走廊 ………………… 085
忌056	忌选用逆纹门 …………………… 085
忌057	忌随意选用实木门 ……………… 085
忌058	防盗门忌单薄没有坚实感 ……… 086
忌059	防盗门忌脱漆生锈 ……………… 086
忌060	朝北的房子忌用红色大门 ……… 086
忌061	外大门忌用深蓝色和紫色 ……… 086
忌062	实木门忌变形 …………………… 086

第三章 玄关风水宜忌

玄关风水之宜 —— 宜

宜001	宜利用玄关聚气纳财 …………… 088
宜002	玄关宜设在东南方 ……………… 088
宜003	大门开在凶位宜设玄关 ………… 088
宜004	玄关宜设在正门旁 ……………… 089
宜005	大门对窗或后门宜设玄关 ……… 089
宜006	大门对死胡同等宜设玄关 ……… 089
宜007	大门对尖角、柱等宜设玄关 …… 089
宜008	大门外有电站等宜设玄关 ……… 089
宜009	大门与客厅之间宜设玄关 ……… 090
宜010	开门见墙角宜设玄关 …………… 090
宜011	玄关设计宜强调审美享受 ……… 090
宜012	开门见梯宜设玄关 ……………… 090
宜013	大门与阳台成一线宜设玄关 …… 090
宜014	开门见灶宜设玄关 ……………… 090
宜015	开门见镜宜设玄关 ……………… 091
宜016	开门见厕宜设玄关 ……………… 091
宜017	玄关宜与书房相对 ……………… 091
宜018	玄关宜藏风纳气 ………………… 091
宜019	玄关宜与起居室相对 …………… 092
宜020	玄关的间隔宜通透明亮 ………… 092
宜021	玄关宜舒适方便 ………………… 092
宜022	玄关宜与居室风格统一 ………… 092
宜023	玄关宜大而阔 …………………… 093
宜024	玄关的设计宜合理 ……………… 093
宜025	玄关宜设计成花架屏风 ………… 093
宜026	玄关宜吸收旺气 ………………… 093
宜027	玄关家具宜按面积来布置 ……… 093
宜028	玄关宜简洁整齐 ………………… 094
宜029	玄关的高度宜适中 ……………… 094
宜030	玄关墙壁颜色宜深浅适中 ……… 094
宜031	宜用屏风作玄关 ………………… 094
宜032	玄关墙壁宜平滑 ………………… 095
宜033	玄关的天花灯宜圆方 …………… 095
宜034	玄关地板的颜色宜较深沉 ……… 095
宜035	玄关的地板宜平整 ……………… 095
宜036	玄关墙壁的间隔宜上虚下实 …… 095
宜037	玄关天花造型宜搭配五行 ……… 096
宜038	玄关鞋子宜摆放整齐 …………… 096
宜039	玄关地面宜区别于客厅地面 …… 096
宜040	玄关地板宜遵守三个原则 ……… 096
宜041	玄关宜用长形地毯 ……………… 097
宜042	鞋柜宜减少异味 ………………… 097
宜043	玄关宜放置地毯 ………………… 097
宜044	宜在玄关摆放地主财神 ………… 097
宜045	玄关宜摆放观叶植物 …………… 097
宜046	鞋柜宜设在玄关侧边 …………… 098
宜047	玄关宜挂壁画 …………………… 098
宜048	玄关宜摆放灵性饰物 …………… 098

宜049	鞋柜上宜摆放鲜花	098
宜050	宜在玄关安装镜子	099
宜051	玄关的色彩宜按方位设定	099
宜052	玄关光线宜以装饰性为主	099
宜053	玄关宜摆放盘栽的花	099
宜054	鞋柜宜根据户主职业摆放	100
宜055	玄关灯光宜以暖色调为主	100
宜056	玄关宜装置照明灯	100
宜057	玄关宜摆放常绿植物	100

玄关风水之忌 —— 忌

忌001	小面积住宅忌设玄关	101
忌002	玄关忌成拱形	101
忌003	玄关忌狭长又连接厅堂	101
忌004	玄关忌与大门成直线	101
忌005	玄关处忌看到厨房	102
忌006	玄关忌设在东北方	102
忌007	玄关处忌看到卧室	102
忌008	玄关忌缺乏私密性	102
忌009	玄关忌太窄	103
忌010	玄关墙壁间隔忌凹凸不平	103
忌011	忌不根据需要乱设玄关屏风	103
忌012	玄关顶部忌有横梁	103
忌013	忌使用玻璃做玄关间隔	104
忌014	玄关天花的灯忌成三角形	104
忌015	玄关天花板忌过高	104
忌016	玄关天花板忌低矮	104
忌017	玄关天花忌张贴镜片	104
忌018	玄关地板忌高低不平	105
忌019	玄关天花板忌用三角形	105
忌020	玄关地板的花纹忌直冲大门	105
忌021	玄关地毯忌放在室内	105
忌022	玄关地板忌太滑	105
忌023	玄关下忌有地下排水管	105
忌024	玄关天花板的颜色忌太深	106
忌025	玄关天花板忌太多井字格	106
忌026	玄关忌用纸箱代替鞋柜	106
忌027	玄关地毯忌脏污	106
忌028	雨伞忌放在玄关	106
忌029	玄关地板图案忌有尖角	106
忌030	玄关鞋柜忌太高	107
忌031	玄关镜子忌照门	107
忌032	玄关摆放的鞋忌鞋头向下	107
忌033	玄关处的鞋忌外露	107
忌034	鞋柜内的空间忌太小	108
忌035	鞋柜忌空气不流通	108
忌036	玄关忌摆放过多杂物	108
忌037	玄关向门处忌摆放文财神	108
忌038	玄关忌饰品过多	108
忌039	忌随意在玄关摆放鱼缸	108
忌040	玄关忌有破裂的镜子	109
忌041	玄关饰物忌与方位相冲	109
忌042	玄关照明忌缺乏装饰性	109
忌043	玄关忌摆放狗的饰物	109
忌044	玄关忌昏暗、阴沉	109
忌045	玄关植物的叶子忌呈尖状	109
忌046	玄关灯具坏了忌日久不修	109
忌047	玄关的植物忌有刺	110
忌048	玄关吸秽植物忌不常更换	110
忌049	玄关植物忌枯黄枯萎	110
忌050	玄关灯光忌肃杀、冷峻、凄楚	110

第四章 客厅风水宜忌

客厅风水之宜 —— 宜

宜001	客厅宜宽敞	112
宜002	客厅宜设在住宅正中	112
宜003	宜先厅后厨厕	112
宜004	通道安门宜下实上虚	112
宜005	客厅门宜开在左边	113
宜006	宜使气在客厅顺畅流通	113
宜007	客厅天花顶宜有天池	113
宜008	客厅宜用地毯装饰	113
宜009	客厅主题墙宜重点设计	114
宜010	客厅家具选择宜符合风水	114
宜011	客厅地板颜色宜偏深	114
宜012	宜在客厅通道处安门	114
宜013	财位宜放吉祥物	115
宜014	客厅宜设在东南、南等方位	115

宜015 宜在客厅通道处安门避秽气……115	宜056 暗墙上宜挂葵花图……126
宜016 天花板与地板宜"天清地浊"……115	宜057 客厅宜摆放花瓶……126
宜017 地毯图案宜寓意吉祥……115	宜058 客厅宜多用圆形饰物……126
宜018 地毯宜常清洁……116	宜059 客厅宜养金鱼……127
宜019 大客厅宜设计半圆形楼梯……116	宜060 养鱼的水宜保持清洁干净……127
宜020 电视背景墙颜色宜按方位来定……116	宜061 客厅养鱼的水宜流动……127
宜021 地毯图案、颜色宜配合方位……116	宜062 鱼缸与座椅之间宜有距离……127
宜022 财位宜明亮……117	宜063 鱼缸宜放在吉方位……128
宜023 财位宜摆放茂盛的植物……117	宜064 宜利用植物使室内改观……128
宜024 财位宜坐宜卧……117	宜065 客厅鱼缸宜为长方形或圆形……128
宜025 宜重视财位的布局……118	宜066 客厅鱼缸高度要适宜……128
宜026 楼梯风格宜与客厅风格统一……118	宜067 养鱼数目宜与户主五行配合……128
宜027 客厅家具布置宜得当……118	宜068 客厅灯光宜和谐……129
宜028 宜量身定做客厅家具……118	宜069 客厅宜放不攀藤的植物……129
宜029 沙发宜摆放在住宅的吉方……119	宜070 客厅宜摆大型盆栽……129
宜030 沙发宜低组合柜宜高……119	宜071 客厅光线宜充足……129
宜031 沙发的尺寸宜适当……120	宜072 西向客厅宜以绿色作为主色……130
宜032 宜选择合理的沙发摆设方式……120	宜073 客厅空气湿度要适宜……130
宜033 沙发宜呈方形或圆形……120	宜074 客厅色彩宜与住宅整体协调……130
宜034 沙发宜使用柔软面料……121	宜075 客厅宜用白色、土黄色等……130
宜035 宜在客厅适当位置摆放镜子……121	宜076 昏暗客厅宜设暗藏光……131
宜036 电视柜宜摆在旺方……121	宜077 宜根据方位与运势选用颜色……131
宜037 宜利用独立柱装饰客厅……121	宜078 北向客厅宜以红色作为主色……132
宜038 客厅宜挂凤凰图……121	宜079 东向客厅宜以黄色作为主色……132
宜039 沙发两旁宜摆茶几……122	
宜040 客厅宜用玻璃艺术品装饰……122	**客厅风水之忌** 忌
宜041 客厅宜摆水晶……122	
宜042 电视宜摆在方便观看的位置……122	忌001 客厅忌设在住宅的后方……133
宜043 茶几宜选用长方形或椭圆形……123	忌002 客厅忌设在地下室……133
宜044 时钟宜摆挂在吉方……123	忌003 客厅忌过浅过阔……133
宜045 茶几宜摆在居室的旺方……123	忌004 忌在客厅看到厨房的炉灶……133
宜046 茶几宜低平……123	忌005 客厅忌设在动线内……133
宜047 客厅内宜有时钟……123	忌006 忌房大于厅……134
宜048 客厅家电宜摆放整齐……124	忌007 忌客厅形状不规则……134
宜049 客厅宜摆放马的装饰物……124	忌008 客厅忌用粗糙、劣质的材料……134
宜050 客厅宜挂风铃……124	忌009 客厅忌过长过窄……134
宜051 客厅宜挂九鱼图……124	忌010 天花板的颜色忌太深……135
宜052 小居室客厅宜通过布置变大……125	忌011 客厅忌滥用墙纸……135
宜053 客厅装饰品宜精简……125	忌012 天花板忌有横梁……135
宜054 客厅宜摆设各种吉祥物……125	忌013 客厅墙面忌用重色喷涂……135
宜055 客厅宜摆佛像……126	忌014 地毯颜色忌单调……135

忌015	客厅忌有十字梁 ……………………136	忌056	茶几忌摆放在客厅的凶位 …………143
忌016	客厅的窗户忌过多过大 ……………136	忌057	组合柜忌与客厅面积不协调 ………143
忌017	客厅层高过低忌吊顶 ………………136	忌058	电视柜忌过长 ………………………144
忌018	小面积客厅忌在通道安门 …………136	忌059	空调忌吹向财位 ……………………144
忌019	电视背景墙忌位于财位 ……………136	忌060	电视屏幕忌太大 ……………………144
忌020	忌在客厅天花板上装镜 ……………137	忌061	客厅忌用旧木料制造的家具 ………144
忌021	客厅窗户忌向内开 …………………137	忌062	忌忽视家庭影院的位置 ……………145
忌022	客厅中心忌设置高的障碍物 ………137	忌063	电视机旁忌摆放花卉、盆景 ………145
忌023	客厅过道忌随意安装木柱 …………137	忌064	家中电器忌太多 ……………………145
忌024	电视背景墙忌有尖角 ………………137	忌065	客厅电线忌外露 ……………………145
忌025	客厅忌铺镜面瓷砖 …………………137	忌066	时钟忌放在凶方 ……………………146
忌026	财位忌受压 …………………………138	忌067	客厅忌大面积使用玻璃 ……………146
忌027	客厅窗户太小忌在通道安门 ………138	忌068	时钟忌挂在厅堂正中 ………………146
忌028	客厅窗户忌与厨厕窗户相对 ………138	忌069	忌收藏古董在家 ……………………146
忌029	财位忌无靠 …………………………138	忌070	正方形客厅忌摆放音响 ……………147
忌030	财位忌凌乱振动 ……………………138	忌071	客厅的旺位忌挂镜子 ………………147
忌031	客厅忌有过多的阶梯 ………………138	忌072	家中忌有过多的镜子 ………………147
忌032	财位忌受污受冲 ……………………139	忌073	家中忌摆设尖锐物 …………………147
忌033	财位忌有水 …………………………139	忌074	镜子忌正对大门或房门 ……………147
忌034	神位忌对着大门 ……………………139	忌075	客厅空调忌直吹主位 ………………148
忌035	沙发忌两两相对 ……………………139	忌076	客厅忌摆不祥饰物 …………………148
忌036	沙发套数忌一套半 …………………139	忌077	骏马图忌挂在北方 …………………148
忌037	家具忌太多或太少 …………………139	忌078	家中忌摆放五匹马 …………………148
忌038	沙发忌正对尖角 ……………………139	忌079	客厅忌乱挂猛兽图画 ………………149
忌039	沙发忌摆出"断臂"风水 …………140	忌080	肖牛、狗、鼠者忌挂三羊图 ………149
忌040	沙发忌无靠垫 ………………………140	忌081	鱼缸忌摆在财神下方 ………………149
忌041	沙发忌与大门对冲 …………………140	忌082	客厅忌悬挂大型动物标本 …………149
忌042	沙发忌横梁压顶 ……………………140	忌083	客厅忌挂过世家人的照片 …………149
忌043	沙发背后忌为走道 …………………141	忌084	客厅忌养热带鱼和咸水鱼 …………150
忌044	沙发背后忌无靠 ……………………141	忌085	客厅忌摆麻将桌 ……………………150
忌045	沙发背后忌摆鱼缸 …………………141	忌086	鱼缸形状忌与五行相冲 ……………150
忌046	沙发忌太软 …………………………141	忌087	客厅忌挂意境萧条的图画 …………150
忌047	沙发忌长期摆放在窗边 ……………141	忌088	朝北客厅忌用深色调家具 …………151
忌048	家具侧对沙发 ………………………142	忌089	肖鸡、兔、蛇、鼠者忌摆石鹰 ……151
忌049	沙发顶上的字画忌呈直条形 ………142	忌090	鱼缸忌太大 …………………………151
忌050	沙发背后忌有镜子照后脑勺 ………142	忌091	客厅颜色忌超过四种 ………………151
忌051	忌茶几大过沙发 ……………………142	忌092	客厅忌大量使用颜色漆 ……………152
忌052	沙发顶上忌有灯直射 ………………142	忌093	室内忌受甲醛污染 …………………152
忌053	忌沙发、组合柜均矮 ………………143	忌094	室内忌有氡 …………………………152
忌054	组合柜两旁忌空位太多 ……………143	忌095	客厅忌摆放杜鹃 ……………………152
忌055	茶几忌呈三角形 ……………………143	忌096	植物忌过多过乱 ……………………152

忌097 客厅忌摆放假花……152
忌098 客厅的植物忌过高……153
忌099 客厅忌直射照明……153
忌100 客厅忌昏暗……153
忌101 客厅养花忌枯萎、凋谢……153
忌102 客厅忌有针刺状的植物……153
忌103 客厅色调忌过亮或过暗……154
忌104 客厅忌大面积使用亮彩色……154
忌105 客厅暗色调忌超过四分之三……154
忌106 客厅灯饰忌成"三支香"格局……154
忌107 客厅色彩忌偏差太大……155
忌108 客厅的颜色忌单调……155
忌109 客厅内忌用纯黑色装饰……155
忌110 客厅忌装修成粉红色……156
忌111 客厅忌大面积使用阴冷色……156

第五章 卧房与婚房风水宜忌

卧房与婚房风水之宜 宜

宜001 卧房宜设在西南方或西北方……158
宜002 卧房面积宜适中……158
宜003 卧房格局宜方正整齐……158
宜004 卧房宜放置花瓶……159
宜005 卧房面积宜小于客厅面积……159
宜006 卧房窗户宜大小适中……159
宜007 宜根据家庭各成员来设卧房……159
宜008 卧房宜使用环保家具……159
宜009 卧房内宜摆放梳妆台……160
宜010 衣帽间的设置宜合理……160
宜011 卧房宜摆放常绿植物……160
宜012 卧房家具色彩宜协调……161
宜013 卧房家具宜排成一列摆放……161
宜014 斜顶的卧房宜用竹藤家具……161
宜015 棉被宜保持蓬松……161
宜016 床上用品宜柔软舒适……161
宜017 卧房宜有"鱼"……162
宜018 卧房的木器宜多于铁器……162
宜019 卧房宜挂吉祥物……162
宜020 肖鼠者卧房宜布旺鼠之局……162

宜021 肖牛者卧房宜挂草木之画……163
宜022 肖虎者卧房宜有兔和猪饰物……163
宜023 肖兔者卧房宜有兔等饰物……163
宜024 肖龙者卧房宜有龙、凤饰物……163
宜025 肖蛇者卧房宜有龙等饰物……163
宜026 肖马者卧房宜有龙、马饰物……164
宜027 肖羊者卧房宜有属土的饰物……164
宜028 肖猴者卧房宜有龙、鼠饰物……164
宜029 肖鸡者卧房宜有龙、鸡饰物……164
宜030 肖狗者卧房宜有兔等饰物……165
宜031 肖猪者卧房宜有兔、羊饰物……165
宜032 卧房的镜子宜隐藏……165
宜033 卧房光线宜柔和……165
宜034 床头宜有明亮的灯光……165
宜035 宜根据门向选择卧房的色彩……165
宜036 卧房色彩宜整体协调……166
宜037 卧房色调宜符合主人风水命……166
宜038 床的长宽高低宜适中……167
宜039 床位宜选择南北朝向……167
宜040 宜把床加高离地……167
宜041 睡床宜置于安稳、隐秘处……167
宜042 床的上方宜开阔……168
宜043 床宜靠墙摆放……168
宜044 床下宜通透、卫生……168
宜045 床位宜向窗……168
宜046 天花板宜与床平行……169
宜047 婚房空间宜大……169
宜048 夫妻宜分床垫……169
宜049 宜按方位选床上用品的颜色……169
宜050 床头柜宜高过床……170
宜051 婚房床上用品宜以绸缎为好……170
宜052 婚房宜摆放饰物……170
宜053 婚房宜摆放鲜花……171
宜054 婚房宜用大红色……171
宜055 婚房中宜做经典装饰……171
宜056 婚房宜挂美好意向的装饰画……171

卧房与婚房风水之忌 忌

忌001 卧房忌设在西方……172
忌002 卧房面积忌过小……172

忌003 卧房方位忌主次颠倒 …………172	忌044 肖鼠者卧房忌有虎等饰物 …………181
忌004 地下室忌做卧房 …………172	忌045 肖牛者卧房忌有狗、羊饰物 …………182
忌005 卧房忌设计成圆形 …………172	忌046 肖虎者卧房忌有猴、蛇饰物 …………182
忌006 主卧房面积忌小于次卧房 …………173	忌047 肖兔者卧房忌有鸡、鼠饰物 …………182
忌007 卧房忌狭长 …………173	忌048 肖龙者卧房忌有坑洼的图画 …………182
忌008 不规则房屋忌做卧房 …………173	忌049 肖蛇者卧房忌有虎等饰物 …………182
忌009 骑楼上方忌做卧房 …………173	忌050 肖马者卧房忌有鼠的饰物 …………182
忌010 卧房忌设在厨房旁 …………174	忌051 肖羊者卧房忌有鼠的饰物 …………183
忌011 卫浴间忌改造成卧房 …………174	忌052 肖猴者卧房忌有虎、马饰物 …………183
忌012 卧房的厕所门忌常开 …………174	忌053 肖鸡者卧房忌有兔的饰物 …………183
忌013 卧房窗外忌电线交错 …………174	忌054 肖狗者卧房忌有牛羊并列 …………183
忌014 卧房家具忌繁杂 …………174	忌055 肖猪者卧房忌有蛇的饰物 …………183
忌015 卧房窗户忌太低 …………174	忌056 卧房色忌与主人风水命相冲 …………183
忌016 卧房忌放过多的物品 …………175	忌057 卧房采光忌不足 …………184
忌017 卧房忌带有卫生间 …………175	忌058 卧房家具颜色忌缺乏整体感 …………184
忌018 卧房相邻的房间忌做储藏室 …………175	忌059 床头忌朝西 …………184
忌019 忌将鞋子摆放在卧房内 …………175	忌060 床头忌紧贴灶位 …………184
忌020 卧房内忌摆放神龛 …………175	忌061 卧房忌冷色调 …………185
忌021 卧房忌有过大的窗户 …………176	忌062 床向忌为正北、正南等方位 …………185
忌022 卧房内忌放置杂物阻挡气流 …………176	忌063 忌使用圆形床 …………185
忌023 梳妆台忌随意摆放 …………176	忌064 睡床忌采用铜床或铁床 …………185
忌024 卧房电器忌过多 …………176	忌065 睡床忌高低不平 …………186
忌025 过敏者卧房忌用胶粘地毯 …………177	忌066 床头灯忌偏暗或刺眼 …………186
忌026 床下忌堆放杂物 …………177	忌067 床忌正对房门 …………186
忌027 床头或床尾忌摆放电视机 …………177	忌068 床头忌在窗下 …………186
忌028 卧房忌有冷、硬、怪、尖之物 …………178	忌069 睡床忌正对大门 …………187
忌029 卧房忌用玻璃做间隔 …………178	忌070 床头忌靠卫浴间墙 …………187
忌030 卧房中忌放樟木家具 …………178	忌071 床忌对洗手间的门 …………187
忌031 卧房忌放置"香熏" …………178	忌072 床头忌无靠 …………187
忌032 卧房忌摆对人体不利的植物 …………179	忌073 窗台忌做床使用 …………187
忌033 卧房反光之物忌正对床 …………179	忌074 楼梯之下忌放床 …………188
忌034 卧房忌有凶猛的装饰品 …………179	忌075 床忌与神位共用一堵墙 …………188
忌035 卧房忌有裸像图片 …………180	忌076 忌横梁压床 …………188
忌036 卧房忌摆放过多的植物 …………180	忌077 床忌放烟灰缸 …………188
忌037 卧房忌镜子过多 …………180	忌078 忌睡地铺 …………188
忌038 床头忌悬挂时钟 …………180	忌079 床头忌放音响 …………189
忌039 卧房忌置鱼缸 …………180	忌080 床忌有尖角冲射 …………189
忌040 卧房忌有色调浓艳的灯 …………180	忌081 床头形状忌与五行不符 …………189
忌041 卧房饰品忌过多 …………181	忌082 床头忌摆放空调 …………189
忌042 床上忌悬挂垂吊式物体 …………181	忌083 枕头忌太高 …………189
忌043 床忌对着镜子摆放 …………181	忌084 床上用品忌有三角形图案 …………190

忌085 卧房窗口忌挂风铃 190
忌086 床头两侧忌有柜角或橱角 190
忌087 床上方忌安装吊扇 190
忌088 床头忌放电话充电 190
忌089 床脚忌安装镜子 190
忌090 卧室忌有电饭锅、微波炉 190
忌091 床头忌挂巨画 190
忌092 婚房忌使用粉红色或暗色 191
忌093 婚房忌滥挂装饰画 191
忌094 婚房忌有玫瑰花及仙人掌 191
忌095 床头上方忌挂新婚大照片 191
忌096 婚房天花板忌五花十色 192
忌097 婚房内忌有水栽植物或鱼缸 192
忌098 礼物忌"现" 192
忌099 婚房装修忌造成空气污染 192

第六章 老人房与儿童房风水宜忌

老人房风水之宜 宜

宜001 老人房床位宜远离窗户 194
宜002 老人房宜设在南方或东南方 194
宜003 老人宜选择较小的卧房 194
宜004 老人房宜空气流通 194
宜005 老人房宜邻近浴厕 195
宜006 老人房的格局宜合理 195
宜007 老人房的布置宜安全 195
宜008 老人房宜添置藤制家具 196
宜009 老人房宜温度适宜 196
宜010 老人房的陈设宜利于睡眠 196
宜011 老人房宜挂福寿类的装饰画 196
宜012 老人房宜选用平和的装饰色 197
宜013 老人房宜设置安全扶手 197
宜014 老人房宜栽培观叶植物 197
宜015 老人房宜选择防滑地材 198
宜016 老人房宜陈设简单 198
宜017 宜用蓝色、黑色让事业开运 198
宜018 宜用红色让声誉卓越 199
宜019 宜用绿色让家运、财运平稳 199
宜020 老人房照明宜光线柔和 199
宜021 宜用黄色等来获得知识 199
宜022 宜用白色、金色等让子孙有成 200

老人房风水之忌 忌

忌001 老人房忌离家人卧房太远 201
忌002 老人房忌有灰白色家具 201
忌003 老人房忌摆放狮子 201
忌004 老人房忌噪音污染 201
忌005 老人房忌设在住宅中央 201
忌006 老人房忌设大落地窗 201
忌007 老人房忌色彩鲜艳 202
忌008 老人房忌床体过高 202

儿童房风水之宜 宜

宜001 儿童房的格局宜方正 203
宜002 宜巧妙设计儿童房天花 203
宜003 儿童房宜选择向阳的方位 203
宜004 儿童房的装修宜用环保材料 203
宜005 儿童房宜挂简约、活泼的画 204
宜006 儿童房的规划宜合理 204
宜007 儿童房家具的转角宜圆滑 204
宜008 儿童房的地板宜平整防滑 204
宜009 儿童房宜摆放时钟 205
宜010 儿童房里宜摆放常绿植物 205
宜011 玩具的颜色宜与生肖相宜 205
宜012 儿童房宜注意预留储藏空间 205
宜013 儿童家具宜简洁、新颖 205
宜014 床头宜朝向东及东南 206
宜015 儿童房灯光宜协调 206
宜016 儿童房的颜色宜按个性设定 206
宜017 儿童房宜有适当的装饰品 207
宜018 宜通过摆床促进家庭关系 207
宜019 婴儿房灯光线充足、通风 207
宜020 儿童床垫宜顺应人体曲线 207
宜021 婴儿的居住环境宜用心布置 207
宜022 儿童房色调宜清新亮丽 208
宜023 婴儿床宜放在房间中央 208
宜024 儿童房宜用合适的床上用品 208
宜025 婴儿房的颜色宜浅淡 208

儿童房风水之忌 —— 忌

- 忌001 儿童房忌设在南方、西南方………209
- 忌002 儿童房的位置忌与年龄不符………209
- 忌003 卧室门忌与厕门或楼梯相对………209
- 忌004 儿童房的地面忌凹凸不平………209
- 忌005 不规则房间忌做儿童房………209
- 忌006 儿童房家具边角忌有尖角………210
- 忌007 儿童房地面忌太光滑………210
- 忌008 儿童房家具款式忌成人化………210
- 忌009 儿童房忌用电不安全………211
- 忌010 儿童书桌忌冲门等………211
- 忌011 儿童房的书桌忌对着镜子………211
- 忌012 儿童房忌过分讲究装饰………211
- 忌013 儿童房忌装贴太花哨的壁纸………211
- 忌014 儿童房忌张贴油画………212
- 忌015 儿童房玩具忌随意摆放………212
- 忌016 儿童房忌张贴奇怪的画像………212
- 忌017 儿童房忌有过多的植物………212
- 忌018 儿童房忌摆不吉饰物………213
- 忌019 儿童房色彩忌与性别不搭配………213
- 忌020 儿童房忌随意摆放植物………213
- 忌021 儿童房窗帘的颜色忌深沉………213
- 忌022 儿童房忌色彩单调………213
- 忌023 儿童房忌直射照明………214
- 忌024 忌长期使用人造光源照明………214
- 忌025 儿童床垫忌太过柔软………214

第七章 书房与居家办公风水宜忌

书房与居家办公风水之宜 —— 宜

- 宜001 书房宜设在东方、东南方等………216
- 宜002 书房宜设在住宅的文昌位………216
- 宜003 书桌前面明堂宜宽广………216
- 宜004 书房宜设在宁静之处………217
- 宜005 书房宜为独立的空间………217
- 宜006 书桌的座位背后宜有靠………217
- 宜007 书桌用品的摆放宜有讲究………217
- 宜008 书房座椅宜选转椅或藤椅………218
- 宜009 书桌宜保持整齐、清洁………218
- 宜010 书桌上的物品宜五行相生………218
- 宜011 使用电脑宜注意五行平衡………218
- 宜012 椅子宜高度适宜、灵活………219
- 宜013 在有电脑的书房宜装换气扇………219
- 宜014 书柜的设计宜合理………219
- 宜015 书柜宜适合主人的职业及喜好………219
- 宜016 空调宜摆放在书房的北方………219
- 宜017 宜依据书桌安排书柜的位置………220
- 宜018 宜将书分类存放………220
- 宜019 宽敞书房宜配有健身器材………220
- 宜020 书房的通风宜顺畅………220
- 宜021 宜在书房悬挂开运吉祥画………220
- 宜022 书房温度宜适宜………221
- 宜023 书房通风宜避免煞气………221
- 宜024 书房的装潢线条宜简洁明朗………221
- 宜025 宜在书房中悬挂字画………221
- 宜026 书房宜摆放常绿植物………221
- 宜027 书房的光线宜充足………222
- 宜028 书房主色宜用绿色和浅蓝色………222
- 宜029 书房的颜色宜与五行协调………222
- 宜030 艺术家书房宜用冷色调………223
- 宜031 学生的书房宜清爽明朗………223
- 宜032 在居家办公两人中央宜悬挂水晶………223
- 宜033 书房的窗帘宜选择浅色纱帘………223
- 宜034 宜在侧方位上看到你的同伴………223
- 宜035 宜根据事业的发展设定书房………224
- 宜036 办公坐向宜与行业相结合………224
- 宜037 宜用大的和椭圆形的办公桌………224

书房与居家办公风水之忌 —— 忌

- 忌001 书房忌设在主卧房内………225
- 忌002 书房忌过大………225
- 忌003 书房忌设在南方和西南方………225
- 忌004 书房的门忌对着厨厕………226
- 忌005 书桌忌设在书房中央………226
- 忌006 不规则房间忌做书房………226
- 忌007 座位忌靠近水………226
- 忌008 书桌忌位于横梁下………226
- 忌009 书桌正面忌镶镜子………226

忌010	书桌忌紧贴着墙摆放	226
忌011	书房内忌摆放睡床	227
忌012	书桌忌正对窗户	227
忌013	书桌座位忌背对门	227
忌014	忌在方正的书桌上插旗子	228
忌015	坏掉的电脑忌放在书房	228
忌016	书柜忌太高	228
忌017	书柜忌坐吉方	228
忌018	书房内忌放电视	228
忌019	书房忌犯白虎煞	228
忌020	书房忌没有窗户	228
忌021	忌不符合人体尺度的家具	229
忌022	书房忌不重视健康理念	229
忌023	书房悬挂字画忌阴阳失衡	229
忌024	书房忌凌乱嘈杂	229
忌025	书房空调出风口忌对人吹	229
忌026	书房的窗帘忌用复杂的花帘	230
忌027	书房悬挂的字画忌太多	230
忌028	书房忌用毛玻璃幕墙	230
忌029	字画忌悬挂过高或过低	230
忌030	书房内摆忌放睡椅	230
忌031	书房忌摆放藤类植物	230
忌032	书房的色彩忌过多	230
忌033	书房忌使用粉红色调	231
忌034	书房忌安插多种电器	231
忌035	书房忌过于"红火"	231
忌036	学生书房的装饰忌古板	231
忌037	办公文件忌不做整理	231
忌038	忌打扰他人办公	232
忌039	书房照明忌刺眼或昏暗	232
忌040	书房植物忌枯萎、凋谢	232

第八章 厨房风水宜忌

厨房风水之宜 宜

宜001	厨房宜设在东方或东南方	234
宜002	厨房宜设在本命卦的四凶方	234
宜003	宅主风水命宜与厨房位相生	234
宜004	厨房宜设在住宅后方	234
宜005	厨房宜四方规正	235
宜006	厨房宜与餐厅相邻	235
宜007	厨房门的开度宜适中	235
宜008	厨房门宜远离卧房门	235
宜009	厨房的天花板宜选择平板型	236
宜010	厨房内宜光线充足	236
宜011	厨房排风口宜设在高位	236
宜012	厨房装修材料宜易清洁	236
宜013	厨房格局设计宜方便使用	237
宜014	厨房宜铺设防滑地砖	237
宜015	厨房宜依照"黄金三角"摆设	237
宜016	建灶宜选择吉日避开忌日	237
宜017	炉口宜朝主人的生气方	238
宜018	炉灶宜有依靠	238
宜019	灶台宜设在藏风纳气处	238
宜020	厨具宜放置在吉方位	238
宜021	炉灶宜坐凶向吉	239
宜022	宜慎重选择厨具	239
宜023	现代厨房宜安装欧式橱柜	239
宜024	灶台的尺寸宜适中	239
宜025	厨房设计宜考虑孩子的安全	239
宜026	厨房器皿宜干净、整齐	239
宜027	厨房灶君宜安放在吉位	240
宜028	厨房宜安装抽油烟机	240
宜029	宜正确使用抽油烟机	240
宜030	宜经常清洗抽油烟机	240
宜031	厨房宜讲究卫生	240
宜032	厨房宜采用日光灯照明	241
宜033	宜在冰箱里放钱币	241
宜034	厨房宜陈设中国瓷器等饰品	241
宜035	厨房宜设置纱门	241
宜036	垃圾桶宜方便、隐蔽	241
宜037	厨房宜摆放色彩丰富的植物	241
宜038	宜根据空间布置厨房的色调	242
宜039	厨房灯具宜远离炉灶	242
宜040	厨房宜用白色和绿色	242

厨房风水之忌 忌

| 忌001 | 厨房忌设在住宅中央 | 243 |
| 忌002 | 厨房忌设在南方 | 243 |

| 忌003 厨房位忌与宅主风水命相克 ………243
| 忌004 厨房形状忌不规则 …………………243
| 忌005 厨房忌设在北方、东北方等 ………244
| 忌006 厨房忌与卧房相邻 …………………244
| 忌007 厨房忌设在浴厕下方 ………………244
| 忌008 厨房忌与浴厕相连 …………………244
| 忌009 厨房忌设在卧室的楼上楼下 ………244
| 忌010 厨房忌设在神桌背后 ………………245
| 忌011 忌敞开式厨房 ………………………245
| 忌012 厨卫忌同门出入 ……………………245
| 忌013 厨房门忌正对大门 …………………245
| 忌014 厨房门忌正对客厅 …………………245
| 忌015 厨房门忌与灶口相对 ………………246
| 忌016 厨房门忌与卫浴间门相对 …………246
| 忌017 厨房忌封闭 …………………………246
| 忌018 厨房忌过小 …………………………246
| 忌019 厨房忌开两扇窗 ……………………246
| 忌020 厨房忌缺少进风口 …………………247
| 忌021 厨房忌用不耐水材料 ………………247
| 忌022 厨房忌用易燃的装修材料 …………247
| 忌023 厨房的装饰材料忌色彩清淡 ………247
| 忌024 厨房地面忌高于其他地面 …………247
| 忌025 厨房忌使用马赛克铺地 ……………247
| 忌026 厨房地砖接口忌过大 ………………247
| 忌027 厨房忌用镂空型天花板 ……………248
| 忌028 炉灶忌"背宅反向" ………………248
| 忌029 炉灶忌坐南向北 ……………………248
| 忌030 厨房忌设两灶 ………………………248
| 忌031 炉灶忌安放在西方 …………………248
| 忌032 炉灶忌设在西北方 …………………248
| 忌033 炉灶忌安在南的"午"方 …………248
| 忌034 炉灶忌安在北方的"子"方 ………249
| 忌035 炉灶忌安在东北的"艮"方 ………249
| 忌036 炉灶忌安在西南的"坤"方 ………249
| 忌037 炉灶忌设在厨房中央 ………………249
| 忌038 住宅大门忌见灶 ……………………249
| 忌039 炉灶忌受到斜阳照射 ………………249
| 忌040 炉灶上方忌有横梁 …………………249
| 忌041 炉灶忌靠近卧房的床 ………………250
| 忌042 炉灶忌受到尖角冲射 ………………250
| 忌043 炉灶忌靠近窗户 ……………………250

忌044 炉灶忌低陷 …………………………250
忌045 炉灶忌安在水道上 …………………250
忌046 炉灶忌在两个水性物中间 …………250
忌047 灶井忌相邻 …………………………251
忌048 炉灶忌与"水"对冲 ………………251
忌049 炉灶忌悬空 …………………………251
忌050 炉灶上忌晾衣服 ……………………251
忌051 炉灶忌漏气 …………………………251
忌052 炉灶背后忌空旷 ……………………251
忌053 炉灶忌用黑、红二色 ………………251
忌054 煤气炉忌设于阳台 …………………252
忌055 煤气炉忌对着阳台 …………………252
忌056 煤气炉忌与楼梯相冲 ………………252
忌057 抽油烟机忌噪音过大 ………………252
忌058 门和壁刀忌对着煤气炉 ……………252
忌059 厨房墙上忌挂电子钟 ………………252
忌060 厨房忌只用抽油烟机排气 …………253
忌061 冰箱忌摆放不当 ……………………253
忌062 冰箱忌放置在南方 …………………253
忌063 冰箱门忌正对灶口 …………………253
忌064 冰箱忌放于阳台上 …………………253
忌065 冰箱忌靠近灶台、洗菜池 …………253
忌066 冰箱忌空无一物 ……………………254
忌067 洗衣机忌放置在厨房中 ……………254
忌068 空调忌直对灶火 ……………………254
忌069 厨房橱柜忌摆得太多 ………………254
忌070 餐具忌暴露在外 ……………………254
忌071 厨房刀具忌悬挂在墙上 ……………255
忌072 锅与铲用过后忌放在一起 …………255
忌073 厨房忌放置过多杂物 ………………255
忌074 厨房内忌放置餐桌 …………………255
忌075 刀和砧板用过后忌放在一起 ………255
忌076 臼和棒忌迎着放 ……………………255
忌077 厨房忌有卫生死角 …………………255
忌078 厨房内忌晾衣服 ……………………255
忌079 厨房忌阴暗潮湿 ……………………256
忌080 厨房的镜子忌照炉火 ………………256
忌081 有孕妇的家庭忌改造厨房 …………256
忌082 厨房忌摆放金鱼缸 …………………256
忌083 厨房的墙面装饰忌过多 ……………256
忌084 厨房忌摆放娇弱的植物 ……………256

第九章 餐厅与吧台风水宜忌

餐厅风水之宜

- 宜001 餐厅宜位于住宅中心 258
- 宜002 餐厅宜与厨房相邻 258
- 宜003 餐厅宜设在住宅南方 258
- 宜004 餐厅宜设在住宅的东方 258
- 宜005 餐厅的格局宜方正 259
- 宜006 餐厅相对的墙面窗户宜聚气 259
- 宜007 餐厅宜设在东南方 259
- 宜008 餐厅宜在客厅和厨房之间 259
- 宜009 餐桌宜摆在吉方位 260
- 宜010 餐厅的天花及地板宜平整 260
- 宜011 餐厅天花宜区别于其他区域 260
- 宜012 餐桌宜选圆形或方形 260
- 宜013 大餐厅宜选用方形餐桌 260
- 宜014 餐厅地面宜耐磨、耐脏 261
- 宜015 餐厅宜使用实木家具 261
- 宜016 餐桌的尺寸宜合理 261
- 宜017 餐桌颜色宜配合宅主风水命 262
- 宜018 餐桌上方宜平整 262
- 宜019 餐具上宜有吉祥图案 262
- 宜020 餐椅座位数宜为幸运数字 263
- 宜021 用餐时老人宜坐在主位 263
- 宜022 用餐时宜坐在本命卦的吉方 263
- 宜023 餐具宜体现自然和谐之趣 263
- 宜024 餐椅与餐桌宜相配 263
- 宜025 餐具颜色宜配合主人的五行 264
- 宜026 餐厅宜摆放橱柜或酒柜 264
- 宜027 冰箱宜放置在餐厅北方 264
- 宜028 餐厅宜有音响 264
- 宜029 餐厅宜装设镜子 264
- 宜030 餐厅宜摆放福禄寿三仙 265
- 宜031 餐厅宜悬挂利于进食的图画 265
- 宜032 餐厅宜用装饰品点缀 265
- 宜033 餐厅装饰布置宜阴阳调和 265
- 宜034 瓶花宜与餐桌的布局协调 265
- 宜035 餐厅植物宜避开有害品种 266
- 宜036 餐厅宜放置植物 266
- 宜037 宜根据方位摆放餐厅植物 266
- 宜038 餐厅绿化植物比例宜适度 266
- 宜039 宜根据需要选用餐厅光源 267
- 宜040 餐厅宜采光充足 267
- 宜041 植物色彩与餐厅环境宜和谐 267
- 宜042 餐桌上方宜安装照明灯 267
- 宜043 餐厅宜灯光柔和 268
- 宜044 餐厅颜色宜用暖色系 268
- 宜045 餐厅色彩宜注重稳重感 268
- 宜046 餐厅摆放的植物宜耐阴 268

餐厅风水之忌

- 忌001 餐厅忌设在西方、西北方 269
- 忌002 餐厅忌设在西南方 269
- 忌003 餐厅忌位于卫浴间的正下方 269
- 忌004 餐厅忌设在厨房中 269
- 忌005 "楼中楼"的餐厅忌位于楼下 270
- 忌006 餐厅忌有太多的尖角 270
- 忌007 餐厅忌正对住宅前门或后门 270
- 忌008 餐厅忌正对卫生间的门 270
- 忌009 餐厅的天花板忌贴镜子 270
- 忌010 餐厅忌空间小而家具多 270
- 忌011 餐厅地面忌用冷色材质 271
- 忌012 餐厅通道忌过多 271
- 忌013 餐厅忌开设落地窗 271
- 忌014 餐厅忌空间大而家具小 271
- 忌015 餐桌忌摆在不利家宅的方位 271
- 忌016 餐桌忌正对神台 271
- 忌017 餐桌忌摆放在通道上 271
- 忌018 餐桌忌与大门直冲 272
- 忌019 餐桌忌正对厕所门 272
- 忌020 餐桌忌正对厨房门 272
- 忌021 餐桌忌摆在气浊杂物多之处 272
- 忌022 餐桌忌在空调的下方或附近 272
- 忌023 用餐时忌坐在桌角 273
- 忌024 餐椅的材质忌为金属 273
- 忌025 餐桌上方忌有横梁压顶 273
- 忌026 餐桌之上忌用烛形吊灯 273
- 忌027 餐桌忌过大 273
- 忌028 用餐时忌坐在沙发上 274

忌029　用餐时忌发生口角…………274
忌030　餐桌忌用冷色调台面…………274
忌031　用餐时忌坐在本命卦的凶方…………274
忌032　餐椅忌正对灯饰…………274
忌033　餐桌忌缺乏生气…………274
忌034　餐具忌不清洗…………275
忌035　餐厅装饰忌缺少文化气息…………275
忌036　餐厅忌使用尖锐的刀叉…………275
忌037　餐厅忌有电视机…………275
忌038　餐厅忌乱置冰箱…………275
忌039　餐厅装饰品忌过多…………275
忌040　餐厅忌用厚实的棉纺织物…………276
忌041　餐厅花卉忌花哨过度…………276
忌042　餐厅忌摆放浓香的花卉…………276
忌043　餐厅忌摆设开谢频繁的花类…………276
忌044　餐厅颜色忌刺眼…………276
忌045　餐厅忌挂意境萧条的挂画…………277
忌046　餐厅忌用黑色或灰色…………277
忌047　餐厅墙壁忌花哨…………277
忌048　餐厅地板忌与家具不协调…………277
忌049　餐厅忌光线不足…………277

吧台风水之宜　　　　　　　　宜

宜001　吧台宜设在厨厅交界处…………278
宜002　吧台宜设在餐厅的角落…………278
宜003　吧台宜设在吸引人的地方…………278
宜004　吧台宜设在餐厅与厨房之间…………278
宜005　吧台宜设在客厅与餐厅之间…………278
宜006　吧台宜设在客厅电视的对面…………279
宜007　宜根据空间调整吧台样式…………279
宜008　吧台风格宜与整体风格协调…………279
宜009　墙角部位宜设计转角式吧台…………279
宜010　吧台宜成为室内的视觉中心…………280
宜011　吧台台面宜使用耐磨材料…………280
宜012　酒柜的设计宜便于使用…………280
宜013　酒柜的摆放宜与命相相符…………280
宜014　吧台宜摆放阔叶常绿植物…………281
宜015　吧台宜摆设招财石…………281
宜016　吧台灯光宜采用嵌入式设计…………281
宜017　酒柜宜呈方圆或弧形内收…………281
宜018　吧台的颜色宜与方位搭配…………282
宜019　吧台灯光宜采用暖色调…………282

吧台风水之忌　　　　　　　　忌

忌001　吧台忌忽视电路水路走向…………283
忌002　吧台忌离其他功能区太远…………283
忌003　贴墙吧台忌设计成转角式…………283
忌004　酒柜忌摆放在鱼缸旁边…………284
忌005　吧凳忌缺乏灵活性…………284
忌006　吧台的水槽忌高低不平…………284
忌007　吧台忌有缺角…………284
忌008　酒柜忌与财神相对…………284
忌009　酒柜中的镜片忌过大…………284

第十章　卫浴间风水宜忌

卫浴间风水之宜　　　　　　　　宜

宜001　卫浴间宜设在住宅的凶方…………286
宜002　卫浴间宜干湿分离…………286
宜003　卫浴间宜设在东或东南方…………286
宜004　卫浴间宜重视上下楼层关系…………287
宜005　盥洗室宜设在卫浴间的前端…………287
宜006　卫浴门宜远离卧室门…………287
宜007　卫浴间吊顶高度宜适中…………287
宜008　卫浴间天花及墙壁宜抗腐…………288
宜009　卫浴间宜通风、采光良好…………288
宜010　卫浴间地面宜防水、耐脏…………288
宜011　卫浴间宜保持清洁…………288
宜012　卫浴间的排水宜通畅…………289
宜013　卫浴间宜有排气扇…………289
宜014　马桶宜面对卫浴间的墙壁…………289
宜015　宜充分利用台面下方空间…………289
宜016　卫浴间宜保持干燥…………289
宜017　家有老人马桶旁宜设扶杆…………290
宜018　卫浴间的镜子宜方圆…………290
宜019　卫浴间宜摆设镜子…………290
宜020　卫浴间镜子宜大…………290
宜021　卫浴间的镜子宜保持干净…………290

宜022	卫浴间的物品宜摆放在外	291
宜023	卫浴间植物宜耐阴、耐潮	291
宜024	卫浴间凸出的窗子宜摆花	291
宜025	卫浴间的灯具宜防水	291
宜026	卫浴间盥洗区光线宜稍强	291
宜027	卫浴间灯具宜选用卤素灯	292
宜028	卫浴间镜子上方宜重点照明	292
宜029	卫浴间宜用冷色调	292
宜030	卫浴间的毛巾颜色宜柔和	292
宜031	肥皂颜色宜搭配五行	292
宜032	卫浴间的色调宜整体统一	292

卫浴间风水之忌

忌001	卫浴间忌设在住宅中央	293
忌002	卫浴间忌设在住宅的南方	293
忌003	卫浴间忌设在住宅的北方	293
忌004	卫浴间忌设在东北方	293
忌005	卫浴间方位忌与生年相冲	294
忌006	卫浴间忌设在大门青龙位	294
忌007	卫浴间忌设在走廊尽头	294
忌008	卫浴间忌设在西北、西南	294
忌009	卫浴间忌与厨房相连	294
忌010	卫浴间忌在神位后面	295
忌011	卫浴间忌做床的靠山	295
忌012	卫浴门忌冲大门	295
忌013	卫浴门忌与炉灶相对	295
忌014	卫浴门忌正对往上之楼梯	295
忌015	卫浴门忌正对往下之楼梯	295
忌016	卫浴门忌正对房门	295
忌017	卫浴门尺度忌太高太宽	296
忌018	卫浴门忌为玻璃门	296
忌019	卫浴门忌长期敞开	296
忌020	卫浴间忌改成卧室	296
忌021	卫浴间地面忌过于光滑	297
忌022	卫浴间忌无窗户	297
忌023	卫浴间地面忌高于卧室地面	297
忌024	卫浴间忌杂乱	297
忌025	卫浴间忌四处流水	297
忌026	卫浴间忌弥漫不洁之气	297
忌027	卫浴间忌使用金属材料	298
忌028	卫浴间忌有尖角的构件	298
忌029	马桶方向忌与住宅方向一致	298
忌030	小浴室忌装大浴缸	298
忌031	马桶忌放在卫浴间的中间	298
忌032	浴缸形状忌不规则	299
忌033	浴缸忌存水	299
忌034	马桶固定后忌轻易移动位置	299
忌035	热水器忌安装在浴室内	299
忌036	卫浴间忌使用嵌入式盆台	299
忌037	卫浴间灯具接头忌暴露在外	300
忌038	卫浴间镜子忌照出卫具	300
忌039	神龛忌放在卫浴间外面	300
忌040	忌将废水倒在卫浴间的花盆	300
忌041	卫浴间的植物忌沾泡沫	300
忌042	卫浴间忌用贴木皮类家具	301
忌043	卫浴间的灯饰忌过多、繁复	301
忌044	卫浴间的镜子忌太小	301
忌045	卫浴间忌选用深紫色	301
忌046	卫浴间忌选用刺眼的颜色	301
忌047	卫浴间忌有电吹风	302
忌048	卫浴间忌压在卧室之上	302
忌049	卫浴间忌太潮湿	302
忌050	卫浴间忌用黑色	302

第十一章 楼梯风水宜忌

楼梯风水之宜

宜001	宜根据房子的坐向设置楼梯	304
宜002	楼梯宜设在隐蔽处	305
宜003	楼梯进气口宜对着起居室等	305
宜004	大门和楼梯之间宜设屏风	305
宜005	楼梯上行方向宜顺时针	305
宜006	三碧、四绿命宅主宜选直梯	306
宜007	楼梯坡度宜根据家人来设定	306
宜008	楼梯宜与住宅总体风格一致	306
宜009	楼梯高度差宜控制在首末步	306
宜010	楼梯台阶宜防滑	306
宜011	楼梯栏杆的宽度宜适中	307
宜012	楼梯的部件宜光滑、圆润	307

宜013	宜根据情况选择楼梯处植物	307
宜014	楼梯宜用环保材料	307
宜015	楼梯光线宜明亮柔和	308
宜016	楼梯宜挂装饰画、装饰品	308
宜017	宜合理利用楼梯底部空间	308
宜018	楼梯颜色宜与方位对应	308

楼梯风水之忌

忌001	楼梯忌设在住宅的中央	309
忌002	楼梯口和楼梯角忌正对房门	309
忌003	楼梯忌正对大门	309
忌004	楼梯口忌正对厕所、门窗等	309
忌005	楼梯忌通向卧室	309
忌006	房间里面忌设置楼梯	310
忌007	楼梯忌压在房屋的中心点上	310
忌008	楼梯外形忌锯齿状	310
忌009	楼梯底下忌作厨房、卧室	310
忌010	二黑、五黄命宅主忌用直梯	310
忌011	楼梯忌太低	310
忌012	楼梯设计忌忽略台阶的高低	311
忌013	楼梯坡度忌过大	311
忌014	楼梯装修忌用硬材	311
忌015	楼梯踏板忌用普通玻璃	311
忌016	楼梯扶手忌有冰冷感	311
忌017	楼梯踏级忌有缝隙	312
忌018	楼梯扶手材料忌与方位相克	312
忌019	楼梯忌噪音过大	312
忌020	楼梯颜色忌与方位相克	312
忌021	五行属土宅主忌用绿色楼梯	312

第十二章 过道风水宜忌

过道风水之宜

宜001	过道宜设在吉位	314
宜002	过道宜整洁、通畅	314
宜003	过道边墙宜重点装饰	314
宜004	宜根据需要设定过道宽度	315
宜005	过道边墙宜有艺术感	315
宜006	过道地面宜平整、易清洁	315
宜007	过道色彩宜与方位五行相配	315
宜008	过道地面宜铺设实木地板	315
宜009	过道地毯宜耐磨	316
宜010	过道宜以攀附状植物为主	316
宜011	大面积过道宜摆放绿色植物	316

过道风水之忌

忌001	过道忌直冲卧房门	317
忌002	过道忌将房子一分为二	317
忌003	过道忌直通、宽窄无度	317
忌004	过道忌过多	317
忌005	过道尽头忌正对厕所	317
忌006	过道忌有利器	318
忌007	过道内忌有横梁	318
忌008	过道地毯忌不透气	318
忌009	过道壁柜忌潮湿不通风	318

第十三章 窗户风水宜忌

窗户风水之宜

宜001	窗户宜靠南开	320
宜002	住宅东南墙宜开窗	320
宜003	窗前宜正对腰带形马路	320
宜004	窗户宜正对弯曲的马路	321
宜005	窗外宜见公园和水池	321
宜006	宜开方形窗或拱形窗	321
宜007	大窗户宜设计成组合窗	321
宜008	窗户高度宜超过人的身高	321
宜009	窗户宜大小适中	321
宜010	窗形、窗向宜与五行相生	322
宜011	窗户宜向室外的方向打开	322
宜012	窗户开口部宜与墙角无裂缝	322
宜013	安装窗户时要考虑安全因素	323
宜014	安装窗户宜考虑隔音功能	323
宜015	窗框的颜色宜与方位配合	323
宜016	窗台宜点缀花木和盆景	323
宜017	窗户宜安装窗帘	323

宜018	宜按功能区选择窗帘的材料	324
宜019	窗户宜宽敞明亮	324
宜020	宜根据空间选择窗帘的图案	324
宜021	宜根据外部环境选择窗帘	324
宜022	宜依据窗户的方位选窗帘	325
宜023	大房间宜选用布窗帘	325
宜024	窗帘的长度、宽度宜合适	325
宜025	宜定期清理窗户	325
宜026	宜靠窗摆放休闲椅	325

窗户风水之忌

忌001	房间忌没有窗户	326
忌002	房间的窗户忌太多	326
忌003	窗户忌朝向北方	326
忌004	窗口忌正对大门	326
忌005	窗户忌离隔壁住宅太近	326
忌006	窗户忌与附近住宅窗户太近	327
忌007	窗户忌对着大镜或铁镬	327
忌008	窗户忌对着吵闹之处	327
忌009	西南方忌开落地窗	327
忌010	窗户忌开在篱笆旁、大树下	327
忌011	窗外忌看见晾衣竿	327
忌012	窗外忌有遮拦物	327
忌013	窗外忌有霓虹灯	328
忌014	窗外忌有乱石	328
忌015	窗户忌设计成"哭"字屋	328
忌016	窗户护栏忌过密	328
忌017	两面开窗忌正对	328
忌018	窗户造型忌花哨	328
忌019	窗户的视野忌被邻屋挡住	329
忌020	窗外面对的山忌有三尖峰	329
忌021	窗户忌三角形	329
忌022	窗形、窗向忌与五行相冲	329
忌023	窗户把手表面忌处理不良	329
忌024	窗户忌缺乏安全性	329
忌025	窗帘花色忌与装饰风格不一	330
忌026	窗户忌向上或向下斜开	330
忌027	窗户忌正对直而长的公路	330
忌028	窗户忌全部透明	330

第十四章 阳台风水宜忌

阳台风水之宜

宜001	阳台宜清爽整洁	332
宜002	阳台的遮阳篷宜讲究质量	332
宜003	阳台宜有顺畅的排水功能	333
宜004	阳台宜朝向东方、南方	333
宜005	阳台形状宜方正	333
宜006	阳台宜有预留的插孔	333
宜007	阳台装修宜强调需要的功能	333
宜008	阳台宜设计成健身区	333
宜009	改建阳台宜注意安全	334
宜010	阳台宜设计成小书房	334
宜011	书房变阳台要注意保暖	334
宜012	宜在阳台上横置晒衣竿	335
宜013	阳台上宜选择合适的家具	335
宜014	阳台宜做儿童游戏室	335
宜015	阳台上宜铺黑白的鹅卵石	335
宜016	茶桌宜提升阳台的韵味	335
宜017	阳台的化煞物头宜向外	336
宜018	阳台宜摆放吉祥物	336
宜019	阳台宜摆石狮	336
宜020	阳台宜摆麒麟	336
宜021	阳台向水宜摆石龙	337
宜022	宜在阳台上种植花草	337
宜023	阳台环境宜利于植物生长	337
宜024	阳台生旺植物宜叶大干粗	337
宜025	宜根据方位选择阳台植物	338
宜026	阳台化煞植物宜粗壮多刺	338
宜027	阳台宜有照明设施	338

阳台风水之忌

忌001	阳台忌正对住宅大门	339
忌002	阳台忌朝向北方、西方	339
忌003	阳台忌正对厨房	339
忌004	阳台忌封闭	339
忌005	镂空阳台忌"膝下虚空"	340
忌006	阳台忌用玻璃做外墙	340
忌007	阳台与客厅间忌有横梁	340

| 忌008 | 忌随意在阳台加建附加建筑……340
| 忌009 | 阳台忌设计成储物区……340
| 忌010 | 小阳台忌设置成餐厅……340
| 忌011 | 忌用砖等重物填平阳台地面……341
| 忌012 | 阳台风格忌与室内反差太大……341
| 忌013 | 忌拆除居室和阳台间的墙……341
| 忌014 | 阳台忌使用反光的材料……341
| 忌015 | 前阳台忌堆放杂物……341
| 忌016 | 阳台忌使用笨重大家具……341
| 忌017 | 阳台晒衣服忌吊高……342
| 忌018 | 阳台的水忌流向房间……342
| 忌019 | 晾衣架的承重忌超限……342
| 忌020 | 阳台神柜忌受风吹雨打……342
| 忌021 | 阳台的神柜上方忌挂衣服……342
| 忌022 | 阳台的吉祥物忌伤害他人……343
| 忌023 | 肖鸡者阳台忌摆石鹰……343
| 忌024 | 阳台植物忌出现安全隐患……343
| 忌025 | 阳台植物忌随意浇水……343
| 忌026 | 忌忽视阳台植物的害虫……343
| 忌027 | 阳台照明忌太暗或太亮……343
| 忌028 | 阳台忌面对天斩煞……345
| 忌029 | 阳台忌面对反弓路……345
| 忌030 | 阳台忌面对街道直冲……345
| 忌031 | 阳台忌面对锯齿形建筑物……345
| 忌032 | 阳台忌面对尖角冲射……345

第十五章 庭院风水宜忌

庭院风水之宜

| 宜001 | 庭院宜设在住宅最佳气场……346
| 宜002 | 庭院布局装饰宜因地制宜……346
| 宜003 | 庭院宜与房子的大小配合……346
| 宜004 | 庭院假山宜设在吉方位……347
| 宜005 | 庭院设计宜考虑目的和用途……347
| 宜006 | 庭院中宜设置水体……347
| 宜007 | 庭院水体宜设计成圆形……348
| 宜008 | 东南面水池宜为流水形……348
| 宜009 | 西北面水池宜远离住宅……348
| 宜010 | 庭院水池宜位于吉方位……348
| 宜011 | 庭院宜有活水……349
| 宜012 | 庭院宜种植健康植物……349
| 宜013 | 庭院宜适当铺设石块……349
| 宜014 | 宜根据家人需要选庭院植物……349
| 宜015 | 庭院宜种植寓意美好的花卉……350
| 宜016 | 庭院影壁宜与大门相互陪衬……350
| 宜017 | 庭院影壁墙面宜有装饰……350
| 宜018 | 庭院围墙宜与房屋保持距离……351
| 宜019 | 庭院围墙的高度宜适中……351
| 宜020 | 院门大小宜与住宅面积协调……351
| 宜021 | 庭院植物宜定期打理……351

庭院风水之忌

| 忌001 | 大房子的庭院忌太小……352
| 忌002 | 庭院宅前忌设两个水池……352
| 忌003 | 庭院水池忌设在东北、北等……352
| 忌004 | 忌庭院西面的水池面积大……353
| 忌005 | 庭院假山忌设在东、东南等……353
| 忌006 | 小庭院忌设泳池……353
| 忌007 | 泳池忌设在屋后……353
| 忌008 | 泳池忌设在中庭……353
| 忌009 | 庭院水体忌成手臂抱水盆形……353
| 忌010 | 庭院水体忌成"汤胸孤曜形"……354
| 忌011 | 庭院水体忌成葫芦形……354
| 忌012 | 庭院水体忌成"匾牵金形"……354
| 忌013 | 庭院水体忌成"上弦月形"……354
| 忌014 | 庭院水体形状忌有尖角……354
| 忌015 | 庭院水体忌干枯……354
| 忌016 | 庭院忌有长石挡路……354
| 忌017 | 庭院正中忌有大石头……354
| 忌018 | 庭院中忌铺设过多石块……354
| 忌019 | 庭院中忌有河流穿越……355
| 忌020 | 庭院忌种植有毒植物……355
| 忌021 | 庭院忌有倾斜树……356
| 忌022 | 庭院中忌有大树……356
| 忌023 | 庭院忌栽植松、柏、桑、梨……356
| 忌024 | 庭院中有刺的盆栽忌靠门边……356
| 忌025 | 庭院中的树木忌立于门窗前……356
| 忌026 | 庭院门前的通道忌随意铺设……356
| 忌027 | 庭院围墙忌贴近房屋……357

忌028 庭院围墙忌模仿寺庙……357
忌029 庭院围墙忌用石头装饰……357
忌030 庭院围墙忌前宽后窄……357
忌031 庭院围墙忌一高一低……357
忌032 庭院门忌正对屋门……358
忌033 庭院围墙上忌开窗户……358
忌034 庭院影壁或屏风忌形成围堵……358
忌035 庭院红色花忌伸出墙外……358
忌036 院门外忌电线杆、屋角冲射……359
忌037 庭院忌种植藤蔓植物……359
忌038 住宅内外忌有"邪风树"……359
忌039 庭院中忌有"分家树"……359
忌040 庭院中忌有"忤逆树"……360
忌041 忌种植的树木太多，盖住屋顶……360
忌042 庭院中植物忌"弯腰驼背"……361
忌043 忌让树木形成"拱合树"……361
忌044 庭院中忌有"盅风树"……361
忌045 屋宅中忌出现"逆天树"……361
忌046 庭院中忌种植多棵大树……362
忌047 庭院忌阴暗潮湿形成霉煞……362
忌048 庭院中忌有"盗贼树"……362
忌049 庭院中忌栽种"刽子手"……363
忌050 忌有植物挡住明堂……363
忌051 庭院忌形成"招阴树煞"……363
忌052 栽种庭院植物忌不合五行……364
忌053 窗前忌有树……364

第十六章 车库风水宜忌

车库风水之宜 —— 宜

宜001 车库宜设在东北方……366
宜002 车库宜设在山星二黑等处……366
宜003 车库宜为长方形……366
宜004 车库宜有明亮的照明……366
宜005 车库的设置宜考虑汽车高度……367
宜006 车库的颜色宜柔和、简洁……367
宜007 车库宜通风良好……367
宜008 车库位置宜避开各种冲煞……368
宜009 车库内车头宜朝向家宅方向……368

车库风水之忌 —— 忌

忌001 车库忌不讲究方位乱置……369
忌002 车库忌设在正南方……369
忌003 车库忌设在地下室……370
忌004 车库忌在卧室下方……370
忌005 车库内水龙头忌对向门口……370

第十七章 风水吉祥物宜忌

风水吉祥物之宜 —— 宜

宜001 房屋缺地气宜置天机四神兽……372
宜002 宜置台式镜化解房屋缺角……372
宜003 兽头宜置于卫浴间……372
宜004 宜用桃木剑辟邪化煞……373
宜005 宜用水晶七星阵改运……373
宜006 房屋缺角宜置泰山石敢当……373
宜007 宜使用八卦凹镜化煞……374
宜008 八卦凸镜宜置室外……374
宜009 宜用水晶吊坠化解压梁……374
宜010 宜用狮子牌化解墙角之煞……375
宜011 宜用铜锣净化气场……375
宜012 狮头吊坠宜挂在正门……375
宜013 宜悬吊镜球化解煞气……375
宜014 宜设屏风阻隔不良气场……376
宜015 厨房和次卧凶位宜放平安瓶……376
宜016 宜挂阴阳八卦吊坠驱邪化煞……376
宜017 宜用风水葫芦化煞转运……377
宜018 八卦平面镜宜置屋外……377
宜019 青龙宜置于左边或东方……377
宜020 摆放龙饰物数量宜为1、2、9……377
宜021 宜用虎饰物镇宅辟邪……378
宜022 朱雀宜置于正南方……378
宜023 玄武宜摆在屋宅后方或北方……378
宜024 龙龟宜放在使用者的左边……379
宜025 铜双狮宜用朱砂点睛开光……379
宜026 宜摆双狮镇宅……379
宜027 宜用铜龟化解天斩煞……379
宜028 狮子宜放置在西北方……379

宜029	宜使用巴西水晶簇防辐射……380		宜070	花瓶宜放置在房屋吉位……390
宜030	宜使用东海水晶簇防辐射……380		宜071	宜戴玉佩护身辟邪……390
宜031	宜置天然葫芦祛病强身……380		宜072	大肚佛宜摆放在公共空间……391
宜032	宜用钟馗驱邪……380		宜073	宜挂六字真言大葫芦求平安……391
宜033	宜用心经镇宅……380		宜074	宜用水晶球改运……391
宜034	宜摆放揭玉之龙求开运吉祥……381		宜075	女士宜使用富贵牡丹笔筒……391
宜035	宜摆放玉佛增添吉祥……381		宜076	宜挂五帝钱开运保平安……392
宜036	麒麟宜置于玄关……381		宜077	宜用山海镇平面镜提运……392
宜037	居家空间宜放置"如意吉祥"……381		宜078	绿檀辟邪宜置于客厅……392
宜038	宜戴虎眼石手链强健身体……382		宜079	宜用八白玉改运……392
宜039	"明堂聚水"宜摆吉祥象……382		宜080	宜用桃木中国结辟邪招财……393
宜040	宜置"龙凤呈祥"增强祥瑞……382		宜081	艺体生宜使用玉竹笔筒……393
宜041	宜使用持龙珠的龙增强能量……383		宜082	宜置久久有余笔筒招财……393
宜042	新年宜挂中国结……383		宜083	佛教信仰者宜使用佛手笔筒……394
宜043	肖兔、猪、羊者宜使用玉兔……383		宜084	宜用蓝色水晶球开运、助运……394
宜044	久病者家中宜摆放羊饰物……384		宜085	宜使用水胆玛瑙改运……394
宜045	三羊开泰宜置于公司门口……384		宜086	宜戴天竺菩提念珠保平安……394
宜046	老人卧室宜挂长寿桃木剑……384		宜087	商业空间宜置白水晶球……394
宜047	年长者宜使用寿比南山笔筒……384		宜088	宜戴六道木念珠保平安……395
宜048	求健康、吉利宜佩戴翡翠……385		宜089	宜使用福袋保健康、平安……395
宜049	年长者的居室宜置寿桃……385		宜090	上班族或生意人宜置招财佛……395
宜050	宜用石龟化解"火性"外煞……385		宜091	宜用八卦盘调节气场……395
宜051	政府人员宜用紫檀松竹笔筒……385		宜092	欲添丁添福宜使用石榴……396
宜052	年长男士宜使用寿星笔筒……385		宜093	宜置开运竹开运……396
宜053	宜用龟形饰品化解倾斜天花……386		宜094	宜用五福圆盘化煞求福……396
宜054	宜置绿檀弥勒笔筒获好心情……386		宜095	宜置福禄寿三星添福添寿……396
宜055	书房宜放置松鹤笔筒……386		宜096	公司招财宜置小双龙……397
宜056	宜置八仙过海增添吉祥长寿……386		宜097	公司聚财宜置大双龙……397
宜057	宜摆如意观音保平安……387		宜098	宜用神龙戏水改善气场……397
宜058	护身符宜开光使用……387		宜099	宜置财帛星君招财……398
宜059	汽车内宜挂紫金葫芦……387		宜100	餐饮行业宜置五爷……398
宜060	宜置西方三圣佛添健康聪明……388		宜101	宜置赵公明招财……398
宜061	八卦眼球玛瑙宜置于车内……388		宜102	宜置关公招财……398
宜062	招福吊坠数量宜含"3"……388		宜103	宜戴催财貔貅催财……398
宜063	女性宜佩戴白玉佛……388		宜104	上班族宜戴如意翡翠……399
宜064	宜戴"心中有福"保平安……389		宜105	宜使用黄金球招财……399
宜065	公共空间宜置滴水观音……389		宜106	神像前宜放置开光招财杯……399
宜066	宜置风水花瓶保平安……389		宜107	脑力劳动者宜使用紫色宝鼎……399
宜067	男性宜佩戴白玉观音……389		宜108	宜戴聚宝盆手链招财……400
宜068	常出差人士宜戴红玉佛与观音……390		宜109	收银台宜置"财源广进"……400
宜069	宜挂铜铃保平安……390		宜110	宜置飞马踏燕招财添福……400

宜111	商业空间宜使用开光元宝	400	宜152	宜置九龙笔筒求升职	411
宜112	餐饮招财宜置"见龙在田"	400	宜153	宜置节节高笔筒求升职	411
宜113	书桌、办公桌宜置招财鼠	401	宜154	上班族、学生宜用腾龙一角	411
宜114	商铺宜置吐钱玉蟾	401	宜155	十八罗汉宜置于书房	411
宜115	收银台宜置纳福一桶金	401	宜156	宜置"一路荣华"求富贵	411
宜116	宜摆放弥勒佛招财	402	宜157	宜摆放鲤鱼跳龙门催功名	411
宜117	招财进宝石放置前宜先清洗	402	宜158	紫檀骆驼宜置于左边	411
宜118	宜摆放布袋和尚招财	402	宜159	流通类公司宜置一帆风顺	412
宜119	求和睦宜置紫檀象	402	宜160	宜置文昌塔加强文昌运	412
宜120	宜挂风水竹箫增强运势	403	宜161	宜置苏武牧羊提升意志力	412
宜121	商铺、收银台宜置金蟾	403	宜162	求功名宜置官上加官	412
宜122	宜用风水罗盘扭转宅运	403	宜163	求升职宜置鲁班尺	413
宜123	宜戴年年有余玉佩保平安	403	宜164	宜摆放水晶柱开发智力	413
宜124	宜置雄鸡旺家运	403	宜165	步步高升宜摆放在书房	413
宜125	宜置松竹梅招财	404	宜166	百鸟朝凤宜摆放在公共区域	413
宜126	客厅宜放金鱼缸催财	404	宜167	宜置吉祥猴催官运	414
宜127	宜置旺财狗招财	404	宜168	卧龙砚台宜置于书房	414
宜128	招财宜置五路财神	404	宜169	维持夫妻感情宜置龙凤镜	414
宜129	经商者的办公区宜置仰鼻象	405	宜170	求姻缘宜置久久百合笔筒	414
宜130	公共空间宜置风水球	405	宜171	巩固爱情宜戴砗磲龙凤配	414
宜131	窗口或大门宜放古钱或元宝	405	宜172	如意玉瓶宜置于客厅、卧室	415
宜132	居家宜置风水轮	405	宜173	表达爱意宜赠心连心	415
宜133	宗教信仰者宜用摆财纳福	406	宜174	宜置桃花斩化解桃花劫	415
宜134	宜置金翅鸟招财	406	宜175	新婚者宜置花好月圆	415
宜135	客厅、办公区宜放置招财象	406	宜176	卧室宜置粉红宝鼎	415
宜136	红色与黄色穗坠宜按方位放	406	宜177	宜戴芙蓉玉手镯美容	416
宜137	领导人宜用招财猪仔	407	宜178	宜置天然粉水晶球增爱情运	416
宜138	"姜太公钓鱼"宜放置在书房	407	宜179	宜戴金发晶手链招偏财	416
宜139	宜置风水马调整家庭关系	407	宜180	事业型情侣宜戴绿幽灵手链	416
宜140	雌雄双狮宜放置在门口	407	宜181	宜戴红纹石手链提升气质	416
宜141	宜置达摩尊者教化向善	408	宜182	宜戴月光石手链减肥	417
宜142	宜置欢乐佛改善员工关系	408	宜183	客厅宜摆放文开富贵	417
宜143	大钱币宜放在客厅对大门处	408	宜184	想要富贵吉祥宜置人生富贵	417
宜144	宜放置三条龙增强气场能量	408	宜185	宜戴粉水髓手链美容养颜	417
宜145	职场人士宜使用"金饭碗"	408	宜186	宜置金鸡化解桃花劫	418
宜146	招财开运宜置跑马	409	宜187	宜戴紫水晶手链调和关系	418
宜147	宜使用水晶龙提升文昌运	409	宜188	新婚宜置鸳鸯	418
宜148	许愿龙宜放置在房间的右侧	409	宜189	宜置和合二仙促进合作	418
宜149	宜使用水晶龙提升恋爱运	409	宜190	卧室宜置紫檀鸾凤	419
宜150	宜摆放大鹏展翅催功名	410	宜191	宜置天长地久助姻缘	419
宜151	学生求学业宜戴知了	410	宜192	卧房、书房宜置龙凤笔筒	419

宜193	女性领导人士宜置牡丹	419	忌025	龙龟头忌朝卧房	427

- 宜193　女性领导人士宜置牡丹…………419
- 宜194　情侣、夫妻宜佩戴龙凤佩…………419
- 宜195　肖鼠者宜用龙、猴、牛吉祥物…………419
- 宜196　肖牛者宜戴蛇、鸡、鼠吉祥物…………420
- 宜197　肖虎者宜戴马、狗、猪吉祥物…………420
- 宜198　肖兔者宜戴猪、狗、羊吉祥物…………420
- 宜199　肖龙者宜戴鼠、猴、牛吉祥物…………420
- 宜200　肖蛇者宜戴鸡、牛吉祥物…………421
- 宜201　肖马者宜戴虎、狗、羊吉祥物…………421
- 宜202　肖羊者宜戴兔、马、猪吉祥物…………421
- 宜203　肖猴者宜戴鼠、龙、蛇吉祥物…………421
- 宜204　肖鸡者宜戴蛇、龙、牛吉祥物…………422
- 宜205　肖狗者宜戴虎、马、兔吉祥物…………422
- 宜206　肖猪者宜戴兔、虎、羊吉祥物…………422

风水吉祥物之忌　　忌

- 忌001　天机四神兽忌独个摆放…………423
- 忌002　桃木剑忌挂在金属物品下方…………423
- 忌003　兽头忌置用餐、休息场所…………423
- 忌004　台式镜忌摆放过高…………423
- 忌005　泰山石敢当忌被架空…………424
- 忌006　八字忌水者忌用水晶七星阵…………424
- 忌007　八卦凸镜忌置门前…………424
- 忌008　八卦凹镜忌对着污秽地悬挂…………424
- 忌009　狮子牌忌挂在卧室…………424
- 忌010　水晶吊坠忌正对床头…………425
- 忌011　铜锣忌常挂家中…………425
- 忌012　镜球忌置于桌面…………425
- 忌013　狮头吊坠忌挂正东、东南方…………425
- 忌014　屏风忌设置过高…………425
- 忌015　平安瓶下方忌放金属物…………425
- 忌016　铜葫芦忌置凶位…………425
- 忌017　阴阳八卦吊坠忌挂婴儿房…………426
- 忌018　镇宅双狮忌单独使用…………426
- 忌019　龙饰物忌摆放在干旱的地方…………426
- 忌020　龙忌对着卧室摆放…………426
- 忌021　卧室忌放置虎饰物…………426
- 忌022　朱雀忌单独摆放…………427
- 忌023　八卦平面镜忌挂得太多…………427
- 忌024　玄武忌单独使用…………427
- 忌025　龙龟头忌朝卧房…………427
- 忌026　狮头忌朝向屋内…………427
- 忌027　肖狗、兔、龙者忌摆放铜龟…………428
- 忌028　水晶簇忌放置在房间凶位…………428
- 忌029　钟馗忌放置在卧室…………428
- 忌030　麒麟的头忌向屋内摆放…………428
- 忌031　天然葫芦忌放置在凶位…………428
- 忌032　肖狗、兔者忌摆放揭玉之龙…………429
- 忌033　肖龙、鸡、鼠者忌使用玉兔…………429
- 忌034　学生忌戴虎眼石手链…………429
- 忌035　玉佛忌放置在污秽之地…………429
- 忌036　如意吉祥忌摆放方位不当…………429
- 忌037　卧室忌放置心经…………429
- 忌038　金属材质的象忌置在正南方…………429
- 忌039　肖狗、兔者忌使用龙饰物…………430
- 忌040　搬新房忌用旧的中国结…………430
- 忌041　龙凤呈祥忌放置在右方…………430
- 忌042　肖鼠、狗、牛者忌摆放三羊开泰…………430
- 忌043　肖鼠、牛者忌摆放羊…………430
- 忌044　寿比南山笔筒忌置于金属桌…………431
- 忌045　长寿桃木剑忌正对人的头部…………431
- 忌046　翡翠忌近污秽场所…………431
- 忌047　儿童房忌放寿桃…………431
- 忌048　肖狗、兔、龙者忌摆放龟…………431
- 忌049　紫檀松竹笔筒忌置于右边…………432
- 忌050　小孩子忌使用松鹤笔筒…………432
- 忌051　基督徒忌用绿檀弥勒笔筒…………432
- 忌052　年轻人忌使用寿星笔筒…………432
- 忌053　八仙过海忌放置在右边…………432
- 忌054　观音忌放置在污秽之地…………432
- 忌055　护身符忌放置于污秽之地…………433
- 忌056　招福吊坠忌挂在金属物品上…………433
- 忌057　紫金葫芦忌与金属挂件同用…………433
- 忌058　西方三圣佛忌摆放过低…………433
- 忌059　八卦眼球玛瑙忌与八字相克…………433
- 忌060　白玉佛忌放置于污秽之地…………433
- 忌061　风水花瓶忌放置在房间凶位…………434
- 忌062　"心中有福"忌放于污秽之地…………434
- 忌063　铜铃忌放置在门口或卧室…………434
- 忌064　花瓶忌放置于桃花位…………434
- 忌065　女士忌使用白玉观音…………434

忌066	忌所戴玉佩与自己属相相冲……434	忌107	学生书房忌放置"财源广进"……441
忌067	六字真言葫芦忌与金属同用……435	忌108	肖狗、兔者忌使用见龙在田……441
忌068	大肚佛忌摆放太低……435	忌109	吐钱玉蟾的头忌朝向门外……441
忌069	水晶球颜色忌与八字相冲……435	忌110	忌使用做工粗糙的飞马踏燕……442
忌070	男士忌使用富贵牡丹笔筒……435	忌111	金蟾的头忌向门外……442
忌071	五帝钱忌挂于木火方……435	忌112	布袋和尚忌摆放过低……442
忌072	山海镇平面镜忌向污秽之地……436	忌113	弥勒佛忌摆放过低……442
忌073	八白玉忌与使用者八字相冲……436	忌114	紫檀象忌与刀剑放在一起……442
忌074	厕所忌挂桃木中国结……436	忌115	学生忌放置纳福一桶金……443
忌075	绿檀辟邪忌摆放在卧室……436	忌116	红色家具上忌挂玉佩……443
忌076	学生忌使用久久有余笔筒……436	忌117	风水竹箫忌靠近金属物品……443
忌077	玉竹笔筒忌置于金属桌面……436	忌118	风水罗盘忌放置在磁体旁……443
忌078	佛手笔筒忌放置在右边……437	忌119	肖鸡龙牛羊者忌摆放狗类饰物……443
忌079	蓝色水晶球忌放置在西方……437	忌120	肖狗、兔者忌使用雄鸡……443
忌080	水胆玛瑙忌暴露于外……437	忌121	鱼缸忌放置在凶位……443
忌081	白色水晶球忌放置在右边……437	忌122	仰鼻象忌与刀剑类物品同放……443
忌082	忌用右手拿天然念珠……437	忌123	松竹梅忌靠近金属物品……444
忌083	招财佛附近忌放置武财神……437	忌124	五路财神忌过高……444
忌084	忌用右手拿天竺菩提念珠……437	忌125	风水轮忌放置在凶位……444
忌085	肖鼠者忌使用福袋……438	忌126	风水球忌放置在凶位……444
忌086	八卦盘忌放置于卧室……438	忌127	摆财纳福忌置于金属桌面上……444
忌087	家中忌有枯萎的富贵竹……438	忌128	金翅鸟的头忌朝内……444
忌088	石榴忌接近金属物品……438	忌129	红黄穗坠忌与白色物品同置……444
忌089	福禄寿三星忌低于人的头顶……438	忌130	古钱或元宝忌放在凶位……444
忌090	五福圆盘蝙蝠的头忌朝房外……438	忌131	招财象忌与武器同置……445
忌091	聚财小双龙忌随意置放……438	忌132	姜太公钓鱼忌放置在右边……445
忌092	神龙戏水忌放置在凶位……439	忌133	肖牛、鼠者忌放置风水马……445
忌093	赵公明忌与文财神一起摆放……439	忌134	儿童房忌放置招财猪仔……445
忌094	五爷忌正对门安放……439	忌135	卧室及书房忌摆放雌雄狮……445
忌095	文财神忌对着卫浴间或鱼缸……439	忌136	欢乐佛忌摆放位置过低……445
忌096	聚财大双龙忌随意置放……439	忌137	达摩尊者忌摆放位置过低……446
忌097	从事水产业者忌用紫色宝鼎……439	忌138	属狗者忌使用龙饰品……446
忌098	关公忌正对卧室……439	忌139	大钱币忌放置在厕所和厨房……446
忌099	貔貅忌三只同放……440	忌140	肖狗、兔者忌摆放许愿龙……446
忌100	学生忌戴如意翡翠……440	忌141	肖马、牛、鼠者忌摆放跑马……446
忌101	学生忌使用黄金球……440	忌142	肖狗、兔者忌置持水晶的龙……446
忌102	居家空间忌放置开光招财杯……440	忌143	金饭碗忌放置在右边……446
忌103	居家空间忌使用开光元宝……440	忌144	肖龙、狗、兔者忌置腾龙一角……447
忌104	学生忌戴聚宝盆手链……440	忌145	大鹏展翅忌置于右边……447
忌105	肖羊、兔、马者忌置招财鼠……441	忌146	年长者忌使用鲤鱼跳龙门……447
忌106	私密空间忌摆放招财进宝石……441	忌147	九龙笔筒忌置于公共区域……447

忌148	知了忌三个一起使用	448
忌149	一帆风顺忌置于右边	448
忌150	节节高笔筒忌置于右边	448
忌151	年长者忌使用紫檀骆驼	448
忌152	文昌塔忌置于右边	448
忌153	肖狗、兔者忌置官上加官	448
忌154	苏武牧羊忌置于右边	449
忌155	肖猪、虎、蛇者忌置猴饰品	449
忌156	肖狗、兔、鸡者忌戴百鸟朝凤	449
忌157	一路荣华忌与金属放在一起	449
忌158	属狗者忌用卧龙砚台	449
忌159	鲁班尺忌置阴暗之地	449
忌160	步步高升忌置于右边	449
忌161	十八罗汉忌置于卧室	450
忌162	龙凤镜忌置于污秽之地	450
忌163	花好月圆忌置于右边	450
忌164	学生忌使用久久百合笔筒	450
忌165	桃花斩忌置于容器内	450
忌166	如意玉瓶忌置于办公空间	450
忌167	砗磲龙凤配忌男女反戴	450
忌168	芙蓉玉手镯忌戴在右手	451
忌169	已婚者忌用天然粉水晶球	451
忌170	学生忌戴金发晶手链	451
忌171	学生忌戴心连心	451
忌172	紫黄晶手链忌戴在右手	451
忌173	孩子忌戴绿幽灵手链	451
忌174	学生忌用粉红宝鼎	451
忌175	学生忌戴红纹石手链	452
忌176	未成年人忌戴月光石手链	452
忌177	粉玉髓手链忌戴右手	452
忌178	鸳鸯忌单个摆放	452
忌179	人生富贵忌靠近金属物品	452
忌180	肖狗、兔者忌置金鸡	452
忌181	花开富贵忌与金属物品同用	452
忌182	肖鼠者忌使用马吉祥物	453
忌183	肖牛者忌戴羊吉祥物	453
忌184	肖虎者忌戴猴吉祥物	453
忌185	肖兔者忌戴鸡吉祥物	453
忌186	肖龙者忌戴狗吉祥物	453
忌187	肖蛇者忌戴猪吉祥物	453
忌188	肖马者忌戴鼠吉祥物	454
忌189	肖羊者忌戴牛吉祥物	453
忌190	肖猴者忌戴虎吉祥物	453
忌191	肖鸡者忌戴兔吉祥物	453
忌192	肖狗者忌戴龙吉祥物	453
忌193	肖猪者忌戴蛇吉祥物	453

附 录

附录一：风水名词注解

01.	风水学	456
02.	罗盘	457
03.	指南针	458
04.	鲁班尺	459
05.	太极	460
06.	八卦	460
07.	天干	460
08.	地支	461
09.	立向	461
10.	三元九运	461
11.	玄空飞星	462
12.	时星	462
13.	一白星	462
14.	二黑星	462
15.	三碧星	462
16.	四绿星	462
17.	五黄星	463
18.	六白星	463
19.	七赤星	463
20.	八白星	463
21.	九紫星	463
22.	风水宝地	463
23.	藏风	464
24.	聚气	464
25.	生气	465
26.	形势	465
27.	起伏	466
28.	青龙	466
29.	白虎	466
30.	朱雀	467

31.玄武	467
32.明堂	468
33.天门	468
34.地户	468
35.砂	469
36.穴	469
37.东西四命	470
38.东西四宅	470
39.八宅吉、凶方	470
40.生气方	470
41.延年方	470
42.天医方	471
43.伏位方	471
44.五鬼方	471
45.六煞方	471
46.祸害方	471
47.绝命方	471

附录二：居家吉方位图解

01.大门吉方位	472
02.房门吉方位	473
03.玄关吉方位	474
04.客厅吉方位	476
05.餐厅吉方位	479
06.卧房吉方位	482
07.儿童房吉方位	482
08.书房吉方位	483
09.厨房吉方位	484
10.卫浴间吉方位	484
11.过道吉方位	486
12.楼梯吉方位	487
13.阳台吉方位	487
14.庭院吉方位	488

附录三：风水宜忌小故事

01.鞋柜的高度会影响风水吗	490
02.祖先灵位供奉的位置有什么禁忌	490
03.住宅内适合养猫吗	491
04.住宅内适合养狗吗	491
05.光煞怎样化解	492
06.住宅窗户太多，是吉是凶	492
07.电饭煲放在何处	493
08.套装连柜的床好不好	493
09.住宅内安装长明灯有什么好处	493
10.门口犯"飞刀煞"会有何问题	494
11.门楣上挂八卦会对他宅不利吗	494
12.霓虹招牌对住宅有影响吗	495
13.窗外看见内衣裤有问题吗	495
14.大门口挂风铃会招鬼吗	495
15.房屋接近地铁站有何问题	496
16.时钟的颜色与方位怎样配合	496
17.卧房没有房门可以吗	496

第一章

住宅外观风水宜忌

住宅与人的关系息息相关,有时甚至可以影响一个人、一个家庭的命运。根据风水要求,阳宅需要有生气家庭才会兴旺,因此需要从周围的环境中纳气。按照五行的观点,气也有生、克,所以我们要懂得这些生克的讲究,只要在选择住宅时避免相克的一方,住宅就可以得到吉祥。

住宅外观风水之宜

人所居住的地方，应以大地、山河为主，大地、山河的"脉势"最大，与人的祸福关系最为密切。从风水学上看，住宅前后有山，或者左水右山的居住环境，是非常有利于保健、养生的吉宅。现在就介绍一些切实可行的选择适宜的住宅的方法，全方位阐释居家环境的风水，让你轻松改善居家环境的风水，创造更加美好的居家生活。

宜001 住宅宜空缺得位

在风水学里，每个方向为45°，方位每个15°，如东北有丑、艮、寅三位置，丑15°、艮15°、寅15°。东北的丑方称为牛，寅方称为虎，这两个方位一般是不理想的，在建造屋宅时，如果将丑、寅位空缺的话，住之将会大吉大利。如果居住在东北丑或寅空缺的宅地，此家人能富贵长久，居住的时间越长越富贵。

宜002 住宅宜正向

现在许多小区因设计和地理环境的需要，往往有一部分的楼是正向的，而另一部分楼可能会偏离正方向15°～20°。在这种情况下，最好是选择正向的楼。那么，何谓正向楼呢？就是指正南正北、正东正西、正西北东南、正东北西南。看上去是四个方向，实际上是八个方向：坐南朝北、坐北朝南、坐东朝西、坐西朝东、坐西北朝东南、坐东南朝西北、坐东北朝西南、坐西南朝东北。《沈氏玄空学》认为用正向推吉是最有力度的，用罗盘磁针偏向（以方向字中心为准不能超过左或右的4°5′）3°以内，比如坐西向东的酉卯向，以酉字中间算起偏左偏右在3°以内为大吉。实际上正位的磁力，气场是最有力的，风水学尤其重视正龙正向，讲究龙真穴正。宅居讲究方正的向，讲究这样的才是吉宅。若风水宝地是主贵的话，格局坐正的屋宅，出贵人，权力、地位、财富一定比坐偏的那些方位好。

▲宅居讲究方正的向，方正的住宅才是吉宅。若风水宝地是主贵的话，格局坐正的屋宅，出贵人，权力、地位、财富一定比坐偏的那些方位好。

宜003 住宅宜坐北朝南

住宅坐北朝南是传统风水理论的建筑原则之一。古人认为：北为阴，南为阳，风水好的地方就应该阴阳调和。直到现代，住宅坐北朝南仍是现代人居家、购房的首选。坐北朝南的住宅能充分利用太阳的光照，保持冬暖夏凉，而且坐北朝南会使住宅空气充分流通。

宜005 南方宜有空地

南方有空地的住宅是非常理想的居住环境。无论是一块单纯的空地，还是已经开辟成的庭院、公园等场所，对居住者都有很好的风水效果。如果南方面对的是一个公园，还可得到更多的休闲和娱乐的空间。风水学认为，南方留空地的住宅，家庭和睦，富贵双全。

▲ 好的风水就应该阴阳调和，北为阴，南为阳，坐北朝南的住宅能充分利用太阳的光照，使住宅空气流通。

▲ 南方留空地的住宅，可为家庭提供更多的休闲娱乐空间，更加有利于藏风纳气，从风水的角度上说还能使家庭和睦，富贵双全。

宜004 明堂宜宽阔

风水学认为，住宅前面的一片空地是为"明堂"，没有空地则将人行道视为明堂。通常，住宅前面的人行道宜宽阔平整，住宅与马路间应保持一段适当的缓冲距离。若宅前的巷道胡同过于狭窄，会让人产生压迫感。事实上，眼前越开阔、整洁，人们的视线就会越远，屋前也象征未来和前程，明堂宽阔预示人的心胸宽广、志向远大，会有非常大的抱负。

宜006 住宅宜方正

吴才鼎在《阳宅丛书》指出："凡阳宅须地基方正，间架整齐，东盈西缩，定损财丁。"屋相如人相，也要方方正正，忌尖角过多，奇形怪状。通常，方正的房子会给人一种稳定安全的感觉，而奇形怪状的房子则缺乏安全感。尖角会给人们的心理增加压力及负担。方正的房子，容易聚气，有利居住者的财运和官运，居住者在人际交往中可以左右逢源。

住宅外观风水之宜

宜007 住宅宜西高东低

住宅的地势如果西高东低，则非常吉祥。书云：西高东低地无妨，正好修工兴宅住，后代资财石崇比，二千食禄任公侯。解释为：住宅地势若西高东低，正好适合兴建住宅，后代会富贵，会出高官能人。居住在这种环境的人，为官者仕途的前程和富贵的程度并不一定非常显赫，但会平安吉祥，衣食无忧。

▲地势若西高东低，正好适合兴建住宅，居住在这种环境后代会富贵，有高官能人，保平安吉祥、衣食无忧。

宜008 住宅宜空气流通

最理想的居住环境应有柔和的清风徐徐吹来。倘若发觉房屋附近的风十分急劲，则不宜。因为即使这里的楼房真的有旺气凝聚，也会被疾风吹散，风水上最重视"藏风聚气"。还需要注意的是，风大固然不妙，但倘若风势过缓，空气不流通，也绝非善地。

宜009 住宅宜朱龙玄虎四神俱全

有诗曰：朱龙玄虎四神全，男子扬名女子贤，官禄不求还自至，儿孙之辈乐翩翩。屋宅左边有流水的叫青龙，右边有长道的叫白虎，前面有池塘的叫朱雀，后面有丘陵的叫玄武。如果这四种条件齐备，就是最好的建宅地点，可使居者功成名就，飞黄腾达，能让自己事业蒸蒸日上，前途无量，子女聪明好学，以后也会功名显赫。

▲住宅左边有流水的叫青龙，右边有长道的叫白虎，前面有池塘的叫朱雀，后面有丘陵的叫玄武。住宅如果四神俱全则风水最佳。

宜010 住宅坐向宜旺

坐向是指住宅的前方和后方，住宅风水主要看坐向是否当运，立向为旺气则吉，为衰气则凶。住宅风水中的坐向不是以房子的大门为向，而是以一栋楼的入口为主。坐向的当旺，主要是看坐向卦爻当旺、挨星当旺，以及坐向是否得到山水而生旺。如坐北向南的房子后面有金星山，则为之

▲ 住宅的坐向是否当旺关系到整个住宅的运气，坐向的当旺，主要是看坐向卦爻当旺、挨星当旺，以及坐向是否得到山水而生旺。坐向当旺的住宅运气顺畅，富贵吉祥。

▲ 建筑既要强调美，又要强调吉，对于高层住宅来说也是，楼层的高度要适宜，平衡适宜就会使居家吉祥。

坐方当旺。金生水，前面得木形山，为木火相生，则为向方生旺。一所真正坐与向都当旺的住宅，家人的命局都会比较好，运气顺畅，富贵吉祥，整个家族会越来越兴旺。

宜011 住宅宜阳光充足

住宅最讲究阳光、空气，所以选择住宅，不但要空气清爽，而且还要阳光充足。若是房屋阳光不足，光线昏暗，便不宜居住。

宜012 住宅楼高宜平衡、适宜

风水格局要求平衡、对称，与建筑设计中所讲的平衡、对称原理一样。建筑与风水，一个强调"美"，而另一个强调"吉"。其实，现实生活中的很多现象也是如此，高楼住宅更是如此。太高住宅会四面受风，居住者往往会锋芒毕露，孤立无援，有名无利，不吉。太矮小的屋宅令人备受压抑，不受重视。所以楼层的高层要适宜、平衡，居住者才会吉祥平安。

宜013 住宅外观图案宜简洁

看手相时，一看到掌上手纹，密密麻麻的掌相视为麻烦较多，这类掌相的人往往心思细腻，内心压抑，常独自承担着很多心事，内心有孤独感，家庭生活和个人经历很坎坷，很具戏剧化。居住环境也如此。从宅相来讲，住宅外观的图案简洁、大方、稳重，居住者的家庭会平安祥和，反之则不吉，图案的复杂程度与吉凶成正比。

宜014 住宅宜呈"四"字样

"四字样"，就是屋子方正如同"四"字形。住在这样的屋宅中，子孙会出贤能之人，世世代代不用愁。住在里面的人，也都会循规蹈矩，不敢为非作歹，所以这是会出好子孙、丰衣足食的吉宅。

宜015 住宅附近宜有两支文笔

现今社会对人的文化素养要求越来越高，大人都希望自己的孩子能品学兼优。如果屋宅附近有文笔位，则有助读书之人品学兼优，成绩名列前茅。传统的文笔是指高直的山，但在城市里，高楼大厦也属于文笔之列。住宅的附近有文笔，居住者会更聪明，接受能力强。如果文笔在住宅的东南方则更好，因为东南为巽，为四绿文昌，四绿属于柔木，文笔也属于柔木。

宜016 住宅外墙颜色宜与五行搭配

生物链显示自然界的生物是互相依存，也是互相制约的。这些现象在《周易》中称为"相生相克"，即五行的相生相克原理。五行平衡、五行调和、五行相生等，这不仅是《周易》的哲学原理，也是生存的法则，运气的原则。从风水角度来讲，外墙颜色五行与主人的年命五行相生，或其比和为吉（如生肖为猴者属金，选用黄色，则为土生金，选用白色，则为金金比和），颜色和颜色之间相生或比和均为吉，颜色与方位之间相生或比和也为吉。住宅外墙的颜色五行搭配得宜，就会大吉大利。

宜017 住宅东北宜有高大的山脉

书云：艮方宅后有高冈，南下居之第一强，非但子孙紫衣贵，年年岁岁满仓粮。《周易》卦象里，艮为山，表示高山之相，住宅有高冈会旺其地气，因此大吉。住宅建在东北方位有高起的山脉，风水非常好，大利少男，有益子孙，大富大贵。

2003年，笔者曾在云南勘测风水，在一位周先生家里，观其外局时发现，东北有高大山脉绵绵而来，住家正靠东北。所以断曰：此家必出少男发迹，富贵双全。这位周先生说："您说得真准，我家两个儿子，小儿子近年来财运非常好，掌管有7家公司，获得甚丰。"

宜018 住宅面积宜大小适中

从风水学角度来说，住宅应讲究聚气，若房屋的面积过大而人口稀少，则宅气涣散，不吉利；若面积适中，人口多，能聚气，就是兴旺茂盛的吉利景象；若家里的房子面积太小，虽然能够提升小孩和大人之间的亲和感，增进家庭和睦的强度，但每个房间各有其用途，房屋过小容易引起家里每个人都有自己的梦想，增加家人的心理压力。

现在提供两种计算合适的家庭住宅面积的方法。第一种方法：用家中各人岁数的总和乘以一点一平方米（1.1平方米）就

▲ 根据五行相生相克的道理，住宅外墙的颜色五行若与主人的年命五行相生，搭配得宜，就会大吉大利。

得出适合这家人居住房屋面积。例如，家中男主人是三十五岁，女主人是三十岁，两个小孩分别是十岁和五岁，全家人岁数总和是八十岁。用八十乘以一点一等于八十八（即80×1.1＝88平方米）就是说适合这家人在小孩十八岁前的住宅面积是八十八平方米左右。第二种计算方法：这种方法是依三代人来计算的，夫妻二人适合住宅面积全为五十平方米，学龄前的小孩每人为十平方米，小学至高中的小孩是每人十五平方米，大学的孩子和老人是每人二十平方米。

宜019 住宅的正北方宜有"金山"

屋后的正北方在五行中属水，如果住宅的正北方有一座五行属金的山，会令家人名利双收，因为金水相生，水又生财。然而，什么形状的山称为"金山"呢？圆形属金，长形属木，所以偏圆形状的山称为"金山"。

▲金水相生，水又能生财，住宅的正北方有一座五行属金的山，有"金山"做靠，可令家人名利双收。

宜020 楼宇宜色泽光亮

人的面相和气色有好坏之分，楼宇也一样，如果是新楼房，颜色一定要选择较为暖和的颜色，大红大绿或太过阴暗的颜色都不适宜。风水好的楼宇，外墙有光泽透出，反之则缺乏光泽。总之，从风水角度来讲，一个好风水的住宅色泽是光亮的，像人一样，运气好的时候满脸红光，运气不好的时候灰头土脸。

▲风水好的楼宇，外墙有光泽透出。光亮的住宅色泽能够给人精神焕发、气象更新的生机。

宜021 住宅西北宜有丘陵

住宅后方有山一般做靠山论，表示有贵人扶植，若西北（乾主西北）有丘陵，属于增强方位（乾为金，丘陵属土，土生金），家庭会富贵双全。尤其多出从政人士，从事管理方面的工作一般都能高升到比较不错的职位，地位、名誉、财运均不错。

笔者给一位姓杨的大伯看风水，发现

住宅外观风水之宜

▲ 西北属于增强方位，若住宅西北有小山，家庭会富贵双全，从政人士及其他管理人士容易得到提升。

他屋宅背后有小山，所谓丘陵地带。笔者说："大伯住进此宅后，家人升职发财。"大伯一愣："哦，是啊。我们刚进新居，儿子就升官，在公司上班的女儿也升职，财运比以前好多了。"

宜022 住宅宜兑丘坎林

住宅的西（兑）边有山丘，北（坎）边有树林，是非常吉利的住宅。风水学认为，这种格局的住宅是吉宅，会令居住者福禄双全。

宜023 住宅宜东有流水，西有大路

古书有云："宅东流水势无穷，道在宅西南北通，因何富贵双全至，右白白虎左青龙。"

住宅东面有流水，西面有路，叫做青龙、白虎，各就其位，自然大吉，居住者会富贵双全，好运连连。

笔者曾看过一处故居，住宅东有流水，西有大路，符合自然环境的富贵风水格局。他们居住在此宅，人才辈出，富贵双全。

宜024 住宅西南方宜有水

古有"坤山坤向坤水流，富贵永无休"的说法。从风水角度分析，西南为坤，属土。如果这个方位有水，就会有财运，水越大，财运越好。"坤山坤向"的意思就是，在上元二运坤卦得旺山旺向的时候建房子，如果坤方有水，就属于富贵无忧的理想宅居。

▲ 住宅的西南方有水，属于富贵无忧的理想住宅。因为此方位属土，此方位有水就会有财运，水大财运愈大。

宜025 宜种树挡煞气

如果住宅没有设围墙，而大门、窗户与邻家的大门或窗户相对，或者受屋角的冲射，都可以在其间种树来遮挡，这样就可以抵御煞气，保家人平安、吉祥。

宜026 宅前屋后宜有高山

诗云：宅前屋后有高砂，此地居之不为差，广有田财人口喜，家传富贵乐无涯。住宅前后都有高山（这里所指的高山是指住房被两山相夹），会令居住者财源滚滚，人丁兴旺，金玉满堂。在丘陵地带，许多住宅的前后有很高的岭和小丘等，是主家宅人丁兴旺的屋宅。这符合风水中所讲到的"山管人丁水管财"。

宜027 住宅宜被众山环绕

高而圆的山为楼台山，尖而秀的山为鼓角山。一栋屋宅位于四方有山环绕的平地之上，称为"盘龙地"，实际上，住宅在被众山环绕的环境中会有安全感。另外，有一些住宅会三方环山，而另一方有平地，这块平地称为明堂。这种格局是盘龙之地，地气蓄聚，居住在这种环境会财运亨通，事业发达。

宜028 住宅左右两边宜有流水环绕

家居左右水流长，久后儿孙福禄强，禾麦钱财常富贵，后来居上是书香。住宅的左右两边都有流水环绕，居住在此环境里会吉祥如意，大富大贵。风水有个法则：顺水要砂弯，逆水要横拦。左右水流经过比较长的路途源源而来，是十分理想的住宅风水。其水越长，发迹越长久；水流越大，家族就越旺盛。

宜029 住宅宜左水右路

从风水角度来说，左边是流水，右边是大路，北面依着青山的屋宅很吉利，居住其中的人能大富大贵，名利双收。

2000年，笔者看过一家屋宅，住宅的门前左边有流水，右边是大路，北面有青山，正好符合"左水右路北山"的风水格局。这家人住进此宅后，名利双收，家庭和睦、幸福，较过去运气顺畅多了。

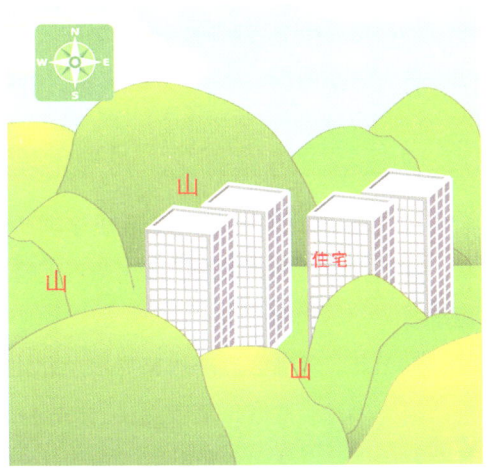

▲某些住宅三面环山，一方为平地，此乃盘龙之局，利于蓄聚地气，是使人财运亨通、事业发达的风水佳地。

▲住宅左边有流水，右边大路环绕，北面是青山，是"左水右路北山"的风水良局，能使家庭名利双收。

宜030 住宅宜四水归堂

江南民居普遍的平面布局方式和北方的四合院大致相同，只是一般布置紧凑，院落占地面积较小，以适应当地人口密度较高，要求少占农田的特点。住宅的大门多开在中轴线上，迎面正房为大厅，后面院内常建二层楼房。由四合房围成的小院子通称天井，仅作采光和排水用。因为屋顶内侧坡的雨水从四面流入天井，所以这种住宅布局俗称"四水归堂"。

"四水归堂"在风水学上是十分吉利的说法，能得到"四水归堂"的格局就是上好的风水住宅。在阳宅讲，明堂是指屋宇前方，宜宽敞。古人云：明堂如掌心，家富斗量金。明堂如掌心，必须周围砂水环绕相朝，才为富贵地。除了可安享富贵，这种住宅里的家人能够长久平安、健康。

宜031 住宅宜山环水抱

山体是大地的骨架，也是人们生活资源的天然宝库。水域是万物生机之源泉，没有水，人就不能生存。《墨子·辞过》云：古之民，未知为宫室时，就陵阜而居，穴而处。考古发现的原始村落几乎都在河边，这与当时人们的狩猎、捕捞、采摘生活相适应。依山的形式有两类：一类是"土包围"，即三面群山环绕，奥中有旷，南面敞开，房屋隐于万树丛中；另一种形式是"屋包山"，即成片的房屋覆盖着山坡，从山脚一直到山腰。风水学里称之为"山环水抱，富贵吉祥"。

笔者曾看过一家风水，从外局看，这

▲ 山水有情，住宅前有河流，后有大山则成山环水抱的富贵吉祥之格，居住者非富则贵。

个住宅前有河流包围，后有大山依靠，团团围住，正是风水所说的"山环水抱，富贵吉祥"，山水有情，居住者会有财有官。确实，这户人家主人身居要职，全家富贵。

宜032 住宅宜有曲水抱城

诗云：龙神弯抱过门前，富贵足天园。流水在门前围绕住宅曲折地流过，形成弯抱住宅的格局，称为"曲水抱城"。曲水抱城的环境是十分吉利的，会令居住者荣华富贵，万事顺利。

宜033 住宅旁边宜有花、月形池塘

住宅旁边的池塘若成花形或半月形状，则为大吉，宅主富贵，人丁兴旺，官运亨通。

2001年，笔者去看一居家风水，此住宅门前有半月形池塘，笔者说："林先生，真是有福气，所住房子为财格，前面这个半月形池塘，主收纳天上而来的财富，主得天财，此乃财源滚滚之住宅。"林先生

▲住宅门前的池塘成花形，为"莲花池"，主多平安，有神灵保佑，能够使宅主富贵，官运亨通。

▲住宅门前的左边设置水池，属于好风水格局，宅内的人平安健康，财源广进。

说："嗯，我们住进这里后，财运的确不错。另外还想请教一下，如果池塘成一朵花的形状的话，从风水角度来讲会如何？"笔者笑着回答："若门前池塘成花形，我们称为莲花池，主多平安，有神灵保佑。"

宜034 住宅外围宜形成"顺弓"格局

住宅外围环境有"反弓""顺弓"风水之说。

"顺弓"风水适合居家，就像我们举起的一支箭，将箭搭上弦，在弓内的箭身处位置就是"顺弓"。"顺弓"和"反弓"就像我们生活中看到的不同的圆，圆内家宅是"顺弓"，为住所吉相，多会预示着家庭旺运如搭在弓弦上，百发百中。

宜035 住宅门前左边宜有池塘

住宅的门前左边有池塘，住宅内的人会财源广进，家人平安、健康、家庭和睦。

2001年，笔者在广东中山勘测风水，邓先生家门前左边有个池塘，笔者说："你家风水好，不自觉中获得了财库，住进来后一直财运亨通。"邓先生说："住进此宅后，财运一直不错。"

宜036 住宅宜三面环水

古书云：水走则生气散，水融则内气聚。居住在三面环水的环境，称为"水融气聚"，谓之"金城环抱"，是财源滚滚之局，非常吉利。而且，江河支流有外气环绕，人的气血气场为内气，当居住在天、地、人三个气场结合之处时，会令事业蒸蒸日上，财运亨通，健康运也不错。

宜037 住宅左边宜有斑马线

都市的住宅要注意附近有没有斑马线，因为斑马线通常会产生风水上的影响。从形势来看，斑马线如果在屋宅的左边，为青龙位，则是吉相，会给居住者带来好运。

宜038 住宅门前宜有"Z""S"路

通常而言，住宅门前如有"Z"形或"S"形的路横向而来，这种格局会令财运亨通，事业蒸蒸日上，生生不息。对着外弓形的路较为吉利，但对着内弯路则不宜。

▲"Z"形或"S"形的路在住宅门前通过，属于好风水，此格能令财运亨通、事业顺利。

宜039 毗邻间距宜适度

毗邻间距应能满足日照和通风两大要求。间距是随着纬度、地形、住宅高度和长度以至住宅坐向等因素的变化而变化的。

通常可根据室内在冬季中午前后有两个小时以上日照时间，这个最低要求进行估算。一般比较理想的要求是：前后间距等于楼房高度，并肩间距等于楼房高度的一半。例如：6层楼住宅，高18米，则以前后间距18米、并肩间距9米为理想。

宜040 住宅远处宜有尖塔

距离住宅十里以外的尖塔为文昌塔，特别是位于东南（东南为巽，巽为四绿文星），是为文昌塔，有利文昌星的发动，对家中读书人士非常有利，可助其学习进步。

宜041 住宅附近宜有商场

住宅附近有购物广场或商业中心会给家庭带来运气，同时，商业中心的商业气氛越浓厚，财气越旺，越能令家庭财运兴旺。其实，从日常生活的角度来分析，住宅附近有商业中心，购物方便，人气也很旺盛。

▲由于商业中心和购物公园的人气旺盛，因此财运也盛，住宅若在此则能给家庭带来好运。

宜042 毗邻宜整齐划一

如果是毗邻整齐划一、高矮相当，则呈现出建筑景观美。这种景观美反射到人们的心理上便是平等互助、和睦相处。因此，有利于建立和睦的邻里关系。

宜043 住宅周围宜有槐树、榆树

风水对于绿化的理论是：村乡之有树木，犹人之有衣服，稀薄则怯寒，过厚则苦热，此中道理，阴阳要中和。住宅、庭院四周宜种些什么树？风水学有专门论述："东种桃柳（益马），西种榆树，南种梅枣（益牛），北种奈杏"、"中门有槐，富贵三世；宅后有榆，百鬼不近"，在庭院或院子里栽上槐树，可使居住者世代富贵吉祥，栽上榆树则可起到挡灾避邪的功效。

宜044 住宅周围宜有竹林

竹子自古被视为吉祥、平安的植物，在风水中竹子还有障空补缺、化煞挡灾之功用。夏天，竹子清爽宜人；冬天，竹林可抵御寒风。竹林还可以消除部分噪音。住宅周围如果有竹林，可以让家人平安富贵。但要注意，竹子一定要成林，否则也不吉利。

宜045 住宅前后宜整齐、开阔

房屋前后景物整齐，环境优雅，视野开阔，是居住的理想场所。住在这种环境，人会思维敏捷，学习进步，家庭人才辈出，从商者财源广进，从政者身居要职，从文者扬名四海，务农者五谷丰登。

宜046 宜利用植物驱邪

自古以来，中国的民俗一直认为植物能避邪，深知植物与人之间存在生物场，现在科学家证实物质具有语言、情绪、灵性，其实有人可以与植物交流、沟通，借植物抒发情怀。植物还可以保护家宅平安，给家宅带来健康、和睦、吉祥、如意。"独在异乡为异客，每逢佳节倍思亲。遥知兄弟登高处，遍插茱萸少一人。"此诗足以说明诗人王维不仅表达了他对亲人的思念，也说明他对茱萸的钟爱之情。从风水角度来说，认为在重阳节登高时佩戴茱萸可避灾祸；过年的时候，用桃树和柳树枝插在门的旁边可以用来驱邪；端午节时，把菖蒲、艾叶挂在门旁，或用艾做成"艾虎"带在身上，也能起到驱毒辟邪的作用。

▲住宅附近有竹林，可起到障空补缺、化煞挡灾之功用，能使家人平安富贵，还可抵御寒风，消除噪音。

住宅外观风水之忌

无论是农村的民房、郊区的私宅，还是城市中的豪宅、别墅等，有个好的住宅外观风水是非常重要的。如果住宅的风水环境吉，则住在宅内的人将吉上加吉、旺上加旺，适宜居住；若住宅的风水环境凶，则住在宅内的人将凶上加凶。住宅外观风水中要考虑的因素很多，其禁忌决定了住宅是否适合居住。

忌001 住宅忌左短右长

从风水来说，居住在左短右长的屋地会发富，财源广进，但会出现人丁稀少，家人身体虚弱的情况。居住在这种屋地的人，条件允许的话，最好是搬走，以保家人身体健康和人丁兴旺。

忌002 住宅忌后高侧低

从风水角度来看，住宅左右两侧较低而屋后很高的屋地，俗称"寡妇地"，对居住者婚姻不利，居之不吉。两侧较低的屋宅，容易受风雨袭击，而屋后较高的话，不利于房屋的通风，这种格局住起来当然不吉利，家运受阻，家人的身体健康也会受到影响。另一解释，寻龙点穴，找屋场位一般不在半山腰的下坡处，这种后面高两边低的屋场正是上下坡的地方，所以不是好风水的屋场。气散、不聚，会影响家庭团结以及婚姻的稳定等。

忌003 住宅忌呈三角形

三角形是煞气很重的风水符号，在九星中代表三碧，会令人是非多、破财、事事不顺。在现实风水中，三角形是有很多禁忌的，包括面相也是如此，一个脸形三角的面相亦称为不吉。在三角形的地形处建造房子，要当心煞气冲进住宅，对宅中人不利，特别是经商人士，会出现辛劳而无获的局面。另外，三角形的住宅，形状似斧头，在尖端处风水更差。如果无法避免带有三角形的屋宅，最好是将尖端处的房间作储藏室使用，切勿设计成卧室。

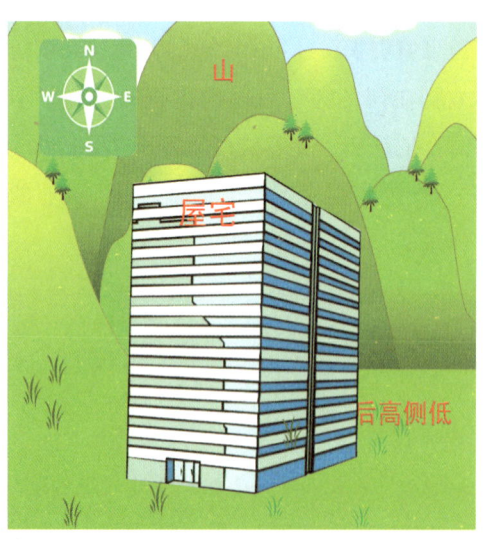

▲ 住宅左右两侧较低，屋后的高地很高，为"寡妇地"，既不利于通风透气，也不利于婚姻，居之不吉。

忌004 住宅忌右短左长

无论是农村的民房、郊区的私宅，还是城市中的商务大厦、别墅，好的风水都是非常重要的。一般人们比较重视前后左右的山水风景、交通状况以及人气风水等，但却很容易忽略本身的地形：右短左长。如果住宅的地形为"右短左长"的话，对家运很不利，不可居住，否则，不但财运不好，事业受阻，甚至人丁都会越来越稀少。

▲ 住宅的地形"右短左长"是非常不利的格局，这种格局不但不利财运，使事业受阻，还会导致人丁稀少。

忌005 住宅东侧忌有乱山

吉利的风水地忌有怪山、乱石等杂乱的山形破坏气场。如果屋地东侧有形状突兀的山，那么，这里是不理想的居住环境，居住在这种环境下，不利婚恋，也易破坏家庭的和睦，财运亦不佳。

忌006 住宅忌坐向衰弱

通常住宅后面为坐，前面为向。如坐西朝东的住宅，西属金，后面有半圆形山丘为坐旺，因为半圆属金，金金相助为旺。若有尖形山峰或建筑则为衰，因为尖形属火，火克金，坐方失利衰弱。朝向也同理，东属木，若前面有长星或高高山峰为木旺，则向为"旺"；若前面有半圆山丘是为金克木，则向为"衰"。风水学认为，坐向衰弱，家运不佳，难有发展。出现"坐向衰弱"的情况，补救办法有两种：一是可以在坐向外墙装修颜色进行补救，比如坐向为金可用白色装修外墙，如果属木用绿色，水用黑色，火用红色，土用黄色装修外墙。二是可以在相应位置将门窗设计成合乎五行的形状，如西方属金，开圆门圆窗；东方属木，开长窗等。

▲ 坐西朝东的住宅，后面有半圆山丘为坐旺，因为半圆属金，金金相助为旺。若有尖形山峰或建筑则为衰。

住宅外观风水之忌

忌007 住宅忌"势气"下泻

风水学主要是研究屋宅的气场，包括自然空气以及形势的"势气"。一般从住宅的形势来看，地下停车场是"势气"下泻之处，低层住家或商店大门靠近地下停车场入口，气则会往停车场入口流，象征好运流失，令低层的居住者和商店很难获得发展。

▲地下停车场从住宅的形势来看属于"势气"下泻之处，底层住家或商店大门靠近地下停车场入口，气会往停车场入口流，这样好运就会流失。

忌008 居住忌在"虎口屋"

在选宅时要避免选择"虎口屋"，即要慎选前后左右有街巷直冲的房屋。若房屋的大门正对直冲的马路，马路愈长凶险愈大，车愈多则危险就愈多。另外，对面大楼开有八角大窗或似虎嘴状的窗子，在风水学上叫做"白虎开口"，居者容易受到伤害，还会破财，是很不吉的屋宅，可用一对貔貅或麒麟对着虎口，或者用凸镜把煞气反射出去，以降低冲煞。

忌009 住宅形状忌似刀、枪

风水学特别讲究气场的调和，最忌有呈剪刀、刀或枪等凶器形状的建筑物，更不宜有这些形状的"煞气"冲撞住宅。此格局的屋宅容易发生灾祸，对家人不利。如果遇到这种情况，可在对应位置挂上凹镜或凸镜加以化解。凹镜或凸镜有折射作用，通过镜子的折射可以起到化煞的作用。

忌010 住宅忌被太阳暴晒

许多人认为，多阳光的屋宅是很理想的。但是住宅朝东，太阳东升西落，斜面的阳光于上、下午分别从门和窗照射住宅。夏天，居住在其内部的人几乎整天在十分酷热的气氛下生活，容易心烦气躁，导致健康受损或精神不佳，工作、生活的状态不好，运气阻滞。解决办法：选择冷色窗帘，使住宅光线布局合理，自然转凶为吉。

▲朝东的住宅容易受到阳光猛烈地照射，人居住在这样的住宅夏天容易心烦气躁，健康状况易受到影响，最好选择冷色窗帘遮挡过猛的光线，使住宅转凶为吉。

忌011 住宅楼顶忌呈尖形

经常会有人提到，是不是带尖形的房屋就是风水的"火煞"？当今都市高楼林立，艺术装饰五花八门，屋顶装修的尖顶算不算火煞？一般风水学认为：风水是一门讲形局、气势的学问，只要造型具备了尖角这样的格局，就属于"火煞"。如果屋宅楼顶呈尖形，不管是装修的艺术品带尖，还是电视天线，只要在屋宅中心尖上去，均属于"火煞"。尖形屋顶，往左右两边倾斜的屋宅名为"寒肩屋"，财气不聚，越尖负面影响就越大。

▲在屋宅的中心尖形直冲上升，是尖角之格，属于形煞中的"火煞"，会导致屋中财气不聚，形状越尖其负面影响越大。

忌012 住宅户型忌缺角

户型中有凹凸形状的，在风水上称为缺位。东缺一块西缺一块的房子必然导致五行的能量此消彼长、不能平衡。但如果只是阳台部分凸出，缺位或凸出的面积小也可忽略不计。

忌013 住宅地形忌为圆形、椭圆形

一般而言，圆形和椭圆形的土地很少，自古以来，这种地形的土地，都是用来盖寺庙或佛堂，一般民众都不喜爱用。民众的这种看法，并非毫无凭据，从住宅风水术的原则上来看，这种和一般形状不同的圆形、椭圆形土地，大都属于凶相。

圆形的土地，其周围气场一定会有约束。所以，圆形地形有制约、束缚以及闭塞的意思，象征居住人毫无发展性、一生穷途末路之意。椭圆形也是属于凶相的地形，其道理同圆形土地，这种土地还是敬而远之较好。

忌014 住宅外观忌像牢房

所谓大气招展，指的是建筑物外观有气势、门面大，看起来大方气派。这种建筑物可以带动人的心情、动力，让人可以大展身手，实力也能得到发挥。

相反，如果选择像牢房一样的住房，看起来门不像门，窗不像窗，不知何处才是主要的对外管道，这种住房的方向不明，气就无法伸展，住在里面的人的能力也就无从发挥。

忌015 住宅忌房小人多

如果房小人多，会使得阳气加重，形成阳重阴轻之象。居住在里面的人容易缺乏忍耐力，脾气暴躁，人际关系不好，常有争吵打架之事。补救办法是把室内灯光调至柔和，多用黄色灯光，多开窗户，使空气流动，使阴阳达到平衡。

忌016 住宅忌房大人少

房大人少，这里是指整个住宅面积大，居住的人少，这在风水中是很忌讳的，其实我们也能看得出来，空荡荡的住宅只有自己一个人，难免会有寂寞之感。房子大了寂寞，那么你可能会有几个选择：把父母接来同住；找个对象或者添个孩子；邀请好朋友们和自己分享这套房子。

▲ 住宅面对着三支并列在一起的烟囱，被称作"香煞"，这样的住宅对居住者的身体健康不好，"香煞"之格会对家中小孩子的成绩造成不利影响。

▲ 住宅的面积很大而居住在里面的人很少的话，这在风水上是不吉利的，会给人寂寞之感，容易使人形成孤僻的性格。

忌017 住宅忌对着三支烟囱

烟囱，也称为"冲天煞"，如果三支烟囱并列一起，就称为"香煞"。大厦对着烟囱，对居住者身体健康不利，进而影响家运。烟囱像文笔，实际上是"败笔"（不好的文笔），因为烟囱为燃烧物品时用作排出废气之用的，也称为"火烧文笔"。面对三支烟囱并列这种格局的人家，孩子读书成绩退步，或平时聪明，但在考试时候总是失利，成绩不理想。化解办法：在火烧文笔的方位放一盆水或养一缸金鱼，鱼的数量以六条为最佳选择，以水来克火。火烧文笔之力就会减弱，孩子的学习成绩也会进步。

忌018 住宅忌处于窄巷

通常窄巷是指通道只有1～1.5米的宽度，进出很不方便。这种密集的居住环境令人的身心颇受压抑，长期居住，各方面都难有发展，特别是事业的发展会受到较大的阻碍。

忌019 住宅忌形如"7"和"凹"字

"7"字形的楼宇指的是一面楼翼长，而另一面的楼翼短，拐个直角弯，不宜。同样的道理，户型是"7"形的也不宜；"凹"字形是指同一住宅的前后或左右高起，而中间凹下去。这两种格局均不利于

▲ 同一住宅的前后或左右高起，而中间凹下去这种格局就是"凹"字形格局，属于残缺的形状，对于居住者不利，会使运气受阻，百事不顺。

居者健康，也不利于家运。"7"字形和"凹"字形都属残缺的形状，不吉，会使运气受阻，百事不顺。

忌020 住宅忌泰山压顶

风水十分讲究形势，讲究气场，居所气场是否顺从主人，是否威严、富贵是非常重要的。若四周高楼林立，唯独自家所居之楼房低矮，势必遭受压制，运势难伸。

忌021 住宅忌脚下悬空

借鉴很多国外的设计，有些楼梯设计时在楼中间开门洞，南方称这种房子为"骑楼"。房子下面是空的，对于房子的保暖、坚固都不会有好作用。人、车经常从房子下面穿过，凭空多出许多噪音、废气和不安定的因素，脚下经常吹风、过人会让居住者有一种住在桥上的感觉。悬空的房子又称"脚底穿心"，家里好的能量没有土地作依托保护，会流失得比较快。

忌022 住宅忌前宽后窄

前宽后窄的屋地，形状像棺材，也叫棺材地，俗称"斧头形"。这样的屋地十分不吉利，不利财运、家运，居住其中，会不断发生灾祸，宜尽快改善或搬迁。

忌023 住宅忌外墙剥落

住宅外墙剥落、崩裂，甚至钢筋外露，是很不吉利的，称为退财之相，不利于事业的发展。外墙的损毁程度与负面影响力成正比，若损毁的部位属该宅吉方的话，则破坏力更强。

忌024 住宅忌外型单薄

房屋的外型不宜窄长、单薄，否则有摇摇欲坠的感觉。风水学认为，单薄则意味着"元气"不足，对财运和健康均不利，两边墙没有窗户则更不利。

忌025 住宅忌设计成白墙蓝瓦

现在有些房屋为了追求美观，设计成白墙蓝瓦，从风水的角度来分析是不吉利的。白墙蓝瓦的色调大多用于灵堂、阴宅、纪念堂等阴性较重的建筑物，不适合一般的住宅，否则会加重房屋的阴气，令居住者事业不顺，运气下降。最理想的颜色为红瓦白墙。

忌026 住宅忌形成鹤立鸡群的格局

现在许多人喜欢住在最高的地方，例如：山顶或半山腰，或者在平地上有别于其他所有楼宅的高度争取最高楼层，形成一种"鹤立鸡群"的格局。但是这种格局很不吉利，高处不胜寒，地气不稳，大部分会烟消云散，将住宅建在高处，或者楼层高于其他屋宅，会四面风吹，失去龙砂的护卫，气随之飘散，犯了"风煞"。

忌027 住宅忌众高独矮

近年不少城市都出现很多旧区重建的情况，而拆卸旧区重建之时，因种种关系，有些旧楼未能拆除重建，反而两旁却盖起一些高楼大厦，形成众高独矮的情况，这种特别矮的房屋便会成为聚煞之地。因独矮的房屋被两边高楼夹着，屋顶上必然出现长而窄的空间，而阳气的特性是遇空而窜，因而屋顶出现阳气难聚之象。而阴气则从地下传导，矮屋传导阴气之力必强，而且两旁之高楼亦成为阴气之导体，因此矮屋受阴气笼罩，从而形成阴气极盛之象，居于室内的人容易出现精神、情绪的问题。化解方法唯有把屋内的灯光加强，多把窗户开启，从而使阴阳能够和合。

忌028 忌选择透明的住宅

四下透明的玻璃帷幕建筑只适合做无私密性顾虑的办公室，如果用来做住宅就犯了"泻"字诀，会导致人心神不宁，家人易生口角，女性易发生外遇。

忌029 忌居住得太高

现代都市多高楼大厦，选择这样的建筑，不要去挑选太高的楼层。因为这样人可能会吸收不到地球的磁能，而且又会接受过多的太阳能，容易影响心情，对身体有一定的伤害。另外，住得太高因"经常性微幅摆动"会让人神经系统失调并引起失眠。如果你现在住的正好是高楼层，解决办法是多种些盆栽和加装窗帘。

▲住宅太高，居住在高层的人可能会吸收不到地球的磁能，容易使人心情烦躁，住的太高的话会因"经常性微幅摆动"让人神经系统失调并引起失眠。

忌030 住宅忌靠近悬崖边

不要把住宅建在悬崖边上。悬崖边上险象环生，不宜居住。如果家中有小孩，就更不应居住在这种地方了，否则小孩失足坠崖，会为家庭带来长久的痛苦。

忌031 忌大山挡路

古有"愚公移山"的故事，说明一切事物都是向前发展的，风水也不例外。如果住宅前面被大山挡住，产生"无路可去"的感觉，那么，这种环境不宜居住。住宅门口直接面对着大山，距离越近，负面影响就越大，因为这样会导致气流不通畅。从实际生活来分析，会使家人不能直路前进，需要绕道而行，对财运、健康运都不好。

忌033 住宅忌夹在两山中间

房屋的前后都是山，房屋夹在山的中间，形成两山相夹的格局，是很不吉利的居住场所，这种房屋会导致家庭贫困，更谈不上事业的发展。

▲ 房屋夹在山的中间，前后都是山，形成两山相夹的格局，这样会导致家庭贫困，很不吉利。

忌034 忌选低洼之地的住宅

比一般土地更低的地，不论从家宅风水术或建筑学上来看，都比一般平坦地要差。因为水往低处流，所以低地一定是积水之地。即使有再健全的排水设备，由于其先天的条件就比平地差，也比平地潮湿。如下雪的话，低地积雪比其他地方厚，所以溶化的时间一定也比其他地方长，同时，低洼之地也是灰尘堆积的地方，风把各地的灰尘都吹到低地来了。所以，低地确实有其先天性恶劣的条件。

尤其是河流旁的低地，在下了场大雨后，往往易受到河水泛滥的灾害。低地向

▲ 住宅前面被大山挡路，会产生"无路可去"的感觉，住宅前面直接面对着大山越近其负面影响就越大，因为这样会导致气流不通畅。

忌032 住宅忌左右是山丘

屋宅的左右两边都有一些小丘陵，而艮方（东北）后面却是平坦大道，这种格局非常不吉，在巽位（东南）开门还可以弥补，但在兑方（西方）开门或兑方有大道则是大凶。风水上认为，这样的住宅人口不安，运气衰败，多是非，容易破财，招灾。

来比其他地方更容易受到灾害,而且受灾程度也比一般地方大。人住在低洼之地,容易对健康造成不利的影响。

如住在低洼地带而又无法搬走的话,其补救办法是日间把窗户打开,让阳光能够照入室内。而室内则要保持光线,尤其是在门前及门内之玄关位置,最好有灯长开,使阳气增强。

忌035 住宅忌"斜路东北"

在八卦中东北为艮,西为兑,道路从东北通向西方称为"斜路东北""通兑"。事实上,风水学认为,屋宅有斜路从住宅的东北方通向西方,是十分不吉利的,会导致居住者先富贵,后贫穷。在这种格局的房子居住,最好是住一段时间就搬迁。

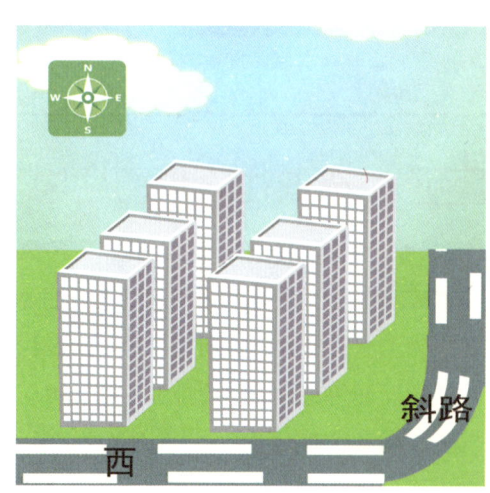

▲屋宅有斜路从住宅的东北方通向西方称为"斜路东北""通兑",是非常不吉利的,会导致居住者先富后贫。

忌036 住宅后面忌靠"恶山"

住宅后面不要靠"恶山"。如:所靠之山并非明丽秀美,而是山丑石怪、寸草

不生,则代表工作生活中上司或长辈会百般刁难,而部属又多阳奉阴违。后山不宜太陡、太高,这会形成压迫感,太贴近山壁而盖的房子也不宜,即后面没有回旋空间,表示后退无路,气运闭塞不通,事业发展有限。

忌037 住宅忌四面是丘地

屋宅在丘陵地带,前后是南北方位,特别正南方或正北方有小丘的,不是很理想的居住环境。居住在这种环境的住宅,家运不畅,也不利家人身体健康,财运亦受阻。一般屋宅前后有小丘,坐南朝北或坐北朝南的房屋,麻烦事比较多,财运不好,健康状况也不理想。

忌038 宅后忌无靠

住宅背后有山,是为有靠山。坐后无靠,对自己会有以下影响:自己容易失去权力及缺乏领导能力;自己的意见不容易被别人接受,易和别人发生分歧;会失去得到提拔的机会及上司的帮助。

在城市无法寻找真山,一般以大楼为山,就是说,要在此大楼的背后有其他大楼支撑,如果背后没有其他大楼,那就形成孤阳宅了,是为不吉。

忌039 忌风大气散

风水学最重视"藏风聚气",但倘若风势过大,宅内气散,则为不吉之所。最理想的居住环境,应是柔和的风徐徐吹来,送来阵阵凉爽,这才符合风水之道。否则风大气散会散财、失物、六亲无情,运气

不佳，百事不顺。从科学的角度来分析，"风大气散"也不利家人健康。

忌042 忌住宅四周都是林木

风水里，最关键的内容就是阴和阳，阴阳通则万物生生不息，阴阳不通则万物不生。在一个四周都是林木的地方建造房屋是不吉利的，构成了"阴气重"的格局，这样的地是阴宅地，会让居住者事业受阻，财运不畅，也不利家人的健康。

▲ 住宅所处的地形风势太大，不利于藏风纳气，容易散气散财，易导致失物、六亲无情、运气不佳、百事不顺等不良风水效应。

▲ 住宅的四周被林木包围就会使阴气太重，这种地形是阴宅地，会让居住者事业受阻，使财运不畅，于家人健康不利。

忌040 住宅周围的树上忌有蜂蚁

如果住宅周围的树上有蜂窝或蚂蚁窝，是很不吉利的。蜜蜂在住宅的周围，容易蛰伤人，而蚂蚁则对人们残留的食物很感兴趣，麻烦很多。从风水角度来分析，蜜蜂和蚂蚁代表小人，住宅周围有蜂窝或蚁窝，对居住者的事业不利，容易出现小人是非。

忌041 住宅忌割脚水

割脚水是水靠近住宅，而住宅受水之压迫，因而产生煞气，最明显的影响是使人情绪不定，思想不能集中，易生意外，财来财去。但须注意的是割脚水一定是迫近居室的，而且水深而直，才称之为割脚水，不是任何靠近居室的水都是割脚水。

忌043 住宅忌两边白虎

住宅的东西方位都有道路相夹，称为"两边白虎"，风水上是属不吉利的住宅，会使居住者事事不顺，钱财流失。

2002年，笔者看过一家住宅，住宅的外面两边都是大道，并且很长，是主要的交通要道，形成"两边白虎"的格局。因此断曰："屋主住进此宅后，财运不佳，百事不顺。"屋主反馈："确实如此，家运大不如前。"化解方法：在屋宅内部中心放置罗盘或太极图，同时在两边窗口各挂

住宅外观风水之忌

一面凹镜，化解凶气。经过调整，三个月后，屋主的运气果然顺畅多了。

忌044 住宅周围忌桑树成林

住宅周围有桑树成林，是十分不吉利的，因为"桑"与"丧"同音，丧是很不吉的一个字眼，容易引起人的反感。再者，成林的树木阴气较重，影响住宅风水。

曾有一家人屋宅周围种满桑树，结果这家人非常不幸，灾祸接踵而至。后来，经风水专家指导，将周围的桑树连根砍掉，运气才逐渐好转。

▲"桑"与"丧"同音，住宅的四周桑树成林非常不吉利，容易招致祸患，而过重的阴气也会影响住宅风水。

忌045 住宅附近忌有小桥冲屋

住宅的附近有小桥，正好冲射到屋宅，不吉。这种住宅会给家庭带来不好的运气，特别不利财运，还会影响居住者的健康。

忌046 住宅西北方忌有水池

周易方位西北为乾，属天门，巽为地户，若有水池在西北，即是金寒水冷，西北方金生水，居住在天门会挨饿遭冻，温饱不全，出门不顺利，很不吉利。

▲住宅的西北方设置水池的话，居住在天门的人会温饱不全，出门不顺，不吉。

忌047 住宅忌乾林坤水

在住宅的西北（乾）方有树林、西南（坤）方有河流、池塘等，称之为凶宅，对居住者很不吉利，会影响后人的财运，子孙贫贱，难以出头。

忌048 住宅忌水冲射正南午方

住宅如果是坐北朝南的方位，前方或左边有水冲射而流入正南午方则不吉，会导致家庭先富后贫，钱财慢慢减少，家族会逐步走向衰败。

忌049 **住宅忌藤蛇缠身**

在周易八卦预测学里，其中一个方面就是从青龙、朱雀、勾陈、藤蛇、白虎、玄武此六兽之象去配合预测事情的发展趋势的。这个阵势本身就是一个风水阵，风水把屋宅四周用左青龙、右白虎、前朱雀、后玄武、中间勾陈来表示。藤蛇是不配入内的，因为人们都认为藤蛇是不吉的象征，想想突然被毒蛇缠身的景象，不禁会毛骨悚然。虽然会化险为夷，但不免要经过一场心惊肉跳的惊吓。因此，八卦预测，若遇神临藤蛇必有麻烦事，为心神不定之象。八卦预测把藤蛇归纳为虚惊怪异之事，结果尽在于智能以及局势的变化。风水中把藤蛇看成是一种极度麻烦的事情，屋宅外墙攀满树根枝攀的话叫藤蛇缠身，不利事业的发展，也不利于家人的身体健康，其浓密程度与负面影响成正比。在现代生活中，有些艺术爱好者喜欢在家种植许多植物，还配上色灯，从艺术角度看，是很浪漫、温馨的，但却犯了风水之大忌。

忌050 **住宅忌被"丫"形水流包围**

如果住宅被"丫"形水流包围，住宅就会像小岛一样，这样的住宅风水是很不利的。从风水的角度分析，这种形式就像"剪刀煞"一样，住家必然会首当其冲地受到泛滥失控的水流伤害，居住在这种环境下很没有安全感，而且这种格局的住宅会令家庭失和，也不利财运。

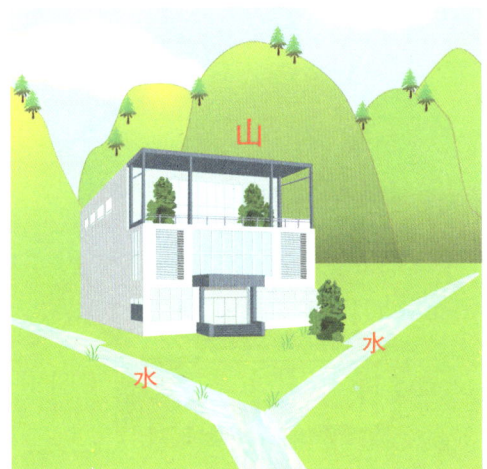

▲"丫"形水流包围住宅，此形势属于"剪刀煞"，住家必然会首当其冲地受到泛滥失控的水流伤害，居住在这种环境下没有安全感，易家庭失和，于财运不利。

忌051 **住宅外围忌有死水**

住宅外围忌死水。一般风水概念上的死水指形成浑浊、污染、发臭的水，因为它们缺乏生命能量，自然是不利于人的生活环境，也不利于人的健康，更不可能给人以好的心情。所谓"死水一潭，枯井无波，了无生气，令人窒息。"

▲屋宅外墙攀满树根枝攀叫藤蛇缠身，藤蛇是不吉的象征，屋宅藤蛇缠身不利于事业的发展，也不利于家人的身体健康。

住宅外观风水之忌

忌052 住宅忌前水后墓

屋宅前有流水，后面有坟墓，属于败家之屋宅，家庭不和睦，也不利财运。遇到这种环境的住宅，最好是搬迁。

2004年，笔者在湖南长沙看风水时，李先生说近年财运尽散，家门不幸，特邀我前往勘宅。我一看他家门前面正对流水，后对坟墓，正好应验了"前水后坟"之局。难怪居家如此失败，于是我就建议李先生赶快搬家，以扭转家运。搬后不久，他的家运就得到好转。

▲ 前有流水后有坟墓的住宅属于败家之屋宅，不利于财运，也容易导致家庭不睦。

忌053 住宅外围忌水势急

若要选择堂前聚水的家宅，当以平静祥和的水景才称之为好风水。若水势急促，会使你的心境浮躁，心态不稳，你的事业非大成即大败。面水的家宅，如果所面对的海波涛汹涌，风高浪急，除了在风水学上会导致财源不稳外，在人的心中亦会造成影响。另外，面海的家宅也要注意切勿过于贴近大海。事实上，太近大海容易受到涨潮、海浪和海上强风的侵害，这样的房子缺少安全感、宁静感，因此要特别注意。

忌054 住宅东北方忌有孤坟

古书云："艮地孤坟一墓安，莫教百步内中间。痴聋久后并喑哑，有病纵令治不好。"住宅附近有坟墓是不吉利的，特别是在住宅的东北（艮）方位如果有坟墓的话，居住者或其他人易出现聋、哑、痴呆等残疾症状。

▲ 住宅的东北（艮）方位如果有坟墓，容易导致居住者或其他人出现聋、哑、痴呆等残疾症状。

忌055 住宅忌灯柱直冲

现在城市的小区楼宇大多数都楼层较高，从风水的观点来看，居住在四楼以下的，比较容易犯"灯柱直冲"的风水问题。因为现在街道或公园及小区附近都安装照明灯，这些灯柱就有可能影响某些住户的风水。门或窗中央的前方有一灯柱直冲过

▲ 在现代高楼中四楼以下的住户都容易犯"灯柱直冲"的风水问题，门或窗户中央的前方有一灯柱直冲过来不吉，不利于家人健康，居住者易脾气暴躁。

来的话，是为不吉，不利家人健康，也会使居住者脾气暴躁。如果出现这种情况，可悬挂一面凸镜，将煞气扩散出去。

忌056 住宅下忌有地铁穿过

随着现代都市地铁的发展，地铁站附近的建筑物越来越多，因为交通方便，所以楼价较一般楼宇高。从风水方面来说，房屋接近地铁站是没有什么不妥的。但在地铁通道上盖房子则要注意：因地铁的路轨从楼底下穿过，这楼宇的风水属"地底穿心煞"，犯之则对居住低层者影响很大，令居住者身体健康不佳，运气反复。如果一定要选择此种环境的楼宇时，应考虑购买6层以上的楼层为佳；如已购或居住者应采取化解之法，在家中奉养一些宗教用品为宜，这样既可使家人运气平稳，亦可化解地底"穿心煞"。

忌057 忌居住在立交桥附近

立交桥上高速通行的车辆产生的噪音和涡旋气流，会对居住者造成伤害，当然也对建筑的风水财气产生极大的冲断作用，对住户身心健康及财运、官运都不利。交叉的大道旁产生的影响力和立交桥处差不多，而且还会尘土飞扬，居住在这种环境中，日常起居都无法安宁。

因此，立交桥附近的房宅对个人身体健康、事业、学业，都有害无益，对整个家运也相当不利，这样的住所不宜居住。

忌058 住宅四面忌都是马路

住宅四面都是交通要道，许多人认为是"四通八达"的格局，其实不然。这种格局的住宅从风水角度来说是"气散气冲"之局，十分不利，另外会产生很多的噪声和灰尘，令居住者彷徨不安，影响正常的生活。

▲ 住宅的四面都是交通要道的话易形成"气散气冲"之局，是不利的格局，还会产生很多噪音和灰尘，影响居住者的正常生活。

忌059 住宅忌设于道路尽头处

道路尽头分为两种情形，第一种是T字形道路的尽头，第二种是巷道尾端。

住宅建在T字形道路尽头，有两种危险：一种是容易受到对手的袭击；另一种是台风时承受风力最强，尤其发生火灾时，这种住宅遭受的灾害最为惨重。另外，此地发生车祸的比率比其他地区要高出很多。

至于巷道尾端的住宅，缺点可分为三种：第一，外出时必须经过别的住家前面，处处觉得不方便；第二，火灾时除非巷尾另有其他通路，否则逃生不易，增加危险性；第三，巷道尾端申请建筑许可不太容易，有各种建筑限制，处理起来很麻烦。

忌060 忌选择底层是商店的住宅

在国内的许多城市中，常可见到有些住家和店面连在一起的情形，这种住宅常被称为"骑楼"。通常，如果大楼的底层是商店，二层和二层以上是住宅，这种类型的大楼就存在一种奇怪的现象：如果位于大楼底层的店面先开张营业，位于二层的住房会很难出售或出租；如果大楼住宅先行出租并且居民已经入住，则底层的店面会售不出去或租不出去，即便开张营业，十家商店里有至少七家以上会亏本破产而告终。

住宅之气宜静而商店之气宜动，动静相克，格格不入，难怪会出现商家亏本的局面。而且住在商店楼上的居民，在丁财两方面都是易受损的，楼层越低，受损程度越大。

忌061 住宅背后忌遭路冲

俗话说：明枪易挡，暗箭难防。由于都市规划的缘故，造成了有些楼宇背后遭到路冲，这种路冲较正面的路冲危害更大，居住在这样的环境中，会遇到很多麻烦，人际关系不好处理，对子孙后代也不利。

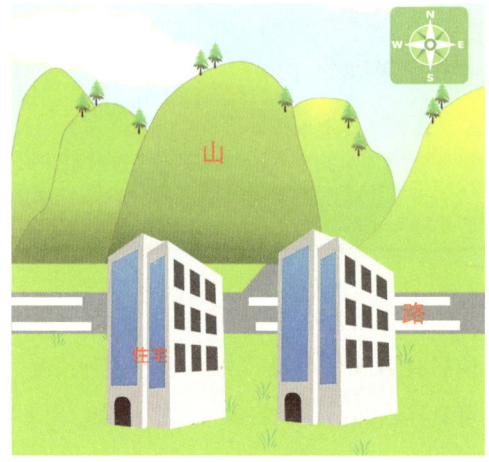

▲住宅的背后遭到路冲，较正面的路冲危害更大，这样的格局对居住者非常不利，易导致其遭遇很多麻烦。

忌062 住宅忌紧挨路边

如果住宅太挨近铁路或公路边，灰尘、噪音、汽车的尾气等污染，日日夜夜都有。此外，由于车辆川流不息，还影响到环境场不稳定，使人体场难以适应而容易体力不佳、精神不振，甚至生病。

而且住宅太挨近铁路、公路边还容易发生交通事故，小孩、老人进出都得提心吊胆，担惊受怕。更何况铁路、公路还不时要扩建、改线，房屋时时面临拆迁的威胁。

忌063 毗邻布局忌错乱

如果毗邻的是布局错乱、高矮参差不齐的房屋，则不仅是视觉上不美而且会反射到人的心理上，使人相互歧视而造成隔阂。这正如古代风水著作《水法诸言》所说："凡人家，屋门乱杂错综向，必定兄弟不和睦；屋后人家有两向，便断大家忤逆足。"如果住宅矮于毗邻的房屋。特别是气口被高的建筑物所阻挡，则会影响本宅风水。

忌064 住宅忌有半边受路冲

随着城市建设的发展，常常有道路要进行拓宽，有些建筑物可能会造成半边路冲的情形。被路直冲的这半边较为不利，居住者最好不要背后靠玻璃窗坐卧，否则不利健康。屋前、屋后有半边路冲来都是不吉利的，从风水角度来分析，半边路冲不利健康，居住者的运气也会下降。

▲ 住宅被半边路冲，居住者的健康和运气就会容易受到不良影响，居住者最好不要背后靠玻璃窗坐卧

忌065 住宅门前忌有大树

在阳宅堪舆学中有人认为，在门前有大树者，会阻扰阳气的进入，使阴气易于兴旺。大门系"生气"入口之处，其重要性犹如人之咽喉。倘若"气口"之上设置障碍，维系生命的"气"就会受到威胁，而难得滚滚的生气，人岂能健康长寿。

以现代的观点来看，门前横着大树，会有碍交通。因为现代交通乃是以车辆为主，人们于行走间遇见大树可以侧身从缝隙穿过，但车子不可能像人一样方便地穿梭往来于树缝之间。所以说门前有大树者，较之以往更为不便。另外，门前的大树会阻挡人的视线，使人目不能望，眼不能眺，视线遭到破坏，造成人的情绪烦闷、抑郁，进而影响主人的健康。

如果屋前有枯树则更是凶相，因枯树所发出的气为死气晦气，形象上也是代表着死亡，对身体会产生不良的效果,比如情绪低落、没精打采。

遇到以上情况，皆适宜用植物、反光镜等物件化解。

忌066 忌住在医院附近

医院是病人聚集汇合之地。从人道主义的角度说，它有救死扶伤的功能，是功德无量之地，但在家居风水中，它是不宜为邻的，因为病人汇集之地，也就是病气、阴邪之气集中的地方，你若居住在其附近，就难免受到邪气的侵扰，给自己的身心健康带来不利影响。

忌067 忌居住在坟林旁边

风水学里说，坟地附近不宜建房子。实际上，坟场围绕着住宅，阴气很重，不仅财运不佳，还会给家庭带来很多麻烦。从健康角度来看，也会影响家人精神状态，使人过早衰老，夜长梦多，睡眠质量不好。

曾有人在坟林旁边建房，新房刚建，女儿高考失利，妻子也得了精神分裂症。后来经笔者指点，另择吉地，重建新房，妻子的病也经过治疗好起来了，女儿也复读考上了重点大学，家庭又幸福如初了。

▲ 工业区不利于居住，安置在工业区的住宅容易受到灰尘、废气、废水和噪音等因素的影响，其身体和精神健康都会受到不良影响。

▲ 住宅被坟场围绕，阴气很重，不仅会影响家庭财运，还会带来许多麻烦，甚至影响家人的精神状态。

忌068 住宅忌近工业区

住宅近工业区有很多不利，灰尘、废气、废水和噪音对住户的影响是极其明显的，尤其对婴幼儿和老人。

工业区的噪声比较大，而噪声对人的睡眠影响较大，它不仅使人难以入睡。即使睡着之后也容易被吵醒，吵醒之后又往往不容易再入睡。时间长了，则会影响食欲及健康。

忌069 住宅忌在庙宇附近

住宅要远离庙宇。庙宇一般都修建在环境良好的地方，如在其后居住对于居住者的健康不利。一是由于庙宇处于风水宝地，占尽旺气，而余气所剩无几。如住宅建在其后，势必形成外强内弱、生气薄弱的格局；二是庙宇人来人往，噪声不断，使周围环境很不安静。因此，不是理想的居住环境。

忌070 住宅边忌天桥飞架

马路纵横交错，还有天桥连贯于两栋楼房之间的居住环境，对于居住者的日常生活很方便。但如果居住在高架路或天桥边，经常饱受噪音及长期的震动，易造成精神衰弱。许多人认为居住在天桥旁边很不吉利，其实从形势风水讲，要看天桥是

▲ 住宅的旁边设有天桥居住者经常会受到噪音及震动的影响，容易导致精神衰弱。

在楼房的前方还是在左右方，左方为青龙方，为吉宅；右方为白虎方，则为不吉；在中心穿射，则为凶。

忌071 忌住在垃圾场、厕所附近

厕所、垃圾场，是人排泄污秽物、倾倒脏物的地方，它们时时散发恶臭、霉味，污染周围空气，导致细菌滋生、病菌蔓延，对人的健康十分有害。从风水学的角度而言，肮脏之地易生阴邪之气，阴邪害阳，致人生疾病或在心理上产生负面的、压抑的反应。

若遇这种情况，就只有自己想法来改善了。最有效的办法是在自家的阳台种养一些花草，特别是能吸收污秽之气，制造新鲜空气的植物。

忌072 忌住在菜市场附近

住宅不宜以菜市场为邻，是基于以下几方面的原因：

菜市场的清洁卫生不好。虽然现在政府加强了管理，但菜市场的不干净是与生俱来的，不可能彻底根除。比如，被丢弃的烂菜根烂菜叶，各种过期而舍不得扔掉的食物等，会产生许多细菌，散发难闻的气味。

菜市场里面各种动物、植物，散发出各种不同的气味：鱼腥味、肉酸味、咸鱼味、酸菜味、臭皮蛋味……混杂的味道，可导致气场混乱，混乱的气场对人的身心是极为不利的。

菜市场常宰杀各种动物，如鸡、鸭、鱼、鹌鹑、青蛙等，血气刺鼻，杀气太重。它对人的心理暗示作用是冷酷、冷漠，对小孩善良之心的培养颇为不当。

如果实在因条件限制无法避免，则可在住宅窗外挂一个真葫芦，并打开葫芦盖，以起到收怨煞及化污秽之功效。

忌073 忌住在高压电站等附近

高压电站、广播电视发射塔周围形成极为强大的电磁场，它所发射的电磁波错综复杂，这对人体的神经血液系统干扰损害是很大的。我们知道，手机如果使用太频密，比如打出或接听电话过多、过密，都会使你出现头疼头晕，身体不适等现象，更何况是那样强大的电磁场的干扰？所以，在高压电站、电视广播发射塔边居住都为不宜。如果无法避免，可在窗户或阳台养阔叶盆栽来减弱电磁波的辐射，降低不良影响。

忌074 住宅忌正对尖形物体

住宅的前面不能正对尖形物体，因为尖顶类型的建筑物会带来煞气，产生咄咄逼人的感觉。尖形属于三角形类，是不聚气的形格。尖形物体，在雨天容易遭雷击，给附近人们的生命带来威胁，还可能放射出长振波或污染辐射线或粒子流，导致人头痛、眩晕、内分泌失调等症状。可挂一把桃木小剑于窗外，向着煞方，以消除不吉利的气场。

▲ 尖形的建筑物常会带来煞气，在雨天还容易遭受雷击，给附近的人的生命造成威胁。

忌075 忌住在电影院、剧院等附近

电影院、剧院、体育场馆的特点是不稳定，在电影放映，体育比赛或表演的时候，它人山人海，车来人去，热闹非凡；一旦放映、比赛、表演结束，便马上冷冷清清，空无一人，这就造成周边环境在人气的旺与衰、声音的闹与静、车辆的动与止之间大起大落。再加上影剧演出时，随着故事情节的高潮低潮，波澜起伏，幸福与悲伤的情节快速交替，人们的情绪也时而紧张、时而松弛、时而快乐、时而痛苦、大起大落。这种时空上、人气上、声音上、情绪上的两个极端的钟摆运动，导致这些地方气场上的高低起伏，对邻近居民的影响便是命运的暗示意义：时好时坏，大起大落，尤其对于做生意、搞经营的朋友，是相当不利的，因为你决不希望自己有时候大把地赚钱，有时候又有严重地亏损。

忌076 住宅忌面对"天斩煞"

所谓"天斩煞"是指两幢高楼大厦之间的一条狭窄空隙。因为仿佛像用刀从半空斩成两半，因此称之为"天斩煞"。

由于两幢高楼之间只距离一条窄缝，建在窄缝里的房屋难以躲避强气流的冲击。夹道的风最硬且风速也快，远远超过人体的血流速度，所以这种带有凶险的风

▲ 两幢高楼大厦之间一条狭窄空隙形成"天斩煞"，面对此煞的住宅难以躲避强气流的冲击，风水学还认为住宅面对此煞还容易招致血光之灾。

使人的身体无法承受。

传统上认为，倘若房屋面对"天斩煞"很可能会有血光之灾；空隙越窄长便越凶，距离越贴近便越险。因此，不宜选择面对"天斩煞"的房屋居住。但若是在其背后有其他建筑物填补空隙则不妨。

忌077 住宅忌色彩杂乱

五行中的金、木、水、火、土，在风水中有着十分重要的作用，《周易》把色彩分别用五行概括，白色属金、绿色属木、黑色属水、红色属火、黄色属土。五色可调配出丰富多彩的颜色，不管采用哪种配色，从美术角度来讲，一幅好的作品，色彩要协调，要与所画之物尽量保持一致。建筑物也一样，如果色彩杂乱，就会带来一定的负面影响，对宅运十分不利。风水学认为，这种住宅会令家庭失和、事业失败。

▲ 建筑物的色彩要协调，不宜杂乱，色彩杂乱的建筑物对宅运十分不利，易导致家庭失和、事业失败。

忌078 住宅忌遭受反光冲射

现代建筑中玻璃幕墙的运用越来越广泛，虽然很美观，但却产生了"光污染"。如果采用的是反光玻璃，影响就更为严重。玻璃位于住宅的东方或西方，则影响更坏。长期受到反光冲射的人，会使人心烦气躁，情绪低落。不过如果出现这种情况，可以在对着玻璃的地方挂一个太极图案或八卦图。

▲ 住宅采用反光玻璃容易遭受反光冲射，长期受到反光冲射会使人心烦气躁，情绪低落。

忌079 忌邻栋间距不大影响采光

由于城市里地狭人稠，大多邻栋间距不大，甚至多数都仅隔一个狭窄的防火巷，再加上各户自行加装的铁窗等设施，室内采光条件大打折扣，不但使室内常年处于阴暗的气氛中，更伤害到家中成员的视力。因此，考虑更换新居时，应特别注意邻近建筑物是否会妨住宅的自然通风和采光。

忌080 住宅忌正对火性物体

如果住宅面对属火的物体，如高大的烟囱、红色的高楼大厦、油库等，是不吉利的，可以用石龟化解。但如果这些建筑物恰好是位于属火的南方，则更是火上加油，为了加强化解的功效，可在两只石龟的中间放置一盆清水。

忌081 住宅忌正对锯齿形建筑物

现在有些欧陆风格的住宅，为了增加室内空气和采光纳风，多加有大型凸窗，所以外墙便容易形成很多尖角，看起来便似一排尖锐的锯齿，如果自家住宅正对着这类锯齿形的建筑物，其锯齿的形状会散发不好的煞气，对住户不利，则必须用铜龟化解。

忌082 住宅忌"蜈蚣煞"

所谓"蜈蚣煞"即安装于阳宅四周的电线、铁丝或水管，远看犹如蜈蚣或百虫在游动一样，我们就称之为蜈蚣煞。

此煞容易有胃肠疾病、生虫、是非口舌、工作不顺利等不利情况发生。可安置铜雕公鸡或是木雕公鸡来化解，取其形以制蜈蚣。也可在窗前摆放一只公鸡雕塑，鸡嘴冲外向着蜈蚣煞，便可将其化解。

▲阳宅有电线、铁丝或水管围绕，形成蜈蚣煞，对家人的健康与运势不利。

第二章

大门风水宜忌

从风水学的立场和经验来看,居家风水环境中,大门的方向是进气的方向,所以大门就成了整个住宅的风水首脑。它主宰着整个住宅的生气,家人的健康、性格乃至一生的运气。大门就如人的脸面,关系着一家人的社会声誉、地位。所以大门的方向、高矮、大小以及颜色等都要十分讲究。

大门风水之宜

大门是分隔内外空间最重要的标志，大门对外的部分能显示出家庭的观念和对外在世界的态度、看法。因此，要想给人的第一印象好，大门的外观应十分讲究，比如不能过于低矮或高大，要与整个房屋的空间大小相称，宜结合四周的环境和主人的性格、爱好等等进行设计。

宜001 大门的坐向宜视情况而定

我们站在屋内，面向着大门，则所面向的方位便是"向"，而与"向"相对的方位便是"坐"。

震宅坐东方，大门宜向西。
巽宅坐东南方，大门宜向西北。
离宅坐南方，大门宜向北。
坤宅坐西南方，大门宜向东北。
兑宅坐西方，大门宜向东。
乾宅坐西北方，大门宜向东南。
坎宅坐北方，大门宜向南。
艮宅坐东北，大门宜向西南。

如果命卦与宅卦不合，比如东四命的宅主居于西四宅中，则可通过改门来转运。改变门位的方法是：在门内加置屏风。

宜002 水流从左至右宜开虎门

水流由"龙边"向"虎边"流，表示地势是左边高于右边，水流、马路的流向或气流自左边向右边流，这样的房子适合开虎门（右为白虎，白虎门也叫虎门），即在住宅的右边开门。

宜003 水流从右至左宜开龙门

水自"虎边"流向"龙边"，也即地势是右边高于左边（站在家中往外看），水流或气流由外向左动，此类地理形势则适合开龙门（左为青龙，青龙门也叫龙门），即开在左边。

▲水流由右向左移动，适合开龙门，即门开在左边。

宜004 宜通过改门扉调整门向

若是已做好的正门方向与生命磁场方向不合，可以通过改门扉来调整门向。只要将门扉移动，方位也随之更改，也可以请专业人员将门扉移动90°。移动时，只要将门扉的方向变成面向自己生命磁场方向的吉方就可以了。

宜005 地势平坦宜开中门

地理环境影响着开门的方位。若门前地势非常平坦，不倾斜，也非山坡，在附近也看不到高低起伏的地势，这种情形则开中门为吉。

▲如果门前地势非常平坦，以开中门为吉。

宜006 开门宜配合门前环境

中国传统以四种灵性动物来象征表示南北东西四大方位，分别是：孔雀、蛇龟、青龙、白虎。其方位口诀为："前朱雀、后玄武、左青龙、右白虎。"一般的房屋开门有四个主要选择，即：开南门（朱雀门）、开左门（青龙门）、开右门（白虎门）、开北门（玄武门），但玄武方不宜开门，西方称北门为"鬼门"，东方称北门为"败北"，均不开北门。

开朱雀门：前方有一宽敞绿茵、平地、水池、停车场，即是有明堂。这样，外气聚于前就用中门接收，门便适宜开在前方中间。

开青龙门：风水学里以路为水，讲究来龙去脉。地气从高而多的地方向低而少的地方流去，如果大门前方有街或走廊，右方路长为来水，左方路短为去水，则宜开左门来牵引收截地气。此法称为"青龙门收气"。

开白虎门：如果大门前方有街或走廊，左方路长为来水，右方路短为去水，则住宅宜开右门来牵引收截地气。此法称为"白虎门收气"。

宜007 大门宜位于交通便利处

便利的交通条件可方便日常生活，顺畅的交通也代表着顺利的家运。但要注意，大门不可与大路直冲，风水学上说，居住在位于路冲房子里，对家运和家人的身体健康均不利。如果住家的大门正好面对路冲而无法改变的话，最好是在屋前种植树木化解。

▲为了方便日常生活，大门应开在交通便利处。但是要注意，大门不可与大路直冲，否则会对家运及家人的健康不利。

宜008 开门方向宜与职业相符

大门开向哪一个方位才适合自己，有利于事业呢？一般而言，以东、南两个方位为佳。

正门向东：太阳从东边升起，旭日东升，象征着朝气活力，是最适合商家的门向。

正门向南：代表以坐北为主，南面称臣，适合政治家、企业家、宗教家、富商、名人等的门向。

然而，需要提醒的是，若屋主的生命磁向与向东或向南排斥，也就是命格里东方或南方是本命的不利方，则不适合将门开在这两个方位。

▲ 开门方向宜与职业相符，正门开向南方，适合政治家、企业家、宗教家、富商、名人等的门向。

宜009 开门方位宜结合个人追求

门的方位有助于决定个人的命运。基于八角形的易经符号，门向着八种可能的方向，都会有不同的运气。向北的门可使生意兴隆，向南的门易于成名，向东的门使家庭生活趋于良好，向西的门则荫及子孙，向东北的门代表智慧学术上的成就，向西北的门有利财运，向西南的门则会喜得佳偶。

除考虑采光、通风等基本因素之外，在买房时也不妨考虑结合自己对人生的追求选择开门的方位。

宜010 宜建造与身份相称的大门

大门与围墙是一体的，围墙的形状常因身份不同而有所不同。大门的形状也要根据居住者的身份、地位而有所区别，如果建造与身份不符的大门，以古人观点来看，就是"八字承受不起"，有损运势。

宜011 大门宜有个性

大门是家给人的第一印象空间，此处的外观应十分讲究，比如不能过于低矮或高大，要与整个房间的空间大小相称，装饰风格宜结合四周的环境和主人的性格、爱好进行设计等等。因为大门作为居家外观形象，实际上就像一个人的脸面，面相关乎命运，家居大门也关系着一家人的命运。

宜012 大门宜往内推

大门往内推，站在门外就会有种被接纳的归属感，人们也就会喜欢回家，家庭凝聚力增强，做什么事情都很顺利。另外，若从屋里或房内出来时，往内推的门才不会不小心打到正好经过门口的人。

宜013 外大门宜设在房子左边

外大门应设在房子左边为佳，因为左边为龙，除非左边煞气直冲，才可以安在白虎方（右）。店铺的大门开在"龙边"会生意兴隆、大吉大利。如果整个门面都是店铺的大门，那出入的通道就应设在"龙边"，这样才会大吉大利，其效果与大门开在"龙边"相同。

▲因为左边为龙，一般情况下，外大门设在房子左边。

宜014 住宅宜有后门

现在的高楼很多，因为高楼的房子都是集合式住宅，每户均可以聚气，且前后多伴有阳台，不需要有后门。但是谈到独栋住宅，不管是别墅还是平房，一定要有后门。后门打开会使气流相通，促进室内空气流通。如果有前无后代表有始无终，在安全上也多了一层顾虑。如果实在没办法开后门，则可在宅后适当的位置开启较大的窗户，使新鲜的空气适时进入。

宜015 大门宜避让相邻的大门

装修装饰中，大门的开向应与对面的大门错落相对，避让相邻的大门开向，不与邻居的大门形成"大眼瞪小眼"的格局。另外，大门要与安全门错开，避免漏财的局面。

宜016 大门的高度宜合乎比例

大门的高度要合乎比例，通常以2.3米为标准。大门高度不可太高，犹如监狱大门，是凶相。太高的门会使人做事失去理智和贪婪虚浮；太低的门使人做事失去信心。

宜017 大门宜与墙壁保持一定距离

大门应与邻居家墙壁以及自家的围墙保持适当的距离，这样才能体现出空间上的立体感，且能够以独立的姿态展现在人们面前，进而彰显出主人的品位和气度，也可避免墙壁挡住采光及气的流通。

▲大门应与邻居家墙壁以及自家的围墙保持适当的距离。

宜018 门前宜有宽广的活动场所

门前有空旷的草地或活动场所是接气聚气的大好环境，且方便家人休闲活动。从风水角度来讲，会令住宅人气兴旺，运气增强。

▲ 门前有空旷的草地或活动场所，会令住宅人气兴旺、运气增强。

宜019 大门入口宜有门槛

中国传统住宅讲究门槛规格，门槛指门下的横木。传统住宅的大门入口处必有门槛，人们进出大门均要跨过门槛，能起到缓冲步伐、阻挡外力的作用。

古时的门槛高与膝齐，如今的门槛已没这么高，大约只有一寸左右，实现了美观性向实用性的转换。

用木质门槛会明确将住宅与外界分隔开来，且门槛既可挡风防尘，又可把各类爬虫拒之门外，因而实用价值很大，对阻挡外部不利因素及防止财气外泄均有一定作用，对住宅风水颇有益处。

宜020 大门宜为方形

大门是纳气所在，外形方正的大门有利于气的流通，也能体现宅内之人大气、端庄、稳重的一面。

宜021 外大门宜坚固耐用

外大门的坚固耐用关系到家的长治久安，坚固的外大门能很好地保护住宅的安全，避免家庭财产的流失。在日常生活中，也可防贼防盗，给居住者以安全感。

宜022 大门的尺寸宜与房子成比例

大门的尺寸与房子的大小应当成比例，不可门过大而宅过小，亦不可宅过大而门太小，这牵涉到一个和谐问题。大门是家的一部分，它比房子更为显眼，大门不好则会影响住宅的整体美，还会影响到居住者的品位和形象。

▲ 大门会影响住宅的整体美，其尺寸与房子的大小应成比例。

宜023 门槛的颜色宜与屋主命格相配合

屋主出生季节及命格与门槛宜忌颜色对照表

出生季节	命格属性	门槛宜忌颜色
春季（农历一月至三月）	木旺	首选宜用：白色、金色、银色等 次选宜用：蓝色、紫色、灰色等 忌：绿色
夏季（农历四月至六月）	火旺	首选宜用：蓝色、紫色、灰色等 次选宜用：白色、金色、银色等 忌：红色、橙色等
秋季（农历七月至九月）	金旺	首选宜用：绿色 次选宜用：红色、粉红色、橙色等 忌：白色、金色、银色等
冬季（农历十月至十二月）	水旺	首选宜用：红色、粉红色、橙色等 次选宜用：绿色 忌：蓝色、紫色、灰色等

宜024 大门宜贴财神像

财神是中国民间普遍供奉的善神之一，每逢新年，家家户户悬挂财神像，希望财神保佑大吉大利。大门是吉利位，也是接纳外气的关键位置，贴上财神可招财。

宜025 宜在门旁摆水景催财

大门是整个屋宅的纳气口，财气进屋，必然经过大门。利用好门的功能，就能招财进宝。最简单的催财方法就是在门旁边摆水，所谓"山主人丁水主财"，有水的地方无财能生财，有财能旺财。除了水之外，所有水种植物及插花都有催财的作用，只要放在大门口附近便能生效。

宜026 开门宜见红

开门见红，也叫开门见喜，即开门就见到红色的墙壁或装饰品，入屋放眼则有喜腾腾之感，给人以温暖振奋的感觉，心情舒畅。

宜027 大门对角宜摆盆景

坐北朝南的住宅，屋门对角的西方在卦相上有天、父、创始万物的含义，所以应放一盆植物，让这里显得生机盎然，可增加住宅主人的创造活力。而且，摆盆景比摆花草好，因为盆景四季常青，恒久不变，象征主人创造力的稳健、持久；如果摆放生命力弱的花草，一年花开花落几次，蕴涵着主人财运不佳。

宜028 门柱宜笔直

从建筑学观点来看，门柱笔直才能坚固，才能有支撑力。古时候的住宅大门或现在的寺庙大门，门柱上有两扇极重的门板，因此，门柱必须坚固，既要能够承受屋顶的压力，还要能支持门板的拉力。

▲ 门柱笔直才能坚固，才能够承受屋顶的压力和支持门板的拉力。

宜029 大门图案宜与五行相生

大门除了讲求八卦方位的配合外，其图案也会对风水产生影响。各类图案是由不同形状组成的，而不同的形状都有其五行属性。

金行——圆形、半圆形；

木行——长线、长方形；

水行——由几个圆形或半圆形所组成，如梅花形、波浪形；

火行——三角形、多角形；

土行——正四方形。

宜030 开门宜见绿

开门见绿即一开门就见到绿色植物，木即"材（财）"，有招财进宝之意，又显得生机盎然，可收到养眼明目之功效。

宜031 门向宜与地垫颜色相配合

门向与地垫颜色配合得宜可令家宅运气旺上加旺。以下是八个门口朝向宜配合的地垫颜色：

门口朝向东方、东北方，配合黑色地垫；

门口朝向南方、东南方，配合绿色地垫；

门口朝向西方、西南方，配合黄色地垫；

门口朝向北方、西北方，配合乳白色地垫。

▲ 门向与地垫颜色配合得宜可令家宅运气旺上加旺。

宜032 正大门宜贴关公像

在正大门上贴上关羽、周仓的彩色画像，俗称"门神"，这样可起到保护家宅的作用。关公是守护之神，所以也可在大门一左一右贴上关公像，寓意平安、顺利、财源滚滚。

▲ 在大门一左一右贴上关公像，寓意平安、顺利、财源滚滚。

宜033 大门两旁宜摆放吉祥物

大门两旁宜摆放麒麟、貔貅、石狮、石象等风水吉祥物，他们都是镇宅的主要物品，可趋吉避凶，让家庭成员和睦相处，家庭吉祥如意，还可以增添运气。

宜034 开门宜见画

若开门就能见到一幅雅致的图画，一能体现居者的涵养，二则可缓和进门后的仓促感。至于挂什么画要根据画的五行功用来选择，如五行缺水的人可以挂九鱼图。

宜035 宜利用大门颜色开运

为家中的大门挑选一个吉祥如意的颜色可以为家庭带来好运。红色在五行中属火，对应到八卦方位是南方，如果大门开在正南方，喜庆的红色大门可以有效加强大门的气场，吉祥的气就能容易进入；如果大门开在北方，则最好使用黑色或蓝色，因为黑与蓝在五行中属水，象征北方稳定的力量，但如果传统审美上比较认可鲜艳、喜气的颜色，也可以利用五行相生相克的原理，即"金生水"，选用金色、银色的大门，一样可以带来优质气场。

宜036 大门前宜有良好的采光

大门前的空间必须有良好的采光，例如，传统的四合院就是属于前庭宽广、开阔，光线充裕的建筑物。前庭宽广开阔，光线自然充足，光线充足后气流自然顺畅。如果大门采光不足，就会给日常生活带来诸多不便，也会影响家运。

宜037 木门的选择宜配合居室环境

木门属于居室的立面功能性饰品。一般来说，木门同家居中的家具、墙面漆、窗套哑口的关联比较大。当居室环境为暖色调时，可以选择较暖色系的木材制成的木门，如：紫薇、樱桃木、柚木等。当居室环境为冷色调时，相对应选择色浅一点的木材制成的木门，如白色混油、桦木等。另外，木门应该同家具的颜色接近，应该同窗套哑口尽量保持一致。

宜038 大门的颜色宜符合五行原则

选择大门的颜色主要参考两个数据，一是根据大门的方位来选择吉祥的颜色；二是应根据房主的五行之色选择适宜旺运的颜色。

大门方位颜色宜忌表

方位	属性	大门颜色宜	大门颜色忌	大门颜色平
东门（震方）	木	木：青、绿 水：黑、蓝	金：金、白 火：红、紫、橙	土：黄、咖啡
东南门（巽方）	木	木：青、绿 水：黑、蓝	金：金、白 火：红、紫、橙	土：黄、咖啡
南门（离方）	火	木：青、绿 火：红、紫、橙	水：黑、蓝 土：黄、咖啡	金：金、白
西南门（坤方）	土	火：红、紫、橙 土：黄、咖啡	木：青、绿 金：金、白	水：黑、蓝
西门（兑方）	金	土：黄、咖啡 金：金、白	火：红、紫、橙 水：黑、蓝	木：青、绿
西北门（乾方）	金	土：黄、咖啡 金：金、白	火：红、紫、橙 水：黑、蓝	木：青、绿
北门（坎方）	水	金：金、白 水：黑、蓝	土：黄、咖啡 木：青、绿	火：红、紫、橙
东北门（艮方）	土	火：红、紫、橙 土：黄、咖啡	木：青、绿 金：金、白	水：黑、蓝

宜039 外大门宜用乳白色、红色等

大门是一个家庭的颜面所在，一座房屋给人的第一印象大多取决于大门的颜色。一般传统意义上大门宜用乳白色、红色、绿色。大门用白色表示纯洁，用红色表示鸿运当头，用绿色表示希望。

宜040 内大门宜颜色光亮

内大门颜色以整洁、光亮为佳，这样既美观，又能显现出宅内人的光明磊落，可以说是形神俱佳、一举两得。

大门风水之忌

"大门者，气口也。气口如人之口中，气之口正，便于顺纳财气，利人物出入。"大门风水的好坏对居住者的运势可以产生极大的影响。它的位置、形状、大小决定着居家纳气的旺、衰、强、弱，关系到住宅风水的好坏，左右着全家人的运程，因此，我们要了解大门风水的诸多忌讳，以便在居家生活中予以避免。

忌001 忌街道直冲大门

倘若门前有街道直冲，这叫做"暗箭伤胸"，往往对家中年长的男性不利，而且家中可能会出现残废的人。可以把一块石敢当埋在大门前面的泥土中，用以阻挡直冲而来的煞气。

忌002 忌斜坡冲射大门

有些房屋建在斜坡尽头，大门面对斜坡，形式险恶。从风水学上来说，街道是水，虽说水为财，但滔滔不绝的水沿着斜坡直冲入房屋的大门，势必酿成灾祸。可以在大门外加建几级楼梯，用来缓和湍急的水势。当这些无情的水经过几级楼梯的阻挡后，来势已大为减弱，故此便不会造成灾害。

忌003 门前忌有菱形、尖形建筑物

门前如果有菱形、尖角或形状古怪的建筑物，会造成住宅内的人脾气古怪，引来许多不必要的麻烦。化解的方法就是改门向，或者在门头挂上凸镜将煞气扩散。

忌004 大门忌正对出口门

为了住户的安全，大楼一般会设置出口门。若是住宅大门面对出口门，使得灌入的风比较强，则不利于家人健康，对财运亦不佳。再加上出口门的设计多数会比一般的大门大，这会使居住者有种被压制的感觉。如果无法避免这种情况，可在门口悬挂红布或凸面镜来化解。

▲ 大门正对出口门，不仅不利于家人健康，对财运也不佳。如果无法避免这种情况，可在门口悬挂红布或凸面镜来化解。

忌005 门前有水流忌开中门

如果住宅的正前方有水流,且水流不聚于堂前方,这种情形忌开中门。因为水流会产生气流,如果开中门的话,水流和气流就会都冲进住宅里,有损家人的健康和运气。

▲住宅的正前方有水流,且水流不聚于堂前方,这种情形忌开中门。

忌006 自家大门忌与邻居家的太近

自家大门与邻居家的大门太近,容易引起家庭纠纷,不利于邻里间和睦相处,宜改变大门位置,避免出现两门相碰的情况。

忌007 门前忌正对锁链状物品

大门若正对锁链状植物或工艺品,此为藤蛇宅,会造成很多麻烦事情或引起纠纷,增添烦恼。化解方法是尽快将锁链状物移开,或者改变开门的方向。

忌008 大门忌对消防门

现在许多大楼为了安全,都会设置消防门。如果自家的大门正对着消防门,气就会从大门流向消防门,不旺屋主,且容易漏财。如果出现此类情况,可在自家门口悬挂红布或是凸面镜来化解。

忌009 住宅大门忌正对电梯门

电梯门对住宅的影响非常大。本来住宅是聚气、养气之所,电梯门正对住宅大门,会把家里的运气吸走,不利财运。大门正对电梯时可以设置屏风、玄关等进行遮挡。

忌010 外大门忌与水流同向

外大门的开门方向绝对不可顺着水流的方向,否则家里的好运都会顺水流走,不利于家运和财运,此乃自然风水之大忌。

▲外大门的开门方向绝对不可顺着水流的方向。

忌011 门口忌对着升降机

升降机对大门,又称为犯"开口煞",主是非缠绕且破财,无论你赚到多大数目的金钱,都会很快破去,余下来的就算能够储蓄,也只是九牛一毛了。

忌012 大门忌正对"反弓形"煞气

大门正对呈反向弯位的马路或河流,即面对"反弓形"煞气,车流或水流愈急,煞气便愈大,此风水问题容易引致家宅不宁,令家庭成员互相争吵不休,也致使家人的财运不佳。这时在大门或铁栅门前加设一对金色狮子头可以挡煞。

忌013 大门忌正对垃圾槽门口

此情况会令秽气冲入屋内,除会令家庭成员的财气减弱外,其事业运也会大受影响。遇到这种情况,可在门后加置屏风,或在玄关再安一道推拉门以挡秽气。平日切记要把垃圾槽的大门关上,以免秽气冲入屋内,亦可点香薰或檀香来驱散气味。

忌014 大门忌直冲马路

在传统风水中,喜回旋忌直冲,这种大门直冲马路的住宅称为"虎口屋"。从里往外看,车辆、行人都笔直朝自己的家门而来,会造成心理恐慌不安,易遭受人、车辆等的袭击,是事故易发之地。如地理条件许可,可在门前种植环形的常青树(冬青树)丛加以化解。

忌015 两家的大门忌相对

两家的大门如果正好相对,就像每时每刻都与对方保持四目相对,难免会产生冲突。从常理来分析,门对门会出现许多不期而遇的情况,有时会不小心给对方造成惊吓,或一些隐私不经意间被对方看见而产生尴尬。类似的情况发生的次数多了,就会心生厌烦,从而导致产生矛盾。所以,在风水上,大门最好不要与他人房屋的大门相对,以避免发生一些不必要的矛盾。

忌016 忌在不同的方位同时开大门

从风水角度来讲,此乃多头马车的现象,不利于主人保持清醒的头脑。应保留合乎"元运"的大门,封闭另一扇门。

忌017 大门忌对着死巷

大门对着没有通路的小巷,则宅中的气不易流畅,空气不能保持新鲜,就会积聚许多浊气,对居住者的健康极为不利。气的道理与水相同,活水能保持清洁,死水则必定淤积污物、腐臭不堪。

忌018 门前忌有枯树

大门前不能有枯树。门前的枯树和家中的盆栽,不管是倒地的还是直立于地上的,在风水上都会影响到家人的健康和情绪,对老年人的影响尤其大。化解方法是,在门前枯树的地点重新种植新的树木。

忌019 门口忌乱堆杂物

门口应保持整洁、通畅，但有些人却没有良好的卫生习惯，有时还为了图方便，喜欢随手在自家门前胡乱堆放杂物。尤其是在一些管理不严格甚至没有管理制度的住宅小区，一些住户为了多占一点公共空间，往往把鞋子、杂物等堆放在门口。其实，这种行为不但会引起很多居家生活上的不便，而且从风水的角度来讲也是很不合适的。这样会导致生气无法顺畅地进入，而浊气也无法顺利排出，这样会使住宅的气场不佳，而且容易导致空气污染，直接影响人的心情。

忌020 忌门高于厅

"门高于厅"，就是说大门的门楣挑得太高，高度超过室内客厅的天花板，这样会造成家中人口越来越稀少。

很多寺庙会在广场前面加盖牌楼，这种牌楼的高度也不可以高过庙宇建筑。很多王爷庙，本来香火挺旺的，后来加盖一道很高的牌楼后，香火反而衰败下来。屋前过高的牌楼会形成"门高于厅"，太高的围墙也是一样。

若门太高，人进出门时，会习惯性往上看，有爱慕虚荣、喜欢被人拍马屁的心理暗示，自己处理事情也会眼高手低。

忌021 忌半开大门

装修时，很多人为了保证安全，在家中大门外加造一道铁门。殊不知这是不好的风水设计，会导致家庭收入减少。特别是半敞式铁门，出入只能使用门的一半，因此所有东西只能收一半，纳气口也只能吸纳一半，财气自然减半。

忌022 内大门忌用黑色

黑色的大门会让人心理上产生压抑感，也不美观。从风水角度讲，黑色表示肾脏，内大门用黑暗的颜色容易导致宅内人的肾脏出现问题。

忌023 大门忌正对桥

居家风水向来是比较忌讳门前有桥的，在我国民间，更是把门前不被"小桥冲射"视为生活常识。门前有桥直冲，或在大桥出入口的两旁建屋开店都是不好的。房屋和大桥的关系，大桥和水流的关系，在中国传统"家相学"中有很多的论述，虽有戒之过甚之嫌，但这样的选址还是要尽量避免。

▲门前有桥直冲，或在大桥出入口的两旁建屋开店都是不好的。

忌024 开门忌见山

在山坡地建造住宅，就有了"开门见山"格局的产生。风水学认为若是住宅和山距离太近，属大凶。所谓的"见山"，并非远山，而是近山。若大门前方有一座大山阻挡，气的流通就会受此山阻碍，且在心理上给人一种压迫感对家运不利，对事业发展也有很大阻碍。

忌025 大门忌太狭窄

一般来说，住宅的大门宜大不宜小，太狭窄的大门易让人产生压迫感，并难以吸纳财气和生气。风水上讲，大门是气口，气口不可太窄，大门越是阔大，就越是吉相。大门做得过小，按风水的说法就是缩小了屋宅的气口，不利于纳气，使气的流入减少减慢，从而导致屋内生气减少，死气增多的现象。

▲ 太狭窄的大门易让人产生压迫感，并难以吸纳财气和生气

忌026 大门忌正对烟囱

烟囱所排出的是污气、废气，如果在面对烟囱之处开门，则烟囱所排出的污气、废气全部都进入家宅中，对人体健康尤为不利。所以，在买房子时一定要注意四周是否有排放污气、废气的烟囱。

忌027 大门忌向外开

大门应向内开而不能向外开。因门主进气，若门是向外开的话，就会把屋内的祥和之气送走，象征着失运、破财。

忌028 大门忌太宽

门开得太宽，就不能藏风聚气。不仅钱财留不住，人丁也会离散，身体也会虚弱。此外，门开太阔，家中老人会倍感辛苦。

忌029 大门忌太低

若门楣太低，出入都必须弯腰低头，时间久了，人的目光习惯性向下方看，遇到强势的事物，也更容易选择低头退让，变得目光短浅、怯懦自卑。也因为想得不够长远，就会一辈子寄人篱下、受人欺负。

忌030 大门忌对着窄巷

通常，两间房子之间的窄巷不但是死巷，而且阴湿肮脏，若对着大门，不但家运不通，而且还会让家呈现一片衰败的景象。

忌031 忌家居小门成双

许多平房或公寓一楼大门旁，都设有一个住户进出的小门（偏门），这种屋宅到处都有，大家也见怪不怪。不过，古风水书中曾提到，小门只能有一个，千万不能成双，否则屋宅之气从一个小门进，同时从另一个小门出。另外有一个说法是小门有两个，容易招小人。

▲家居设小门也只能有一个，千万不能成双，否则屋宅之气从一个小门进，同时从另一个小门出。

忌032 大门忌有破损

门是进气之口，也就是纳财必经的通道，如果大门有破损，则代表平时进账有障碍。若论居住之人健康情况，主喉咙的疾病，表示口腔常会因火气大而长疱疹或溃烂等，大门破损，也代表居住之人在外常会与人结怨，或常有口角发生。因此，大门如若破损，一定要及时修葺。

忌033 门缝忌有破洞缺口

在风水学中，大门为屋宅之口，以人体的器官来比喻，是与嘴巴相对应的。如果大门有门缝过大、门无法密合等情况，则家中易有兔唇之子孙。若有生育计划，家中大门门缝又有破缺情况，为了后代着想，就得赶快修理好。大门和居住之人的健康、情绪等情况密切相关，如果门缝有破洞缺口，代表着人的虚火旺盛，常会有口腔溃疡等疾病，家里面的人彼此之间的口角也比较多，家庭和谐会是最大的问题。

忌034 大门忌做成拱形

大门做成拱形，状似墓碑，阴气较重，很不吉利。这种情况在家居装饰中时有所见，特别需要引起注意。

▲大门做成拱形，状似墓碑，阴气较重，对宅运不利。

忌035 忌连穿三重门

屋内不能连续开三道或三道以上的门。因为这种格局好比屋子里插了一把剑，会让屋子失去生气，充满破败之气。住败气之地不能存钱，赚多少花多少，这样的家中不会有余钱。

忌036 门框门柱忌弯曲变形

大门的门框若弯曲不直，则屋内风水也多不"直"，主家中成员脾气怪异，子孙忤逆，多有打架斗殴的情况发生。门柱的弯曲亦代表家中成员会有弯腰驼背之人。所以一旦发现家中的门柱变形、弯折，就应该迅速修正，改直变吉，否则其气就会越聚越强，子孙的行运一直坎坷不定，到最后甚至会有家破人亡之虞。

忌037 门柱忌有虫蛀的现象

宅屋中的门柱有虫蛀的现象，代表宅中之气涣散，有败运退气之征兆。门柱被虫蛀，还表示居住者的口腔易有疾病产生，因此要及时快速地处理被虫蛀的门柱。

忌038 忌楼梯压门

大门上方如果有楼梯经过，并出现压门的情形，家中人员会感觉压力沉重，抬不起头，运势无法开展。建议可以拿一块木板，用朱砂写上"一善"二字，然后将其带到神庙过香火，再择日安置于门斗上。或是在门上安置一面凸面镜再盖上红布化解。

忌039 忌横梁压门

横梁压门让人一进门就有受压制的感觉。从风水角度来看，横梁压门则会令家中之人无法发挥自己的聪明才智，甚至压抑终生，所以这是大门风水之大忌。

▲ 横梁压门则会令家中之人无法发挥自己的聪明才智，甚至压抑终生。

忌040 大门门槛忌断裂

现代的门槛除了用木材制成的，也有用窄长形石条制成的，大门的门槛要谨防断裂。门槛断裂便如同屋中大梁断裂一样，不吉。门槛完整则宅气畅顺，断裂则运滞。如果门槛断裂，必须及早维修、更换。安放门槛还要注意，门槛的颜色要与大门的颜色协调。

忌041 大门忌开在斜天花板下

设在斜线上或斜天花板下的门俗称"斜门"，斜门会破坏家宅的好风水，带来坏运气。

忌042 大门忌正对厨房门

大门正对厨房门，在风水学上为大凶之象，这样会引起严重疾病，即使屋本身是旺财旺丁的好屋，也难免疾病连连，屡医无效。化解方法是在大门入口处，加一道屏风，挡住对冲的煞气。

忌043 开门忌见厕所

一进门就见到卫浴间，犹如用秽气迎接来访者，首先对客人不够礼貌，而且也令主人自降身份，显得没有品位。另外，开门见厕易令家人发生口角，不利家庭和睦。

忌044 大门忌正对主卧室

有些小户型房屋，进门即可见到主卧室，在风水上，这样除了不利财运外，也会对主人的健康不利。

忌045 门忌正对镜子

现代人装潢住宅时，为了使室内看起来更宽敞，或者为了方便整理仪容，喜欢在玄关处悬挂镜子，这并不是不可取的，但在安置镜子时，注意不要让镜子正对门。镜子正对门，镜子就会照出门，就出现了门对门的格局，易造成家人不和。

忌046 大门忌正对阳台

居室的大门不宜正对阳台，否则就形成了风水学上的"穿心煞"。从日常生活考虑，如果住宅大门与阳台相对，则每当大门敞开时，外面的人就可以一眼看到阳台，居室内的情况将一览无余，不利于保护家庭隐私。其化解的方法是：在大门和阳台之间安放一个柜子；大门入口处放置鱼缸或屏风；阳台种植盆栽或爬藤类植物将阳台遮挡；长期拉上窗帘。

▲ 大门正对主卧室，会对主人的健康不利。

▲ 住宅大门与阳台相对，使得进门时居室内的情况一览无余，不利于保护家庭隐私，必须采取化解方法。

忌047 忌前门直通后门

一进大门即可看到后门，虽然两门相对有利于空气流通，但屋子也容易失去保温作用，不利于居住者的身体健康。化解方法是在房子中间做面假墙阻挡，但不能用半透明材质、磨砂雾面或玻璃等透光材料。也可以用柜子来遮挡，遮挡物的宽度一定要超过后门的尺寸，这样才能完全挡住气流从后门泄出。

忌048 大门忌正对餐桌

大门不宜正对餐桌，住宅风水讲究回旋，如有直冲便会导致住宅的元气外泄，风水也会因此大受影响。若餐桌与大门成一条直线，站在门外便可以看见一家大小在吃饭，非常不妥。最好是把餐桌移开，但如果确无可移之处的话，应该放置屏风或板墙作为遮挡。

▲ 大门正对餐桌，会导致住宅的元气外泄，风水也会因此大受影响。

忌049 开门忌见墙

一打开门就出现一堵墙的话，会给人心理上造成压抑，而且墙还会挡住气流的流通。如果经常开门见墙，或者开门可见另一房间的话，则人体内气的流通会被扰乱，不利健康。

忌050 大门忌正对房内墙壁的尖角

风水学上最忌讳尖角的力量，若每天开门都要面对墙壁的尖角或壁刀，容易发生意外，尤其不利于家人的身体健康。如果面对这种情况，宜尽量把尖角修圆，或在大门玄关适当的位置摆放圆形花瓶来化解。

忌051 大门忌正对窗户

大门是纳气的地方，如果对着窗户，所纳之气来不及停留便从窗口泄出，不利于聚气，故大门不宜直对着窗户。其改善方法是在大门与窗之间放置一屏风，屏风高度以从门口看不到窗户为宜。如果房间面积本就狭小，那么放置屏风只会使空间看起来更小，此时，可以在大门上或在大门与窗之间安装一幅珠帘。

忌052 外大门忌与内大门在同一直线

一些面积较大的住宅或旧楼，会设有外大门和内大门，此两道大门若置于同一直线上，就形成"一支枪煞"的格局，煞气会直透入屋内，影响家人的健康。

忌053 大门图案忌与方位五行相克

如果大门的图案五行与方位五行相克则不宜。

大门方位与图案相忌表

方位	属性	大门图案忌
东门（震方）	木	金：圆形、半圆形 火：三角形
东南门（巽方）	木	金：圆形、半圆形 火：三角形
南门（离方）	火	水：波浪形、梅花形 土：四方形
西南门（坤方）	土	木：直线、长方形 金：圆形、半圆形
西门（兑方）	金	火：三角形、尖形 水：波浪形、梅花形
西北门（乾方）	金	火：三角形、尖形 水：波浪形、梅花形
北门（坎方）	水	土：四方形 木：直线、长方形
东北门（艮方）	土	木：直线、长方形 金：圆形、半圆形

忌054 大门忌正对楼梯

如果大门是正对着楼梯，会形成两种不同的格局，一是正对的楼梯是向下，则家中的财气极有可能流失，因此要在门后设置屏风来阻止内财外流；另一种情形是大门正对向上的楼梯，则不用担心财气外流。若在门内放置大叶植物，如发财树、金钱树等，则能更好地引财入室。

▲ 大门正对向上的楼梯，则不用担心财气外流。

忌055 大门忌正对走廊

从大门进屋后，入眼是走廊，屋宅如同被大门和走廊割开呈两间房，称为"蝴蝶屋"，也称"一支枪煞"。这种屋宅被分切成两半，不利于藏风聚气，此屋之人容易出现分家、决裂、离婚等情况。化解的主要办法是在住宅内装上屏风，以收改门之效，才能避其锋芒。

忌056 忌选用逆纹门

安装大门时，必须看清楚木纹是顺生还是逆生。通常，由上至下生的纹是顺纹，由下至上生的纹是逆纹。顺纹门使家宅安宁畅顺，逆纹门使家宅反复多变、不畅顺。

忌057 忌随意选用实木门

实木门的选择不可完全受商家的说辞影响。全实木门也有高、中、低档之分，不仅用料方面优劣差别甚远，就是在设计及工艺技术水平以及质量、性能和使用寿命方面，也有着上下高低的区别。就连目前市场上"完全实木"门、"整体实木"门、"纯粹实木"门等称呼，也都是商家为了推销木门的一种炒作，既不规范，也不科学。其实，任何一扇传统的实木门，都离不开现代工艺手段的处理和加工，而且越是高档实木门的木料，越要运用新的科技手段，通过现代的先进工艺加工处理，

▲ 实木门虽然好看、耐用，但在选购时，除了注意其外观、木质、性能、价格等外，还应留意该产品的含水率。

才能越发显示出其所独有的优越性。此外，越是强调"完全"、"整体"和"纯粹"的实木门，在使用时造成开裂、变形的几率也就增大，其脱水处理的技术难度也越大。因而在选购全实木门时，除了注意其外观、木质、性能、价格等外，还应留意该产品的含水率。除材质外，加工处理的工序繁复和规范到位，都对实木门的质量和价格起着重要的作用。

忌058 防盗门忌单薄没有坚实感

防盗门材质不可单薄没有坚实感。过分单薄的防盗门一是防盗能力低，二是使人在心理上缺乏安全感，一般厚度必须在3厘米以上。

忌059 防盗门忌脱漆生锈

脱漆生锈是防盗门的一大顽疾，要避免所购买的防盗门出现脱漆生锈的现象，首先就要从材料入手。经过酸洗磷化处理及喷涂两道工艺的冷轧钢板，能够有效地克服脱漆生锈的弊端。

忌060 朝北的房子忌用红色大门

坐南朝北的房子，北风容易直接吹入，气候会很干燥，若大门又刚好是容易让人亢奋的红色，感觉上会更加燥热，正所谓过犹不及，对人的情绪会有负面影响。坐南朝北的房子最好是用绿色或者白色的大门，这样才会给人清爽、平和的感觉。

忌061 外大门忌用深蓝色和紫色

从装饰的效果来看，大门漆成深蓝色或紫色不太美观；从风水角度来讲，深蓝色和紫色都是代表阴气的颜色，故大门用这样的颜色会不吉祥，会使运气流失。向北开的大门宜用深蓝色和紫色，但是风水上一般不建议开北门，因为有"败北"之意。

忌062 实木门忌变形

选购实木门会遇到实木门变形的问题。一些厂家在生产过程中，由于设备和工序的问题，不能及时上油漆密封产品，导致材料吸收水分，即使后来经打磨、上漆，依然会留下隐患，容易出现夏天膨胀、秋冬断裂的现象。

▲实木门买回来之后，应该及时上油漆，以免材料吸收水分而导致门变形。

第三章

玄关风水宜忌

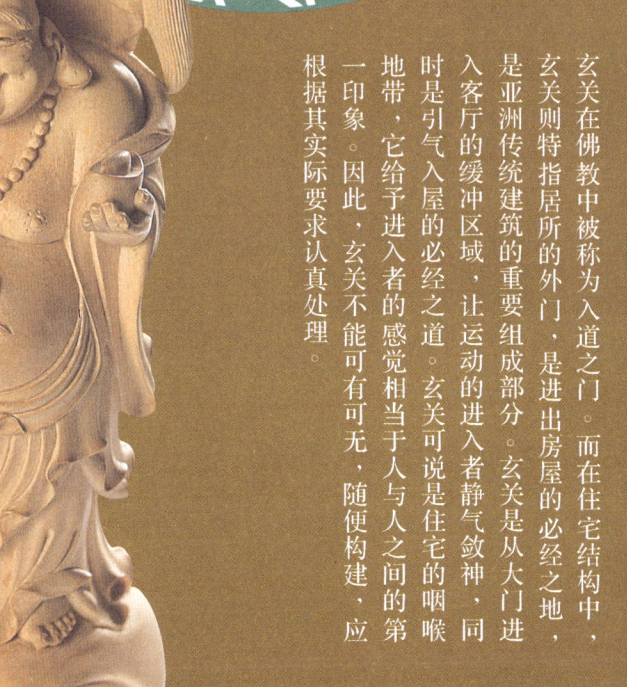

玄关在佛教中被称为入道之门。而在住宅结构中，玄关则特指居所的外门，是进出房屋的必经之地，是亚洲传统建筑的重要组成部分。玄关是从大门进入客厅的缓冲区域，让运动的进入者静气敛神，同时是引气入屋的必经之道。玄关可说是住宅的咽喉地带，它给予进入者的感觉相当于人与人之间的第一印象。因此，玄关不能可有可无，随便构建，应根据其实际要求认真处理。

玄关风水之宜

玄关代表一个家庭的金钱运，玄关风水对主人的事业有举足轻重的影响，因此其在方位布局及装饰布置上都要特别讲究符合风水之"宜"。比如说玄关要设置在吉方位上；玄关宜明不宜暗，在采光方面必须多花心思；玄关宜保持整洁清爽，不要堆放太多杂物。

宜001 宜利用玄关聚气纳财

玄关是住宅内最重要的组成部分之一，代表着家庭的金钱运。良好的玄关风水会增添家居财运。因此，宜对住宅的玄关着力布置，利用玄关为家居聚气纳财。

▲住宅的玄关应该着力布置，它能为家居聚气纳财。

宜002 玄关宜设在东南方

玄关的理想方位，从房屋的中心来看，有东、东南、南、西北四个方位。其中，最理想的方位是东南方。东南方是玄关最具吉相的方位，玄关设在此处不但安全，还能使全家人各自发挥最大能力，并有好运气。另外，玄关如果设在东、南、西北方位也是吉相，但需要注意的是主人的本位如果刚好是以上几个方位，则不宜。

宜003 大门开在凶位宜设玄关

大门如果开在不吉利的凶位，犯了"气煞"，宜设置玄关。"气煞"是指煞星飞临的方位，因为它无形无象，不似"形煞"般可用肉眼观察而得，而只能根据风水数理推算出来。但可以肯定的是，倘若户主是东四命，而大门却开在正西、西北、西南或东北这西四方，大门和户主相冲，对这家人来说，这便是带有"气煞"的大门。反过来说，若户主是西四命，而大门却开在正东、正南、正北及东南这东四方，大门与户主相冲，对这家人来说，这是带有"气煞"的大门。对西四命的人来说，大门开在北方凶位，是大门带煞；宜设置一玄关，屋外之气本从北而南流入，现改为从西而东，西乃本命吉方，这可逢凶化吉。

宜004 玄关宜设在正门旁

玄关宜设在住宅正门的偏左或偏右方。如果玄关与住宅正门成一条直线，外面过往的人便很容易窥探到屋内的一切，所以住宅正门入口宜与玄关成一定的角度，以90度为宜。若大门与玄关成直线，可在玄关加一道屏风化解。

▲住宅正门入口宜与玄关成一定的角度，以90度为宜。

宜005 大门对窗或后门宜设玄关

门和窗户是气流进出屋内的开口，如果住宅的入口正好对着后门、巨大的窗户或者光滑的玻璃门，形成前后门相穿，使气穿堂直出，不能聚集于屋内，穿堂风拂动，就会对人的健康造成不利。如果住宅格局处于上述情况，宜设置玄关。

宜006 大门对死胡同等宜设玄关

住宅的大门不宜正对死胡同、细长的街道，这样不利安全；同样，从住宅向屋外看，如见两座大厦靠得很近，两座大厦的中间出现一道相当狭窄的缝隙，便会产生穿堂风，也对健康不利。再者，如果开门见一条长长的走廊，也对安全不利。如果自家的住宅正好处在如上述提及的环境之中，假如不能改变门的方向，宜设置玄关。

宜007 大门对尖角、柱等宜设玄关

邻居的屋顶、车库、阳台和建筑的侧面都有可能形成一个尖形的角，开门见到尖角，客厅或房间容易被墙角冲射。另外，门外有柱和柱状物也会影响人的健康和财运。如果已经居住在以上区域者，宜设置玄关。

宜008 大门外有电站等宜设玄关

从物理角度讲，居住在靠近高压电线、大型变电所、强力发射天线、高亮度泛光建筑等住宅里的人因受各种辐射、电磁场的影响和干扰，很容易出现情绪烦躁、失眠不安等心理和情绪上的异常情况。而住在玻璃幕墙对面或玻璃幕墙的倒影中也会对人造成压抑感，对人体健康非常不利。如果居住环境处于上述的情况宜设置玄关。

玄关风水之宜

宜009 大门与客厅之间宜设玄关

客厅一般设计在住宅入口处，为使客厅与外界接触时有较好的过渡、保持一定程度的私密性，在大门与客厅之间宜设玄关。设置玄关，还可使内外气有所缓冲，气得以回旋后聚集于客厅。

宜012 开门见梯宜设玄关

住宅本是聚气养生之所，当楼梯迎着大门而立时，室外的空气会和室内的空气形成气流，对人体健康极为不利。如果居住在这样的环境，宜在进门处设置玄关。

▲ 在大门与客厅之间设玄关，可以使气得以回旋后聚集于客厅。

▲ 当楼梯迎着大门而立时，宜在进门处设置玄关。

宜010 开门见墙角宜设玄关

开门就看到墙角，不仅视觉上不美观，而且心理上也不舒畅。在装修时，如果不将墙角做半圆形处理，宜设置玄关。

宜011 玄关设计宜强调审美享受

玄关虽然是个弹丸之地，但一个设计巧妙的玄关就是一道体现居家品味的风景线，大空间玄关在设计上更强调审美的享受，因而大都应有独立的主题，但也要兼顾整体的装修风格才行。

宜013 大门与阳台成一线宜设玄关

大门与阳台成一条直线，这种格局为前后通透，可以一眼看透大门与阳台，房间的私密性很差，人常被外界的声音、景观影响，且空气形成对流，对人体健康不利。在这种情况下，宜设置玄关。

宜014 开门见灶宜设玄关

厨房开门见灶会掀动灶台的风，这样很难生火。如果住宅属于这种房型若不改变厨房门的位置则宜在进门处设置玄关。

宜015 开门见镜宜设玄关

镜子会反射动静之气，让室内气息随时而转，不固定在某个位置上。所以，最好不要在家里放过多、过大的镜子，镜子对着入口更是不利。如果人走入室内时正对着一面镜子，就会感到迷惑，弄不清方向。如果住宅开门见镜宜设置玄关。

宜016 开门见厕宜设玄关

厕所是供人们排泄的空间，本身并不算干净，更因厕所是极秘密的场所，所以大门也不宜直对厕所。如果大门直对厕所宜设置玄关。需注意的是地下排水管不宜跨越大门和玄关之间，以免财水内外交流时，在玄关受污，导致家人健康不佳，财路不顺。

▲ 大门直对厕所对住宅风水非常不利，宜设置玄关化解。

宜017 玄关宜与书房相对

打开大门，站在玄关处即可看到书房的格局，可以提高居住者的向学心、求知欲和工作上的干劲。使居住者即使在家中也不会糊里糊涂地过日子，而会将时间花在看书或全心投入与工作中，可以说这是最适合家中有小孩准备联考的空间布局。

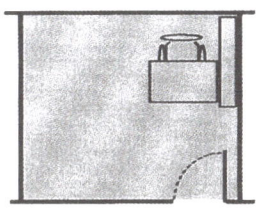

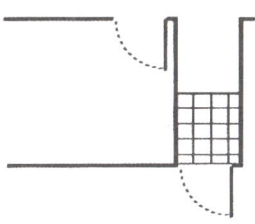

▲ 玄关处看到书房，可以提高居住者的向学心、求知欲和工作上的干劲。

宜018 玄关宜藏风纳气

玄关材质选用方面，最好用不透明的材质。因为风水上讲究"藏风纳气"，玄关不但要能达到让风回旋的效果，还要能达到化煞的效果。要注意玄关的大小、高度需和门的大小、高度相当，如此才能发挥藏风纳气的最大效果。以科学的观点来看，玄关能阻挡长驱直入的风势，有相当不错的保暖效果。

宜019 玄关宜与起居室相对

一回到家时，如果起居室出现在眼前，可让人的内心觉得无比轻松和放心。而且懒懒地坐在沙发上，一边看电视一边和家人和乐融融地闲聊，还可以解除工作上的紧张和压力。这样家成为最适合休息的场所，所以这种空间布局对于工作疲劳返家的上班族而言最为理想。

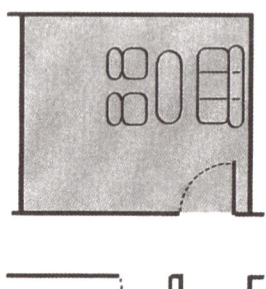

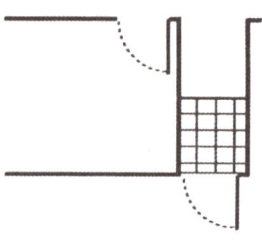

▲ 玄关设置在可以见到起居室的地方，这种格局对于工作疲劳返家的上班族而言最为理想。

宜020 玄关的间隔宜通透明亮

玄关的间隔宜通透明亮。玄关与客厅之间隔应以通透为主，因此通透的磨砂玻璃较厚重的木板为佳。即使必须采用木板，也应采用色调较明亮而非花哨的木板，色调太沉易有笨拙之感。另外玄关宜明亮，如果玄关处没有室外的自然光便要用室内的灯光来补救。

宜021 玄关宜舒适方便

玄关是居住者出入的必经之地，必须以舒适方便为宜。玄关舒适的指标为：三口之家宜将玄关设置为3~5平方米，通常可在玄关设置一个宽0.4~0.6米、长1.5米的衣鞋柜组合，放置平时更换的外衣、鞋子；如果是五口之家，将柜子长度加到1.8米也就足够了。若过道有拐角，还可以安个镜子、花瓶等，既转换了空间，也方便更换衣服。

宜022 玄关宜与居室风格统一

设计玄关隔断时，要考虑和整个居室风格的一致性，避免为追求花哨而杂乱无章地拼凑，那样的话一定会适得其反。玄关中的家具包括鞋柜、衣帽柜、镜子、小凳等，都要与房屋的整体风格相匹配。

▲ 设计玄关隔断时，要注意与整个居室的风格保持一致。

宜023 玄关宜大而阔

玄关是居室入口的区域，是客厅与入口处的缓冲，是居家给人"第一印象"的制造点。从风水上来讲，玄关宜大宜阔，要有2.5平方米以上。

▲从风水上来讲，玄关宜大宜阔，要有2.5平方米以上。

宜024 玄关的设计宜合理

玄关的造型设计不宜比其他公共区域更复杂，宜维持合理的交通线，避免因为玄关的设计而影响正常功能的使用。

宜025 玄关宜设计成花架屏风

门是接纳旺气的方位，放置屏风不当会阻挡财运，除非有需要时，可在进门的地方，设个回旋式的玄关，作为进门的缓冲区，玄关可设计成低矮的花架屏风，上面可放置植物盆栽，这样门面既美观又可带来好风水，助长旺气进来。

宜026 玄关宜吸收旺气

玄关处的灯宜以四盏或九盏（一盏灯有四个或九个灯光也可）为最佳，以收旺气之效。同时，玄关为入门的小空间，必须阳气充足。何谓阳，何谓阴？光线不足便属阴，反之则属阳。所以玄关必须装置照明灯，并保持长明状态，称为长明灯。玄关阳气强，家人的心情就会愉快，工作亦顺利。相反，如果玄关整天阴阴沉沉不见光线，家人的心情自然也就会被"传染"。住的大楼中如光线不足，最好在玄关全天候地打开长明灯，只有玄关保持光亮，气才能通顺，运气才会好。

▲玄关处的灯宜以四盏或九盏为最佳，而且最好保持长明状态，这样有利于吸收旺气。

宜027 玄关家具宜按面积来布置

布置家具时要根据玄关的面积和生活需要来选择。如果玄关面积大的话，可以选择大方、实用的家具；如果面积较小，则只放一个鞋柜来满足进出门换鞋的需要就可以了。

宜028 玄关宜简洁整齐

玄关传达着家庭给外人的第一印象信息，表达着家庭能量交流平衡的特征，宜装修设计得简洁整齐，保持一尘不染。这样能够让家人从门前轻盈贯穿的积极能量中受益匪浅，而且玄关里的能量会被分送到各个室内，使每个房间都被"浸泡"在从玄关穿行过的能量里。如果住宅不能保留这种能量，就会带来失财、生病等坏运的结果。

▲ 玄关宜装修设计得简洁整齐，保持一尘不染。

宜029 玄关的高度宜适中

玄关的高度宜适中，不宜过高或过低。一般控制在2.5～2.57米之间，可以使玄关的天花比室内的天花稍低一些，形成错落有致的相对变化。玄关顶上的天花若是太低，会有压迫感，在风水上属于不吉之兆，象征这家人备受压迫，难有出头之日。

宜030 玄关墙壁颜色宜深浅适中

玄关的墙壁间隔无论是木板、砖墙或是云台，选用的颜色均不宜太深，以免令玄关看起来暮气沉沉。最理想的颜色分配，是位于顶部的天花颜色最浅，位于底部地板的颜色最深，而位于中间的墙壁颜色则介于两者之间，作为上下的调和。

宜031 宜用屏风作玄关

恰当利用屏风作玄关既可以美化屋内环境又可以改善生活空间格局。用屏风当玄关方便、简洁，在阳宅风水中可产生许多效力，既可以挡掉门外进来的病气、杂气或煞气，又可用来转换气口上劫财、官非、死亡与疾病等衰星，催化旺气而扭转乾坤。

▲ 恰当利用屏风作玄关既可以美化屋内环境又可以改善生活空间格局。

宜032 玄关墙壁宜平滑

玄关是住宅进出的主要通道，其墙壁平整光滑可使气流畅通无阻。

▲ 玄关的墙壁要平整光滑，这样可使气流畅通无阻。

宜033 玄关的天花灯宜圆方

有人喜欢把数盏筒灯或射灯安装在玄关顶上来照明，这是不错的布置，倘若排列成方形或圆形，则为吉，因圆形象征团圆，而方形则象征方正平稳。

宜034 玄关地板的颜色宜较深沉

玄关地板的颜色宜较深沉。深色象征厚重，地板色深象征根基深厚，符合风水之道。如果要求明亮一点，则可用深色石料四围包边，而中间部分可采用较浅色的石材。

宜035 玄关的地板宜平整

玄关地板宜平整。地板平整可使宅运畅通，而且避免摔跤。同时，玄关的地板尽量保持水平，不应有高低上下之分。

宜036 玄关墙壁的间隔宜上虚下实

"下虚上实"不符合风水之道，缺乏稳固感。玄关墙壁间隔下半部宜以砖墙或木板为根基，密实不漏，而上半部则宜用玻璃来做装饰，通透又不漏风，最为理想。若不用墙来做间隔，也可用矮柜来代替，同时矮柜可用作鞋柜或杂物柜，其上则可装磨砂玻璃，既美观又实用。要注意玻璃不同于镜子，反射的镜子绝不可以面对大门，但磨砂玻璃无此顾忌。

▲ 玄关墙壁间隔下半部宜以砖墙或木板为根基，密实不漏，而上半部则宜用玻璃来做装饰，通透又不漏风，最为理想。

宜037 玄关天花造型宜搭配五行

玄关天花板上的造型应与户主的五行相搭配。五行属水的户主，天花图形应该是圆形、波浪形；五行属金的户主，天花的造型应该是方形、圆形；五行属土的户主，天花板的造型应该是方形；五行属木的户主，天花板的造型应该是长方形；五行属火的户主，天花板的造型应该是长方形。当然，这种搭配标准也适宜于家宅其他区域的天花板。

▲玄关天花板上的造型应与户主的五行相搭配。五行属木、属火的户主，玄关天花板都宜采用长方形的造型。

宜038 玄关鞋子宜摆放整齐

在玄关放置鞋柜，可以说是顺理成章的事，因为无论是家庭成员还是来访者在那里更换鞋子都十分方便。"鞋"与"谐"同音，而且必是一双，有很深的象征意义。鞋子也要保持干净、整洁，这样意味着外来的运气有序、顺利。

宜039 玄关地面宜区别于客厅地面

玄关的地面一般宜与客厅的地面有所区别，材质上运用纹理美妙的磨光大理石拼花，或用色泽不一的木地板拼花勾勒而成。更为简单的就是使用一张或多张跟玄关家具风格、色彩相搭配的小地毯，改变地毯的花色或者形状就可形成不同的玄关地面。

宜040 玄关地板宜遵守三个原则

因为玄关功能的特殊性，地板一定要遵守易保洁、耐用、美观三个原则。许多家庭喜欢把玄关的地面和客厅地面区分开来，各自成一体，玄关的地面或用纹理美妙、光可鉴人的磨光大理石拼花，或用图案各异、镜面抛光的地砖拼花，都很有自己的特色和风格。无论怎样，玄关的地板一定要整洁、耐用、美观。

▲因为玄关功能的特殊性，玄关的地板一定要整洁、耐用、美观。

宜041 玄关宜用长形地毯

长形地毯既长又窄，非常适合玄关。这种复古式的地毯，厂家赋予其新意，不断创新出许多不同的颜色和式样。其中有一些是源自维多利亚与爱德华时代的设计，具有灵便的特点，在必要时完全可将这些地毯撬起清洗，而且还可以将它一直朝楼梯延伸上去，制造出双层结构，使住宅玄关地域优美的动线更加明显化。

▲ 长形地毯既长又窄，而且很灵便，非常适合玄关。

宜042 鞋柜宜减少异味

鞋柜一定要设法减少异味，否则异味会向四周扩散，很不卫生，也会让人感觉不适，更无好风水可言。可将咖啡渣晒干，放入容器中，再将其放入鞋柜，即可消除鞋柜的异味。

宜043 玄关宜放置地毯

在玄关一进门的地方放置一块地毯就可以使用北斗七星招财法，帮你带来财运。该法的布置如下：先将七个古铜板（象征金银财宝）洗干净，用檀香净过。然后在欲放置地毯处摆一个北斗七星阵，七星阵看起来像一个水勺，将勺口对准门外方向，代表向外挖钱取财的意思。最后将地毯覆盖在七星阵上，并且固定好，以防阵乱，阵乱会破局。地毯的颜色因工作类型不同，选择如下：

绿色地毯——上班族、公务员、教师

蓝色地毯——商业、自由职业、从政者

红色地毯——演艺圈、大众传播、媒体人

宜044 宜在玄关摆放地主财神

地主是家庭中最经常供奉的神祇之一，且必须当门而立，因为地主是住宅的守护神，当门而立便可把牛鬼蛇神拒之门外。地主的最佳摆放方位是把神位单独供奉在面向大门的玄关地柜中，那里既不大明显，而又不失地主应当门而立的原则。

宜045 玄关宜摆放观叶植物

观叶植物是具有很强的呼唤旺盛之气能量的装饰物，也具有净化空气的作用，能使隐晦之气难以聚集，特别适宜摆放在玄关。单身的人在玄关放置盆栽的观叶植物可以增添异性缘。

宜046 鞋柜宜设在玄关侧边

鞋柜虽然实用，但难登大雅之堂，摆放时要注意宜侧不宜中，即鞋柜不宜摆放在玄关正中。最好把它移开一些，离开中心的焦点位置。

▲鞋柜不宜摆放在玄关正中，靠墙放在玄关侧边最佳。

宜047 玄关宜挂壁画

玄关的艺术品展示了宅主的热情、价值观、道德观和人生观，能让那些第一次来家里的客人理会宅主的为人。玄关处适宜悬挂一些壁画来装饰。如果宅主工作紧张，一张内容平和的壁画会让宅主的心情放松下来；如果宅主渴望激动，那么应该用色彩鲜艳的画或者一匹飞马的图片来愉悦自己。

宜048 玄关宜摆放灵性饰物

古人多喜欢摆放麒麟、狮子等灵兽在门口镇守，将其作为家宅的守护神。麒麟具有很强的"镇宅"作用，可以安定周围的气，被广泛应用于消解收入不稳、家庭不和、生意场上人际关系不好等问题，也可以平息、镇定日常生活中的其他琐碎问题。狮子可以避凶纳吉，保护家人平安。如果将麒麟或者狮子摆放在屋外，往往会受到诸多限制，但如果摆在玄关面向大门处，则不会引起不便，同时也可以起到护宅的作用。

▲麒麟具有很强的"镇宅"作用，宜摆放在玄关。

宜049 鞋柜上宜摆放鲜花

在玄关的鞋柜上摆放一些鲜花不仅可以吸收秽气还有利于增运旺势。红色鲜花，可为家室招来好运，黄色花利于爱情，橙色花利于旅行，粉色花利于人际关系，白色表示吉利。但要注意的是鲜花弄脏后要认真清洁。

宜050 宜在玄关安装镜子

通常住宅在玄关安装镜子可作为进出时整理仪表使用。在玄关侧边避免正对大门处安装镜子还可使空间更加宽敞明亮。

宜051 玄关的色彩宜按方位设定

玄关的色彩宜按其方位布置。如玄关设在东方，则应有红色做主色调，红色代表青春、喜气、热情、奔放；如玄关设在南方，则应以绿色作为主色调，在风水学上，南方主宰灵感及灵活的社交能力，而绿色有生机勃勃之意；如果玄关设在西方，则应用黄色做主色调，黄色一向被用来代表财富，西方则被认为是主导事业及财运的方位，可带来旺盛的财气；如玄关设在北方，则应用橙色作为主色调，北方掌管着夫妻关系，而橙色有热情奔放的意味，有利夫妻感情的融洽。

宜052 玄关光线宜以装饰性为主

玄关讲究整体通透明亮，其照明光线宜以装饰性为主。可以用射灯、筒灯、吊灯或者壁灯来照明。如果玄关有足够空间的话可摆上一张小桌子，用一两盏灯补强光线。而另一个将幽暗的玄关装点得比较活泼、有趣的方法是，设法在回廊上挂几张照片、图片或画作，更可以在画上加两盏小灯。

▲玄关讲究整体通透明亮，其照明光线宜以装饰性为主。

宜053 玄关宜摆放盘栽的花

玄关是客人进入室内产生第一印象的地方，因此选择的饰物是否具有生气至关重要。玄关宜摆放像花这样有生气的东西，花不仅具有引导旺盛之气的作用，盆栽的花还可以使空间安定，特别适合已婚者。独身的人则可以使用插花来装饰玄关。

▲玄关的色彩宜按其方位布置，不同的方位有不同的色彩讲究。

宜054 鞋柜宜根据户主职业摆放

鞋柜一般放置在玄关的侧面，至于左边还是右边宜根据户主的职业而定。一家之主若从事文职工作，宜把鞋柜放置在左边；靠劳力谋生的朋友，则宜放于右边有助事业更上一层楼。

▲ 玄关处的鞋柜放在左边还是右边宜根据户主的职业而定。

宜055 玄关灯光宜以暖色调为主

玄关照明除了亮度的需要外，还要能够体现出温馨、舒适的感觉。其灯光色调宜根据装饰风格而定，最好以暖色调为主，冷色调为辅。让适度的照明光源营造出玄关中雍容富贵、吉祥福旺、温暖浪漫而又透出理性的气氛。

宜056 玄关宜装置照明灯

玄关为入门的小空间，讲究阳气充足，必须安装照明灯。日常应让其长期亮着，称为长明灯，以增阳气之用。玄关阳气强，家人的日常心情就会愉快，工作亦顺利。

宜057 玄关宜摆放常绿植物

在玄关摆放植物，绿化室内环境，可增加生气，令吉者更吉，而凶者反凶为吉。摆在玄关的植物，宜以长叶的常绿植物为主，例如铁树、发财树、黄金葛及赏叶榕等，颜色以青绿为上选，有花朵的亦可。

▲ 摆在玄关的植物，宜以长叶的常绿植物为主。

玄关风水之忌

玄关是家宅聚气纳财的风水要害，对宅运的吉凶具有决定性影响。玄关是大门与客厅的缓冲地带，对户外的光线产生了一定的视觉障碍，不至于开门见厅。为保护屋内的私密性，玄关不宜与大门成一直线，而小面积住宅不宜设玄关，玄关也不宜太窄，玄关图案、色彩忌过于杂乱。

忌001 小面积住宅忌设玄关

面积太小的住宅设玄关只会令住宅空间更拥挤，使住宅面积更加狭小。所以，小面积居室最好不要设玄关，以免影响正常空间的利用。住宅风水中，宅内空间太小不利于家人的运气。

忌003 玄关忌狭长又连接厅堂

玄关是进门通向厅堂的必经之路，许多家居玄关都设计成狭长式，但是狭长式玄关是不好的。可以通过多种装潢形式进行处理。同时，玄关与厅堂连接，没有明显的独立区域也是不好的，可以通过装饰使其形式独特，或与其他房间风格相融。

忌004 玄关忌与大门成直线

如果玄关与住宅正门成一条直线，外面过往的人便容易窥探到屋内的一切，所以大门不要与玄关成直线，以保持屋内的隐秘性。

▲ 面积太小的住宅设玄关只会令住宅空间更拥挤，所以最好不要设玄关。

忌002 玄关忌成拱形

有些家庭为了追求设计上的美感，将玄关设计成拱形，殊不知这种形状阴气重，会影响家人的身体健康。因此玄关不宜设置成拱形。

▲ 玄关不要与大门成直线，以保持屋内的隐秘性

忌005 玄关处忌看到厨房

玄关不宜设置在可以看到厨房的地方，如果从玄关处可看到厨房，居住在这种格局里的人会有回家后上衣也不脱就立即走向厨房的倾向。居住者平常在家时，也常在厨房或餐厅内度过。如果不能更改这种格局可在玄关和厨房之间摆设屏风化解。

忌007 玄关处忌看到卧室

有些人认为这是和玄关可以看到起居室的隔间一样，是能令人心情放松的理想隔间。但是这种隔间因为太过强调轻松的一面，会让人一回到家就会感到疲劳，而立刻需要休息和睡眠。情况严重的话，有欠缺干劲、陷入暮气沉沉，产生消极的人生观之虞，若出现这种情况可在卧室的门上装面镜子来调整。

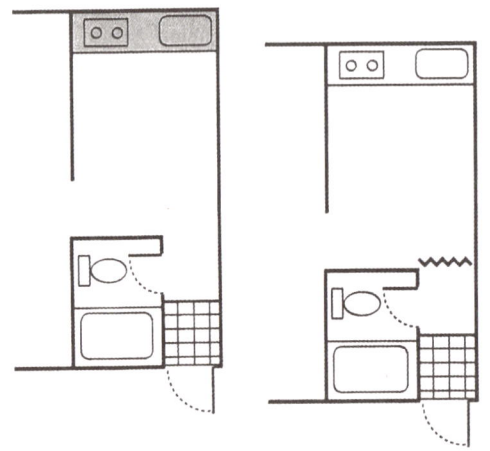

▲玄关处可看到厨房时，可在玄关和厨房之间摆设屏风化解。

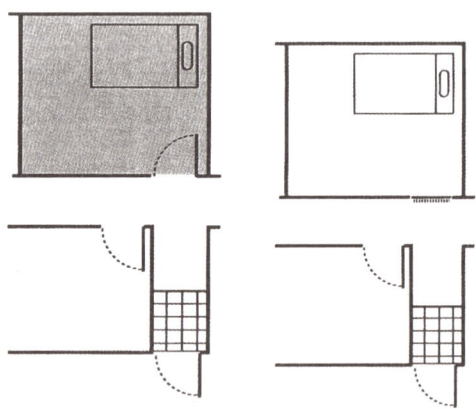

▲在玄关处可看到卧室时，可在卧室的门上装面镜子来调整。

忌006 玄关忌设在东北方

东北方是具有水气的方位。如果玄关在这个位置，就很容易冷却，这时便可以使用具有温暖感的装饰物来平衡，如放置长毛的踏垫或嵌板式加热器，使空间温度升高。如果真的不得已，必须将玄关设在东北方，一定要把开闭门面向东、东南、南方等吉相方位。相反的，西南方也是如此，虽然不能化凶为吉，但至少可减少凶意。

忌008 玄关忌缺乏私密性

玄关是大门与客厅的缓冲地带，对户外的光线产生了一定的视觉障碍，不至于开门见厅，让人们一进门就对客厅的情形一览无余。客厅无遮掩，缺乏私密性的话会使家庭成员的一举一动均令外人在大门外一览无余，无安全感可言，从风水角度来说亦非吉兆。玄关的设置要注重维护人们室内行为的私密性和隐秘性，保证厅内的安全感和距离感。

忌009 玄关忌太窄

玄关虽然是一个小空间，但也不能太过狭窄，应稍为宽阔一些，这样才会让人有一种舒适的感觉。如果住宅的面积超过100平方米，玄关的空间也应随之加大。《住宅设计规范》中规定"房内过道净宽不宜小于1.2米"这也被看做是玄关的底限，若低于这个底限就会显得局促，会让人不舒服。

▲ 玄关虽然是一个小空间，但也不能太过狭窄，不宜小于1.2米。

忌010 玄关墙壁间隔忌凹凸不平

玄关是进出住宅的主要通道，玄关间隔之间要避免凹凸不平。玄关的墙壁平滑则气流畅通无阻，如果用凸出的石块作装饰，导致凹凸不平，会给宅运带来诸多阻滞，必须尽量避免。

忌011 忌不根据需要乱设玄关屏风

迎门见客厅屏风，需要根据不同的风水气场精算而来，达到引气、间隔的功效。但是玄关不一定都要设置屏风，切忌不根据需要乱设屏风。一般在以下三种情况下才设置玄关屏风：大门与阳台成一直线，形成"穿堂风"，需以玄关屏风隔开；房子的窗户开在走廊外，成泄气之格，需玄关屏风遮挡；大门对厕，进门就见到厕所晦气，需要玄关屏风隔挡。

忌012 玄关顶部忌有横梁

玄关的顶部不宜有横梁。如果玄关的顶部有横梁，可以加装假天花，以遮横梁，使煞气消失。当然，也可以安装照明灯来增加阳气，去除阴气。

▲ 玄关顶部的横梁，可以加装假天花，以遮横梁。

忌013 忌使用玻璃做玄关间隔

因为玻璃透明透光，所以不少人喜欢用它来做玄关间隔。但是要注意的是玻璃比较脆弱容易破裂，所以对有小孩的家庭并不适宜。从居家安全着想，采用磨砂玻璃或玻璃砖来代替比较合适。玻璃砖透明、透光且能节省空间，又非常坚固，很适合用作玄关间隔。

▲从居家安全着想，采用磨砂玻璃或玻璃砖来代替普通玻璃做玄关比较合适，不仅透明、透光且能节省空间，又非常坚固。

忌014 玄关天花的灯忌成三角形

玄关天花的灯饰忌成三角形排列。玄关顶上可安装数盏筒灯或射灯来照明，但要注意，如把三盏灯布成三角形便会弄巧成拙，形成"三枝倒插香"的局面，对居家风水很不利。玄关的灯最好排成方形或圆形，象征方正平稳和团圆。

忌015 玄关天花板忌过高

玄关的天花板不宜过高，一般控制在2.5~2.57米之间，可以使玄关的天花比室内的天花稍低一些，形成错落有致的相对变化。

忌016 玄关天花板忌低矮

玄关顶上的天花板若是太低，具有压迫感，这在风水上属于不吉之兆，象征着家人备受压迫掣肘，难有出头。天花板高，则玄关空气流通较为舒畅，对住宅的气运也大有裨益。

忌017 玄关天花忌张贴镜片

玄关的天花如果贴上镜片来装饰，使人一进门举头就看见自己的倒影，会产生头下脚上、乾坤颠倒之感。这个是风水大忌，必须尽量避免。

▲玄关的天花贴上镜片来装饰，是风水大忌，必须尽量避免。

忌018 玄关地板忌高低不平

玄关的地板如果凹凸不平，会阻碍家庭的运气，平整的地板则可令宅运畅顺，也可避免家人日常生活中失足摔跤。同时，玄关的地板宜尽量保持水平，不应有高低之分。

▲玄关的地板应平整，凹凸不平的地板会阻碍家庭的运气。

忌019 玄关天花板忌用三角形

三角形的图案容易产生不良风水。因此，三角形的天花是玄关天花板忌用的形状，而这个形状同样不宜运用于玄关的地面。

忌020 玄关地板的花纹忌直冲大门

无论用何种木料做玄关的地板其排列均应使木纹斜向屋内，如流水斜流入屋。切忌木纹直冲大门，否则家里的财气和运气就都会像流水被携带出去，很不吉利。

忌021 玄关地毯忌放在室内

在玄关处设地毯，作用是便于居住者和来访者从外面进入居室时，清理一下鞋底的灰尘。所以，最好是将地毯放在玄关外，也就是大门口。如果将地毯放在屋内，则容易将灰尘和秽气带进室内，甚至会将外面不好的运气带到家中。

忌022 玄关地板忌太滑

玄关地面不宜太滑。从居家安全的角度来说，玄关地面如果太滑容易导致家人或来访者滑倒受伤。因此在装饰布置时应尽量避免选用抛光、玻化等表面光滑的材质。

▲玄关地面不宜太滑，否则容易导致家人或来访者滑倒受伤。

忌023 玄关下忌有地下排水管

玄关下忌有地下排水管。排水管若跨过大门和玄关之间，会使财运内外交流时在玄关受污，会导致家人健康不佳、财路不顺。

忌024 玄关天花板的颜色忌太深

玄关天花的色调不宜太深。如果玄关天花板的颜色比地面深，这便形成上重下轻、天翻地覆的格局，象征这家人长幼失序、上下不睦。而天花板的颜色较地面的颜色浅，上轻下重，这才是正常之象。

忌025 玄关天花板忌太多井字格

玄关天花棚上忌打太多的井字格。家居中主要的活动区域尤其是玄关天花板部分，忌出现太多的网状的格状吊棚。若顶棚上打造了疏而不漏的格，于人于己都不利。

▲ 玄关天花棚上打太多的井字格，于人于己都不利。

忌026 玄关忌用纸箱代替鞋柜

经常有一些家庭用废弃的木箱或较大的纸箱当临时的鞋柜，这种做法不仅是风水学上的大忌，而且从最基本的环境卫生角度上看也不可取。

忌027 玄关地毯忌脏污

玄关是进出房屋的必经之地，同时也是引气入室的必经之道，所以它的布置直接影响着家宅的风水，应该引起足够的重视。一般家庭在玄关处放地毯是为了清除鞋底的灰尘，地毯宜定期清洗，但若地毯长久不清洗，则会影响家庭的运气。

忌028 雨伞忌放在玄关

雨伞很容易累积阴气，如果把伞架经常放置在玄关，会使玄关充满阴晦之气。所以，尽量使用吸水性好的陶器伞架或是不锈钢制的伞架。

忌029 玄关地板图案忌有尖角

玄关地板的图案花纹繁多，但均应选择寓意吉祥的图案。必须避免选择那些多尖角的图案，其冲门不宜。从风水角度而言，尖角冲门会影响家庭和睦，不利家运。

▲ 玄关地板要寓意吉祥，避免选择那些多尖角的图案。

忌030 玄关鞋柜忌太高

鞋柜的制作原则是：宜小不宜大，宜矮不宜高，高度不宜超过户主身高，最好是在墙高的1/3处。太高的鞋柜容易撞到俯身换鞋的人，而且有时候鞋也会散发出异味，如果摆得太高，这种异味就会直冲鼻子，给人恶心、呕吐的感觉。

▲ 鞋柜不宜太高，最好是在墙高的1/3处。

忌031 玄关镜子忌照门

很多人外出时，喜欢照照镜子，看看自己的衣履是否整齐。为了方便，就会在玄关做一面大镜子。但若是镜子正对大门，则绝对不妥当，因为镜片有反射作用，会把从大门流入的旺气及财气反射出去，将财神拒之门外。如果要在玄关安装大镜，最好是安在门的侧边，避免镜子照门。

忌032 玄关摆放的鞋忌鞋头向下

鞋柜里的鞋在放置时应该鞋头朝上，不宜向下，且宜侧不宜正。在摆放鞋子入内时，鞋头必须向上，这有步步高升的意味。若是鞋头向下，就意味着会走下坡路。另外，时下流行的尖头鞋，鞋头对着自己，易形成火煞，久而久之，对健康有害无益。

忌033 玄关处的鞋忌外露

鞋柜应有门，因为鞋子宜藏不宜露。倘若鞋子乱七八糟地堆放而又无门遮掩，便会影响美观。在玄关巧妙地布置有门的鞋柜显得很典雅、自然，因为有门遮掩，所以从外边根本看不出它是鞋柜，这很符合归藏于密的道理。

▲ 鞋子应放在鞋柜里，并且鞋柜有门，因为鞋子宜藏不宜露

忌034 鞋柜内的空间忌太小

鞋柜内的空间不宜太小，太小使得家中男性的鞋子不能头向上竖起，而横放时又有不能完全放进去的可能，影响观瞻不说也不符合居家风水中宜藏不宜露的说法。

忌035 鞋柜忌空气不流通

玄关鞋柜忌无良好的空气流通，不宜积满灰尘又不清洁擦拭。因此最好不要购置密闭式的鞋柜，以免使用时空气流通不畅。鞋柜空气流通不畅不仅对整个住宅的风水不利，而且也不利于家人的健康。

忌036 玄关忌摆放过多杂物

玄关作为一个家的"颜面"，如果因为堆放太多的杂物而影响美观的话，未免因小失大。特别是将一些没有实用价值而又舍不得丢弃的东西放在玄关，这样不但影响美观，还会影响家人的身体健康。

忌037 玄关向门处忌摆放文财神

财神分文财神和武财神两种。武财神如武圣关公及伏虎玄坛赵公明均宜当门而立，但福寿禄三星及财帛星君等不宜当门而立。摆在大门的文财神若是面向大门，就会把家中的财源向外布施，反而弄巧成拙。故此，若文财神放在玄关，则必须面向屋内，不要面向大门，以免钱财外流。

忌038 玄关忌饰品过多

玄关是给来访者的第一印象，少而精的饰品可以起到画龙点睛的作用。一只小花瓶、一束干树枝可给玄关增添几分灵气；一幅精美的挂画、一盆精心呵护的植物都能体现出主人的品位与修养。但要注意，玄关的饰品一定要精简，否则就会阻碍气的流通，遮挡人的视线。

▲ 玄关处少而精的饰品可以起到画龙点睛的作用，一旦过多就会阻碍气的流通，遮挡人的视线。

忌039 忌随意在玄关摆放鱼缸

很多人喜欢在玄关对门处放置鱼缸，这样可以产生一种活跃生动之气氛以及生生不息之象。这对那些命中缺水或喜水的朋友有招财纳福的功效。但是那些命中忌水者或居屋向北坐南者则不宜在大门玄关处摆设鱼缸。因为北方之位属旺水之位，鱼缸属水，水多则泛，居者容易有夫妻不和、钱财不聚及疼痛之灾。

忌040 玄关忌有破裂的镜子

玄关安置镜子得当的话可以使代表财运的内明堂有空间加大的效果。但如果发现玄关处的镜子有破裂，则须马上更换，否则，轻者会带来家庭感情破裂、人际关系不佳，重者则会有血光之灾。

忌041 玄关饰物忌与方位相冲

如果在玄关摆放饰物或在玻璃隔间、镜子上印制图案，北方、东北方、西南方、西方和西北方五个方位是有所避忌的，这五个方位的饰物切忌与方位相冲。

玄关在北方，忌用马的图案或饰物；
玄关在东北方，忌用羊的图案或饰物；
玄关在东方，忌用鸡的图案或饰物；
玄关在东南方，忌用狗的图案或饰物；
玄关在南方，忌用鼠的图案或饰物；
玄关在西南方，忌用虎的图案或饰物；
玄关在西方，忌用兔的图案或饰物；
玄关在西北方，忌用龙的图案或饰物。

忌042 玄关照明忌缺乏装饰性

玄关里有许多弯曲的拐角、小角落与缝隙，导致其照明设计分外困难。但玄关照明忌缺乏装饰性，宜有层次感。使用嵌壁式朝天灯与巢式壁灯都可让灯光上扬，产生相应的层次感，使室内风水有渐次漾开的韵味，且还会给人从玄关延伸至楼梯的感觉。

忌043 玄关忌摆放狗的饰物

玄关不能放置有狗的装饰，因为狗具有变化的象征意义，所以不适合气的入口，如果进入的旺盛之气与狗相撞，很容易引起家庭困扰。

忌044 玄关忌昏暗、阴沉

玄关一般都没有窗户，自然采光很差，要利用灯光来补充。玄关处一般需要一盏大一些的主灯，再配合壁灯、穿衣灯，以及起装饰作用的射灯等光源，共同营造一个温暖、明亮的空间。玄关处的光线要亮一些，以免给人带来昏暗、阴沉的感觉。光线不足属于阴，于家居不利，所以玄关必须设置长明灯以增阳气，这样有利于采光，从风水上更有利于家人的健康。

忌045 玄关植物的叶子忌呈尖状

在选购玄关植物的时候要特别注意叶子的形状。特别不宜选购那些叶子是尖状的，尖状的叶子会产生毒气和煞气，形成不好的风水。选择圆状、叶茎多汁的植物比较好，它们具有吸引"好兆头"的潜在能量。

忌046 玄关灯具坏了忌日久不修

玄关灯具坏了忌不修理。玄关灯光和男性的事业、健康有着密不可分的关系，若是灯泡坏了一定要马上更换，因为如果玄关灯具日久不修，夫妻容易发生口角。

忌047 玄关的植物忌有刺

很多人喜欢在玄关摆放植物，以绿化环境、增加生气，但应注意，玄关花卉风水忌有刺或呈针叶状的植物，如杜鹃、玫瑰、仙人掌、仙人球等，放置这些会影响家人的健康。

▲玄关处忌摆放有刺或呈针叶状的植物，如仙人球。

忌049 玄关植物忌枯黄枯萎

玄关摆放的植物忌枯黄枯萎。一旦发现有枯黄枯萎的情况，就应尽快更换。因为玄关摆放枯黄枯萎的植物预示家中不聚财，会导致居住者工作上阻滞重重，使家人运气不顺。

▲一旦发现玄关植物有枯黄枯萎的情况，就应尽快更换。

忌048 玄关吸秽植物忌不常更换

玄关放置盆栽阻隔秽气，和屏风一样能起到改善玄关环境的作用。如果家宅正前方或旁边刚好有厕所时，可在座位和厕所之间放一些阔叶类大型盆栽，一来它可以吸掉来自厕所的秽气，类似空气清新剂的功效，二来可以挡掉不好的磁场。不过，这类专门吸秽气的植物最好是几个月就换一下，这和定期清洗空调机的滤网一样。不然，让植物愈来愈脏，吐出来的不再是干净的气，反而让你蒙受秽气之害。

忌050 玄关灯光忌肃杀、冷峻、凄楚

玄关灯光忌肃杀、冷峻、凄楚，不宜造成光线无漫射层递和光线效果太冷太昏。因为玄关是人登堂入室的首经之地，是居室给人第一印象的产生之所。此处的灯光给人的印象是最为深刻的，明朗温馨的灯光会给人带来美好心情，而灯光肃杀、冷峻、凄楚则给人凄凉悲哀感，不利于居住者的身心健康。

第四章

客厅风水宜忌

客厅是家庭中往来最热闹的地方，是居家生活、交友会客的主要活动空间，也是室内面积最大的地方。它反映着家庭面貌和社会地位，所以，它的设计和布置的主导思想应是"和"与"福"两字。其整体格局安排宜清雅、祥和、平稳、通达，并具有活力，不宜布置得华而不实。

客厅风水之宜

客厅是全家人活动的场所，无论是为了美化家居，还是为了趋吉避凶，客厅的地位均非常重要，客厅风水布局的好坏直接影响到家运的盛衰以及家庭成员间的相互关系。明亮、清爽、简单的客厅，不但会让人住起来倍感舒适，在风水上也有正面的影响。

宜001 客厅宜宽敞

客厅是家人休闲和接待客人来访的地方，要有宽敞的面积才能满足家人休闲和接待来访客人的需要，太狭窄的客厅不能满足人们的日常生活需求。正因为如此，客厅中不要有过多的家具和摆饰，否则会显得过于拥挤，令人产生压抑感。

▲ 宽敞的客厅才能满足家人休闲和接待来访客人的需要。

宜002 客厅宜设在住宅正中

客厅是增进人生八大欲求的最佳处所，是住宅中所有功能区域的衔接点，所以最好设在住宅的中央。中央是屋宅的中心位，客厅设在此代表房子的心脏，坐在客厅里，能够顾及客人和家人。相反，如果客厅位置很偏的话，则让人感觉家里的生活不规则，没有秩序。

宜003 宜先厅后厨厕

风水学很重视进门后各房间的顺序，客厅在前，厨房、厕所在后，这样的格局才被认为是合理的，因为厨厕都是辅助性的空间，隐藏在后就可以了。相反地，如果进门先经过厨厕，客厅反而放在了后面，这就成了风水上的"退财屋"，会让人的经济状况走下坡路。

宜004 通道安门宜下实上虚

在通道安门，宜下实上虚，下半是实木而上半是玻璃的门最理想，因为它既有坚固的根基，又不失其通透，若用全木门，密不透风，使客厅减少通透感，便会流于古板。倘用全玻璃门，则使客厅太通透，而不便保护隐私，因此也不理想。特别是有小孩的家庭，因玻璃门易碎，所以不宜选用。另外，通道的门框不可选择造型似墓碑的椭圆形，这样对家居十分不利。

宜005 客厅门宜开在左边

客厅的门要开在左边,所谓"左青龙右白虎",青龙在左宜动,白虎在右宜静,所以门从左开为吉,也就是说人由里向外,门把宜设在左侧。当然,如果结构不允许在左边开门的话,就在右边开也无大碍,以顺手为佳。

▲客厅的门一般开在左边,如果结构不允许,开在右边也无大碍。

宜006 宜使气在客厅顺畅流通

以居家风水而言,客厅的风水关系着家庭的运势和家庭关系的和睦,因此一定要使气顺畅地流通在客厅之中,不可有滞留秽气的死角。客厅是居家生活和社交宴客的主要活动场所,所以布置好客厅风水可为全家带来幸福。客厅也是增进人生八大欲求的最佳房间,因为每一个人都会使用客厅,良好的客厅风水会使每个家庭成员受惠。

宜007 客厅天花顶宜有天池

现代住宅普遍层高在2.8米左右,相对于国人日益增加的身高,这个标准已经略有压力,如果客厅屋顶再采用假天花来装饰,设计稍有不当,便会有天塌下来的强烈压迫感,居者会压力过大。假天花为迁就屋顶的横梁而压得太低,无论在风水方面还是设计方面均不宜。在这种情况下,可采用四边低而中间高的假天花来布置。这样一来,不但视觉较为舒服,而且天花板中间的凹位犹如聚水的天池,对住宅风水会大有裨益。若在这聚水的天池中央悬挂一盏金碧辉煌的水晶灯,则会有画龙点睛的作用。

▲采用四边低而中间高的假天花来布置天花板,不但视觉较为舒服,而且天花板中间的凹位犹如聚水的天池,对住宅风水会大有裨益。

宜008 客厅宜用地毯装饰

地毯是改变家居风水最简单的饰品,由于地毯经常覆盖大片面积,在整体效果上占有主导地位,所以,除了利用地毯的花色和图案引进好的气场来提升财气外，对于地毯摆放的方位也要特别讲究。地毯若采用致密厚实的材质，在冬季能减缓空气的流动，调节室内的小气候。地毯的颜色、花样若搭配得宜，会使客厅产生不同的气场与空间上的变化。同时，也可以运用地毯的色彩图案使家宅开运。图案都有自己的五行属性，如波浪形状五行属水，直条纹属木，星状、棱锥状图案属火，格子图案属土，圆形属金，配合好地毯的方位与颜色可带来好的运势。

宜009 客厅主题墙宜重点设计

客厅主题墙是客厅的主要组成部分，有诸多的风水因素，切忌随意设计了事。主题墙主要是用来摆放组合柜、电视、音响及各种饰物，其格局直接影响到整个客厅的装饰风格。传统风水学认为，高者为山、低者为水，有山有水可产生风水效应。客厅高的主题墙是"山"，低的沙发是"水"，这是理想的搭配。

▲ 主题墙主要是用来摆放组合柜、电视、音响及各种饰物。

宜010 客厅家具选择宜符合风水

客厅家具的选择，要符合家居生活的起居特点，现代家居的客厅设计，多崇尚古朴的材质、简洁的造型、明快的色彩，而材质、造型和色彩都处于强烈的对比之中，这类设计既满足了现代人对于美化家庭的渴求，同时又与现代生活节奏同步，易被人接受和采用。客厅家具的选择要与墙、地面搭配得当，即使简简单单，也会令人欢喜。

宜011 客厅地板颜色宜偏深

客厅地板的颜色宜选择颜色较深的色彩，力求沉稳、厚重，给人以可依靠的感觉。同时，地板的颜色深，象征地基深，也符合风水之道。如果希望地板和客厅装饰的色调相配，则必须选择一些明亮的颜色。这时，需要用深色材质将地板的四边做一些处理，然后再在中间的部位用稍浅的材料，以求用深色的边框来压一压浅颜色的轻飘之感，来达到厚重的目的。

宜012 宜在客厅通道处安门

有些住宅的户型设计不当，会出现大门与房门成一直线的情况，这属于"前通后通，人财两空"性质的泄气漏财的格局，而改善的办法是在客厅通道处安门，这样会令旺气及财气不会直接流失。

宜013 财位宜放吉祥物

财位是旺气聚集的所在地，若在那里摆放一些寓意吉祥的招财物件，例如福禄寿三星或文、武财神，就会吉上加吉，有锦上添花的作用。

宜014 客厅宜设在东南、南等方位

在方位上，客厅理想的方位为东南、南、西南与西方。东南紫气东来，明亮而有生气；南方客厅的南面要有阳台，才能采光和通风，使人充满激情，适合聚会；西南有助于创造一个安宁而舒适的气氛；西方则适于娱乐和浪漫。

▲在方位上，客厅理想的方位为东南、南、西南与西方。

宜015 宜在客厅通道处安门避秽气

有些房屋的通道尽头是厕所，不但有碍观瞻，而且在风水上也不是吉兆。而在通道安门后，坐在客厅中既不会看见他人出入厕所的尴尬情况，亦可避免厕所的秽气流入客厅。

宜016 天花板与地板宜"天清地浊"

"清气轻而上浮，浊气重而下降"，因此有"天清地浊"的说法。为符合"天清地浊"的原理，在装饰客厅的时候，天花板不论使用何种材料，都务必比地板和墙壁的颜色浅，否则会给人一种头重脚轻的压迫感，久住不宜。

宜017 地毯图案宜寓意吉祥

从风水角度来说，沙发前的一块地毯，其重要性有如屋前的一块青草地，亦有如宅前用以纳气的明堂，不可或缺。地毯上的图案千变万化，题材包罗万象，有些是以动物为主，有些是以人物为主，有些是以风景为主，有些则纯粹以图案构成。花多眼乱，到底如何作出抉择呢？其实万变不离其宗，只要记着务必选取寓意吉祥的图案便可。那些构图和谐，色彩鲜艳明快的地毯，令人喜气洋洋，赏心悦目，使用这类地毯便是佳选。

▲选择地毯的图案，务必选取寓意吉祥的图案便可。

宜018 地毯宜常清洁

毛茸茸的地毯虽然能带给人温暖的感觉，但它也极易诱发人们患上哮喘病，引起过敏症状的发生，这主要源于地毯中隐匿的螨虫。为了避免患上哮喘等呼吸道的疾病，您必须依据自己的体质，选择具有防潮、防污和耐磨损的优质地毯。另外，为确保地毯的清洁，需要定期吸尘，对于活动较频繁的区域则需每周吸尘两至三次。

▲要选择具有防潮、防污和耐磨损的优质地毯，并且定期吸尘，保持清洁。

宜019 大客厅宜设计半圆形楼梯

如果住宅的面积较大，优雅的半圆形楼梯是最好的选择。因为圆形不但美观大方，还可以化解一些不良的风水，有招财之功效。

宜020 电视背景墙颜色宜按方位来定

电视背景墙作为客厅装饰的一部分，在色彩的把握上一定要与整个空间的色调一致，因为这不但会影响观感，也会影响情绪。设置背景墙的颜色必须要考虑整个客厅的方向，而客厅的方位主要是以客厅窗户的面向而定。窗户若向南，便是属于向南的客厅；窗户若向北，便是属于向北的客厅。正东、正南、正西及正北在方位学上被称为"四正"，而东南、西南、西北、东北则被称为"四隅"。只有认准方位，才可为背景墙选择合适的颜色。

宜021 地毯图案、颜色宜配合方位

如果大门开在南方，开运颜色是红色，因为南方属火，因而在此方位摆放直条纹或星状图案的红色地毯可使家人充满干劲，名利双收。

如果大门开在东方、东南方，开运颜色是绿色，因为东方与东南方五行属木，绿色是树木的主颜色，有生气勃勃的意义。在此方铺设波浪图案或直条图案的绿色地毯，对家运与财运有正面的催化作用。

如果大门开在西南方、东北方，开运颜色是黄色，因为西南方、东北方五行属土，黄色在中国代表着尊贵、财富，同时这个方位是主导智慧与婚姻的，若能在此方位放上星状图案的黄地毯，即能带来旺盛的财运，使婚姻和美。

如果大门开在北方，开运颜色是蓝色，因为北方掌管事业，若想找个好工作或想增进事业运，可在客厅的北方放

置圆形或波浪圆形的蓝色地毯，有利事业的蓬勃发展。

如果大门开在西方、西北方，开运颜色是白色、金色，因为白色与金色象征高贵与纯洁，若能在此方位铺放格子图纹的白色或金色地毯，可带来好的贵人运与财运，也可增加小孩的读书运。

宜022 财位宜明亮

财位明亮则家宅生气勃勃，因此财位如有阳光或灯光照射，对生旺财气大有帮助；如果财位昏暗，则有滞财运，需在此处安装长明灯来化解。

▲ 财位宜摆放生机茂盛的植物，尤其是以叶大或叶厚叶圆的黄金葛、橡胶树、金钱树及巴西铁树等最为适宜。植物不断生长可令家中财气持续旺盛，运势更佳。

▲ 财位有阳光或灯光照射，对生旺财气大有帮助。

宜023 财位宜摆放茂盛的植物

财位宜摆放生机茂盛的植物，植物不断生长可令家中财气持续旺盛，运势更佳。因此在财位摆放常绿植物，尤其是以叶大或叶厚叶圆的黄金葛、橡胶树、金钱树及巴西铁树等最为适宜，但要注意，这些植物应该用泥土来种植，不能以水培养。财位不宜种植有刺的仙人掌类植物，因为此类植物是用来化煞的，如不明就里，则弄巧成拙，反而对财位造成伤害。而藤类植物由于形状过于曲折，最好也不要放在财位上。

宜024 财位宜坐宜卧

财位是一家财气所聚的方位，因此应该善加利用，除了放置生机茂盛的植物外，也可把睡床或者沙发放在财位上，在财位坐卧，日积月累，自会壮旺自身的财运。此外，如果把餐桌摆在财位也很适宜，因为餐桌是进食之所，在吸收食物能量的同时，又吸收财气，可谓一举两得。

宜025 宜重视财位的布局

客厅的最重要方位在风水中被称为财位，关系到全家的财运、事业、声誉等的兴衰，所以财位的布局及摆设是不容忽视的。财位的最佳位置是客厅进门的对角线方位，这包含以下三种情形：如果住宅门开左边时，财位就在右边对角线顶端上；如果住宅门开右边时，财位就在左边对角线顶端上；如果住宅门开中央，财位就在左右对角线顶端。

宜026 楼梯风格宜与客厅风格统一

楼梯的风格要注意与整个住宅空间环境整体风格相一致，和谐统一是居家风水最主要的原则，如果楼梯的设置过于突兀，装饰过于哗众取宠，必然会让居住其中的人觉得不适。

▲ 楼梯的风格要与整个住宅空间环境整体风格相一致，做到和谐统一

宜027 客厅家具布置宜得当

客厅里家具布置要得当，不宜摆放过多，体积也不宜过大。确定家具的摆放位置之前，首先要为客厅定出一个焦点，这个焦点可以是一座音响组合、茶几、几棵集聚放置的植物等，家具则围绕焦点而摆放，务求为这个客厅焦点营造一股凝聚力。

宜028 宜量身定做客厅家具

在客厅家具的选择上，经过特殊设计、缩小尺寸、多用途、定制等多方面的考虑，你会发现狭小的空间也可拥有自己独特的魅力。那些外形简单、轻巧、移动方便的小尺寸家具，以及易于拆折、方便搬运的折叠式家具，不仅增加房间的整体感觉，还能让我们随意变换居室的功能，很适合小户型住宅使用。例如，由于卧室面积较小，夏天总有让人窒息的感觉，如果家中的家具都很易于变动，到了夏季放置在客厅的沙发很方便地就变成了床，轻而易举地变换了居室功能。

量身定做家具是小居室客厅选择家具的另一个好方法。例如，本身户型的结构是一块三角形的区域时，一般在市场上无法买到很合适的家具，而小户型的每一寸空间都很重要，这时可以定制一面橱柜，利用三角区域，扩大使用空间。

客厅并不一定都是豪迈大气的。狭小的空间，给人们生活带来了诸多的不便。这就要求在室内设计构思上，对于相对偏小的房间应遵循一条重要的设计原则——简洁。例如，客厅中应尽量摆放简洁的沙

▲ 量身定做客厅家具是小居室选择家具的一个好方法。

▲ 沙发摆放在吉利方位，则一家老少皆可沾上这个方位的旺气，阖府安康。反之，则一家老少均会蒙受其害，家口不宁。

发、茶几；此外，客厅里应准备一些折叠椅，这样在不需要时可将之收藏于角落，留出活动空间。

宜029 沙发宜摆放在住宅的吉方

沙发宜摆放在住宅的吉方，因为沙发是一家大小的日常坐卧所在，可说是家庭的焦点，若是摆放在吉利方位，则一家老少皆可沾上这个方位的旺气，阖府安康。但若是错摆在不吉方位，则一家老少均会蒙受其害，家口不宁。

客厅沙发的置放有以下几点要求：对东四宅而言，沙发应该摆放在客厅的正东、东南、正南及正北这四个吉利方位。对西四宅而言，沙发应该摆放在客厅的西南、正西、西北及东北这四个吉利方位。若再仔细划分，虽然同是东四宅，也有坐东、坐东南、坐南及坐北之分；而同是西四宅，也有坐西南、坐西、坐西北以及坐东北之分。因此，根据易经的后天八卦卦象推断，摆放沙发的选择便会有所不同。

坐正东的震宅：首选正南，次选正北。
坐东南的巽宅：首选正北，次选正南。
坐正南的离宅：首选正东，次选正北。
坐正北的坎宅：首选正南，次选正东。
坐西南的坤宅：首选东北，次选正西。
坐正西的兑宅：首选西北，次选西南。
坐西北的乾宅：首选正西，次选东北。
坐东北的艮宅：首选西南，次选西北。

宜030 沙发宜低组合柜宜高

组合柜是客厅的重要家具之一，一般客厅中沙发用来休息，组合柜用来摆放电视、音响及各种饰物。风水学上以高者为山，低者为水，客厅中，低的沙发是水，而高的组合柜是山，有高有低，有山有水，这是最理想的搭配，这样才可以产生风水效应。

宜031 沙发的尺寸宜适当

沙发的选配较为讲究。比利时、法国式沙发因其造型复杂，粗大笨重而不适宜用于20平方米以下的客厅，即使是选用其他沙发，也要选用造型简洁、较为低矮的沙发，这样才能增加空间感。如果是12平方米左右的客厅，沙发最好没有扶手，这样可以减少凹凸感，使空间更显宽敞。如果你打算买一长两短的沙发的话，建议使用L形拐角沙发，因为同是坐5人，但后者的占地面积只是前者的五分之四或更少，所以L形拐角沙发很适合于小面积的客厅，而且造型新颖，感觉清新，三两知己，围坐倾谈，倍感亲切。

宜032 宜选择合理的沙发摆设方式

当客厅准备装修或需要更换沙发时，不妨先看看自己需要强调何种功能，最后根据以下几种沙发摆设方式加以合理选择。

中心型：适合于面积较宽敞且活动多的家庭，通常将两组沙发分别摆设在不同功能活动中心区。

一列型：适合空间狭长、面积小的客厅。

集中型：此种摆设适合于以看电视、听音乐或阅读等静态活动为主的客厅。

相对型：适合强调聚谈功能的空间，沙发可以对称摆设。

自由型：一般空间过大或过小，客厅选择自由摆放。小客厅的家具宜求精求小，这样可显得空间大些。

沿壁型：此种摆设强调活动空间，家具沿墙壁摆设可节省空间，适合家庭成员多、小孩喜欢做游戏的较小客厅。

车轮型：适合好客、喜欢聊天的家庭。此种摆设会令你感觉方便实用。

宜033 沙发宜呈方形或圆形

风水学认为，沙发是凝聚人气的风水家具之一，尽量以方正或带圆角为好。弧形的沙发弯曲凹入的那面要朝向人，不可以逆对人。目前人们为了追求时尚，有不少沙发、椅子做得稀奇古怪，各种新奇独特的形状均有。太离奇的沙发和不规则物件会产生一些不利的风水，万一放在不旺的位置，就会破坏气场，对家运不利。而呈方形和圆形的沙发可以经得起旺衰气场风波的转换，能保持家运大吉大利。

▲呈方形和圆形的沙发经得起旺衰气场风波的转换，能保持家运大吉大利。

宜034 沙发宜使用柔软面料

沙发面料宜回避使用硬、冷的材质，而宜采用一些棉、麻的料子。靠垫还可以使用亚麻绸缎，这样，不仅可以感受触摸后的温存，同时也可捕捉一分绸缎闪烁的感觉。

▲沙发的面料宜采用一些棉、麻的柔软料子。

宜035 宜在客厅适当位置摆放镜子

如果在客厅摆设镜子，且方位恰当，便能为家庭带来好运。因为镜子在风水上具有使能量加倍的功用，可以营造出宽敞的空间感，还可以增添明亮度，但必须让镜子放置在能反映出赏心悦目的影像处。如果在镜子能够反射到的地方摆放绿色植物，在一定程度上也会缓解视觉疲劳。

宜036 电视柜宜摆在旺方

对客厅而言，电视柜的摆设方位十分重要。因为电视机使用频率高，且开机时能量较大，为动态物品，所以应尽量摆设于旺方，这样有利家运。

宜037 宜利用独立柱装饰客厅

客厅中的独立柱很显眼，因此可以把它当成分界线，一边铺地毯，而一边则铺石材。此外亦可做成台阶，一边高一边低。这样看起来，仿佛原先的设计便是以独立柱作为高低地面的分界线，观感便会自然得多。

宽大的客厅中，可在独立柱的四边围上薄薄的木槽，槽里可放些易于生长的室内植物。为了节省空间，独立柱的下半部不宜设花槽，花槽应从柱的中部开始，既美观而又不累赘，并且达到了客厅立体绿化的效果。

因为柱位遮挡了部分阳光，因此在柱壁上应该装置灯光来做辅助照明，这样既可解决客厅中光线不匀的弊病，又可增加美观效果。

宜038 客厅宜挂凤凰图

凤凰，雄曰凤，雌曰凰，凤凰同飞是夫妻和谐的象征。凤凰作为一种祥瑞之鸟，它的寓意是比较丰富的。凤凰有"鸡"的属性，夏天和秋天出生者家里挂凤凰图较适宜，若生肖属兔、狗者，则不宜挂凤凰图。

宜039 沙发两旁宜摆茶几

在长方形的客厅中，可在沙发两旁摆放茶几。这时，两旁的茶几便有如青龙、白虎左右护持，令座上之人有左右手辅佐，非但善用空间，而且亦符合风水之道。

▲在沙发两旁摆放茶几，可令座上之人有左右手辅佐。

宜040 客厅宜用玻璃艺术品装饰

见识过玻璃艺术品的人都会被它晶莹剔透、光与影的流动所产生的神秘莫测的效果深深吸引，若把它运用在家庭装饰上，会令你的想象变成现实。目前，市场上的玻璃饰品主要有彩绘玻璃、艺术喷砂玻璃、花岗岩玻璃等。纯粹的玻璃没有装饰功能，但经过加热后造型的玻璃饰品多变且造型优美，极富装饰效果，宜用在客厅。

宜041 客厅宜摆水晶

水晶是调理风水磁场的最佳物品，它的化学成分主要是二氧化硅。水晶的作用就是储存信息，放大信号，产生共振，所以电子元件中常常用到它。在风水上，水晶可以把负磁场调成正磁场，也就是避免邪气发生。所以，阴气比较重的场所可以放置水晶来进行调理。把水晶放在财位上，可以使主人生财；放在贵人位上，会得到帮助；放在桃花位上，则可招引异性；放在文昌位上，可使人好好读书；放在天医位上，可使病人早日康复。

宜042 电视宜摆在方便观看的位置

一家人围坐在客厅的沙发闲聊、看电视是一件非常惬意的事情，电视一定要放在全家人容易观看的位置，这样会增加彼此间的沟通，有助于家庭和睦。电视背景墙要在沙发的正前方，或稍偏移些，这样才便于家人看电视。

▲电视一定要放在全家人容易观看的位置，这样有助于家庭和睦。

宜043 茶几宜选用长方形或椭圆形

客厅茶几的形状以长方形或椭圆形最理想，圆形亦可，方与圆是从古至今的吉祥形状，可以让家庭运、社交运变得更加良好。

宜044 时钟宜摆挂在吉方

客厅时钟、挂钟宜摆放或悬挂于朱雀方，因为朱雀方即是前方，前方本属动者，也宜摆放或悬挂于青龙方，因为青龙方为吉方，所以客厅的左方也宜放时钟。

宜045 茶几宜摆在居室的旺方

风水学认为，茶几是喝茶的地方，茶有水，水是旺财之物，茶几若能布局在居室的生气、延年、天医或当令飞星位，不但可以带来好的家运，还能催财、旺财。

宜046 茶几宜低平

选茶几，宜以低且平为原则。如果人坐在沙发中，茶几的高度以不过膝为宜。此外，摆放在沙发前面的茶几必须有足够的空间，若是沙发与茶几的距离太近，则会有诸多不便。

宜047 客厅内宜有时钟

在中国的传统里，钟是很有意义的，它既有八卦盘的功能，又有风水轮的效应。钟是动的，有转动之意，有去旧迎新之功用，也有反复变动之效应。时钟的摆动和打鸣声可以提振和清新家中的气能。在风水上，时钟有韵律的滴答声会给家庭的成长带来更多的规律和节奏感。厅内无人时，气是静止的，钟的摆动能令室内的气运动起来，使室内充满活力。因此，在客厅挂钟是必须的。

▲ 茶几摆放在居室的旺方，不但可以带来好的家运，还能催财、旺财。

▲ 在客厅摆放时钟，能使室内的气运动起来，使室内充满活力。

宜048 客厅家电宜摆放整齐

居家中的电器用品大部分都集中在客厅中，像电话、电视、音响等，因此，要注意摆得整齐，整齐的电器摆放可以让人心情愉快。

▲ 客厅家电要摆放整齐，这样可以让人心情愉快。

宜049 客厅宜摆放马的装饰物

马，既不像狮子和龙那样威猛，也不像龟那样懂得躲避危险，但它却有一定的化煞、生旺的作用，因此，可以把马摆放在客厅的旺位，有"捷足先登""马到成功"之功效。马应该摆放在南方以及西北方。摆放在南方是因为马在十二地支中属午，而"午宫"是在南方，因此摆放马匹最为适宜。此外，西北方亦适宜摆放马，原因是中国的马匹大多产自西北的新疆和蒙古，那里的草原正是骏马驰骋纵横之地。若想让马在短期内对你的事业及财运有帮助的话，那便要摆放在当旺的财位上。一般来说，摆放马匹的数目以二、三、六、八、九匹较为适宜，其中尤以六匹最为吉利，因为"六"与"禄"古时同音，而六匹马一起奔驰，有"禄马交驰"的好兆头。但家中若有生肖属鼠的人，则不宜有马的装饰物。

宜050 客厅宜挂风铃

众所周知，朗诵或歌唱均可在人体内达到激活气能的效果。在居家生活里可以使用风铃，因为它悦耳的声音能够震动空气，从而活化和刺激气能，也有助于化解煞气。当然，选择风铃必须注意方位与材质的配合，如在家里的东部和南部宜使用木制的风铃，而北部宜悬挂金属风铃，西部宜悬挂陶瓷风铃。

宜051 客厅宜挂九鱼图

客厅宜挂九鱼图，一幅绘上了九条活鱼的图画为吉。"九"取长长久久之意，"鱼"取其万事如意。九条可爱的鱼在嬉戏，寓意吉祥。

▲ 在客厅挂上一幅绘了九条活鱼的图画，寓意吉祥。

宜052 小居室客厅宜通过布置变大

通过自己动手对现有居住环境进行一番改造，也能够使较小的客厅变得"大"起来。最简单的是，在客厅的一面墙上，从墙裙以上至1.7~1.9米高处安装一面通长的大镜子，这样一来，可将客厅的空间在无形之中扩大了一倍。

对门进行适当的改造，往往也能起到将小居室客厅变大的效果。传统的轴线开拉门较占地方，对家具的放置也有影响，可将其改为原木制造的"日式"推拉门，并在门上做一些装饰图案以使视觉效果更佳。

窗的改造也可让小居室客厅看起来更灵秀动人。当你在更换铝合金门窗时，不妨将水泥板窗台也随之换为大理石板材，并将窗台的内沿设计成曲线。此外，在窗玻璃的周围可刻磨些花卉等简单清秀的图案，还可将铝合金窗做成造型新颖的形状，这样，小巧玲珑的客厅就拥有了一双美丽的"大眼睛"。

▲ 通过自己动手，使用一些简单的方法，对现有居住环境进行一番改造，也能够使较小的客厅变得"大"起来。

宜053 客厅装饰品宜精简

现代人对家居装饰精益求精，但家里的装饰品并不是越多越好，应以恰到好处为宜。家里不宜塞满古董、杂物或装饰品，这样容易堆积灰尘，影响气的流通，对居住者的健康不利。

▲ 客厅装饰品不是越多越好，应以恰到好处为宜。

宜054 客厅宜摆设各种吉祥物

客厅必须明亮而宽大，可摆设各种吉祥物，一尊肥胖微笑的弥勒佛，一幅富贵牡丹画，一座宝塔和一艘金色帆船、一枚中国古钱的模型并饰以红色丝带，以及仿象牙做的吉祥饰物等，这些都象征声望和财运。摆设适当的吉祥物，是客厅装饰的一个重要环节。

宜055 客厅宜摆佛像

客厅摆放佛像主要是避邪。如果事业不成功、精神不振、食欲欠佳等，可在客厅中摆放佛像或观音像，有佛保佑，心理上有了寄托，容易取得好的效果。当然，也可摆放福禄寿三星，以增添吉祥之气。无论摆什么，都必须保持清洁，切不可任其尘封，否则会给人以败落的感觉。

宜056 暗墙上宜挂葵花图

在一梯四户或以上的户型结构中，极易形成暗墙。正因其在暗处，有些缺乏阳光照射的客厅日夜皆昏暗不明，久处其中便容易情绪低落，必须设法加以补救。在家中的暗墙上悬挂葵花图，取其"向阳花木易为春"之意，可弥补采光上的缺陷，也可旺风水。

宜057 客厅宜摆放花瓶

花瓶的"瓶"字与"平安"的"平"字音相同，所以，在家中摆放花瓶寓意希望家人平安、健康。需要注意的是，其形状最好是配合主人的五行所属来选取，而且花瓶的大小要选择和客厅空间成比例的，过大过小都是不宜的。

宜058 客厅宜多用圆形饰物

圆形物品所产生的能量为圆和、融洽、活泼，有利于人与人之间的沟通交流、和睦相处，能引导出温馨热闹的气氛，使亲朋相聚时形成和谐共振的良性场。客厅是家人和亲友相聚的场所，最需要营造出活泼、融洽的气氛。圆形属阳，是动态的象征，所以圆形的灯饰、天花造型以及装饰品具有温馨、热闹的气氛。

▲ 在客厅挂葵花图，可弥补采光上的缺陷，也可旺风水。

▲ 客厅布置圆形的灯饰、天花造型以及装饰品，有温馨、热闹的气氛。

宜059 客厅宜养金鱼

金鱼被称为"风水鱼",不但能弥补家居风水上的某些缺陷,还能令居室充满活力,引发无限生机。现代人在家中摆放鱼缸养金鱼,不仅可以为家庭增添生气,而且在茶余饭后观赏它们悠闲的泳姿,能给人赏心悦目的感觉。但在家里养金鱼要注意鱼缸的摆放、鱼的数目和鱼的颜色。

▲金鱼被称为"风水鱼",不但能弥补家居风水上的某些缺陷,还能令居室充满活力,引发无限生机

宜060 养鱼的水宜保持清洁干净

在客厅养鱼的水中最好有过滤的装置,充分供足氧气,缸内循环水流或水车之转向拨水,宜往屋内不要向外。过滤装置及水流的声音不可太大声。都市中的自来水皆经消毒,有碍鱼类存活。故换水时要在前一夜事先储水,经沉淀后第二天再用。更换时,缸内的原水莫全倾倒,宜留四分之一左右原水再加入新水,鱼儿们水土才服。

宜061 客厅养鱼的水宜流动

水有"生命之母"之称,是影响风水的重要因素。房子就像人一样,少不了水,因为水可以轻而易举地将气场调顺,让人保持健康的身体。所以,不妨放个水族箱在家里的客厅,养几条可爱的鱼,赏心悦目的同时又可以让你事事顺心。但是,水族箱不要放太高,而且水一定要是流动的。

▲客厅养鱼的水要流动,这样可以让人保持健康的身体

宜062 鱼缸与座椅之间宜有距离

风水学上有一个名词,叫做"淋头水"。"淋头水"的意思是:水从上而下冲头部。在地理上,瀑布是"淋头水";而阳宅中,如果墙壁高处渗水或鱼缸摆放位置高于头部也是"淋头水"。若长期受"淋头水"的影响,会造成容易生病、脑力衰退等影响。如果我们在客厅座椅旁放置鱼缸,而鱼缸的最高水位比坐在旁边人高,就会有这种现象。因此建议座椅位置应离开鱼缸1米以上,以避开"淋头水"。

宜063 鱼缸宜放在吉方位

家中若有鱼缸，鱼缸应放在吉方位。我们所说的吉方或凶方，是根据住宅的坐向而推定的，东四宅及西四宅各有不同的吉凶方。具体来说，坐东、坐南、坐北及坐东南的东四宅，鱼缸宜摆在客厅的东、东南、北及南这四个吉方；坐西南、西北、东北及西的西四宅，鱼缸宜摆在客厅的西、西南、西北及东北这四个吉方。如果住房是东四宅，鱼缸不应该摆放在客厅的西南、西北、东北及西方这四个方位；而如果是西四宅，鱼缸则不应该摆放在客厅的东、东南、南及北方这四个方位。把鱼缸摆放在吉方，可以起到旺财气之效，又可增加灵气，令家中倍添生机，反之则不吉。

宜064 宜利用植物使室内改观

谨慎选择植物可使室内改观，如利用吊兰与蔓垂性植物，可使过高的客厅显得矮些；较低矮的客厅则可利用形态整齐、笔直的植物，使室内看起来高些；叶小、枝条呈拱形伸展的植物，可使窄小的客厅显得比实际面积要宽。

宜065 客厅鱼缸宜为长方形或圆形

客厅鱼缸以长方形或者圆形为宜，应避免使用三角形（主火）或者其他不规则的形状，否则容易"水火不容"。

宜066 客厅鱼缸高度要适宜

鱼缸的高度，水平面切莫高过成人的心脏（水克火），亦不可低过膝部（脚踏不发）。而且太高对家中小孩有危险性。

▲鱼缸的高度不可高过成人的心脏，也不可低过膝部。

宜067 养鱼数目宜与户主五行配合

客厅里养鱼数目应根据户主的命卦五行而定。《河图洛书》的天地生成数口诀云：天一生水，地六成之；地二生火，天七成之；天三生木，地八成之；地四生金，天九成之；天五生土，地十成之。根据以上推定，只要找出户主的命卦五行，便可查知应该养多少条鱼来配合。

另外，还有特殊情况：按八字命理来讲，出生在夏天的人，不论男女，一般命中都需要水（一、六），因为夏天火炎土燥，要水来调候；而出生在冬天的人，一般命中都需要火（二、七）来调整，因为冬天天寒水冷，要火来温暖。

宜068 客厅灯光宜和谐

灯光服务于环境就是协调人与环境的关系，故要强调用光的协调性。如白炽灯和卤钨灯，能强化红、橙、黄等暖色饰物，并使之更鲜艳，同时也能淡化几乎所有的淡色和冷色，使其变暗及带灰。再如，日光色的荧光灯能淡化红、橙、黄等暖色，使一般淡浅色和黄色略带黄绿色，也能使冷色带灰，但能强化其中的绿色成分。

宜069 客厅宜放不攀藤的植物

在客厅内摆放无杂枝、叶宽、不攀藤的植物，会对运势有帮助。但芭蕉例外，因为芭蕉类植物容易招阴。另外，植物摆放的数量不要太多，因为植物晚上会吸收氧气、释放二氧化碳，太多对身体健康反而会有不好的影响。

▲在客厅内摆放无杂枝、叶宽、不攀藤的植物，会对运势有帮助。

宜070 客厅宜摆大型盆栽

客厅绿化装饰的风格要力求明快大方、典雅自然，有温馨丰盈、热情好客的感觉，又要有一定的艺术感。客厅一般面积较大，可摆一些大型的盆栽。

▲客厅一般面积较大，可摆放一些大型的盆栽。

宜071 客厅光线宜充足

客厅是家人活动的重要公共空间，要宽敞舒适，有足够的光线。特别是家中若有年长者，更应该注意到光线充足的重要性。家中如果没有良好的采光和照明，就会形成所谓的阴宅，即阴气较重的宅第，这样的住宅能量不足。如果家里有某个地方常常缺乏灯光或阳光的照射，就会造成居住者身体某部位不适。要改善这种状况，最好的做法就是在固定的时间里保持灯火通明，或安装长明灯，提升地气，还可以用蜡烛来增添浪漫气氛，在风水学上，点燃的蜡烛代表着五行中火的能量。

宜072 西向客厅宜以绿色作为主色

西方五行属金，乃金气当旺之地，金克木为财，这即是说木乃金之财，而绿色乃是木的代表色，故向西的客厅若是用这种颜色作布置，可收旺财之效。并且，向西的客厅下午西照的阳光甚为强烈，不但酷热，而且刺眼，所以用较清淡的绿色十分适宜。

宜073 客厅空气湿度要适宜

一般来说，空气湿度高会增加机体的传导而流散热量，引起体温下降，神经系统和其他系统的机能活动也会随之降低，出现一系列病症。如长期生活在寒冷污浊的环境中，就容易患感冒、冻疮、风湿病等。相反，太干燥的空气也不利于人体健康，从医学角度来看，干燥和喉咙的炎症与空气有一定的关系。居室内的相对湿度一般要求为30％～65％。

▲ 居室内的空气湿度要适宜，相对湿度一般要求为30％～65％。

宜074 客厅色彩宜与住宅整体协调

客厅色彩要和整个住宅协调统一，各个功能区域色彩的细部装饰应服从整体的视觉美感。客厅的色彩设计应选择一种颜色作为主色调，具体采用什么样的色彩做主色调，要根据主人的爱好来定。客厅的地板色调与家具色调要协调，这样让人的视觉不会疲劳。特别是大面积色块，一定要和谐，如果色彩深浅相差过大，会影响整体视觉效果。

▲ 客厅色彩要和整个住宅协调统一，从而获得一种视觉美感。

宜075 客厅宜用白色、土黄色等

客厅宜采用大量的白色、土黄色、咖啡色为好，因为这三种颜色能产生宽敞、宁静的效果。但"离宅"的客厅不宜留太多的无用空间，否则不利家运。

宜076 昏暗客厅宜设暗藏光

暗藏光的光线从天花板折射出来，既不刺眼，又能提供照明，还能营造温馨的气氛。有些缺乏阳光照射的客厅，日夜皆昏暗不明，暮气沉沉，久处其中便容易情绪低落。针对这种情况，最好是选用日光灯照明，因为日光灯发出的光与太阳光有点接近，可弥补光照不足的缺陷。客厅也可日光灯与水晶灯同时使用，白昼用日光灯来照明，晚间则点亮金碧辉煌的水晶灯。

▲ 暗藏光的光线从天花板折射出来，既不刺眼，又能提供照明，还能营造温馨的气氛。

宜077 宜根据方位与运势选用颜色

正东方·健康运·绿色：正东方位与家人的健康有着很大的关系，绿色在正东方位关系着居住者的健康。在这个区域放置茂盛的植物可促进家人的健康、长寿，摆放属水的物品或山水画也有帮助，因为水可养木。

正南方·名声运·红色和紫色：正南方位的风水会为家庭带来名声和肯定，特别是给负责生计的家长带来名声和肯定。正南方五行属火，喜用红色和紫色。适合悬挂凤凰、火鹤或日出的图画。红色地毯或红色的木制装饰品(因为木能生火)也很合适。在这个方位装设照明灯更可增加声名运。如果一定要在这个位置摆镜子（尽量避免），务必要摆一面小镜子，因为镜子属水，而水会灭火，对名声运势不利。

正西方·子孙运·金色、银色和白色：正西方关系子孙运势，五行属金，喜用白色、金色和银色。金属雕刻品、六柱中空金属风铃、电视机和音响都很适合摆在此区域。由于土可生金，所以摆设白色花瓶或天然水晶，也有催化子孙运的功效。

正北方·事业运·黑色和蓝色：正北方代表事业运，五行属水，喜用蓝色或黑色。在这个方位放置属水的物品对居住者的事业运有帮助，例如鱼缸、山水画、水车、水性植物和风水轮等动态饰品，可以加强事业运，或者放置黑色的金属饰品也可以，因为金能生水。应尽量避免两种五行相克的颜色和饰品。

东北方·文昌运·黄色：如果有小孩正要参加考试，最好注意这个方位的风水布局。这个区域属土，喜用色是黄色和土色。陶瓷花瓶和文昌塔等属土金相生的物品都适合用来增强这个区域的能量。天然水晶和大杆毛笔放在此处也很有效。

西北方·贵人运·白色：强化客厅西北方位的能量，有助于增加贵人运和增进人际关系。这个区域属金，所以适合摆放白色、金色或银色的金属饰品，例如金属

雕刻品或金属底座附白色圆形灯罩的台灯。用红绳串六个古钱，或悬挂六柱中空金属风铃也可招引贵人运。

东南方·财运·绿色：客厅的东南方代表一个家庭的财位。五行属木，喜用色是绿色，所以在这个方位摆设属木的物品有招财效果，其中又以圆叶的绿色植物效果最好。绝对不要摆干花，因为阴气太重。此处也很适合摆鱼缸，因为水能养木，缸中养八条金鱼和一条黑色鱼。要注意鱼缸大小应和客厅空间搭配，过大或过小都不宜。

西南方·桃花运·黄色：土生万物，主管桃花运，如果想增进婚姻或恋爱运势，那么客厅的这个方位最为重要。西南方位属土，催化的方法与东北方相同。在此处放置花瓶插花，放置开花结果的花草或吊灯式的台灯可增加能量，促进夫妻关系和谐；天然水晶和全家福照片也有相同效果。

宜078 北向客厅宜以红色作为主色

北方五行属水，乃水气当旺之地，而水克火为财，因此，若要催旺向北客厅的财气，便应选用似火的红色、紫色及粉红色。无论客厅内的墙纸、沙发椅以及地毯，均以这三种颜色为首选。从地理角度来考虑，冬天北风凛冽，向北的客厅较为寒冷，故不宜用蓝色、灰色及白色等冷色调。如果采用似火的红紫色，则可增添温暖的感觉。

宜079 东向客厅宜以黄色作为主色

东方五行属木，乃木气当旺之地。按照五行生克理论，木克土为财，即是说土乃木之财。黄色是土的代表色，因此，如客厅向东，在选择客厅用的油漆、墙纸、沙发时，宜选用黄色系列的颜色。深浅均可，只要采用这种颜色，可收旺财之效。

▲ 绿色在正东方位关系着居住者的健康，正东方的客厅宜多用绿色。

▲ 无论深浅，东向客厅只要采用黄色，可收旺财之效。

客厅风水之忌

一个家庭，无论是主人事业的升迁、运数的高低，家人财运的好坏、夫妻缘分的深浅、健康状况的正常与否，均由客厅风水来决定。客厅乃阳宅风水的核心，其设计的重要性自不待言，因此，了解客厅方位格局、装饰布置、灯光色彩等方面的不宜是非常有必要的。

忌001 客厅忌设在住宅的后方

进入大门后，首先应见客厅，而卧室、厨房以及其他功能区应设在房子后方。如果空间运用配置颠倒，误将客厅设置在后方，会造成退财格局，容易令财运走下坡路。

忌002 客厅忌设在地下室

客厅是家人休闲和客人来访的地方，光线要充足，空气流通好。而地下室光线明显不足，空气也不够流通，客厅如设在地下室会显得居住者经济上较窘迫，破坏家的温馨氛围，甚至还影响居住者的健康。

忌003 客厅忌过浅过阔

客厅在传统风水中被称为"财位"，关系全家的财运、事业运。如果客厅出现过浅过阔之象，代表阳气内进后不能停留在内，这样会产生财来财去不能聚财的结果。如果遇上这种客厅可以在室内底部放一面大镜子，使格局看起来较深，也有吸财的作用，亦不失为一个补救办法。

忌004 忌在客厅看到厨房的炉灶

在客厅最忌看到厨房的炉灶，这是一种不好的风水，遇到这样的情况，可以改变炉灶位置或在厨房门外做一屏风、高柜来挡住。

忌005 客厅忌设在动线内

客厅是聚集旺气的地方，要求稳定，不应将客厅设在动线内，即人走动过于频繁的地方。客厅设在通道的动线内，容易使家人聚会或客人来访受到干扰，影响住宅主人的事业和人际关系。

▲ 客厅是聚集旺气的地方，要求稳定，不应将客厅设在人走动过于频繁的地方。

忌006 忌房大于厅

房大于厅，就是卧室的面积大于客厅的面积。如果不幸碰到这种情形，会给家庭生活带来很多不便，还会使人产生意志消沉、自闭等精神层面上的问题。如果可以，最好重新做隔间，这样才可以彻底化解。如果无法重新做隔间，建议在适当的位置安置一组五帝钱来区隔气场。总之，要设法达到宅内气场的阴阳平衡。

忌007 忌客厅形状不规则

客厅的形状最好是正方形或长方形的，屋角突出就如同放出暗箭，可能会带来不好的运气。如果客厅呈L形，可用家具将其隔成两个方形的独立空间来化解。或是在墙壁挂一面镜子，象征性地补足缺角，然后，当成完整的房间来决定中心点。

忌008 客厅忌用粗糙、劣质的材料

客厅是家庭居住环境中最大的生活空间，也是家庭成员的活动中心，所以在装修客厅时一定不能为了省钱而选用粗糙、劣质的材料。选用粗糙、劣质的材料虽然可以节省一点点费用，但是会给日常生活带来诸多不舒适，也会影响居家心情。

忌009 客厅忌过长过窄

客厅如过分窄长的话，会出现不能进财之象，即使格局本来旺财旺丁亦无所用。因为客厅过长过窄，阳气不能进入住宅的底部，从而形成阴阳不调和，阴阳过剩之象，居住者也易出现肺、喉咙气管等呼吸系统的问题。补救办法：通过家具、墙面颜色、地面材质以及顶面吊顶等划分出功能区，打破长度，打破狭长感。

▲ 客厅的格局最好是正方形或长方形，不规则的客厅会影响家运，应用各种方法进行化解。

▲ 窄长的客厅会使阳气不能进入住宅的底部，出现不能进财之象。

忌010 天花板的颜色忌太深

客厅的天花板象征天空的颜色，当然是以浅色为主，例如浅蓝色，象征着蓝天，而白色好像白云悠悠。天花板的颜色宜浅，而地板的颜色则宜深，这样才能显示出装修效果，给人舒适感。否则，就会给人头重脚轻的感觉。

▲ 客厅的天花板颜色太深，会给人头重脚轻的感觉。

忌011 客厅忌滥用墙纸

有的家庭喜欢在客厅墙上贴墙纸，但如果墙纸选用不当，那就弊多于利了。因为小空间对墙纸花样的限制很大，不能乱用。一般说来，应选用表面光滑、颜色清淡、图案较小的墙纸，最好用菱形图案的墙纸，这样可以使空间有扩张感，切忌用大花大朵的图案，否则整个空间会有一种压迫感，而深重的色调和粗糙的表面都会使客厅显得狭小从而破坏风水，对居住者的健康和财运产生不利影响。

忌012 天花板忌有横梁

客厅的天花板是不能有横梁的，横梁将形成压迫的感觉，人们坐在横梁下容易造成精神紧张，而运势不振。应尽快将横梁遮掩在夹层的天花板里。

忌013 客厅墙面忌用重色喷涂

风水学把客厅视为住宅的"内明堂"，要求客厅宽敞、明亮、整洁。客厅墙面忌用重色喷涂，不宜用醒目图案。墙面要保持洁净，如有污痕、脏迹或孩子的涂抹物时，应尽早做处理。否则脏乱黑暗的客厅不仅损财，对居住者的健康也有不利影响。

忌014 地毯颜色忌单调

因为不同的人有不同的审美意识，所以有些人喜欢色彩缤纷的地毯，但也有些人却喜欢较素雅的地毯。但若从风水角度来看，还是选用色彩缤纷的地毯为宜。因为色彩太单调的地毯，非但会令客厅黯然失色，而且亦难以发挥生旺的效应。因此，客厅沙发前的地毯宜以红色或金色作为主色。

▲ 色彩太过单调的地毯，难以发挥生旺的效应

忌015 客厅忌有十字梁

如果头顶上的横梁交叉成十字，这样的房子就不可以再住了，因为可能会遇到火灾，严重的甚至折损寿命。因为但凡十字形的横梁，中间交叉的地方恰恰是最不牢固的，无论是用钉子还是木头，时日一久，都会成为安全上的隐患，严重的甚至可能会房倒屋塌。

如果十字形梁只是一种装饰，在房屋寿命上应该没有什么问题，但是这样也不行，头顶上的十字形状本身也会对人产生负面影响。

忌016 客厅的窗户忌过多过大

客厅的窗户过大或数量太多，容易导致亲子关系不和睦，可悬挂百叶窗或窗帘来矫正这个缺失。大型落地窗，夏天会引进过多的阳光和热量，冬天又会使屋内的热气快速流失，所以应加装窗帘或其他遮蔽物。

忌017 客厅层高过低忌吊顶

层高过低的客厅不适合吊顶，如果吊顶必然会显得过分压抑，也会影响气的流通，令居住者产生不适的感觉，进而影响到日常生活和工作的情绪。

忌018 小面积客厅忌在通道安门

面积小的客厅如果通道处没有门，便可看到通道，因为加上通道的深度，客厅看起来便会显得深远一些。如果安门便会有狭窄的逼仄感，也会影响气的流通。

忌019 电视背景墙忌位于财位

电视背景墙在客厅布置中占有举足轻重的地位，设置方位的正确与否至关重要。住家财位主清静、安定，而电视机则是喧闹嘈杂的，容易把财神爷吓跑了，所以电视墙忌设在财位。

▲ 客厅的窗户过大或数量太多，容易导致亲子关系不和睦。

▲ 电视背景墙位于财位，容易把财神爷吓跑了。

忌020 忌在客厅天花板上装镜

在客厅天花板上装镜，是风水中的大忌。人身在其中，每日看见自己的倒影，有乾坤颠倒之意，久而久之，人的情绪易受影响，进而前途受阻，事业发展不利。

忌021 客厅窗户忌向内开

客厅窗户最好是向外或向两侧推开，以不要干扰到窗户前后区域为原则。向内开的窗户会使居住者变得胆小、退缩。

忌022 客厅中心忌设置高的障碍物

客厅的中心位置不宜设置壁橱或较高的障碍物，否则不仅阻碍了视线，而且当人身临其境时，会感到拘束。客厅的中间应摆放方桌，给人以方正稳重的感觉，但不能摆一些形状不规则的桌椅。

忌023 客厅过道忌随意安装木柱

由于欧式家装风格的流行，有些人家把欧式的立柱用到居家装饰中，喜欢在过道入口的两旁安装一对美观的木柱，这本来无可厚非，但若有以下两种情况出现，便要引起注意。

倘若客厅面积小而过道口又狭窄，在过道口加设突出的木柱，便会令起居室显得更加狭小，而过道口便会显得更拥挤。

此外，烛形的木柱不能用，有些人家喜欢选用光身的圆柱，形似蜡烛，此时倘若采用其他颜色尚可，采用白色便犯大忌。因为它如同一双白蜡烛插在睡房进口的两端，在中国的传统习俗中，白蜡烛只用于丧事当中，所以若在起居室出现一对白蜡烛形的木柱，肯定是凶相，必须尽量避免。

忌024 电视背景墙忌有尖角

电视背景墙的形式要十分注意，避免有尖角及凸出的设计，特别是三角形，要防止其形成"煞"相。尽量不要对背景墙进行毫无意义的凌乱分割，否则会使家人精神紧张、心神不宁，严重危害其身体健康。宜以圆形、弧形、平直无棱角的线形为主要造型，这些形状都蕴涵着美满之意，能使家庭和睦幸福。

忌025 客厅忌铺镜面瓷砖

所谓镜面瓷砖就是那种能照见人影的光面砖，在地面上照出人和物的影子，会令人产生不适的感觉，客厅不宜铺设这种瓷砖。还有，客厅的地面不宜太滑，否则，对老人和孩子都不安全。

▲ 客厅铺设镜面瓷砖，会令人产生不适的感觉

忌026 财位忌受压

财位受压会导致家财无法增长，倘若将沉重的衣柜、书柜或组合柜等等放在财位，令财位压力重重，那便会对家宅的财运有百弊而无一利。

忌027 客厅窗户太小忌在通道安门

通道装门便会令客厅空气变得呆滞，所以客厅的窗户很小的话，屋外新鲜空气很难进入，若再在通道装门，便会令客厅的空气无法与卧室交流，这当然不理想。

忌028 客厅窗户忌与厨厕窗户相对

厨房是做饭炒菜的地方，在风水学上，此属燥火的地方；而客厅是充满阳气和人情味的地方，家人经常在此聚会，也经常有客人来访，需要拥有清新的环境。如果客厅的窗户对着厨房窗户，则很容易吸入油烟，对身体不利，也破坏客厅的洁净环境。

客厅的窗也不宜对厕所的窗，客厅为家人聚会的地方，为纯阳之气相聚，因为人带阳气。厕所属于藏污纳垢之地，故属于阴。如果客厅的窗和厕所的窗相对，这种情形称为"宅气驳杂"，主家人的运气不平稳，时好时坏。当赚钱多时，又会发生多方面的事情来令自己损耗金钱。若家中有这种情况出现，可在客厅的窗前安装一盏长明灯，使大厅的阳气得以稳定。

忌029 财位忌无靠

财位背后最好是坚固的两面墙，因为象征有靠山可倚，保证无后顾之忧，这样才可藏风聚气。反过来说，倘若财位背后是透明的玻璃窗，这不但难以积聚财富，而且还因为容易泄气，会有破财之虞。

忌030 财位忌凌乱振动

如果财位长期凌乱及受振动，则很难固守正财。所以财位上放置的物品要整齐，也不可放置经常振动的电视、音响等。

忌031 客厅忌有过多的阶梯

客厅地板应平坦，不宜有过多的阶梯或高低不平。有些客厅采用高低层次分区的设计，使地板高低有明显的变化，如此，家运也会因地板的起伏而多坎坷，同时也不便于打扫卫生。但厨房、厕所的地板则可略低于厅室的地面，以防阴气逆流到厅室。

▲客厅地板应平坦，不宜有过多的阶梯或高低不平。如果客厅地板高低有明显的变化，家运也会因地板的起伏而多坎坷。

忌032 **财位忌受污受冲**

财位应该保持清洁，倘若厕所浴室在财位或杂物放在财位，这就会玷污财位，令财运大打折扣，不但使财位不能招财进宝，反而会令家财损耗，财位也不宜被尖角冲射，以免影响财运。

忌033 **财位忌有水**

财位忌水，因此不宜在此处摆放水种植物，也不可以把鱼缸摆放在财位，以免见财化水。一般在财位不宜摆放海浪图，这样财运会起伏不定；而大瀑布图则象征财来财去，落差太大，经常失望；山水图的水流向宅外，是为顺水局，不吉。

忌034 **神位忌对着大门**

敬拜神明最看重的一个字就是"诚"。神位不可以对着大门，这是因为门外熙来攘往，很热闹也很嘈杂，一是怕惊扰了神明的清净世界，二是怕敬拜的人受到外面的干扰，不能专心致志。

忌035 **沙发忌两两相对**

一些建筑面积较大的住宅，比如别墅或复合式住宅，客厅的空间一般都比较大，主人喜欢在客厅中放置一定数量的沙发。其实，客厅中的沙发不宜过多，以两三件为宜，数量过多，势必导致沙发在放置位置上出现两两相对的情形，从心理学和"家相学"的角度来看，容易产生居住者难以沟通、意见分歧，甚至导致口舌纠纷的情况。

忌036 **沙发套数忌一套半**

客厅沙发的套数是有讲究的，从风水角度来看，最忌一套半，或是方圆两种沙发拼在一起用。

▲ 客厅沙发的套数是有讲究的，从风水角度来看，最忌一套半。

忌037 **家具忌太多或太少**

福居旺宅的家具布置与风水有讲究，不同的家具布置，会给人不同的印象。客厅过多的家具布置，会使人产生一种压迫的感觉，如同人气短一样；过少的家具布置，会让人感到空荡无依。家具合理搭配、布局恰到好处则给人一种安适的感觉。

忌038 **沙发忌正对尖角**

不要把沙发正对着锐利的边角或方形的角落放置，因为那里的能量会让人感觉不舒服。

客厅风水之忌

忌039 沙发忌摆出"断臂"风水

沙发的摆设应如港湾一样，两侧各有一臂伸出为宜。倘若沙发是一排直趟，那便犹如壮士断臂，让家人难有作为，犹如港口缺臂，不能左右护持。但只要在去水之处有弯位兜抱逆水，即风水学上所称的"下关砂"，亦可添丁发财。

如果因环境所限，沙发不能左右有臂护持，那也可以退而求其次，在去水位摆设另一沙发，来迎纳从大门流进的来水，形成聚水之局，这也符合风水之道。有些住宅的大门与阳台的门成一对角线，除了设置玄关外，更需要在去水处摆设"下关砂"以迎纳来水，以免从大门流进的水泄漏无遗。

▲沙发上的靠垫使家居多了一点温柔，一点温馨的气氛，一点舒适的感觉。

觉，因此靠垫传达出的舒服感觉格外动人。家无靠垫，仿佛就缺少了一点温柔，一点温馨的气氛，一点舒适的感觉。

忌041 沙发忌与大门对冲

沙发勿与大门对冲，沙发若是与大门相对成一直线，风水上称之为"对冲"，弊处颇大，会导致家人走失，财散四方。遇到这种情况，最好是把沙发移开，以免与大门相冲，倘若无处可移，那便只好在两者之间摆放屏风，这样一来，从大门流进屋内的气便不会直冲沙发，家人不会被冲散得难以聚首一堂，亦可保财气不外泄。

▲沙发的摆设应如港湾一样，两侧各有一臂伸出为宜。倘若沙发是一排直趟，那便犹如壮士断臂，让家人难有作为。

忌040 沙发忌无靠垫

靠垫在家中虽然是配角，但它能起到让人们更舒服的作用。因为在紧张忙碌的生活节奏里，人们更看重在家中的放松感

忌042 沙发忌横梁压顶

沙发上有横梁压顶，受影响的是一家大小，故必须尽量避免。如果确实避无可避，则可在沙发两旁的茶几上摆放两盆开运竹，以不断生长向上、步步高升的开运竹来承担横梁压顶。

忌043 沙发背后忌为走道

沙发背后若为走道，气场会极不稳定。其最主要的效应是运势反复，会有内贼出现。最彻底的化解方法就是调整沙发的位置，使其靠实墙摆放。如果无法移位，可以在其沙发背后安置36枚古钱形成一道气墙来稳住气场。

忌044 沙发背后忌无靠

如果沙发背后无实墙可靠，那便等于是背后无靠山，空荡荡一片，是散泄之局，难以旺丁旺财。当沙发背后确实没有实墙可靠时，较为有效的变通方法是，把矮柜或屏风摆放沙发背后，起到弥补作用。

▲ 沙发背后无实墙可靠，是散泄之局，难以旺丁旺财。

忌045 沙发背后忌摆鱼缸

从风水角度来看，以水作为背后的靠山是不妥当的，因为水性无常，以之作为靠山，便难求稳定。因此把鱼缸摆在沙发背后，一家大小日常坐在那里，便会无山

▲ 沙发背后摆鱼缸，会使家人无山可靠，影响宅运的安定。

可靠，影响宅运的安定。若是把鱼缸放在沙发旁边，则对住宅风水并无妨碍。

忌046 沙发忌太软

沙发的柔软度跟床一样，不能太软，千万不要以为又软又深的沙发才会舒服。如果沙发太软，坐久了便会让人产生腰酸背痛的感觉，甚至会影响骨骼健康。因此，要选购一款舒适的沙发，在购买时，必须注意沙发的坐面与靠背均应以适应人体的生理结构曲线为好。在买的时候，最好是能亲自坐在沙发上体验一下其是否舒适。

忌047 沙发忌长期摆放在窗边

猛烈的阳光会令沙发表面褪色，直接影响沙发的耐用性，所以无论沙发采用哪种材料制造，都不能长期摆放在窗户旁边，尤其房间朝向西面的，就更要避免。

忌048 家具忌侧对沙发

通常会客时都会用到沙发，因为沙发也是聚集人气的地方。一般不宜将家具侧面或床头对着沙发，否则会影响家庭和睦，不利人际关系。

忌049 沙发顶上的字画忌呈直条形

沙发顶上的字画宜横不宜直，若沙发与字画形成两条平行的直线，那便可收到相辅相成的功效。因沙发给人的感觉是横着的，若字画为直，则会相冲、相克，不可取。

忌050 沙发背后忌有镜子照后脑勺

有人为了令客厅看来显得更通透宽敞，会在壁上挂镜，这样坐在沙发上的人就很容易被旁人从镜子中清楚地看到他的后脑勺，这种风水之忌会导致沙发上的人失魂落魄，精神不宁。

忌051 忌茶几大过沙发

家居装修装饰中应以沙发是主、茶几是宾的思路装饰客厅。居家风水上沙发较高是山，而茶几较矮是水，二者必须配合，山水有情，才符合风水之道。沙发是主宜高大，茶几是宾宜矮小，如果茶几的面积太大，就是喧宾夺主，并非吉兆，所以沙发前的茶几不宜太大。化解之法是更换一张面积较小的茶几，宾主配合有情，则既不会碍眼，同时又符合风水之道。

忌052 沙发顶上忌有灯直射

沙发顶上不要有灯直射。有时沙发范围的光线较弱，不少人会在沙发顶上安装灯饰，例如藏在天花板上的筒灯或显露在外的射灯等等；因太接近沙发，往往灯光从头顶直射下来会使人头昏目眩，坐卧不宁，这有违风水之道。如果将灯改成射向墙壁，则可略为缓解。

▲沙发背后不宜有镜子照后脑勺，否则会导致沙发上的人失魂落魄，精神不宁。

▲灯光从头顶直射下来会使人头昏目眩，坐卧不宁。

忌053 忌沙发、组合柜均矮

低的沙发是水，而高的组合柜是山，这是理想的搭配。倘若采用低组合柜，则沙发与组合柜均矮，这便成有水无山的格局，必须设法改善。化解之法是在低组合柜上方摆放一张竖的画，使组合柜变相加高，比沙发高出一些，这样简单易行且很有成效。而挂在低组合柜上的画，宜以山水作品为主。

忌054 组合柜两旁忌空位太多

倘若厅阔而柜短，形成组合柜的两旁有太多空位，太过空疏，旺气流到那里便会易泄难聚，并非佳兆。遇到这种情况，可把两盆高壮而叶大的常绿植物，如铁树、发财树等来填补空间。摆在短柜两旁的大叶植物，等于把断臂加长，而在风水学来说，它们成了这短柜的青龙白虎，对纳财纳气均有帮助。

▲ 组合柜两旁空位太多，可用两盆高壮而叶大的常绿植物来填补空间。

忌055 茶几忌呈三角形

三角形的茶几不可选用。因为三角形茶几有棱有角，会因此而树立敌人。而且三角形的茶几很容易碰伤人，给日常生活带来很多不便。

忌056 茶几忌摆放在客厅的凶位

茶几上一般会摆放一些茶叶、水果等物品，这些物品属于吸气的风水物。茶水同时也属于旺财物，具有动性性质。若将茶几摆放在客厅的凶方，则其位置"凶"的讯号将激发得动起来，产生诸多不利家宅的因素。

忌057 组合柜忌与客厅面积不协调

如果客厅面积狭小，却摆放一个高的组合柜，便会有压迫挤塞之感。若要改善这种情况，可以改用半高柜，让柜顶与屋顶保持适当距离，这样一来，客厅的格局便大为改观。

倘若一定要在小厅中采用到顶的高柜，灵活变通的方法是可以改用中空的高柜。这种柜的特点是下重上轻而中空。所谓"下重"是指组合柜的下半部较大，而"上轻"是指柜的上半部较小，"中空"则是指柜的中部留空。换句话说，这是把"露白"从柜顶向下移，移至中间部分而已。中空的高组合柜，虽然高及屋顶，但因中间有相当大的一片空间，故不觉挤塞，亦减少了压迫感。

忌058 电视柜忌过长

一般情况下应根据电视机的大小以及音响组合的多少选择电视柜的尺寸。电视柜不宜过长，否则很浪费空间。有些家庭把电视柜做得很长，把家庭影院的两个主音箱放在上面，这种方法是不可取的，因为音箱的振动对电视机的电路有损伤。可以把音箱对称地摆放在电视柜两边，显得既紧凑又和谐，让整个视听区看起来协调舒适。

忌060 电视屏幕忌太大

电视屏幕不可太大。超大屏幕的家庭影院，固然能给人带来视觉上的刺激，享受到非同一般的视听效果，但电视屏幕太大，其辐射面积也增大，长时间观看就会产生恶心、疲劳等症状，视力也会随之下降。因此，在选择电视机时，要考虑其屏幕的尺寸应与房间相匹配。在放置电视机时，则应注意保持电视机的屏幕中心能和眼睛处在同一水平线上。

▲ 电视柜过长而把音响放在上面，这种方法是不可取的，因为音箱的振动对电视机的电路有损伤。

▲ 在选择电视机时，要考虑其屏幕的尺寸应与房间相匹配。

忌059 空调忌吹向财位

空调出风口最忌就是吹向财位，这样会把家中的财运吹走。家中的大门主财，如空调直接面对大门，不但泄财，也象征将人气往外吹，家中不温暖的意思。

忌061 客厅忌用旧木料制造的家具

客厅是家庭当中最主要的公共空间，对内是家人休闲聚会之处，对外是接待客人的地方，因而客厅家具用料要尽量使用坚实的新木料，不要用老房子的旧木料制造家具，更不能用旧棺木做家具，这样居住起来才舒适。如果用旧棺木做家具，家中成员会患上稀奇古怪的病，或者祸及子孙。

忌062 忌忽视家庭影院的位置

家庭影院在现代家庭中已经相当普及，但人们总会忽视它的摆放位置。而美国医学专家的调查表明，经常沉湎于家庭影院的人，在听力上均有不同程度的损伤，表现为听力下降、辨音不清、耳鸣、耳痛、听觉疲劳等。而如果摆放合适的话，则可以避免或者减少这些伤害。

安装家庭影院的房间至少要有16~20平方米，才能发挥影院的音效。

忌063 电视机旁忌摆放花卉、盆景

电视机旁不宜摆放花卉、盆景。电视机旁摆放花卉、盆景一方面潮气对电视机有影响；另一方面，电视机的X射线的辐射，会破坏植物生长的细胞正常分裂，以致花木日渐枯萎、死亡，会影响居家运气。

忌064 家中电器忌太多

需要用到电的东西都对人体不太好，一是不天然，二是电磁场的辐射对健康极为不利。人体就如同一个电磁场的导电体，如果家里有太多电器的话，体力通常会较容易流失。要时常保持最佳体力的话，应该尽量减少电器的数量，而且把电器往会转移电磁场的墙壁附近移，让电器尽量不要在出入动线和生活起居常经过的地方出现，以避免自己的体力过快散失。

忌065 客厅电线忌外露

居家中的电器用品大部分都集中在客厅中，因此线路会特别多。如果电线都露在外面，会显得凌乱不堪，甚至家人活动时都会被电线绊倒。最好是把这些线路做成隐藏式或处理整齐，才不会让客厅看起来杂乱无章。

▲ 电视机旁摆放盆景，会使花木日渐枯萎、死亡，会影响家居运气。

▲ 客厅的电线处理整齐，才不会让客厅看起来杂乱无章。

忌066 时钟忌放在凶方

家里的时钟宜放在吉方,这样它能把对面的凶物挡住或转走,招来好运。反之,如果时钟放在凶方,则会招来凶物和邪气,不利于居家安全和健康。

时钟不宜摆放或悬挂在白虎方,因为白虎方为凶方,所以客厅的右方不宜放时钟。

时钟不宜摆放或悬挂于玄武方,因为玄武方为后方,宜静不宜动。

另外,沙发的上方也不宜悬挂时钟。

忌067 客厅忌大面积使用玻璃

不宜用大面积玻璃来装饰客厅,因为玻璃属易碎危险品,总给人以不安全感。客厅四周的玻璃幕墙不宜太多,虽不影响光线,但阻碍视线,给人以拥堵的感觉。客厅内也不宜使用玻璃制品,尤其是桌子,总会让人感觉心里不踏实。

忌068 时钟忌挂在厅堂正中

时钟不宜挂在厅堂的正中间,因为"钟"与"终"谐音,若挂在厅堂的正中,则无论何人一进门,抬头就见钟(见终),是一种不好的兆头,所以时钟最好挂在侧旁。

忌069 忌收藏古董在家

古董是表现世事无常的最好证明,很多古董是从古墓里挖掘出来的,依附有外灵,直接将其收藏在家不利家运。如果家里已经收藏了古董,最好用新毛笔将红朱砂点在不影响其美观的地方,并将古董用红绒布或红纸垫底,这样可以保平安。如果要将外面的古董带回家,最好能在屋外阳台或安全的地方用红纸垫底,让太阳暴晒三天,沐浴大自然甘露三夜(最少要露天放置一天一夜),然后拿进家,这样才会平安。

▲ 不宜用大面积玻璃来装饰客厅,因为玻璃属易碎危险品,总给人以不安全感,让人心里不踏实。

▲ 在家收藏古董,要将古董用红绒布或红纸垫底,这样可以保平安。

忌070 正方形客厅忌摆放音响

音响一般是放在客厅，客厅如果是长方形，音响的效果最佳。如果客厅较小，并刚好是正方形的，则最好不要摆放音响，否则会使音响的清晰度降低，也会影响音响的低频特性。

忌072 家中忌有过多的镜子

虽然镜子是家居风水中重要的物品，能改变和加速气的流动，但要注意，家居放的镜子并不是越多越好。镜子在风水学上的功能好坏参半，用得其所自然可以增福，反之则可能损福破财。

忌073 家中忌摆设尖锐物

家里应该避免摆设尖锐物，因为这些东西会产生类似金字塔的"尖端效应"，伤害神经系统和内分泌系统。而且气场的活动会受到阻挠，原因是尖角、棱角的形状会放射出不稳定的能量来。另外，尖锐物也容易对家人造成伤害。

▲ 音响一般是放在客厅，如果是长方形的客厅，音响的效果最佳。

▲ 家里应该避免摆设尖锐物，因为这些东西会伤害神经系统和内分泌系统。

忌071 客厅的旺位忌挂镜子

住家旺运，严格来说，是要依据主人的命理来计算的。但也有一种粗浅的说法，认为住家旺位在大门的斜对角，通常在客厅，其主要条件为清净、安定，不可以是通道。既然旺位多出现于大门的斜对角，所以不宜悬挂镜子，因为镜子有反射的作用，容易阻碍家人的运势，使财运不济、机会流失。

忌074 镜子忌正对大门或房门

镜子能反射空间的能量，也同样能反射人与物品的能量。在风水上，镜子应避免放在人最脆弱或最无意识之处，以免产生惊吓效果，因此，应该避免让镜子正对大门或房门。

忌075 客厅空调忌直吹主位

客厅的空调如直吹客厅中的主位，即三人坐的沙发，会让坐在这的人很不舒服。在风水上也代表靠山不稳，影响工作、事业运势。

▲客厅的空调如直吹客厅中的主位，对家人的健康、运势都不利。

忌076 客厅忌摆不祥饰物

一般来说，如果家中摆设孔雀、骏马之类的动物，即有所谓"孔雀开屏"、"马到功成"之意，这样的好兆头，谁不希望？但是在选择时要选栩栩如生的，如孔雀不开屏，马儿垂头丧气就不宜。名人字画一定要选择一些有生气、欢乐的，而且适合自己身份的才可以悬挂。悲伤的字句或肃杀的图画就不宜悬挂了。牛角适合竞争性强的行业，兽头、龟壳、巨型折扇、刀剑等含有戾气的装饰品，并非每个家庭都适合，悬挂时要加以注意。

忌077 骏马图忌挂在北方

挂置骏马图，寓意飞黄腾达。马五行属火，春冬出生者均五行欠火，带有火气的骏马可弥补不足。但骏马装饰画不宜挂在北方，因马的卦象属火，北方位的五行属水，那便是"水火不容"，导致家里容易出现不利的事情。若屋主生肖属鼠和牛者，与马不合，不宜挂骏马图。

忌078 家中忌摆放五匹马

居家最忌的是摆放五匹马，因为会有"五马分尸"之忌。还要注意一点，在风水摆设上，马虽然有生旺的作用，可惜对生肖属鼠的人有所冲克。因此，属鼠的人不宜在屋内摆放马的塑像或是悬挂马的图画。而对于那些生肖属虎、狗、猪的人来说，摆放马会对他们特别有利。

▲居家最忌的是摆放五匹马，因为会有"五马分尸"之忌。

忌079 客厅忌乱挂猛兽图画

客厅不宜乱挂猛兽图画。客厅如悬挂花草、植物、山水图，或是鱼、鸟、鹤等吉祥动物，通常无禁忌。但如果喜好悬挂龙、虎、鹰等猛兽，则需要特别留意将画中猛兽的头部朝外，以形成防卫的格局，千万不可将猛兽之头向内，这样会威胁自己，属不利。

▲ 客厅可以挂多种吉祥动物，但是不宜挂猛兽图。

忌080 肖牛、狗、鼠者忌挂三羊图

有个成语叫"三阳开泰"，"羊"取其音，变成了"阳气"的"阳"，而"泰"则是《易经》中的一个招福卦象。三羊图即招来吉利的意思，可以给人带来好运。但是要注意的是，属牛、狗、鼠者居室不宜挂三羊图，居住者如果生肖属牛、狗、鼠者，因为与羊不合，所以不宜挂三羊图。

忌081 鱼缸忌摆在财神下方

正如俗语所谓"财归财位"，福禄寿三星便应摆放在当旺的财位，才可锦上添花。若把财神摆放在鱼缸之上或太过吵闹的方位，就大错特错，因为神佛是佑护之神，惊扰了神当然不吉。

忌082 客厅忌悬挂大型动物标本

装饰品除了有装饰客厅的功能外，还有一些具有避邪趋吉的作用，例如牛角、佛像等。客厅最忌悬挂大型动物标本，越凶猛越忌讳，小型昆虫标本则没有什么影响。

忌083 客厅忌挂过世家人的照片

客厅忌挂过世家人照片或抽象画，这会令家人做事倍感压力，情绪反差大，心理不平衡，容易神经过敏。

▲ 客厅的抽象画会令人情绪反差大，心理不平衡，容易神经过敏。

客厅风水之忌

忌084 客厅忌养热带鱼和咸水鱼

如果家中养的生物死去的话，从风水角度来说不是个好兆头。因为它会给人心理上留下阴影，会影响人体气场的和谐运行，给人带来一些负面的精神影响。咸水鱼要用近似海水的环境来饲养，虽然其颜色会比淡水鱼更鲜艳，但如果照料得不好就会死亡。同时，热带鱼也比较难饲养。所以，在选择鱼的种类时，要考虑到鱼的生命力和日后的照顾。

忌085 客厅忌摆麻将桌

千万不要把麻将桌摆在客厅，客厅是招财的地方，在风水上，气流代表财运的运转，室内空气流畅通顺才能财运亨通。如果在客厅内摆放麻将桌，四五成群，将客厅搞得乌烟瘴气的，气流污浊财神都被"闹腾"跑了，还何谈招财？

▲ 客厅是招财的地方，千万不要把麻将桌摆在客厅。

忌086 鱼缸形状忌与五行相冲

鱼缸在风水学里是"水"的同义词，除有极具观赏价值之外，在风水上亦有接气化煞之功效。对于生辰八字缺水之人，在客厅内摆放鱼缸尤其有益运程。但在客厅中摆放鱼缸时，应多加注意鱼缸的形状，以免与五行相冲。圆形的鱼缸五行属金，可以生旺水，故为吉利之相；长方形的鱼缸五行属木，虽然泄水气，但二者有相生的关系，也可选用；正方形的鱼缸五行属土，土能克水，会出现相克的力量，故鱼缸不宜选择正方形；六角形的鱼缸以六为水数，故五行属水，可以用；三角形或八角形，甚至多角形的鱼缸五行属火，水火驳杂，故不宜用在财位上布局催财。据五行分析，最吉利的鱼缸形状有长方形、圆形和六角形，这三种形状的鱼缸可放在财位上布局作催财用。大家在选择鱼缸时，要多加注意，切忌与五行相冲。

忌087 客厅忌挂意境萧条的图画

有些人由于种种原因，把一些意境萧条的图画悬挂在客厅，这从风水角度来说并不适宜。所谓意境萧条的图画，大致包括惊涛骇浪、落叶萧瑟、夕阳残照、孤身上路、隆冬荒野、恶兽相搏、枯藤老树等几类题材。中国人最讲究意念，倘若把以上几类题材的图画挂在客厅上，触目所及皆是不良景象，暮气沉沉，孤高怪僻。以此为客厅中心，艺术效果可能不错，但整屋会显得无精打采、暮气沉沉，居住其中，心情自然会大受影响。因此，客厅还是应悬挂好寓意的图画。

忌088 朝北客厅忌用深色调家具

北方的采光相对其他方向要差一些，所以，朝向为北或面积过小的客厅不宜摆放深色的家具，否则影响光线。风水上认为，光线不好会带来不好的运气。因此，朝北的客厅或者小面积客厅不要选用深色调的家具，尽量做到让空间宽敞明亮、空气流通。

忌089 肖鸡、兔、蛇、鼠者忌摆石鹰

家庭成员中若有生肖属鸡、兔、蛇、鼠者，就不宜摆放石鹰。因为老鹰会抓鸡、兔、蛇、鼠，鹰和这些动物都犯冲。如果一定要摆石鹰的话，则要将石鹰放在阳台上。

忌090 鱼缸忌太大

太大的鱼缸会储存太多的水，水太多便会有决堤泛滥之险。从风水学的角度来说，水固然重要，但太多太深则不宜。如果鱼缸高于成人站立的高度，眼睛看鱼缸就会累，因此，客厅中的鱼缸不宜过大过高。当然，鱼缸的大小还是要结合方位和面积的大小来确定，如果客厅较大，而鱼缸过小也不合适。

▲鱼缸不宜太大，太大的鱼缸会储存太多的水，水太多便会有决堤泛滥之险。

忌091 客厅颜色忌超过四种

客厅装饰色彩既不要对立（黑、白色除外），也不要纷杂。在装饰色彩中，基本色彩以不超过三种比较适宜。儿童房的色彩可以相对丰富一些，可以根据具体情况因地制宜。

▲家庭成员中若有生肖属鸡、兔、蛇、鼠者，就不宜摆放石鹰。

客厅风水之忌

忌092 客厅忌大量使用颜色漆

客厅的装饰设计不要为追求色彩而大量使用颜色漆，以防止造成室内铅污染。铅中毒主要损害人体造血、神经系统和肾脏等。血液中的红细胞和血红蛋白减少，引起的贫血是急、慢性铅中毒的早期表现。

忌093 室内忌受甲醛污染

室内装修时要避免甲醛污染。甲醛对人体的影响主要表现为嗅觉异常、刺激、过敏，肺功能、肝功能、免疫功能异常等，个体差异很大。甲醛对皮肤和黏膜有强烈的刺激作用，可使细胞中的蛋白质凝固变性，抑制细胞功能。甲醛在体内生成的甲醇对人的视力也有害。

忌094 室内忌有氨

现代许多建筑材料中加入了一定的氨水，以提高其抗冰冻能力。如果氨水加入过多，就会有大量的氨气释放到室内，使空气中的氨含量增多。另外，装修材料中也含有氨。氨对呼吸道有刺激和腐蚀作用，中度中毒会令人出现呼吸困难的症状。

忌094 客厅忌摆放杜鹃

杜鹃不宜摆放在客厅，是因为民俗上认为"杜鹃泣血"，摆在家里会导致家运不好。但如果非常喜爱，到了非放不可的地步，建议可放在阳台窗台等可以晒得到太阳的地方，这样就没什么大问题。

忌096 植物忌过多过乱

将植物摆置于客厅中时，首先应考虑配置植物的装饰效果，不可过多杂乱，而且要注意中、小搭配，靠角放置，不要妨碍人们走动。

▲植物要注意中、小搭配，靠角放置，不可过多杂乱。

忌097 客厅忌摆放假花

一般人家里都会有花瓶，建议放入真花，而且常常换水，保持新鲜，如果任其枯萎，代表可能会有感情结束的事情，或是容易遇到"烂桃花"。从科学的角度来看，常换水不容易滋生细菌，鲜花香味也能带给人愉快。但若是为了不让花枯萎或懒得照顾而干脆放假花的话，容易遇到虚情假意的事，同时感情也不会有圆满的结果。另外从科学的角度来看，假花长期摆放容易因塑料或铁丝氧化释放出有毒物质，使健康受到影响，故不建议使用。

忌098 客厅的植物忌过高

一般来说，植物最佳的视线水平是在离地面2.1～2.3米的位置，摆放在此水平高度的植物花卉最容易被看到，人们观看时，眼睛也是处于最自然、最舒适的状态。要注意的是室内的植物不可顶到天花板。住宅的天花板代表头部，而木来克穿宅体的土，木克土在顶部，顶部为人的头部，所以这种情形就会带给居住之人的头部有胀痛的现象。

忌099 客厅忌直射照明

客厅宜设计成漫射照明，不宜采用直射照明。直射照明产生的光较强烈，且有一定热量散发，会令居住者不适。漫射照明是一种将光源装设在壁橱或天花板上，使灯光朝上，先照到天花板，再利用其反射光来照明。这种光看起来具有温暖、欢乐、活跃的气氛，同时，亮度适中，也较柔和。

忌100 客厅忌昏暗

有些缺乏阳光照射的客厅，日夜皆阴暗不明，暮气沉沉。如果置之不理，久处其中便容易情绪低落。如有这样的情况，则最好在天花板的四边木槽中暗藏日光灯来加以弥补。光线从天花板折射出来，既不刺眼，且日光灯所发出的光线最接近太阳光，对于缺乏天然光的客厅最为适宜。

忌101 客厅养花忌枯萎、凋谢

客厅中养的鲜花能给家庭营造美好、温馨的氛围，如果花枯萎或凋谢，就要及时清理，以免破坏家居风水。把盛水的花瓶插上花也可以，但是要保持花的新鲜度，枯萎要立即更换。

忌102 客厅忌有针刺状的植物

针刺状的植物，如仙人掌、仙人球之类的植物最好不要摆设，因为针刺状植物带有煞气，会影响到住宅的气场。

▲客厅宜设计成漫射照明，不宜采用直射照明。直射照明产生的光较强烈，且有一定热量散发，会令居住者不适。

▲针刺状的植物最好不要摆设在客厅，否则会影响到住宅的气场。

忌103 客厅色调忌过亮或过暗

客厅忌过亮，白色调过多，超过总面积的四分之三或有三面临大窗，对男人不利。若超过面积的一半采用暗色调则使居住人愚笨，家庭恐出女人掌权，且怕有伤损丈夫或男性成员的潜伏危机。

▲家中暗色调过多，会使居住人愚笨，家庭恐由女人掌权。

忌104 客厅忌大面积使用亮彩色

家中紫色多者，虽然可说是紫气满室香，可惜紫色中所带有的红色系列，无形中发现刺眼的色感，易使人情绪不安宁。家中粉红色多者易使人心情暴躁，还易生口角，导致争是非、吵架之事频繁，尤其新婚夫妇，为了调节闺中气氛，粉红色看来比较浪漫，但是，时间长了，由于色调的不调和，过一段时间后，两人都会产生莫名其妙的心火，容易为芝麻小事吵不完。家中红色多，一般人以为是吉祥色，但是红色多了，会使人眼睛负担过重，脾气容易暴躁，所以，红色只可作为搭配色调，不可作为主题色调。家中黄色多，同样会让人烦躁不安，还会使人的脑神经意识充满多层幻觉。橘红色多时，虽然感觉生气勃勃，很有温暖的感觉，但是过多的橘色，也会使人心生厌烦。

忌105 客厅暗色调忌超过四分之三

如果客厅的暗色调超过总面积的四分之三，从传统居住风水习俗来讲，则会使居住的人反应变慢，影响日常工作和生活，特别对男人不利。

忌106 客厅灯饰忌成"三支香"格局

三盏灯并列的格局俗称"三支香"格局，是不祥的局面。客厅亮灯的数目应以单数为佳，灯盏平行排列照射时，应该注意不宜有三盏灯并列，以免形成"三支香"的局面。

▲三盏灯并列的格局俗称"三支香"格局，是不祥的局面。

忌107 客厅色彩忌偏差太大

如果客厅的用色偏差太大,色彩过渡太大,会给人的视觉带来较大的冲突,而或浓或淡的色彩也会在无形中阻碍气流。客厅气脉一定要能顺畅地流通,否则就会影响家运。

忌108 客厅的颜色忌单调

单调的色彩会令人心情沉闷,缺乏积极性。客厅是家人看电视、闲聊的主要场所,一定要注意色彩的搭配。现在住宅的面积都在逐渐扩大,家具的尺寸也在随之扩大,家里放一种颜色的家具就显得有些单调了。新潮的家具常以两种颜色的搭配来体现它的秀丽活泼,如白色的家具配以天蓝色的条块或粉色的条块等,这种巧妙的彩色搭配会给人一种赏心悦目的视觉效果。如白色沙发与米黄色墙衬托,宜加点淡蓝色,会形成花团锦簇般的格调。

忌109 客厅内忌用纯黑色装饰

有些人出于个人的爱好,在装修、装饰客厅时,喜用黑色来装饰、点缀墙身、地板、门窗,甚至连沙发、椅子、桌子等家具也选用黑色的。这些人认为这样装点客厅,可以表现出自己与众不同的品味。

然而,在风水学中,这种纯黑的装饰是非常不可取的,一般人是不宜居住在这种环境里的。因为室内黑色太多,就会破坏室内的阴阳平衡,从而影响到居住者的生活和健康状况。

阴阳五行是古人的宇宙观,也是堪舆学和中医学的理论基础。古人认为,五行(金、木、水、火、土)是构成世界所有事物的基础元素,五行之间的相生相克是自然界保持平衡的必要条件。五行一旦失衡,就会导致灾难发生。中医学认为,人体是一个小宇宙,也有阴阳五行之分,肾主水、心属火、肺属金、脾胃属土,体内

▲ 单调的色彩会令人心情沉闷,缺乏积极性。客厅是家人看电视、闲聊的主要场所,一定要注意色彩的搭配。

▲ 室内黑色太多,就会破坏室内的阴阳平衡,从而影响到居住者的生活和健康状况。

五行之气保持平衡，人体才健康。而颜色也有五行之分，黑色属水，红色属火，白色属金，黄色属土，绿色属木。

居住环境对人的影响，堪舆学认为主要体现在阴阳五行方面。住宅的阴阳五行平衡，才会对人体产生有益的作用。所以，住宅中任何一种颜色过分或不及，都是不适宜的。

忌110 客厅忌装修成粉红色

家中装修成粉红色为不吉之色，粉红色易使人心情暴躁，易发生口角、是非，不利事业。且从心理角度看，粉红色对人的精神健康也不利。

▲灰色和黑色不能大量在居室中使用，因为这两种颜色很容易导致心情沮丧。

忌111 客厅忌大面积使用阴冷色

灰色和黑色不能大量在客厅中使用，因为这两种颜色很容易导致心情沮丧。客厅有大面积深蓝色的，时间久了，家里无形中气氛会变得阴沉，易导致人个性消极。家中绿色多，也会使居家者意志渐消沉，虽说眼睛应多接近绿色，但事实上，绿色是指大自然之绿色，而非人为调配的绿色，所以，难免会造成室内死气沉沉，没有生机。

▲家中装修成粉红色为不吉之色，易发生口角、是非，不利事业。

第五章

卧房与婚房风水宜忌

"阳宅三要:门、房、灶。"卧房的重要性仅次于大门,是家中最重要的房间之一。人生约三分之一的时间都要在卧房度过,卧房是每个人的避风港、加油站,休养生息之所。卧房风水的好坏直接影响到人的身心健康。所以我们应该仔细考虑卧房坐落的位置、格局、通风、装饰、采光、色彩、床位等。

卧房与婚房风水之宜

身为大家庭中的一员，卧房也是唯一可以独享的私密空间，所以要尽量做到温馨、甜美、休闲与舒适。人体健康、运道与卧室位置、装饰等有着密切关系，将卧室布置好，对夫妻感情、家庭和睦、财运官运、身体健康等都有较好的风水作用。

宜001 卧房宜设在西南方或西北方

卧房最有利的位置应是住宅的西南方与西北方，这两个方位均能提高居住者的成熟度和责任感，从而使其得到他人的尊重。

宜002 卧房面积宜适中

现代人都以住大宅、居大屋为荣，但卧房面积过大也不宜。人体是一个能量体，无时无刻不在向外散发能量，就像工作中的空调，房屋面积越大所耗损的能量就越多。因此，卧房面积过大容易导致人体耗能过多，不适宜居住。卧房面积控制在10～20平方米较为理想。

宜003 卧房格局宜方正整齐

方正的格局给人一种四平八稳、不偏不倚的感觉。多少年来，中国人深受"天圆地方"观念的影响，在建造住宅时，无论是外墙还是内部厅房，大多是方形的。方正的住宅可使气的能量平衡地循环流动，从而给居住者的身心健康带来很好的影响。以现代观念来看，方正的房子实用性强，摆放家具也非常方便，并且容易满足通风、采光等各方面的要求，居住其中自然会感觉舒畅、心平气和。不过同时也要注意，衣柜、电视、书桌、梳妆台摆放须整齐，千万不要给人混乱的感觉。

▲ 卧房面积不宜过大也不宜过小，控制在10～20平方米较为理想。

▲ 方正的房子实用性强，摆放家具也非常方便，并且容易满足通风、采光等各方面的要求，居住其中自然会感觉舒畅、心平气和。

宜004 卧房宜放置花瓶

在卧房摆放鲜花，可以兼具开运与显示品位的双重效果。比如香水百合散发出的香气代表好运，能增进夫妻感情，让未婚者迎接好的缘分。花瓶属静，在卧房摆一个漂亮的花瓶，再插上美丽的鲜花，对人的心理、生理都大有裨益。从风水学上说，花瓶可提运，插满鲜花的花瓶更可增加居住者的人缘和活力。

宜005 卧房面积宜小于客厅面积

现在的户型设计很流行大客厅、小卧房，这种设计不仅从风水学理论来看有道理，在现代养生学中也得到了认可。客厅是家人活动的公共区域，还要做接待客人之用，所以尽可能大一些为好；而卧房是一个私密空间，只要方便使用就可以了，面积过大的卧房不宜居住。

宜006 卧房窗户宜大小适中

如果窗户过大并在朝东或朝西的房间，早上或下午强烈的阳光就会透过窗户照射到室内，导致卧房内光线过强而影响休息；窗户太小又会影响采光和空气的流通。建议选择窗户大小适中的房间作为卧房，如果窗户过大无法改变，最好是采用较厚的落地窗帘进行遮挡。

宜007 宜根据家庭各成员来设卧房

理想的卧房吉相，乃是家庭成员各自拥有适合自己方位的卧房。具体来说，主人夫妇应该居于西北方位（从屋子中心看）的房间，长男居于东方，长女居于东南。卧房是吉相的话，居住者的疲劳就能够充分地消除，很容易就能够恢复活力。

宜008 卧房宜使用环保家具

卧房宜使用不散发有害物质的天然家具，如原木系列，不上漆，仅以天然蜡质抛光，既保留了天然纹理又不污染环境；科技木家具、高纤板家具、纸家具系列不含损害人体的有毒成分；未经漂染的牛、羊、猪等皮制作的家具以及藤类、竹类等天然材料制作的家具能帮助我们回归自然、返璞归真，有益健康。卧房家具应沿墙摆放，这样有利于房间采光和通风。

▲卧房宜使用不散发有害物质的天然家具，如原木系列。

宜009 卧房内宜摆放梳妆台

在卧房内最好摆一张梳妆台，整齐干净，隐秘又采光良好，并且具备较大的镜子和放杂物的柜面与抽屉，不一直线正对或紧贴任何门窗，不在横梁正下方，不紧贴柱，镜面不一直线自床脚正射床面，不一直线正对侧面的床头，就是梳妆台的好风水，对于个人存私房钱或理财有好的运势协助。梳妆台应尽量个人使用，若与他人合用或是兼做书桌、工作桌的话，私房钱易被人发现。

没有梳妆台，而以厕所洗脸柜取代的话，易因不名誉的事或健康问题而破财。

宜010 衣帽间的设置宜合理

衣帽间通常应设置在卧房旁边，也可设在卧房，但面积不宜超过卧房面积。风水学认为衣帽间从属于卧房，所以不宜"附属"超过"主要"。另外还要注意，衣帽间必须有良好的照明和通风，最好配置通风换气设备。而且，衣帽间内要摆放整齐，注意清洁卫生，不可杂乱无章或满地灰尘，否则，在心理、健康上都会产生极大的负面影响，而且会影响居住者的日常生活。

宜011 卧房宜摆放常绿植物

随着人们生活品位的提高，用绿色植物装点室内空间已成时尚。常绿盆栽是很好的选择，但务必选择常绿、生命力强、不易凋谢和不落叶的植物。宽敞的卧房，可选用立式的大型盆栽花卉，以显示主人的气度；面积小一点的卧房，可选择吊挂式的盆栽植物，或将植物套上精美的套盆后，摆放在窗台或梳妆台上，在点缀空间的同时，也可使人修身养性。卧房宜摆放的植物有茉莉花、风信子等能散发出轻微香味的植物，以及君子兰、文竹、吊兰等常绿植物。

▲ 衣帽间通常应设置在卧房旁边，也可设在卧房，但面积不宜超过卧房面积，而且要注意通风，保持清洁卫生。

▲ 卧房要选择常绿、生命力强、不易凋谢和不落叶的植物。

宜012 卧房家具色彩宜协调

家具的色彩在整个卧房色调中的地位很重要，对卧房内的装饰效果起着决定性作用，因此不能忽视。家具色彩一般既要符合个人爱好，又要注意与房间的大小、室内光线的明暗结合，并且要与墙、地面的色彩协调，但又不能太相近，否则不但不能相互衬托，还可能产生单调乏味的效果。

另外，应考虑到不同面积、不同功能的房间色彩可有不同，因而所产生的效果也不同。如浅色家具（包括浅灰、浅米黄、浅褐色等）可使房间产生宁静、典雅、清幽的气氛，且能扩大空间感，使房间明亮爽洁；而中等深色家具（包括中黄色、橙色等）色彩较鲜艳，可使房间显得活泼明快。

宜013 卧房家具宜排成一列摆放

现代生活处处以方便为原则，为了争取时效，现代住宅大部分把衣柜、化妆台、婴儿摇篮等放在同一室内。但放置时要尽可能将衣柜、化妆台等排成一列，这样，既有效利用了空间，也符合风水原则。因为从东边或南边来的日晒含有好的气息，将家具排成一列就可充分吸收这一好的信心，让人保持好心情和活力。

宜014 斜顶的卧房宜用竹藤家具

斜顶房间一般尽量不做卧房使用，如果一定要设计成卧房，最好选用竹藤家具。桌布、椅套等都可以用粗织棉布或麻布制品，这种以自然材料渲染出的环境具有浓厚的乡村气息，也是目前流行的装饰手法。乡村风格是斜顶和矮天花卧房的首选。如果房间的天花板偏低，墙面的花纹就要以直线条为主，室内家具也要低矮一些。

▲ 斜顶房间如果一定要设计成卧房，最好选用竹藤家具。

宜015 棉被宜保持蓬松

保持棉被的蓬松，可以吸收大量的幸运之力。时下流行的真空袋，将棉被吸得扁扁的，其实是错误的做法，这样可能会砍断幸运的力量。寝具最好常晒太阳，收纳棉被的衣柜也要保持良好的通风。

宜016 床上用品宜柔软舒适

床单的质地以纯棉为最好，柔软舒适，吸湿性强。不宜用太粗厚的布料，睡时既有粗糙感，洗涤也比较困难；太疏松的布料也不宜选用，尘土会通过织眼沉积在褥垫上。

宜017 卧房宜有"鱼"

鱼，寓意为年年有"余"，鱼与水有财源滚滚之意，是人类对居住和生存状态最美好的祝福与期望。人类进化到今天，当温饱已不再是人们对生活的祈求时，鱼的图形或雕塑便成了具有美好象征的卧房装饰。

▲ 鱼的图形或雕塑是具有美好象征的卧房装饰。

宜018 卧房的木器宜多于铁器

人类生来就与树木为伍，甚至可以说树木是人类的摇篮，而铁器是伴随人类劳动生产和武装斗争的进程而发展的，所以木器家具更具有人文气息，铁器冰冷而缺乏关怀感。因此，卧房中的木器要多于铁器才更符合自然之理。装修时家装的木制品部分应尽量保持颜色单一、品种单一，这样不仅可产生浑然一体的效果，还能利用实木的特有纹理拼出别致的花纹。

宜019 卧房宜挂吉祥物

挂吉祥饰物会增添喜气和带来财运。一般来说，福禄寿三星、九鱼图、牡丹花、孔雀开屏等吉祥饰物或图画是适合每个家庭的。吉祥物栩栩如生的造型，不但可为住所带来吉祥之气，还可以点缀家居环境。

▲ 吉祥物不但可为住所带来吉祥之气，还可以点缀家居环境。

宜020 肖鼠者卧房宜布旺鼠之局

肖鼠者卧房需要悬挂一些旺鼠的五行画卷，才会对主人有利。从五行来说，鼠属水，宜摆设猪或鼠的图片或饰物，因为猪与鼠都属水，水水比和能旺主。如果有猴、公鸡或凤凰的图片或饰物，则为金生水之局，因为猴与鸡五行属金。肖鼠者最吉利的饰物是猴，因为猴与鼠是三合的格局。牛、龙、猴的图画及饰物也能促进夫妻和合，并能加强人缘。在《周易》干支组合里，鼠与牛成六合，鼠、猴、龙成三合之格局。

宜021 肖牛者卧房宜挂草木之画

肖牛者的卧房，如果挂上一些与本身相旺的图画与装饰物，会增加主人的运气。生肖属牛的人宜在卧房挂青草图或水、木之类的图画，最好是挂一幅可补旺五行的"春耕图"，则大利命主。此外，卧房挂一些龙、牛、羊的图画也会旺主人。有人认为，肖牛者挂羊的图画会相冲，其实不然。牛属土，而土是越冲越旺的，生肖属牛的人是不怕龙、狗、羊相冲的。还有挂蛇、马也会旺主人，蛇、马属火，火可以生土。另外，挂鸡的图画对主人婚姻感情大有帮助，对财运、事业运也有帮扶的作用。

宜022 肖虎者卧房宜有兔和猪饰物

肖虎者的卧房，如果挂上一些兔、猪的饰物或图画，会增加主人运气。因为老虎在五行里属木，兔也属木，并列一起是互相生旺的；而虎与猪是六合的格局，六合之局大利姻缘、财运、人缘。如果布局得好，一般主人财运会明显增强。

▲肖虎者的卧房，如果挂上一些兔、猪的饰物或图画，会增加主人运气。

宜023 肖兔者卧房宜有兔等饰物

肖兔者的卧房，如果挂上兔、猪、羊的图画或饰物是非常吉利的。兔、羊和猪构成三合之格局，会令主人人缘好、家庭和睦、财运亨通。另外，摆设狗的装饰物也不错，狗和兔是六合格局，与三合具有一样的效果，利财运、旺家庭。

宜024 肖龙者卧房宜有龙、凤饰物

肖龙者的卧房，宜有龙、凤的挂画或装饰物，寓意"龙凤呈祥"。另外，龙加龙是旺主人命运的，龙凤相合则可使家人团结、婚姻美满、如意吉祥。此外，属龙者的卧房挂一些画有广阔无垠的草原、天空或大海的挂画，可以增强主人财运。

▲肖龙者的卧房，宜有龙、凤的挂画或装饰物，寓意"龙凤呈祥"。

宜025 肖蛇者卧房宜有龙等饰物

肖马者的卧房，挂上龙和马的饰物与图画是十分吉利的，寓意"龙马精神"、"马到成功"，一般可选择龙凤图或双龙戏珠的图画、装饰物。另外，要是挂上骏马

图效果更佳，挂羊的图画也不错，因为马羊相合，成六合风水，大利人缘，可以促进人际关系和家庭和谐。

宜026 肖马者卧房宜有龙、马饰物

肖马者的卧房，挂上龙和马的饰物与图画是十分吉利的，寓意"龙马精神"、"马到成功"，一般可选择龙凤图或双龙戏珠的图画、装饰物。另外，要是挂上骏马图效果更佳，挂羊的图画也不错，因为马羊相合，成六合风水，大利人缘，可以促进人际关系和家庭和谐。

▲ 肖马者的卧房，挂上龙和马的饰物与图画是十分吉利的。

宜027 肖羊者卧房宜有属土的饰物

肖羊者的卧房，挂上属土的画，如龙、狗、牛、羊，是很吉利的，这是土土比和之格局，是相旺主人的风水。如果挂马或蛇的饰物与图画，也会生旺主人。它们均属于对主人有利的图画，因为马、蛇属火，羊属土，火土相生，且火能生土。另外挂一些有青草之类的图画、摆设一些小植物，对财运也有一定的帮助。

宜028 肖猴者卧房宜有龙、鼠饰物

猴、龙、鼠能构成三合的格局，如果肖猴者卧房挂上有鼠、龙图案之图画，则非常吉利。三合格局的风水，动静和谐，主家庭团结、婚姻美满、居家吉祥。另外，在肖猴者房间里，挂一些桃树之类的饰物与图画可保平安、吉祥。

宜029 肖鸡者卧房宜有龙、鸡饰物

龙和鸡是六合之格局，所以肖鸡者在自己卧房挂上龙的饰物与图画，可以加旺本身的运气。五行里，金金比和，肖鸡的人卧房挂五行为金的饰物或图画，对改善风水有很大的帮助，主家庭幸福、事业有成。

▲ 肖鸡者在自己卧房挂上龙的饰物与图画，可以加旺本身的运气。

宜030 肖狗者卧房宜有兔等饰物

肖狗者卧房里，如果挂上兔的饰物或图画，是最吉利的，有道是狗、兔六合，六合风水格局有利家庭和谐、事业兴旺。若挂上虎与马的饰物或图画，主三合，也有利于人际关系，并多贵人相助，事业运、家庭运都会很好。另外，肖狗者卧房也可挂一些粮食丰收的图画，以增强财运。

宜031 肖猪者卧房宜有兔、羊饰物

肖猪者的卧房，挂上羊与兔的饰物或图画，形成三合风水格局，能增强人际关系，并能使家里的积蓄大幅度增长。

宜032 卧房的镜子宜隐藏

如果因为某方面的需要，非得在卧房安放镜子不可，那就得将镜子遮起来，或是把镜子摆在远离床的地方，以你在床上时不会在任何一面镜子的任何角度看见自己为宜。

宜033 卧房光线宜柔和

卧房内的光线必须柔和适中。在日间，阳光不能长时间地照射室内，否则会令室内温度上升；但室内也不能长期不见阳光，否则会使人意志消沉，也会影响身体的健康。柔和的光线才能使居住者的身体和精神均保持良好的状态。

▲ 柔和的光线才能使居住者的身体和精神均保持良好的状态。

宜034 床头宜有明亮的灯光

虽然在睡觉时会将灯熄灭，但床头要保证能随时提供照明。这样不仅能满足阅读等的需求，还能营造卧房的氛围，局部的光照往往能产生温馨的氛围。

宜035 宜根据门向选择卧房的色彩

卧房的颜色应柔和、具有温馨感，绿色是稳定而均衡的颜色，男女老少皆宜。卧房的墙壁选用暖色调有助促进姻缘和增进夫妻感情。卧房整体色彩的选择还要依

▲ 如果非得在卧房安镜子，就得把镜子遮起来。

▲卧房整体色彩应柔和，具有温馨感，还要依卧房门的方位而定。

▲卧房的装饰很大程度上取决于色彩的搭配，要注意整体的协调。

卧房门的方位而定，根据五行的原理，卧房门方位与颜色有以下对应关系。

东与东南：绿色、蓝色；

南：淡紫色、黄色、黑色；

西：粉红色、白色、米色、灰色；

北：灰白色、米色、粉红色、红色；

西北：灰色、白色、粉红色、黄色、棕色、黑色；

东北：淡黄色、铁锈色；

西南：黄色、棕色。

宜036 卧房色彩宜整体协调

卧房的装饰很大程度上取决于色彩的搭配，一般居室大致可分为五大色彩块：窗帘、墙面、地板、家具与床上用品。若将软、硬板块的色彩有机地结合，便能取得相应的装饰效果。回归大自然已成为现代人普遍的向往，故追求自然本色的装饰效果也成了时尚。以淡雅的床上用品与原本色为主的硬装潢结合，能给人清新、朴实的感受，将喧嚣拒之门外。

宜037 卧房色调宜符合主人风水命

住在适合自己风水命色调的卧房，有利于事业和财运，同时也有利于身体健康，以下介绍不同风水命宜对应的颜色。

一白命宜白色：一白命五行属水，住在白色调的卧房，成金生水，对居住者很有利，会令其才华出众、精神饱满。

二黑命宜红色：二黑命五行属土，住在以红色为主色调的卧房，成火生土，会给居住者带来许多意想不到的收获，同时对居住者的事业也有帮助。

三碧命宜蓝色：三碧命五行属木，如果住在蓝色调卧房的话，成水生木，大利命主，使其事业有成。

四绿命宜紫色：四绿命五行属木，如果住在紫色为主色的卧房的话，成水生木，有利于居住者的事业和财运。

五黄命宜红色：五黄命五行属土，如果住在红色为主色的卧房，成火生土，会给居住者带来意料之外的财物。与此同时，也能有利于其事业的发展。

六白命宜浅黄色：六白命五行属金，如果住在浅黄色为主色的卧房的话，土生金，大利命主，富贵双全。

七赤命宜土黄：七赤命五行属金，如果住在土黄色为主色的卧房的话，土生金，大利命主，富贵双全。

八白命宜黄色：八白命五行属土，如果住在黄色为主色的卧房的话，成土比和，大利命主，多不动产，招财运。

九紫命宜绿色：九紫命五行属火，如果住在绿色为主色的卧房的话，成木生火，大利命主，中年会有好的财运。

▲住在适合自己风水命色调的卧房，有利于事业和财运，同时也有利于身体健康，所以卧房一定要选择符合主人风水命的色调。

宜038 床的长宽高低宜适中

对于床本身，要考虑的是其长度、宽度是否足够，床体是否平整，并且是否具有良好的支撑性和舒适性。至于床的高低，一般以略高于就寝者的膝盖为宜，太高则上下吃力，太低则总是弯腰不方便。

宜039 床位宜选择南北朝向

床位最好选择南北朝向，顺合地磁引力。头朝南或北睡眠，有益于健康，因为人体的血液循环系统中，主动脉和大静脉最为重要，其走向与人体的头脚方向一致。人体处于南北睡向时，主动脉和大静脉朝向、人体睡向和地球南北的磁力线方向三者一致，这时人就最容易入睡，睡眠质量也最高，因此南北睡向具有一定的防病和保健功能。

宜040 宜把床加高离地

不论是老人、小孩，还是健康的成年人，床面都宜加高离地50厘米以上为宜。一方面因为睡床离地面越远，越不容易吸到地之湿气；另一方面细菌通常停留在地面50厘米以内的空间，将床抬高可有效降低疾病产生。

宜041 睡床宜置于安稳、隐秘处

睡床不仅是休息的场所，更是个人私密生活的地方，所以床必须置于房内最安稳、最隐秘且能纵观全室的位置。如果床背门的话，就很容易受到干扰，若实在无法移动床的位置，则可用橱柜或屏风阻挡在床、门之间来化解。

宜042 床的上方宜开阔

睡眠者睡觉时抬头就望着床的上方，所以床的上方要开阔、轻松，这样睡眠者才会有好的心情进入梦乡。如果床的上方有横梁或刺眼的吊灯等，不但会影响睡眠者的心情，也会降低其睡眠质量。

宜043 床宜靠墙摆放

床头有靠暗示着主人事业有好的根基和靠山，事业有贵人相助，易成功，诸事顺利。床头应该靠墙，但不可靠窗。床如果不靠墙的话，床头必须有床头板，令头部不至于悬空。另外，床头后面不可是厕所或厨房。

▲床下面的空间不得堆放杂物，应保持空气流通。

▲床头应该靠墙，但不可靠窗。床头有靠暗示着主人事业有好的根基和靠山，事业有贵人相助，易成功，诸事顺利。

宜044 床下宜通透、卫生

床下面的空间不得堆放杂物，应保持空气流通。不宜将床底下当成垃圾堆的储藏空间，这样床下面不能经常打扫，无法长久保持清洁。可以想象，每天晚上睡在一堆垃圾上面，身体怎么会好呢？

宜045 床位宜向窗

床位向窗，并不是把床放在窗口下面，而是说床头以向窗为佳。这样有较好的光线和空气流通，并且在黎明时分，太阳光照射到床上，有助于人吸收大自然的能量。但卧房的窗帘应加层遮光布，以便遮住强烈的光线。

▲床头以向窗为佳，这样有助于人吸收大自然的能量。

宜046 **天花板宜与床平行**

睡床与天花板应呈平行面，墙面应与床垂直，令人躺下后心绪平静，没有压抑感，不宜采用斜线或者是古怪的形状。同时，过多、过厚的天花也会令人产生压抑感，而且还浪费金钱。还要注意，卧房的天花灯应尽量离开床的范围，即灯不可压床。如果灯离床的距离太近，就会让人有被压迫的感觉；同时，灯所散发的热量和过强的灯光会让人产生不适感。

▲睡床与天花板应呈平行面，墙面应与床垂直。

宜047 **婚房空间宜大**

婚房的可活动空间宜大些，新婚之夜亲朋好友闹房，以及将来宝宝出世，都要有足够的活动空间。如果房间都较小，可以把两个较小的房间合并为婚房，以内门形式把两房隔开，一间为主卧室，另一间为接待密友或作为未来的宝宝房，一举两得。

宜048 **夫妻宜分床垫**

有些夫妻体重差异很大或睡觉很轻，睡在同一床垫上显然不能满足两个人的需要，这时就应该分床垫。所谓分床垫是指由两个等规格床垫并接而成，床垫的外形完全相同，从而保证接缝处完美融合。而不同的是床垫的硬度有所区别，满足了每个人的需要，避免了翻身所带来的床垫晃动，保证夫妻双方都能获得香甜的睡眠。

宜049 **宜按方位选床上用品的颜色**

当卧房门开在东侧时，床单或床罩以蓝色或绿色为佳；当卧房门开在南侧时，床单或床罩应选用绿色；当卧房门开在西侧时，床单或床罩以鹅黄色或白色为佳；当卧房门开在北侧时，床单、枕头套、窗帘以花草颜色为最佳的选择。

▲床上用品的颜色最好按卧房门所开的方位来选择。

卧房与婚房风水之宜

宜050 床头柜宜高过床

床头柜高过床是为了方便睡觉前的阅读、拿东西等日常活动，这样有利于提高居住者睡眠质量，保持身心健康。

▲ 床头柜高过床不仅方便日常活动，而且有利于提高居住者睡眠质量。

宜051 婚房床上用品宜以绸缎为好

新婚被子，民间称"喜被"，一般都是购买好被面、被套和被里自行缝制，但现代人大多喜欢购买现成的羽绒被和踏花被。既是新婚用的，被面自然以绸缎为好，显得富贵华丽，也更喜庆。绸缎被面品种很多，主要有提花、印花、绣花三大类，花色图案也很丰富，像"二龙戏珠""喜鹊登梅""龙凤朝阳"等喜庆气氛都很浓郁。而被里应以吸湿性好的棉织品为首选。

枕头一般由枕芯和枕套组成，过去用的枕芯多是谷壳、荞麦皮、芦花芯，现在多为泡沫塑料、木棉、羽绒等。枕套的种类很多，质料上可分为的确良枕套、尼龙纱枕套、绸缎枕套、棉布枕套等，式样和花色也很多，可根据自己的喜好结合其他物品选择。不过枕套以及枕巾均以棉制品为好，这样使用起来枕巾不至于老是滑落。富有传统意味的一对红色丝绸抱枕，也可以为婚房起到点睛的作用。

▲ 新婚用的被子，被面自然以绸缎为好，显得富贵华丽，也更喜庆。而被里应以吸湿性好的棉织品为首选。

宜052 婚房宜摆放饰物

在婚房里摆放一些饰物，既可增加舒适感，更多了几许情趣。例如在床头柜上可放置夫妻双方的生肖水晶或音乐盒，有助于夫妻感情融洽，但切记，生肖不可相克。在洞房中放置成双成对的图画、蜡烛与柜灯，象征亲密；帐内悬挂葫芦、连心结等饰品，象征夫妻同心，早得贵子。在床上放置两个温馨典雅的靠垫，或放上一只玩具毛绒狗，都会使房间生动活泼起来，并且产生浓郁的新婚生活气氛。

宜053 婚房宜摆放鲜花

鲜花在婚房的装饰不可忽视。百合不仅色彩、花形大方典雅，它的名字更给人一种吉祥的祝福。勿忘我则表达了"爱你一万年"的决心。在修饰上，无论是装束还是单枝随意地放入花瓶中，无论是在婚房的哪个角落出现，都彰显出祥和的幸福感。

宜054 婚房宜用大红色

婚房的颜色多用大红等暖色调。大红大紫是中国传统的喜爱颜色，婚房如用上红色地毯或红色灯罩，会让房内新婚气氛得以蔓延，让人保持新婚时的好心情。

宜055 婚房中宜做经典装饰

婚房中应有一些新婚经典装饰。为了让婚房更经典浪漫，除了悬挂新婚相框外，还可以别出心裁地设置经典角落，把恋爱时一些难以忘怀的照片、互赠物品摆设一番，或者让朋友写一些纪念新婚的诗文作装饰之用，展现文艺气息。

宜056 婚房宜挂美好意向的装饰画

夫妻房中，最适宜挂一些有夫妻恩爱、白头偕老、双宿双飞寓意的装饰画，诸如龙凤图、鸳鸯戏水图、双飞燕图、玫瑰图、百合图等等，且最适宜挂在人躺在床上而能望得到的吉利方位。

相传若夫妻双方有一方桃花泛滥，则在卧房的东南方挂一幅公鸡画，便可斩除桃花。

▲ 夫妻房中，最适宜挂一些有夫妻恩爱、白头偕老、双宿双飞寓意的装饰画。

卧房与婚房风水之忌

地球是一个大的磁场,而每个人的身体都是一个小磁场,人体血液中含有大量的铁,对磁的感应非常微妙。如果周围的环境反射回来的磁场感应不利于人体,就会对人产生冲突,造成肉眼看不到的伤害,导致不良后果。所以我们一定要避免卧室中的一些不利风水,从而让我们的身体处于一种健康、平衡的状态。

忌001 卧房忌设在西方

在卧房方位风水中,卧房设在西方大不宜,因为夕照留下的暑气,会使房间内温度升高,使人健康状况不佳。

忌002 卧房面积忌过小

大面积卧房会过多地消耗人体能量,但万事得有个度,卧房太小也未必理想。那么,一个卧房究竟多大面积才适宜呢?建议在15平方米左右,不超过20平方米为佳,这样才有利于我们人体与周围环境气脉相通,以达到休养生息的目的。

忌003 卧房方位忌主次颠倒

主人夫妇的卧房与孩子、老人卧房的方位忌颠倒,比如孩子睡于西北方,主人夫妇睡于东方,这种情形就不太好,会给人家庭成员主次不分的感觉。如果出现这种情况,建议按正确的方位更换房间。

忌004 地下室忌做卧房

地下室的房间一般很阴寒、阴冷,不宜做卧房。因为这样的房间很容易潮湿,空气也不流通,住在其中很不利于健康。同时,从风水的角度来看,在这种地方住久了,人会自然而然地变得孤僻,性格会变得暴躁,还会影响夫妻感情或恋人间的关系。

忌005 卧房忌设计成圆形

不能将卧房设计成圆形。因为圆形的主人房会令室内休息的人有一种不踏实的感觉,久居于此,容易出现精神不振、睡眠不足、眩晕等症状。

▲卧房面积建议在15平方米左右,不超过20平方米为佳。

忌006 主卧房面积忌小于次卧房

居室中卧房有大有小，那么大间的卧房宜做主卧房，相对小一点的做客卧房或儿童房。如果将小面积卧房做主卧房的话，就会很不方便主人的生活，而且有主次不分、喧宾夺主之嫌。

忌008 不规则房屋忌做卧房

奇形怪状和损位缺角的房间，其内部之气会停滞或流动无规律，能量场的分布也很不均衡，会对人的身心健康及日常生活造成影响。最好是利用家具的摆放隔出一个规则的空间。

▲ 居室中卧房有大有小，那么大间的卧房宜做主卧房，相对小一点的做客卧房或儿童房。

▲ 奇形怪状和损位缺角的房间会对人的身心健康不利，不宜做卧房。

忌007 卧房忌狭长

如果一个人躺在床上望着一间狭长的睡房，便会有孤独冷落的感觉。而那些神经敏感的人，更会胡思乱想而产生许多幻想。补救的方法是一分为二。即用矮柜把这狭长的睡房隔开，一边放床，另一间作为化妆间或书房。经过如此改动之后，睡房的空间不再空洞无物，心理上会感觉踏实很多。

忌009 骑楼上方忌做卧房

有些大楼的一楼是骑楼。骑楼上方的二楼空间，最好不要做卧房，因为中国人最讲究睡觉时要有安稳的磁场，像这种卧房下方是骑楼的房子，因为下方是空的，有气流和人潮流来流去，人在上面睡久了会破坏身上的稳定磁场，因此，这属于磁场不稳定的不利之宅，最好不要把卧房安排在骑楼上方。当然了，骑楼上方当做客厅或工作室，就没有什么大碍了。

卧房与婚房风水之忌

忌010 卧房忌设在厨房旁

家人走动频繁的地方多噪音，这些地区包括起居室、餐厅、厨房。尤以厨房出入的人最多，又有发生火灾的危险。所以要注意千万不能让卧房设在厨房旁。

▲ 卧房不宜设在家人走动频繁的地方，如厨房旁边。

忌011 卫浴间忌改造成卧房

现代大楼实施管线整体施工，所以整栋大楼浴厕都设在同一地方。如果将浴厕改为卧房，势必造成夹在楼上和楼下两层浴厕之中，而浴厕本为潮湿、不洁之所，长期睡在当中必然对身体健康有所影响。另外，楼上、楼下马桶、水管一开动就会发出噪音，会影响休息，久而久之对人的身心健康亦会造成伤害。

忌012 卧房的厕所门忌常开

套房式卧房的厕所门要常关，或用屏风遮挡。因为沐浴后的水汽与厕所的氨气极易扩散至卧房，而卧房中又多为吸湿气的布品，将令卧房环境更为潮湿。厕所里令人不舒服的味道也对健康不利。

忌013 卧房窗外忌电线交错

卧房的窗外景物映入眼帘，触眼所及若是黑压压千丝万缕、纠缠不清的电线，就如同窗外百虫攒动，宜用公鸡之类的饰物化解，况且窗外电线交错，也会使窗外景致分割破碎，让人感到混乱不适，这时可用窗帘加以遮掩，减少这样的冲煞影响心情、财运。

忌014 卧房家具忌繁杂

卧房是供人们休息、睡眠的地方，其家具主要由睡具、梳妆台、贮藏柜及桌椅四部分组成。其中，睡具包括床和床头柜两部分。繁杂的家具布置会影响人们的正常休息。卧房家具的布置取决于房间门与窗的位置，习惯上以站在门外不能直视到床体的陈设为佳，而窗户与床体成平行方向较适宜。

忌015 卧房窗户忌太低

卧房通风窗户的安装不可太低，尤忌与床同高而正对着人，夫妇主卧房更忌如此，否则易造成妇人久婚不孕或产后失调等症状。

忌016 卧房忌放过多的物品

卧房应该是阳光和通风情况较好、气流畅通的地方，卧房内的衣物、家具和摆设必须整齐，不可凌乱；过期的报纸或杂志、多余的小饰物都应尽量清理放好。卧房如果过于凌乱，不仅会影响人的休息睡眠，而且还会给生活带来许多麻烦，会让人感受到超负荷的压力从而影响到工作和生活的质量。

忌017 卧房忌带有卫生间

卧房最好不要带有卫生间作为套房，因为里面的潮湿及污秽之气易进入卧房，并且，进出卫生间也会影响人在床上休息，在长久的家居生活中会感觉不便。遇到这种情况，则必须关上通往卫生间的门，并且装上门帘作为进出口的屏障。

▲ 卧房最好不要带有卫生间作为套房，这样会影响身心健康，且对居家生活不便。

忌018 卧房相邻的房间忌做储藏室

与卧房相邻的房间不宜做储藏室，否则容易引起居住者脑神经衰弱或产生偏激的思想、行为。

忌019 忌将鞋子摆放在卧房内

不少女士拥有大堆不同款式的鞋子，并喜欢将鞋放于睡房内，方便上街前选鞋。可是在风水学上，鞋只适合摆放在大门口附近，却不适宜放在其他地方，包括睡房。至于不曾穿过上街的新鞋，或供室内专用的拖鞋，放在卧室内则没有问题。

忌020 卧房内忌摆放神龛

神龛不能放在卧室里，因为卧室是人睡觉的地方，睡觉通常都不会穿多少衣服，还有喜欢裸睡的，形象实在不雅。再有，每天早上起来，人们都会觉得卧室里有一股味，那实际是人体散发出来的，很不好闻，天天都要开窗通风的。让神龛每天夜里都浸泡在这样的气味里，实在也不能算是敬重了。还有最重要的一点，卧室是男欢女爱的场所，是人解决自己欲望的地方，里面到处都充满了欲望的气息，充满了满足的叹息，它仿佛在呐喊欲望无罪，欲望有理。你拜神是希望从不同的角度观照自己的生命，找到自己的问题，寻求解决之道。如果一切都从自己的欲望出发，你的敬拜还能有什么意义呢？你又怎么能接受得了不同的观点与启示？

忌021 卧房忌有过大的窗户

风水讲究藏风聚气，这就要求卧室是一个气流稳定、能量容易积聚的地方，因此不宜开过大的窗户。卧室里的窗户如果太大，会把人体的能量泄漏出去，居住者失去能量就会萎靡不振。同时，窗口太大，照射进来的阳光过多，刺眼的阳光和热能会让人浮躁和冲动。

▲卧室里的窗户太大，会把人体的能量泄漏出去，使人萎靡不振。

忌022 卧房内忌放置杂物阻挡气流

卧房要气流通畅，若放置占地面积大的衣柜、衣箱等杂物，会影响室内的空气流动，而且衣柜、衣箱里储藏的衣物等杂物因为不时常使用以及欠通风，衣柜的门一开，内里的气体以及防虫药物的气息就会漫溢，堪舆上称之为"死气"，它们对于人的身体极为不利。长久待在这样的环境里，会造成人精力萎缩、周身窝憋、心绪烦乱等病状。所以卧房内的衣柜、衣箱要注意摆放，不要阻挡气流。

忌023 梳妆台忌随意摆放

梳妆台位于更衣室内，空气不流通会造成存不了私房钱，或是手边有钱就拿去买名牌衣饰、精品皮包。

梳妆台贴紧厕所门，一直线正对或背对厕所门，整理私房钱时容易脑筋不清楚，或被人诈骗，或因男女桃花而破财。

梳妆台上有冷气口、横梁或靠柱，会导致存不了钱或存钱存得很有压力。

梳妆台紧贴房门或一直线正对、背对房门，容易导致私房钱被迫拿出来解家人的燃眉之急。

梳妆台贴窗户、一直线正对或背对窗户，则易导致私房钱因外界的人、事、物而损失，或是被人骗财，或是因受不了外界的诱惑而破财。

▲梳妆台紧贴房门，容易导致私房钱被迫拿出来解家人的燃眉之急。

忌024 卧房电器忌过多

卧房里电器过多会影响人的健康。现

代医学理论也指出,电器辐射确实会损害人体健康。脚是人的第二心脏,处于待机状态的电视若正对双脚,其辐射更容易影响双脚的经络运行及血液循环。如果电视机非正对床前不可,建议改为侧向或改置抽取式的电视柜。建议尽量少在卧房摆放电器,不使用时要拔掉电源。

▲ 卧房里电器不宜过多,否则会影响人的健康。

忌025 过敏者卧房忌用胶粘地毯

过敏者及哮喘患者应尽量避免在主卧房使用黏合的方法固定地毯,黏合材料中的有害物质会大大加重病情。为使地毯"服帖"在地面上,许多人在装修时喜欢采用胶粘的方法固定地毯,而大多数黏合剂中含有甲醛等被视为过敏者及哮喘患者"天敌"的有害物质,会导致患者病情进一步恶化。建议那些敏感人士在购买新地毯时,先将所选地毯的一块样料带回家中,用真空容器或塑料袋密封24小时后,吸入其中的空气,以检验自己是否有过敏反应。此外,尽量采用非胶粘的办法固定地毯,以防不测。

忌026 床下忌堆放杂物

床下堆放杂物,会使通风透气不佳,光线阴暗,容易因受潮发霉滋生细菌,会造成卫生死角。

忌027 床头或床尾忌摆放电视机

现代人的生活水准高,物质享受丰富,家中有多台电视机实不为奇。放一台在卧房内,躺在床上慢慢看也是很惬意的一件事。但一般的卧房面积都不是很大,让人的身体如此近距离对着一台有电流辐射的电视机不太好。卧房内摆电视机时,要留意床头、床尾均不宜摆放。既然床头、床尾皆不宜摆放电视机,那么剩下来的位置就只有床两边,或是床头、床尾的侧面位置了。电视机摆放位置和床的距离当然是愈远愈好,如果能够摆在吉位则最佳。不看电视时,最好罩上电视罩或将电视遮藏。

▲ 电视机不宜摆放在床头、床尾,可以摆放在床两边,或是床头、床尾的侧面位置。

忌028 卧房忌有冷、硬、怪、尖之物

卧房设计的主调应是舒适、宁静、平和，利于养息。所以，室内墙上不宜挂有过多的装饰品，不宜有冷、硬、怪、尖之物，诸如刀、剑、骷髅头、奇形怪状的工艺品等。这些东西放置室内，会无形中干扰居住者的心绪，让人不得安宁。另外，尖锐的东西易聚凶气，不吉利的摆饰放在卧房里也很怪异，令人不能放松心情。

忌029 卧房忌用玻璃做间隔

玻璃能够透明透光，用它来做间隔，一来可使视野无阻而令房间显得宽阔；二来可使光线不受阻碍而令房间显得明亮。但是玻璃本质较脆弱，容易碎裂伤人。为了家居安全着想，可以采用玻璃砖来代替。原因是玻璃砖既有透明透光以及节省空间的优点，而且甚为坚固，没有碎裂之虞。

▲为了家居安全着想，最好不要用玻璃做隔间，可以采用玻璃砖来代替。

忌030 卧房中忌放樟木家具

樟木木质坚韧，气味芳香，制成衣橱贮藏衣裳等物品，可防蛀、防霉和杀菌。但若把它长期放在卧房里，则对身体也不利。

樟木除了含有樟脑外，还含有烷烃类、酚类和樟醚等有机成分，它们对人体均有不同程度的毒副作用。当它制成家具后，摆放在不通风的卧房里，散发出的芳香气味，可通过呼吸、黏膜、皮下等途径进入体内，导致慢性中毒，引发头晕、浑身无力、腿软、食欲减退、咽干口渴、喉咙发痒、咳嗽、失眠多梦等。

樟脑还有活血化淤、抗早孕的作用，孕妇若长期与樟木家具接触，较易流产；婴幼儿若长期受到樟木气味的刺激，亦会出现不良反应。

忌031 卧房忌放置"香熏"

所谓的"香熏"是一种多孔透气陶瓷制成的特殊香味散发器，只要打开其盖子后注入天然香精油即可使室内充满幽香。据研究，来自植物的天然香精油化学成分非常复杂，尤其是香精油的挥发性有机物并非百分之百对人体安全。

家庭购买"香熏"应将其放置于大客厅中，这样既可使香熏发挥空气消毒作用，又能使来访客人觉得环境幽香。但主卧房之内切勿放置香熏，因为晚上主卧房的门窗通常是关闭的，香熏的香味挥发物浓度太高，人长时间吸入过浓的香味不利于身体健康。

忌032 卧房忌摆对人体不利的植物

在卧房适当的位置摆放一些鲜花，会给人带来温馨浪漫的感觉。从风水的角度来看，盛开的鲜花象征富贵，所谓"花开富贵"。但过多的花草植物容易聚集阴气，并且大多植物在晚间吸收氧气，释放二氧化碳，容易影响居住者的身体健康。下面介绍八种不宜在卧房摆放的植物，它们会影响人的健康、性格以及家运。

月季花：月季花所散发的浓郁香味，会使过敏体质者感到胸闷不适，喘不过气来。

兰花：兰花散发的香气如果闻得太久，会让人过度兴奋并引起失眠。

夹竹桃：夹竹桃散发出的气味会使人心郁、气喘，且易引发疾病，经常闻其味甚至可使人智力下降。

紫荆花：人如果长时间接触紫荆花的花粉，会诱发呼吸道疾病。

夜来香：夜来香晚上能散发强烈刺激嗅觉的微粒，不宜久闻，有高血压或心脏病病史的人更要特别注意。

洋绣球花：人如果长时间接触洋绣球花散发出的微粒，会出现皮肤过敏或发生皮肤瘙痒。

松柏：松柏类花木散发出的气味对人体的肠胃有刺激作用，久闻会影响人的食欲，对孕妇的刺激则更为明显。

仙人掌：仙人掌类带刺的植物放在卧房很容易伤害到人，尤其是儿童。

忌033 卧房反光之物忌正对床

卧房内不能有反光之物体直接对着床，包括电视机的荧幕等，这会使人心绪不宁，不能安睡，且易产生幻觉。如果有此类反光之物正对床，则应将之移至别处或想办法将之遮挡。

忌034 卧房忌有凶猛的装饰品

大多数的人在旅游时，习惯买些当地特产或手工艺术品作为纪念，例如陶瓷器具、木雕制品、巨型折扇、羊皮牛角甚至木刀木叉等装饰物品。从气氛营造的角度而言，摆置一些含有戾气的饰物，如猛虎凶狮、另类面谱等，都会使人容易冲动，有时候还会产生触目惊心的感觉。如果每天都望着墙壁上那些肃杀的画像或悲情文字时，就会触景生情，产生幻想，故不要在卧房摆放此类饰品。

▲卧房内摆放凶猛的装饰品会对人体健康不利。

忌035 卧房忌有裸像图片

在卧房挂裸像图画或摆性感雕塑等会影响夫妻之间的感情，因为很容易让另一半产生不好的联想，或者是让夫妻之间不满意对方的身材，从而影响夫妻之间的感情。

▲ 在房间挂裸像图画或摆性感雕塑等会影响夫妻之间的感情。

忌036 卧房忌摆放过多的植物

卧房不宜摆放过多的植物。古人认为，卧房里的植物容易聚集"阴气"（于人不利的能量）。现代科学研究也表明夜间植物的光合作用完全被抑制，植物只进行呼吸作用，也就是吸收氧气、释放二氧化碳。卧室的植物太多势必与人争夺氧气，久之不利身体健康。因此，卧房里不要摆放过多植物，可以适当选择一两盆花进行装饰美化。

忌037 卧房忌镜子过多

一般的情况下，镜子对人是没有多大伤害的，但每当我们遇到不愉快的事情，又或因种种挫败而失去信心的时候，镜子对我们就会造成一种间接的伤害，正所谓"顾影自怜"。尤其是上了年纪的老人家，不适宜住在有许多镜子的卧房。

忌038 床头忌悬挂时钟

时钟悬挂在床头的墙壁，有如坟墓的墓碑。悬挂床尾也有同样的意义。如果睡房真的要挂时钟，原则上除了睡床的头尾两方不可挂外，其他地方都不会构成大问题。

忌039 卧房忌置鱼缸

鱼缸应该放在客厅，放在卧房会导致卧房变得很阴寒、阴冷，不利于居住者身体健康。睡眠的空间要温暖才能更舒适，所以卧房尽量不要摆放这些寒冷的东西。

忌040 卧房忌有色调浓艳的灯

床头照明除了要便于人度过睡前的时光外，还要方便夜间起床。人们在半夜醒来时，往往对光很敏感，在白天看来很暗的光线，夜里都会让人觉得光线充足。因此，床头灯的造型应以舒适、流畅、简洁为宜，色调要淡雅、温和。切莫选择造型夸张、奇特的灯具，色调也不宜选择浓烈鲜艳、五颜六色的。

忌041 卧房饰品忌过多

常有人喜欢在卧房里贴很多海报，放很多玩偶或是一大堆杂七杂八的装饰品。殊不知，这些东西久而久之就会对身体产生不良的影响。摆饰过多，除了影响眼睛视力外，也容易引发感冒，原因是气场阻塞，使人抵抗力下降。

忌042 床上忌悬挂垂吊式物体

有些人喜欢在床上悬挂一些装饰性物品，如吊花篮、缎带花或者豪华的大吊灯。无论是从现实还是心理的角度，这些做法都不宜。

从现实的角度来看，几乎没有任何悬挂的东西是可以百分之百保证不会掉下来伤人，尤其是晚上睡觉时。从心理的角度来考虑，这些悬挂的东西吊在人的上方，也会发射出一些能量，给人造成心理上的恐慌暗示，久而久之，则会伤心劳神，形成疲惫、紧张的心理状态。

▲ 床上悬挂垂吊式物体有可能掉下来伤到人，而且在心理上会伤心劳神，形成疲惫、紧张的心理状态。

忌043 床忌对着镜子摆放

镜子有反射物像的作用，易让人产生错觉，特别是睡眠中的人朦胧醒来或噩梦惊醒时，在光线较暗的地方看到镜中的自己或他人的影像，容易受惊吓。而且镜子的水银对环境磁场有很强的破坏作用，人不宜长期受到这样的刺激。

▲ 床不宜对着镜子摆放，因为镜子有反射物像的作用，易让人产生错觉。

忌044 肖鼠者卧房忌有虎等饰物

如果在肖鼠者卧房挂上一些与老鼠相冲的饰物或图画，对主人是十分不利的。在五行中，鼠属水，大忌五行属土的画，如高山风水图等，否则会受到克制。另外，肖鼠者千万不要养猫，因为猫克鼠，对主人很不利。同时也不宜挂马或兔的图画与饰物，因为马冲老鼠，老鼠与兔也是相克的。肖鼠者卧房尤忌虎的图画或装饰品，因为老虎有煞鼠的作用。若挂有此类饰物将会有一些麻烦的事情始终无法化解，如夫妻感情不和、人缘不佳、财运不好、命运坎坷等。

忌045 肖牛者卧房忌有狗、羊饰物

肖牛者的卧房，如果挂上狗和羊的图画是不太吉利的。在《周易》的干支、刑、冲、克、害中，牛、狗与羊是三刑的格局。风水学认为，三刑风水会出现官非、矛盾和破财等事情。在生肖属牛者卧房里，不能将羊与狗的装饰物摆放在一起，可以分开挂，切忌将二者汇聚在同一个方位。

忌046 肖虎者卧房忌有猴、蛇饰物

肖虎者的卧房，如果挂上猴子或蛇的图画，是风水格局中的大禁忌。因为这样构成了寅、巳、申三刑的格局，且是三刑中最凶的局面，这样的格局通常会导致车祸、伤灾等意外的发生，还会造成家庭不团结、人缘不好、财来财去。

忌047 肖兔者卧房忌有鸡、鼠饰物

肖兔者的卧房，如果挂上鸡的图画或摆设鸡的装饰品，会对主人不利。因为鸡是酉，兔是卯，卯酉相冲，财物耗散。如果有鼠的图画或饰物，鼠为子，子卯相刑，主官非与破财。

忌048 肖龙者卧房忌有坑洼的图画

肖龙者的卧房切忌挂低洼山地的图画，因为龙需要飞腾，需要上升，需要广阔空间，坑坑洼洼的环境制约了龙的发展。肖龙者卧房一般需要有水火或雾气升腾的

▲ 肖龙者的卧房切忌挂低洼山地的图画，否则难有发展。

图画。另外，肖龙者卧房不能挂刀、剑，否则不利财运。

忌049 肖蛇者卧房忌有虎等饰物

肖蛇者的卧房如果有虎、猴的饰物与图画，就成三刑风水，易发生灾伤、意外等事故，对主人十分不利。如果有猪的饰物与图画，会构成六冲风水，与主人相冲，钱财易散，特别易出现感情风波。

忌050 肖马者卧房忌有鼠的饰物

肖马者的卧房，如果有老鼠的饰物或图画，不吉。因为马跟鼠是六冲的，并且冲中有克，马为午，属火，鼠为子，属水，水克火也。如果是挂马的图画，一定要马的精神状态很好，切忌垂头丧气或是困于山中的马，还要避免马的头向内等不利因素。

▲ 在肖羊者房间里挂老鼠的图案或饰物不吉利，会不利感情，还会使事业受阻。

忌051 肖羊者卧房忌有鼠的饰物

肖羊者的卧房，挂上属水的画是不吉利的，因为这是水土相克的格局，对主人不利。其次，老鼠也不利于羊，在肖羊者房间里挂老鼠的图案或饰物不吉利，会不利感情，还会使事业受阻。

忌052 肖猴者卧房忌有虎、马饰物

猴与虎是六冲的格局，风水讲气聚，六冲的格局会把肖猴者的卧房风水气场冲散，造成不吉的场面。猴的五行属金，火克金，因此，马的饰物与图案也不宜出现在肖猴者的卧房里，否则会使主人事业受阻，造成财运不佳。

忌053 肖鸡者卧房忌有兔的饰物

鸡和兔是六冲之格局，所以肖鸡者的卧房挂上兔的饰物或图画，不但不能加旺本身的运气，反会冲散肖鸡者的财气，尤其对财运不利。

忌054 肖狗者卧房忌有牛羊并列

肖狗者的卧房里如果有羊和牛并列的生肖饰物或图画，是不吉利的。因为狗、羊、牛形成三刑，风水中的刑克是不吉的，不利婚姻，不利家庭团结，易出现官非、破财等不利事件，甚至会出现犯罪的可能。有书云："刑也，罚也"，就是指违反原则和规矩会受到惩罚的意思。

忌055 肖猪者卧房忌有蛇的饰物

在肖猪者卧房里挂上蛇的饰物或图画，是六冲之格局，主财冲气散，不利财富。另外，肖猪者卧房里特别不宜挂刀剑之类的饰物与图画，否则凶险多灾。

忌056 卧房色忌与主人风水命相冲

住在不适合自己风水命色调的卧房，会阻碍事业和财运，同时也有损身体健康，以下介绍风水命忌对应的颜色。

一白命忌黄色：一白命五行属水，如果住在以黄色为主色调的卧房，就会成土克水，对居住者很不利，容易破财，还对身体健康不太利。

二黑命忌绿色：二黑命五行属土，如果住在绿色调的卧房，成木克土，不利命主，有损财运。

三碧命忌白色：三碧命五行属木，如果住在白色调的卧房，成金克木，不利命主，容易发生意外。

四绿命忌银色：四绿命五行属木，如果住在银色调卧房的话，成金克木，不利命主。

五黄命忌绿色：五黄命五行属土，如果住在绿色调卧房的话，成木克土，不利命主。

六白命忌红色：六白命五行为金，如果住在红色调卧房的话，成火克金，不利命主。

七赤命忌粉红色：七赤命五行为金，如果住在粉红色的卧房的话，成火克金，不利命主。

八白命忌绿色：八白命五行属土，如果住在绿色调卧房的话，成木克土，不利命主，可能会有损身体健康。

九紫命忌黑色：九紫命五行属火，如果住在黑色的卧房里，成水克火，对居住者耳朵、眼睛不利。

忌057 卧房采光忌不足

一般来说，楼房之间的距离越小，楼层越低，采光就越差。太阳光含有紫外线，紫外线有杀菌的作用，如果人的身体抵抗力较弱，加上采光不足，病菌便有机会乘虚而入。而且采光不足的居室，往往阴气过重，对人的身心健康十分不利。

忌058 卧房家具颜色忌缺乏整体感

卧房家具的色彩在整个房间色调中占有很重要的位置，其一定要与整体风格配合得相得益彰。浅色家具包括浅灰、浅米黄、浅褐色等，可使房间产生宁静、典雅、清幽的气氛，且能扩大空间感，使房间明

▲卧房家具的色彩在整个房间色调中占有很重要的位置，其一定要与整体风格配合得相得益彰。若卧房家具颜色杂乱，则会影响睡眠，使人变得烦躁与不安。

亮爽洁；而中等深色的家具包括中黄色、橙色等，色彩较鲜艳，可使房间显得活泼明快。家具的色彩一般既要符合个人喜好，又要与房间的面积及光线搭配合理。若卧房家具颜色杂乱，则会影响睡眠，使人变得烦躁与不安。

忌059 床头忌朝西

卧房要尽量选择朝北或朝南的房间，而且床头不宜朝西。用现代科学来解释，地球由东向西自转，头若朝西，血液经常直冲头顶，睡眠较不安稳，对身体健康也有不利影响。

忌060 床头忌紧贴灶位

若卧房连接厨房，床头不宜安放紧贴灶头的一方，因为厨房属火，容易使人生病或精神紧张、心情烦躁。

忌061 卧房忌冷色调

中国家庭讲求夫妻生活美满、团圆和幸福，而色彩可以影响人的情绪。卧房要避免采用冷色调的颜色，因为没有人会喜欢住在一个寒冷阴森的房间里。也不宜将墙粉刷成深蓝、黑色，做出一副很"艺术"的样子，这样会缺乏活力。

忌063 忌使用圆形床

卧房家具均不宜选用圆形。圆主动，会给人不宁静的感觉，而直线条的家具却会给人稳定、平和、安静的感觉。所以应避免使用水床或圆形床，这样的床睡起来缺乏安全感，从风水的角度来看也不适宜。

▲卧房要避免采用冷色调的颜色，这样会缺乏活力。

▲圆形床睡起来缺乏安全感，从风水的角度来看也不适宜。

忌062 床向忌为正北、正南等方位

床向宜选南北朝向，但忌为正北、正南、正东或正西，这主要是因为地球的磁力线并不是朝向正南正北，而是倾斜的。床向也可以根据自己的五行进行调整。如果缺木，可以朝东或朝东南；如果缺火，可以朝南；如果缺土，可以朝西南或东北；如果缺金，可以朝西或西北；如果缺水，可以朝北。

忌064 睡床忌采用铜床或铁床

大家可以用"罗盘"放到金属质地的床上测一测，会发现天池的指针极不稳定，左右摇摆，这就表示磁场紊乱，如若近旁又有电房或电塔，金属床更会受到电磁干扰，家人经常在这样的环境下睡眠，严重时会影响人体内分泌，使中枢神经失调，特别是老年人，更不宜睡金属床。

卧房与婚房风水之忌

忌065 睡床忌高低不平

现代人用弹簧床垫的多，如果床垫质量不好，弹簧发生变形，就会影响居住者的身体健康。所以床垫选择也十分重要，不宜选太硬或太软的，否则睡久了脊柱长期弯曲，影响血液循环，使人疲劳而容易生病。

忌066 床头灯忌偏暗或刺眼

床头灯集普通照明、局部照明、装饰照明三种功能于一身，灯光要柔和。但并不是说要把亮度降到最低，偏暗的灯光会给人造成压抑感，而且对于有睡前阅读习惯的人来说，还会影响视力。为了符合人们夜间的心理需求，灯光也不宜太刺眼，否则会打消人的睡意，令眼睛感到不适。所以，床头灯以柔和为宜，忌偏暗或刺眼。

忌067 床忌正对房门

人正对着房门睡觉，会产生什么感觉？这就涉及一个心理安全感的问题，与我们拿一张凳子背对大门坐着是同一个道理。睡觉时最讲求的就是安全、安静和稳定。房门是进出房间必经之所，房门不可正对睡床或床头，否则人睡在床上容易缺乏安全感，时间久了对健康不利。

忌068 床头忌在窗下

床头在窗下会使人睡眠时产生不安全的感觉，如遇大风、雷雨天，这种感觉更是强烈。再者，窗户是通风的地方，人们在睡眠时稍有不慎就会感冒。床头接近窗户，还会有两个问题：一是窗户的隔音性能比砖墙低，晚上睡眠时听到的噪音会比离窗户远的大；另外，窗口是一个气流和光线最强的地方，动向很大，对睡眠影响

▲ 床头灯集普通照明、局部照明、装饰照明三种功能于一身，灯光要柔和。

▲ 床头在窗下会使人睡眠时产生不安全的感觉，最好的方法还是变换床头方向。

也很大。如果不能变换床的朝向，最好能用厚窗帘加遮光布加以遮挡，这是退而求其次的方法，最好的方法还是变换床头方向。

忌069 睡床忌正对大门

一进大门就可以看见睡床，即大门与睡床在同一直线上，这样完全失去了隐密性的情况通常叫"门冲床"，不吉。要改用较为隐蔽的房间作为卧房，也可利用屏风阻隔。

忌070 床头忌靠卫浴间墙

因为卫浴间有较重的湿气，潮湿的气体一旦进入卧房，会使床铺变得潮湿，使人睡起来觉得很不舒服。久而久之，它会让人感觉身体疲乏、腰酸背疼，但具体又检查不出是什么原因造成的。所以忌将床靠在卫浴间和卧房的公共墙上。

忌071 床忌对洗手间的门

风水理论认为，洗手间在五行中属水，阴气较重，容易引起身体不适。如果卧房带洗手间，或者是洗手间离卧房只有一门之隔的话，一定要注意洗手间的门不要正对着床。再好的洗手间，也改变不了其排污的本质，空气质量不佳，沐浴后更会产生较多湿气，不好的空气和湿气会穿过门流入卧房，对人很不利。如果在洗手间放上几盆泥栽植物，这样有利于让绿色植物多吸收一些秽气，也可在床和洗手间门之间加屏风或者衣柜作为遮挡，以减少湿气和秽气。

忌072 床头忌无靠

床头要紧贴着墙或实物，不可有空隙，风水学上称之为"靠山"。"床后有靠"是摆床的基本要求，床后有靠才能让人睡得安稳。床头最好靠着墙，否则人睡在床上缺乏安全感，会精神不佳。

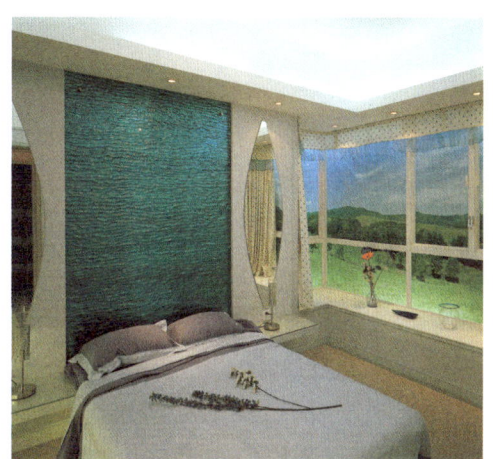

▲床头最好靠着墙，否则人睡在床上缺乏安全感，会精神不佳。

忌073 窗台忌做床使用

由于居住环境问题，许多住宅都将窗台用做睡床，以增加睡床的宽度，达到物尽其用的效果。虽然这些方法可以充分利用窗台的面积，但睡觉时一不小心，便会弄破玻璃而对居住者不利。而且睡床近窗口，如果窗户与街道很近，睡眠时就像睡在街道上，感觉很吵闹。遇到打雷闪电或灯光照射，也会导致睡眠不足或心理恐惧。同时，屋内的窗不要太多或太低，以保持室内空气流通为宜。

卧房与婚房风水之忌

忌074 楼梯之下忌放床

楼梯下面的空间是不宜放床的，但如果实在是条件有限，只能把床放在楼梯下面，那么，暂住可以，如久住就会对身体及精神不利。最好是搬出来，住到合适的房间去。

▲ 楼梯下面的空间是不宜放床的，最好是搬出来，住到合适的房间去。

忌075 床头忌与神位共用一堵墙

民间传统的风水观点一致认为，神明之气较为强烈，可超越人体气场，而人在睡眠时气息最弱，受到强气场的控制自然不宜。另外，夫妻之间的欢娱穿过薄薄的墙壁，也是对神明的不敬。

忌076 忌横梁压床

横梁压床会带给人压抑感，也有损人的身心健康，此类情况还包括横梁压卧房门、分体空调室内机悬挂于枕头位的上方、卧床正上方悬挂吊灯等情况，这些都属于横梁压床的范畴。如实在无法避免，则要设计天花板将之挡住。同时要注意，睡床不宜摆放在顶柜之下。尤其是身体虚弱的人，更应避免横梁压床。

忌077 床头忌放烟灰缸

全世界的宾馆饭店无不严禁旅客在床上吸烟，无非是怕旅客醉酒或睡着后忘了捻灭烟头，发生火灾。其实，在自己家中也一样，不可在床上吸烟。除了火灾，在密闭的卧室中吸烟，整晚呼吸二手烟，易患疾病。

忌078 忌睡地铺

很多刚购房的年轻业主，或者出门在外游学、打工的租房一族，为了节省开支或是节约空间，不购置床铺，直接睡地铺。岂不知人体为阳磁波，而地上阴气较重，浊气浓度高，对健康十分不利。日本人习惯睡榻榻米，是因为他们的卧室装潢一般是在地面上起一个约80厘米的水平地台，而榻榻米又是由稻草编成，产生木克土的效应，所以对身心无碍。

▲ 不宜直接睡地铺，地上阴气较重，浊气浓度高，对健康十分不利。

忌079 床头忌放音响

音响发声时会震动，还会产生辐射，因此不宜放在床头。已经有科学家证实，电器辐射会破坏脑细胞的生长。每个人一天平均睡6~8个小时，如果你的床头放着音响的话，代表它也在你身旁陪你睡了6~8个小时，当然会干扰你的休息。

忌080 床头忌有尖角冲射

床头的两侧不可被柜角或橱角、书桌、化妆台冲射，否则易使人受伤，而且易使人患偏头痛。叶子尖长的植物、方形或长方形的家具也不能太靠近睡床。

忌081 床头形状忌与五行不符

目前的床头靠板均有其形状，其形状如果与居住者的五行属性不相符，则不利于居住者的运气。在五行的形状属性上，金为圆形、半圆形、弧形；木为长方形；水为波浪形；火为尖形、多棱角形；土为方形。

▲床头靠板的形状要与居住者的五行属性相符，否则不利于居住者的运气。

忌082 床头忌摆放空调

若床头安放在空调下面，空调吹出来的暖风或者冷风就会破坏人体"气场"的平衡，使人的新陈代谢功能受到影响，进而导致人体免疫力的下降，往往容易引发感冒或关节炎等疾病。空调的高度不能低于地面以下120厘米，太靠近地面会有电气感应。

▲床头摆放空调，会导致人体免疫力下降，往往容易引发感冒或关节炎等疾病。

忌083 枕头忌太高

一觉醒来，如果出现头晕、头痛、耳鸣等症状，那极有可能是晚上睡觉的枕头太高了。枕头太高往往会使颈部压力过大，而导致颈椎病的发生。为了保证人体颈部的生理弧度不变形，最好是挑选符合人体工程学设计的枕头，枕高宜在10~15厘米之间，枕芯的选用则以荞麦皮、蒲棒等为首选。

忌084 床上用品忌有三角形图案

床单和枕头套应避免使用三角形或箭头图案。因为三角形和箭头的图案阳气过盛，会给人视觉上带来不舒适的感觉，破坏祥和的气氛，令居住者缺乏安全感。

忌085 卧房窗口忌挂风铃

虽然风铃是家庭中的吉祥开运物，但它只是挂在特定地方才能招财开宝，为人们带来好运。在卧房中不宜悬挂风铃，否则易使女主人头晕，心浮气躁。

忌086 床头两侧忌有柜角或橱角

新婚婚房的床头枕头两侧，不可被柜角或橱角、书桌角、梳妆台角冲射，否则易使人受伤。

忌087 床上方忌安装吊扇

床上方安装吊扇，容易导致居住者神经衰弱，主犯小人，百事不顺。这种情况要调整床向。

忌088 床头忌放电话充电

电话表面上与风水无关，但事实上，自从手机与室内无线电话普及之后，每个家庭都会将手机或室内无线电话放在一个充电器上。这个充电器源源不绝地生"火"，在家中形成风水。手机当然也极多火，每个家庭成员每晚将自己的手机放在充电器上，这位置成为火的集中地。要留意，大多数人利用睡眠时间为电话充电，换句话说，当晚上所有灯火都熄灭，所有人酣睡之际，家中的充电器却在不停地工作，所产生的电波会直接影响人的大脑神经细胞。因此，无论您要火还是忌火，充电器都不适宜放于睡房内，尤其忌放在床头，宜放于大厅或其他地方。

忌089 床脚忌安装镜子

床脚安装镜子主犯桃花及灾祸，会使人精神恍惚等，在风水上属不利。必须把镜子移开放置在适当的地方，或以布帘遮盖为妙。

忌090 卧室忌有电饭锅、微波炉

卧室里面有电器的话，例如电饭锅、微波炉等等，表示卧室有火在烧，火气很高亢，容易导致夫妻双方离异。

忌091 床头忌挂巨画

床头挂画可以增加卧房"雅"的气氛，但画以轻薄短小为宜，忌挂厚重巨框之大画。否则，一旦挂钩脱落，就会对居住者造成一定的伤害，不可不慎。

▲床头忌挂巨画，因为一旦挂钩脱落，就会对居住者造成一定的伤害，不可不慎。

忌092 婚房忌使用粉红色或暗色

婚房墙壁及家具、窗帘尽可能不要用粉红色，否则会使人神经衰弱、心绪不宁，而吵架之事必然常常发生。婚房色调如果太阴暗，如深蓝、深绿、深红、深灰色等，容易使夫妻心情不佳。洞房地板颜色不要太黑暗，或大红、特红、粉红色，易使人脾气暴躁、口角多。

忌094 婚房忌有玫瑰花及仙人掌

婚房房间内及窗户外，忌有玫瑰花及仙人掌等植物，这类植物容易刺伤人，而且还都是烦心事步步逼近的征兆，千万得多加小心。玫瑰花在花语中代表爱情，放在卧房里虽能代表内心十分渴望爱情，但会让人内心空虚。如果有这样的情形，务必立即移除。

▲粉红色会使人神经衰弱、心绪不宁，婚房内最好不要使用。

▲婚房内忌有玫瑰花，如果有这样的情形，务必立即移除。

忌093 婚房忌滥挂装饰画

夫妻房中，在两人的桃花位上都不适宜挂具有催旺桃花功能的装饰画，挂其他的吉祥装饰画，则有利于双方感情的发展。

卧房挂画的最佳位置是床头上方，床头上方挂画易使空间具有温馨感和美感。

忌095 床头上方忌挂新婚大照片

新婚夫妇喜欢在床头上方挂上巨幅结婚照，使婚房内弥漫一种幸福。事实上，婚房的床头上方，新婚大照片最好不要悬挂，这样压迫感过重，会使夫妻时生恶梦（发生离异之梦想）。

忌096 婚房天花板忌五花十色

很多人为了表现新婚的喜庆，会把婚房布置得非常华丽，但是要注意婚房天花板不可五花十色，有奇形怪状的装潢。谨防这些装饰形成八卦、天罗地网，导致百病丛出。

忌097 婚房内忌有水栽植物或鱼缸

水栽植物、鱼缸这类的"水"气太旺的东西最好不好放在卧室，尤其是新婚夫妻的房间。如果摆在婚房容易将小两口的爱情之火浇灭。试想一下，这边刚刚新婚，那边激情已经燃烧殆尽，该是多么不好的事情。

忌098 礼物忌"现"

忌把新婚礼物全部陈设出来，以致太多太杂乱又容易被碰碎，影响新婚意头。宁愿有选择地摆设一两件作为点缀，每天更换摆设，精致有序且有新鲜感。

忌099 婚房装修忌造成空气污染

结婚是人生中的大事，新房的装修马虎不得，涂料的选择尤其重要，选择不好的涂料造成整个室内空气污染，小则危害健康，大则造成不治之症，还会祸害下一代，所以新房的装修一定要谨慎。不过现在有的厂家推出了"婚房漆"就挺适合新房装修，净味环保。

第六章

老人房与儿童房风水宜忌

俗话有云："家有一老，如有一宝"。老人丰富的人生经验，是全家无价之瑰宝，老人能够安心享福，也代表全家人的福泽深厚。儿童是早上八九点钟的太阳，他们的健康成长关系着一个家庭的未来，关系着祖国乃至世界的未来。所以，我们一定要用心布置好老人与儿童的休息之地，让他们的居住风水旺起来。

老人房风水之宜

因为年长的关系，老人的房间首重环境舒适，温度、湿度、光线都应注意调和，家中的延年方是最适合用来做老人房的方位，这样可以借八卦气理的帮助，让老人身体常保健康，加上运用色彩的开运法，适当地搭配择用，即能为全家带来更多的福气与财运。

宜001 老人房床位宜远离窗户

目前有一些新式的套宅，卧房的窗户开得很大，而且很低，如果把卧床靠近窗户的话，床面和窗台几乎是平行的，也就是说，躺在床上可以眺望窗外的风景。如果选择了这样的套宅，建议最好将老人的床放置得离窗户远一点，不然的话失眠和心悸多梦将成为老人的伴侣。另外，即便卧房中没有低矮的大窗户，但如果这面墙恰好是大楼的外墙的话，也请不要将老人的卧床放置在这堵墙下，这也是病症的诱发因素之一。

宜002 老人房宜设在南方或东南方

老人房宜设于住宅南方或东南方，这两个方位容易受到太阳光的照射，太阳光对老年人的健康有很好的作用，甚至比许多医药效果都好，所以老年人的房间要选择采光最好的方位。老人在家里的时间也最多，要特别注意防寒、防暑、通风，这样老人长期留在家里就不会因为空气流通不好而中暑或受风寒而伤及身体。

宜003 老人宜选择较小的卧房

现在一些新兴的公寓住宅，尤其是三室一厅以上的套宅，往往把老人房设计得比较大，有些还配有非常宽大的玻璃窗，使之成为一间宽敞亮堂的豪华大卧房，殊不知这正是"家相学"所忌。根据中医和气功理论，人体在白天体内能量和外部空间能量是一个内外交换的过程，人体通过呼吸、吸收阳光、摄入食物等等，随时补充运动、用脑所消耗的能量，而一旦当人体进入睡眠状态，则只有通过呼吸摄入能量，但人体在睡眠状态中只是减少了体力活动，大脑因为不停地做梦并不能得到充分的休息，因此，在睡眠过程中，人体能量是付出的多，吸收的少。所以建议给老人选择较小的卧房作为睡眠的安乐窝。

宜004 老人房宜空气流通

卧房内的空气一定要流通。很多人为了减少尘埃而长期关闭卧房的窗户，其实这样做很不利于身体健康。如果空气不流通的话，新家具及装潢之木材、油漆味会熏塞人的呼吸系统。特别是老人房更要注意空气的流通，因老人待在房中的时间比

较多。

老人卧房所在的方位、窗户开的大小，以及地板的材质均会影响室内气流的速度。空气流动速度过快对人也不好，如一个人睡觉休息时，血液流速很慢，汗毛孔张开，过快的空气流动会使人中风、感冒；当空气不流动时，外面新鲜的空气进不来，空气长时间淤积，空气会变污浊，也会影响人的健康。如果遇到位置和角度不同的建筑物，户外风进入室内便会形成旋转气流或分流，这些均要列入老人房方位选择的考虑因素中。

宜005 老人房宜邻近浴厕

老人房宜邻近浴厕，因老人肾脏、膀胱较弱，易患泌尿系统毛病，所以应以方便如厕为佳。但是切忌卧室门对着厨房、浴厕、储物室。

▲为了老人生活方便，老人房宜邻近浴厕，但切忌卧室门对着厨房、浴厕、储物室。

宜006 老人房的格局宜合理

人到晚年，生活方式相对稳定且节奏放慢，老人卧室在格局上应重视行动便利、减少障碍。床的规格应大方，以便于休息。老人卧室除了考虑以上因素之外，还要考虑个人嗜好的需要，布置在有户外景观的位置，并离卫生间比较近；床头要有良好的照明且方便放物品。一般老年人行动不便，所以在居室格局上要留出宽敞、通畅的通道，出入方便，活动自如，防止出现意外事故。

宜007 老人房的布置宜安全

老人房的门宜易开易关，并应便于使用轮椅及其他器械的老人通过。不应设门槛，有高差时可用坡道过渡，并在材质色彩上体现其变化。门拉手宜选用旋转臂较长的，避免采用球形拉手，拉手高度宜在90～100厘米之间。根据老人的身高，居室窗台尽量放低，最好在75厘米左右，宽度可适当加宽，一般不少于25～30厘米，便于放置花盆物品或扶靠观窗外景色，条件许可时窗台内可设置安全栏杆。

老人房所用的家具应是简单、柔软的，如转椅、安乐椅、软皮矮沙发、矮床等。电风扇、电暖炉宜放置在房间角落，不要影响老人起居活动。电器开关安装位置应以方便实用、安全有效为原则。至于一些保健设施，可为老年人配备专用药柜或药箱，也可把常用药放在写字台前或床头柜上备用。健身器、按摩器需使用方便，注意保管和安全。

宜008 老人房宜添置藤制家具

由于藤制家具给人以返璞归真的感觉，所以深得老年人的喜爱，一些藤制摇椅、藤制沙发、藤制休闲桌等，都可以为家中的老年人配备一两件，让他们更充分地接近自然，尽享晚年生活的愉悦。藤制家具多以来自东南亚的天然藤制成，加入了新的技术含量，使它们基本避免了干燥开裂的可能。

宜009 老人房宜温度适宜

老人房的温度对健康的影响是很明显的，在寒冷的冬天和炎热的夏天，人体将消耗大量的能量来弥补温度带来的消耗。老人房的温度应尽量达到冬暖夏凉，冬天时，老人房的温度应在16～20℃；夏天时，老人房的温度在22～28℃这个温度范围内比较合适。

▲老人房的温度对健康的影响是很明显的，因此温度要适宜。

宜010 老人房的陈设宜利于睡眠

老年人的睡眠质量一般不太高，为了能使他们有高质量的睡眠，床应尽量以最佳的方式来摆设，在老人房内设置衣柜，会使房间显得拥挤，衣柜不适合摆在床头，尤其是紧挨床头，那样会给老人造成压迫感，影响睡眠。建议尽量避免在老人房间里放置太多的金属类物品，因为金属类的东西色调较冷，不适合老人房温馨的氛围。

有时老人房在一定程度上也充当书房，因此，写字台在老人房中也是很重要的家具。为有阅读、学习习惯的老人准备一张大小适中的写字台是很有必要的。在房间面积有限的情况下，写字台的摆放不容易达到最理想的状态，但应在有限的空间里，满足实际生活中的使用需要。很多老人并不会整天坐在写字台前阅读、书写，所以，可以将写字台与床头摆放在同一方向。在写字台上不应摆放超过两层高的小书架，如果有很多书需要摆放，可以在写字台的侧面设置一个书架。如果这些书并不是在阅读的，最好选择一款带有轮子的小型书柜，将它们收藏起来，放在床下或者写字台下，既节约空间又使房间看起来简洁、整齐。如果老人房面积允许的话，最好摆放一张双人沙发，方便老人之间聊天。

宜011 老人房宜挂福寿类的装饰画

健康长寿而且能享清福，是每一位老人的心愿。所以，老人房的挂画最适宜选用"平安益寿类"和"招福纳祥类"的装饰画。老人房的装饰画，宜挂在房间的吉利方位，使装饰画的灵动力更好地体现，从而使老人得到良好的吉利能量。装饰画挂在老人属相的三合、六合方位上，能增进老人的福寿康宁。

老人房不宜挂镶嵌画、丙烯画、玻璃画，因这些画颜色鲜艳而刺激，对于老人的视觉系统是一种负担，会造成一种紧张情绪，不利于老人休息调养。

宜012 老人房宜选用平和的装饰色

老年人喜欢怀旧，所以在居室色彩的选择上，应偏重于古朴、平和、沉着的室内装饰色，以契合他们的怀旧心理。老人房要的是踏实和稳重的感觉，与儿童房的色彩斑斓相比，老人房要求更多的是一些稳重的色彩。

由于老人的眼睛对颜色的敏感性减弱，如果色彩太轻，则会让他们产生轻飘、看物体不准确等感觉。令人觉得稳重、沉着、典雅的深咖啡色、深橄榄色，让人感觉单纯平和的茶色系与奶色系，让人觉得雅致清爽的淡茶色系与灰色系都比较适用于老人房。但另一方面，如果老人的心情有些郁闷，则可考虑用少量橘黄色作为点缀，帮助老人调节心情。

宜013 老人房宜设置安全扶手

为老人做再多的安全保障措施都不为过。随着年事渐高，许多老人开始行动不便，起身、坐下、弯腰都成为困难的动作。除了家人适当的搀扶外，设置于墙壁的辅助扶手更是他们的好帮手。选用防水材质的扶手装置在浴缸边、马桶与洗面盆两侧，可令行动不便的老人生活更自如。此外，在马桶上装置自动冲洗设备，可免除老人回身擦拭的麻烦，对老人来说十分实用。另外，老人大多不能久站，因此在淋浴区沿墙设置可折叠的座椅既能节省老人体力，不用时收起又可节省空间。

宜014 老人房宜栽培观叶植物

老人居室以栽培观叶植物为好，这些植物不必吸收大量水分，可省却不少劳力。如可放些万年青、蜘蛛叶兰、宝珠百合等常青植物，象征老人长寿。

绿色植物宜摆放在窗边阳光充足的地方，也可用吊盆悬挂。桌上还可放置季节性球茎植物及适宜于水栽培的植物，如风信子、水仙等，能够观察其发根生长，可使老人在关心植物生长中打发空闲时间。还可从医药卫生和心理学角度出发，摆放有益于人体身心健康的花卉。如仙人球、

▲老年人喜欢怀旧，所以在居室色彩的选择上，应偏重于古朴、平和、沉着的室内装饰色，以契合他们的怀旧心理。

令箭荷花和兰科花卉等，在夜间能吸收二氧化碳，释放出大量氧气；米兰、茉莉等则有净化空气的功效；秋海棠能除去家具和绝缘物品散发的挥发油和甲醛；茉莉和菊花的香气可使人头晕、鼻塞等症状减轻。

宜015 老人房宜选择防滑地材

老人身体状况再好，若发生摔倒等情况，对于他们来说都是非常危险的。而浴室是最容易发生意外的地方，水气造成的地面湿滑，会令老人跌倒从而造成非常严重的损伤的几率提高。因此浴室的地板一定要选择防滑材料，对于老人来说，小块的马赛克铺贴的浴室地面比其他材料更防滑，可将其铺设在浴室门口、浴缸内外侧及洗面盆下方等处。老人也应该穿具有防滑作用的拖鞋，以防不小心滑倒。另外，卧房的地板也最好选择防滑材质的，光滑的地砖或木地板一旦不小心洒上了水，就极容易令老人滑倒。对于已铺设了一般地砖或木地板的家庭，可以再选购几块装饰地毯铺在老人房，既美化空间，又保证老人的安全。

▲ 为了老人的安全着想，老人房应选用防滑地材。

宜016 老人房宜陈设简单

老人房应陈设简单。除必需的床、桌、柜及茶具外，同老年人关系不大的家庭日常生活用品，如各种炊具，尤其是电器、铁器、玻璃制品、童车等，都不宜存放在老人房内。

▲ 老人房陈设应简单，除必需的床、桌、柜及茶具外，不应摆放过多的东西。

宜017 宜用蓝色、黑色让事业开运

黑色和蓝色有增强事业的开运效果，正北方在五行中属水，特别适合放在正北的方位，所以在老人房间的正北方位摆设黑色、蓝色的吉祥物，对老人的健康及家人的事业相当有利。

老人在人生阶段上已历练到稳定的心性，婚姻与感情也有不易撼动的基础，因此山水画、水车等属水的装饰品，可用来开发人际关系，帮助事业的运途，以五行中金水相生之理，金属饰品也合适，但会发出声音的装饰品则不宜选用，对经营家族事业，在此方位以色彩开运尤为上选。

宜018 宜用红色让声誉卓越

红色是喜气洋洋的吉利色彩，老人年高德劭福寿多，在房中用红色开运最恰当不过。红色属火，是主掌声誉的能量，开运用红色可让你努力的成绩受到肯定，进而提升你的声誉与名望。

正南方在五行中属火，用红色吉祥物开运，正南方是最佳的摆设方位。以朱砂绘制的画轴，非常适合拿来挂在老人的房间的正南方，房间若够大，红木制的座椅意涵木生火的五行玄妙，是合宜的开运选择，非红色的椅子上使用红色的坐垫，也可顺利开运，古人说"人无信不立"，良好的名声对求财有绝对正面的助力。

宜019 宜用绿色让家运、财运平稳

绿色是主掌健康、家运财富的力量，绿色植物有美化环境的功效，加上不少老人也喜好植栽，除了怡情养性，也可增进老人的健康与全家财运，是两全其美的吉祥开运物。

绿色在五行中属木，适合布置在老人房间的正东与东南方，要选择四季常绿的植物，且植物入房前要系上红丝带去阴气，否则长辈的健康与家运会时有荣枯，从而带来反效果。在这两个地方如有沙发、躺椅，建议放置绿色的靠枕，老人于上休息可更顺利地吸收木气，身体健康福气广，家中可因此受益。

五行中有水养木的原理，所以在这个方位摆设水性的开运物，比如山水画，也可助长木气，让老人与整体财运都茂盛昌达。

宜020 老人房照明宜光线柔和

老人房最好能有充足的阳光，这样白天的采光就很充足。夜晚时，老人房应像主卧房一样，采用柔和光线的照明灯具。由于老人的视力一般不是很好，最好能有明亮的日光灯与柔和光线的灯具相互补充，这样搭配比较理想。日光灯作为房间的基本照明，尤其在阴雨天，可以作为房间的主要照明灯具。另外，最好在床头柜上或者写字台上摆放一盏能调节亮度的台灯，当老人在夜晚阅读时，可以用它来提供明亮的灯光；当老人躺在床上休息时，将台灯的灯光调暗些，昏暗的灯光将有助于老人安稳地入睡。

▲由于老人的视力一般不是很好，老人房最好能有明亮的日光灯与柔和光线的灯具相互补充，这样搭配比较理想。

宜021 宜用黄色等来获得知识

黄色、棕色、土色能让思虑澄净，是提升知识与学习的最佳能量，对婚姻、爱情也有稳定维持的助力，因此是能让幸福

▲ 黄色是提升知识与学习的最佳能量，对婚姻、爱情也有稳定维持的助力

有招财意涵，非常适合用来开运。在此位放置几本封面为黄色的书籍或文具，也可增进家中小孩的考运，而放置琥珀，可使老人的身体更好，也可聚集财气。

宜022 宜用白色、金色等让子孙有成

颜色的能量中，白色、金色和银色主掌贵人运与子孙运，方位上来说，正西方主掌子孙运势，而西北方蕴含着贵人运，所以老人的房间布置，若有电器用品，可将电器用品摆在正西、西北这两个方位，金属制品亦可，能启发子孙的成就并招来贵人，此两方位以白色、金色和银色的吉祥物来布置，也可获贵人助运，助长子孙的成就，贵人提偕子孙贤孝。不仅让人感到心情愉快，家中的财运也有蒸蒸日上的景象。

长久的颜色。这三个颜色在五行中属土，因此在老人的房间东北与西南方，以这些颜色催化开运，有助于长者经验的传承、发挥与运用，如老人有泡茶习惯，茶壶等属土的收藏品，放置在这两个方位可增强土行能量。黄水晶的效果也不错，而且也

老人房风水之忌

老人上了年纪后，大多睡眠不是很好，精神较弱，需要安静的环境修身养性，所以老人房一般不要位于屋子中央，或家人活动频繁的位置，以免影响老人的休息。老人房的色调应以淡雅为首选，切忌颜色太浓烈或太阴冷。老人房的装修要避免所有不安全的因素。这些风水上的原则在装饰、布置老人房时要特别注意。

忌001 老人房忌离家人卧房太远

在选择老人房位置的时候，要注意老人房不可离其他家庭成员的卧房太远，否则不方便照顾老人。其他卧房也不可太吵闹，以免影响老人休息。如果是别墅或者复式楼，最好是将老人房安置于楼下，以免老人上下楼不方便。

忌002 老人房忌有灰白色家具

灰色使人忧郁，白色象征死亡，所以老年人房中家具不宜用灰色或白色。

忌003 老人房忌摆放狮子

往往看到有些人把张开血盆大口的狮子放在老人房内，其实这并不适宜。因为老人家可能受不了狮子的杀气，因而弄巧成拙，倒不如用龟较为安全妥善。

忌004 老人房忌噪音污染

研究表明，噪音在50~60分贝时，一般人就会有吵闹感，老年人喜静，对有心脏病的老年人，安静还是一种治疗手段，家庭中创造一个宁静、优雅的环境，有利于老年人休养。

忌005 老人房忌设在住宅中央

老年人的精神较弱，需要较安静的环境才能休养身心。因此老人房最好不要设在住宅中央，也不宜设在家人走动频繁及噪音过大的地方。如果老人房很嘈杂的话，最好是重新调换房间。

▲老人房最好不要设在住宅中央，因为老人需要较安静的环境才能休养身心

忌006 老人房忌设大落地窗

有落地窗的卧房会显得气派，但老人较年轻人体质会差一些，卧房如果带有落地窗，就会增加睡眠过程中的能量消耗，

▲ 卧房带有落地窗，会增加睡眠过程中的能量消耗，容易使人疲劳、失眠，对老人健康不利。

容易使人疲劳、失眠。因为玻璃结构无法保存人体能量，这和露天睡觉易生病是一样的道理。如果老人房设有落地窗，就要挂深色的厚窗帘遮挡。

忌007 老人房忌色彩鲜艳

老人房不宜用太鲜艳色彩来装饰，过多鲜艳的色彩装饰，会令人精神亢奋，并会导致老人患神经衰弱，长期下来会导致精神不济、心情烦闷。老人房适于营造和缓放松的气氛，使用能令老人平静、舒适的颜色最恰当。

老人房的色调应以淡雅为首选。老年人在晚年时都希望过上平静的生活，房间的淡雅色调刚好符合他们此时的心情。过于鲜艳的颜色会刺激老人的神经，使他们在自己的房间中享受不到安静，这样会损害老人的健康。过于阴冷的颜色也不适合老人房，因为在阴冷色调的房间中生活，会加深老人心中的孤独感，长时间在这样孤独抑郁的心理状态中生活，会严重影响老人的健康。老人房色彩宜柔和，能够令人感觉平静，有助于老人休息。

忌008 老人房忌床体过高

床高虽然可以显得干净、气派，但是对人却是一个潜在的威胁，特别是老年人，太高的床会造成上下困难。睡觉的过程中，如果起夜容易跌倒。

▲ 老人房床体太高会造成上下困难，睡觉的过程中，如果起夜容易跌倒。

儿童房风水之宜

儿童处在生长发育的旺盛阶段，需要吸收来自于各个方面的能量，黎明时分能最早接受阳光能量的房间即是最理想的儿童房，所以儿童房首选住宅的东部或东南部。另外，儿童房最好选择通风比较好、阳光充足、周围环境安静的房间。从色调上说，应以清新、亮丽为主，可使孩子性格开朗、思维开阔。

宜001 儿童房的格局宜方正

方正的儿童房，可以引导孩子堂堂正正、规规矩矩做人。现在家长在布置儿童房时，都应保留儿童房方正的户型，这个很重要。儿童房的格局对孩子未来影响相当大，选择正方形的房间，并注意在装修时保持户型的方正。

宜002 宜巧妙设计儿童房天花

儿童房是个孕育孩子梦想的地方，造型有趣的天花板，不仅能充分融功能性和美感，协调儿童房的整体美观，还能引发联想，激起孩子变幻无端的想象力。比如把天花做成蓝天白云或者璀璨星空，激发孩子的想象力。因此，装修儿童房时，天花一定不能忽视。

另外，适当的天花造型，还能改善风水，有利孩子的健康成长。例如，天花板上有大的横梁穿过时，如果孩子的床位与梁形成"十"字形，就可能影响孩子思考和决断，时间长了还会压抑孩子的个性，不利于感性思维的正常发育。如果巧妙地对天花加以设计，不仅能轻松避免这一问题，还可启发孩子的灵感，促进儿童大脑发育。

宜003 儿童房宜选择向阳的方位

向阳的房间，光的能量能够充分进入室内，使白昼与黑夜体现得较为明显，空气流通亦较好，也有助于保持房间的干燥，对儿童的身心健康有利。儿童房的最佳位置为住宅的东部或东南部，因为这两个方位是最早接受阳光能量的地方，能刺激孩子的健康发展，能预示着儿童天天向上、活泼可爱、稳步成长；而住宅的西部五行属金，下午会接收阳光，也可以用作儿童房，但是此方位更适合于儿童睡眠，不利于儿童房的游戏功能。

宜004 儿童房的装修宜用环保材料

在儿童房的墙壁装修上，一定要选择合乎安全标准的产品，比如儿童房专用的艺术涂料或者液体壁纸。艺术涂料可以做出比墙面漆更丰富的效果，也比较环保。而专门供儿童房使用的环保壁纸，有害物质较少，脏了也很容易擦洗。但即便使用的是非常环保的材料，在装修后两个月仍需大开门窗，让每天通风4个小时以上，从而让污染物尽快扩散。

宜005 儿童房宜挂简约、活泼的画

儿童大部分的时间都在睡房中，房间扮演着卧房和游戏区的双重角色。墙壁上如果布置一些简单的几何图块或连续图案，可以启发孩子的灵感，促进儿童大脑发育，令孩子心情明朗、心无杂念。

▲儿童房墙壁上可以布置一些简单的几何图块或连续图案。

宜006 儿童房的规划宜合理

对学龄前儿童来说，玩耍是生活中不可缺少的部分。空间的规划必须具有启发性，能让他们在游戏中健康成长。对于学龄儿童来说，孩子们总喜欢在墙上随意涂鸦，与其让他们弄脏漂亮的画面，不如在其活动区域挂上一块白板或软木板，让孩子有一处可以随意涂抹、自由张贴的天地。也可利用展示板或在居室的一角设置搁架，陈列儿童作品，既满足孩子的成就感，也达到趣味展示的作用。

宜007 儿童房家具的转角宜圆滑

小孩子都好动，因此儿童房家具一定要边角圆滑。但这个小细节常常会被粗心的家长所忽视。注重儿童家具设计的小细节，能避免孩子发生一些不必要的意外。同时还要注意儿童发育快，桌椅最好能自由升降、调节高度，尤其是桌面的高度一定要恰到好处，以免造成儿童近视或驼背。

宜008 儿童房的地板宜平整防滑

儿童房地板平整固然重要，但要注意不能太光滑。平整又防滑的地板令孩子活动自如，不用担心滑倒。较硬材质的地板对小孩来说未必是好事情，因为这样的地板不但在视觉上给人冷硬的感觉，还会对刚学步的儿童造成潜在的伤害。具有良好的防滑性和耐磨性的地板才是儿童房装修时的首选。

▲儿童房地板平整固然重要，但要注意不能太光滑。

宜009 儿童房宜摆放时钟

时钟的摆动和打鸣声会提醒小主人生命的活力，也方便他们知道时间。有韵律的滴答声，会为儿童的成长带来更多的规律和节奏感，也让儿童知道，时间就在这样的"滴答滴答"声中从身边溜走，让他们懂得珍惜时间。

宜010 儿童房里宜摆放常绿植物

儿童房里摆放一些可以吸收室内空气中污染物的花卉，不仅可以净化空气，还有美化居室的作用。芦荟、吊兰、虎尾兰、非洲菊、金绿萝、紫菀属、鸡冠花、常青藤、蔷薇、万年青、铁树、菊花、龙舌兰、桉树、天门冬、无花果、龟背竹等都很适宜摆放于儿童房。

宜011 玩具的颜色宜与生肖相宜

在选择儿童玩具时，要注意玩具的颜色是否与孩子的本命生肖相宜，选择相宜的颜色可给孩子带来健康、平安，还会令孩子的智力得到开发。

生肖属鼠、猪的儿童，与之相宜的玩具颜色是白色、蓝色、黑色。

生肖属蛇、马的儿童，与之相宜的玩具颜色是红色、绿色、黄色。

生肖属猴、鸡的儿童，与之相宜的玩具颜色是白色。

生肖属虎、兔的儿童，与之相宜的玩具颜色是绿色。

生肖属龙、狗、牛、羊的儿童，与之相宜的玩具颜色是咖啡色。

宜012 儿童房宜注意预留储藏空间

青少年时期的孩子已慢慢长大成人了，他们也有了空间领域的意识，他们只想做自己想做的事，也想要保留自己的秘密，所以他们也希望自己来安排房间里的陈设细节。做父母的不能因为看不惯他们房间的凌乱，就随意进去整理、打扫，否则容易使孩子感到"领域被侵犯"，给孩子造成不必要的伤害，并使家庭关系紧张。这个阶段的青少年的卧房，充满了他们那个年代的物品，这时重要的是告诉他们如何收拾自己的东西。儿童房应该给他们准备足够的储藏空间。

▲随着孩子慢慢长大，就要告诉他们如何收拾自己的东西。

宜013 儿童家具宜简洁、新颖

儿童家具宜小巧、简洁、质朴、新颖，同时也要考虑孩子的审美品位。小巧适合儿童身体的特点，也为儿童多留出一些活动空间；简洁符合儿童的纯真性格；质朴

· 儿童房风水之宜 ·

▲ 儿童家具宜小巧、简洁、质朴、新颖,同时也要考虑孩子的审美品位。

能培育孩子真诚朴实的性格;而新颖则可激发孩子的想象力,让他们的创造性思维能力在潜移默化中得到发展。孩子不断成长,空间要能随之灵活变化,让房间和孩子一起"成长"。选用看似简单但别具匠心的家具,是保证儿童房间不断"长大"的最为经济、有效的办法。

宜014 床头宜朝向东及东南

儿童床的床头朝向东及东南位较好。因为东及东南位五行属木,利于成长,对小孩身高和健康很有益处。但如果小孩夜间难以入眠,则可选较为平静的西部及北部。而床头朝向南部会导致儿童脾气急躁、东北会导致儿童粗心大意、西南会导致儿童胆小拘束、西北会导致儿童过于早熟,最好要谨慎选择,因为这几个位置对儿童的成长都不利。

宜015 儿童房灯光宜协调

儿童房的灯光要与房间的整体风格相协调,同一房间的多种灯具,其色彩和款式应保持一致。儿童房是一个丰富多彩的空间,宜选用色彩艳丽、款式富于变化的灯具,才能与整体风格相协调。昏暗和冷色调的灯光,最好不要用于儿童房。

宜016 儿童房的颜色宜按个性设定

环境的颜色对于孩子成长具有深远的影响,如蓝色、紫色可塑造孩子安静的性格;淡黄色可以塑造女孩温柔、乖巧的性格;橙色及黄色带来欢乐和谐;绿色与海蓝系列最为接近大自然,能让人拥有自由、开阔的心灵空间,且绿色对儿童的视力有益;红、棕等暖色调能让人变得热情、时尚、有效率。在选择儿童房色彩时,要根据孩子的性格来定,如孩子很好动,就可选用蓝色或紫色,这样能使孩子变得安静些。

▲ 环境的颜色对于孩子成长具有深远的影响,儿童房的颜色应该根据孩子的性格来定。

宜017 儿童房宜有适当的装饰品

装饰品的主要作用是填补空间、调整构图、营造视觉中心和体现空间特色。儿童房装饰品要体现出儿童的特性，如可爱的小公仔、玩具、溜冰鞋、碟片、运动用品、飞机模型等可以摆在儿童房，供儿童娱乐之用。而挂画、雕品、盆景等这些与儿童主题不相干的欣赏性工艺品，则不适宜摆放在儿童房。

▲装饰品的主要作用是填补空间、调整构图、营造视觉中心和体现空间特色。儿童房装饰品要体现出儿童的特性。

宜018 宜通过摆放床促进家庭关系

儿童床的摆放位置很重要。孩子如果是家中的独生子女，儿童床的床位应与父母的床位放在相同方向，这会有助于父母与孩子感情的融洽。如果家中有两个或两个以上的小孩合用一个房间，将他们的床放于同一个方向，也有助于减少他们之间的摩擦和矛盾。

宜019 婴儿房宜光线充足、通风

婴儿房内必须保持良好的光线与通风，而房间的方位以东方为好，因为光的能量能够充分进入室内，白昼与黑夜的体现较为完善。婴儿的房间向阳，阳光中的紫外线可以促进维生素D的形成，防止婴儿患小儿佝偻病，但应注意避免阳光直接照射婴儿脸部。如果在室内，不要直接隔着玻璃晒太阳，因为玻璃能够阻挡紫外线，起不到促进钙质吸收的作用。此外，婴儿和母亲的被褥要经常在阳光下翻晒，这样可以杀菌，防止婴儿皮肤和呼吸道发炎。

宜020 儿童床垫宜顺应人体曲线

儿童床的床垫应能顺应人体曲线，并均匀承载人体的重量，使人不会产生压迫感。很多家长一味地花高价购买漂亮床罩，而忽视床垫的透气性，这对小孩的身体发育是不利的。儿童的床垫应具有坚固的承托力，避免久睡下陷引起孩子的脊柱弯曲。

宜021 婴儿的居住环境宜用心布置

婴儿居住环境的要求不一定是要高档，只要用心布置，同样会使小宝宝有一个良好的环境。如，房内保持适宜的温度和湿度，夏季室温在24~28℃为宜，冬季在18~22℃为宜，湿度在40%~50%最佳。冬天可用暖气、红外线炉取暖，但一定要经常通风，保持室内空气新鲜。通风时注意风不要直吹婴儿，外面风太大时应暂不开窗。清洁婴儿房时，可用湿布擦桌面，用拖把拖地，不要干扫，以免尘土飞扬。

宜022 儿童房色调宜清新亮丽

从色调上说，儿童房应以清新、亮丽为主，明快的色彩可以使孩子性格开朗、思维开阔。从光线上来说，合适且充足的光照能让房间温暖、有安全感，有助于消除儿童独处时的恐惧感。一般带阳台的房间会比较明亮，可以作为儿童房的首选。

▲儿童房的床上用品应根据不同季节、不同年龄进行更换。

▲儿童房清新亮丽的色彩可以使孩子性格开朗、思维开阔。

宜023 婴儿床宜放在房间中央

婴儿床应该是独立的，放置在房间的中央，体现以其为尊的思想，也利于大人周围呵护，这样有利于婴儿的成长与自我意识，其中头北脚南的位置特别适合初生婴儿。

宜024 儿童房宜用合适的床上用品

孩子会像大人一样对某些颜色情有独钟。家长可以选择颜色素淡或简单的条纹、方格图案的布料来做床罩，然后用色彩斑斓的长枕、垫子、玩具或毯子去搭配装饰素淡的床、椅子和地面。长枕、垫子等的外套可以备有多种颜色，可以在不同季节、不同年龄时更换枕套和垫子的颜色，这样比较经济、实用。

宜025 婴儿房的颜色宜浅淡

婴儿的房间颜色以浅淡、柔和为宜，特别是淡蓝色对婴儿的中枢神经系统有良好的镇定作用。

▲为婴儿的健康考虑，婴儿的房间颜色以浅淡、柔和为宜。

儿童房风水之忌

"望子成龙，望女成凤"，这是每一位父母的心愿。要做到这一点，首先就要给子女创造一个安静舒适的睡眠空间。儿童房的风格对孩子们的成长有很大的影响：简洁的卧房能让他们纯真；质朴的卧房能让他们待人真诚；新颖的卧房能不断激发他们的想象力，发挥他们的创造性思维。所以在对儿童房装修设计时一定要趋吉避讳，多花心思。

忌001 儿童房忌设在南方、西南方

房间在南方会使孩子变得多动、贪玩。如果房间的安排只能设在南面的话，就要注意窗户不要开得太大。窗户太大而阳光太强烈，就会想睡觉或者想外出走动，无法用功读书。而且阳光太强烈也不利于室内的装饰品或书籍、文具的保存。

儿童房设在西南方也不好，这个方位会导致孩子做一点事就感到疲劳，头脑也不清楚，无法专心于学业。

忌002 儿童房的位置忌与年龄不符

孩子一天天长大，需要父母照顾的程度也随着年龄增长而变化。将儿童房设于何处，应该按照其年龄来做决定。孩子年纪尚小时，儿童房最好是紧邻父母的房间；等他们到10岁之后，房间最好能和父母的卧房保持一定的距离，以便拥有各自独立的生活空间。如果儿童房不根据年龄设置，将需要格外照顾的小孩房间设置得离父母房很远，会不便父母对小孩进行照顾。

忌003 卧室门忌与厕门或楼梯相对

儿童卧室的门不可与卫生间门或楼梯相对，否则会让小孩子读书以及做事都懒洋洋的，缺乏活力，提不起精神，更严重的是如果碰到叛逆型的孩子，有的还会离家出走，在外面鬼混不想回家。

遇到此类情况最好赶快换房间，如果无房间可换，可以在与卫生间门或楼梯之间吊一串风铃，每天进出时敲风铃几下。

忌004 儿童房的地面忌凹凸不平

儿童房的地板忌有凹凸不平的花纹、接缝，也不要留有磕磕绊绊的东西。因为任何掉入接缝中的小东西，都可能成为孩子潜在的威胁。同时，凹凸花纹及接缝也容易绊倒孩子。儿童房也不宜有过多的阶梯或高低起伏的坡度，这种装修无形中都会造成儿童活动的不便，甚至发生意外。

忌005 不规则房间忌做儿童房

儿童房的形状忌奇形怪状，如呈三角形或菱形等不规则形状，这会影响到儿童的人格发展。长期居住在这样的房间，容易使孩子脾气暴躁、性格偏激。

▲儿童房的形状如呈三角形或菱形等不规则形状，会影响到儿童的人格发展。长期居住在这样的房间，容易使孩子脾气暴躁、性格偏激。

▲儿童房的地面不宜装饰得太光滑，对孩子不安全。

如果已经选用了不规则形状的房间做儿童房，化解的方法就是将该房间改作其他功能区域，或者采用装修的办法，将其改成方正的空间。

忌006 儿童房家具边角忌有尖角

很多家庭都是直接从市面上购买儿童家具成品来布置儿童房间的，但不少儿童家具棱角分明，这些锐利的角很容易磕碰到孩子造成意外。可以买一些背面带胶的橡胶套或空心的橡胶套粘到转角处，起到一定的保护作用。如果条件允许的话，最好定做一些圆润的、不带尖角的家具。

忌007 儿童房地面忌太光滑

儿童房的地面不宜装饰得太光滑，也不宜铺设镜面地砖（镜面地砖是指能照见人影的光面砖），因为地面上照出影子会让人感觉不适，如果接触到水会很滑，对孩子不安全。儿童房始终要把安全放在第一位，如果孩子的安全都保障不了，谈何快乐成长。儿童房的装修材料最好选择一些易于清洗、更换、防滑且安全性好的装饰材料，如普通粗面吸水地板砖、木质地板等。这样可避免孩子玩耍时滑倒摔伤，为孩子创造一个自由、安全的活动空间。

忌008 儿童房家具款式忌成人化

儿童房的家具功能上可以模仿成人家具，但款式风格不宜成人化。儿童有模仿成人的欲望，家具外形可带有启发孩子想象力的属性，如床像汽车，写字桌像积木等。稍大一些的孩子，需要较大空间发挥他们天马行空的奇思妙想，让他们探索周围的小小世界，若摆放按比例缩小尺寸的家具，如伸手可及的搁物架和茶几等小家具，能给他们把握一切、控制一切的感觉。

忌009 儿童房忌用电不安全

儿童房的用电要安全第一。儿童房的插座不能让到处爬的孩子摸到，最好选择有封盖的插座。一定要选择儿童专用灯具，并将电线固定在墙壁上。

比较危险的是在一个电源点上超负荷连接许多用电设备。因为孩子的玩具或学校用具，如电动火车、电视机、收音机、音响、VCD、电脑等现代设备均需要使用插座，因此，儿童房至少需要六个电源插座，其中两个在学习区的上方，其他可设置在墙角。在儿童房布线时应加装一套响铃监控系统，在这个布线系统上可随时接插小设备（如保湿报警器、小视频监视器等），这样能方便地照顾孩子。

▲儿童房的书桌要避免对着镜子，否则会影响到房间的风水。

忌010 儿童书桌忌冲门等

儿童房的书桌是很重要的家具，摆放时有很多禁忌：孩子书桌背后及左右不可冲门；书桌不可面向厕所，左右两侧不可与厕所浴室门相对，也不可背靠厕所浴室；不可正对厨房灶台；不可在水塔之下和马达机器上下；不可面向屋外巷道；不可正对屋外的电杆、墙角；不可放音响，如有必要，最好放在左边；不可堆积杂物在桌面上。

忌011 儿童房的书桌忌对着镜子

儿童房的书桌要避免对着镜子。如果书桌的灯与镜子太接近，会产生灯光从头顶直射下来的感觉，令人情绪紧张，头昏目眩。同时，镜子里照射出的影像还会分散儿童注意力。在晚上，镜子里的影像容易使儿童受惊吓。另外，镜子还会反射能量，影响房间的风水。

忌012 儿童房忌过分讲究装饰

儿童房过分讲究装饰和摆设会增加有害气体的含量，影响儿童身心健康。另外，儿童房间中经常有地毯、床毯和各种装饰物，也容易引起室内空气污染。

忌013 儿童房忌装贴太花哨的壁纸

儿童房墙壁不可装贴太花哨的壁纸，小孩子的心智尚未成熟，太花哨的颜色容易刺激他们，导致心乱、烦躁不安；儿童房墙上也不可漆粉红色，因为粉红色属躁性色，不是很开朗的色系，个性容易暴躁不安。

忌014 儿童房忌张贴油画

深沉凝重的油画容易让孩子心情忧郁，影响整个空间的气氛，并且油画都极具艺术性，不适合孩子的欣赏水平。对他们来说，鲜艳的色彩最能吸引眼球，从而刺激他们对色彩的辨认。

忌015 儿童房玩具忌随意摆放

现代的玩具五花八门，玩具放在家庭内，最容易制造风水陷阱。从五行上分析，玩具车、玩具枪属火，极易引发危险。因此，玩具最安全的摆法是，将所有玩具用储物柜或储物箱摆放好。若将玩具散满全屋，既不美观，又容易造成危险，容易绊倒小孩子；另外玩具的五行，可能对风水造成不良效应。因此，玩具要经常收拾好，千万不要堆置在小孩子的书桌及睡床上。这样会使小孩子读书时不专心，也会影响睡眠健康，这是很多家庭经常犯的毛病。

忌016 儿童房忌张贴奇怪的画像

儿童房墙壁不可张贴奇形怪状的动物画像，这样会导致小孩子的行为怪异，因"有形必有灵"，看久了必会有所模仿。也不可张贴暴力的或武士、战斗士的图画，避免孩子心灵上产生好勇斗狠之心态。

忌017 儿童房忌有过多的植物

在儿童房内摆放过多的植物，是不适宜的。原因有两点：一是从风水学来说，儿童是成长中的幼苗，房内植物过多时，植物会跟儿童争抢空气，不利儿童成长；二是从生理卫生方面来说，植物的花粉可能会刺激儿童稚嫩的皮肤以及呼吸器官，易使儿童产生过敏反应。另外，植物的泥土及枝叶容易滋生蚊虫，对儿童的健康也不利。而带刺的植物如仙人掌、玫瑰等，绝不适宜摆放在儿童房中，这无论在风水还是从居家安全来说均是不宜的。

▲ 现代的玩具五花八门，玩具放在家庭内，最容易制造风水陷阱。玩具最安全的摆法是，将所有玩具用储物柜或储物箱摆放好。

▲ 儿童房摆放过多的植物，对儿童的健康不利

忌018 儿童房忌摆不吉饰物

一般家长都喜欢在儿童房摆设类似于孔雀、骏马等饰物，寓意"孔雀开屏"和"马到功成"。这类造型以栩栩如生、充满活力、富于积极向上精神主题的为首选；反之，如敛屏孔雀、低头马儿等意志消沉的则不宜选用。此外，悲伤的字句或萧条的图画也不宜悬挂，而牛角、兽头、龟壳、巨型折扇、刀剑等装饰品也不适合在儿童房陈设。

忌019 儿童房色彩忌与性别不搭配

儿童房色彩和性别有很大的关系，男孩房的色彩要男子气，女孩的色彩要淑女化。一般男孩子喜欢的色彩是青色系列（青绿、青、青紫），女孩子喜欢的色彩是红色系列（红、紫红、橙），无色、黄色系列的色彩则不拘性别，男孩和女孩都能接受。

▲ 儿童房色彩和性别有很大的关系，男孩房的色彩要男子气，女孩的色彩要淑女化。

忌020 儿童房忌随意摆放植物

在儿童房适量摆放一两盆花卉，可以使空间充满生机，增添自然、亲切的氛围，还可以在一定程度上净化空气。但要注意，并不是每一种花卉都适合摆放在儿童房中，如兰花、紫荆花、含羞草、月季花、百合花、夜来香、松柏、仙人掌、仙人球、洋绣球花、郁金香、黄花杜鹃等皆不适宜，因为这些植物或者刺激性太强或者容易刺伤人。

忌021 儿童房窗帘的颜色忌深沉

儿童房的装饰要力求明快、活泼，窗帘款式要简洁而不显单调。帘布的花、样、式之间的对比，以突出明显为佳。儿童房的窗帘要给人生机盎然的感觉，但也不能过于热烈和刺眼。古旧成熟、深沉色调的窗帘，是不适用于儿童房的，它容易促使孩子早熟，使孩子变得忧郁、深沉。

忌022 儿童房忌色彩单调

儿童有丰富的想象力，各种不同的颜色可以刺激儿童的视觉神经，而千变万化的图案则可激发儿童对整个世界的想象，这些可以说是儿童成长中不可缺少的环节。鲜艳的色彩除了能吸引儿童的目光外，还能刺激儿童视觉发育，激发儿童的创造力，训练儿童对色彩的敏感度。而单调的灰色、蓝色、黑色、深咖啡色等，均不适宜用做儿童房的主色。家长平时要多留心孩子对色彩的不同反应，选择孩子感到平静、舒适的色彩。

○ 儿童房风水之忌 ○

▲ 儿童有丰富的想象力，各种不同的颜色可以刺激儿童的视觉神经，而千变万化的图案则可激发儿童对整个世界的想象。

单调深沉的色彩易让孩子变得孤僻、反应迟钝；对于性格软弱、内向的儿童，宜采用对比强烈的颜色，刺激神经的发育；性格暴躁的儿童宜选用淡雅的色调，这样有助于塑造孩子健康的心态。

忌023 儿童房忌直射照明

灯光对发育时期孩子眼睛的影响尤其重大，直射照明容易刺激孩子的眼睛，影响孩子视力健康，最好采用漫射照明。漫射照明是一种将光源安装在壁橱或天花板上，使灯光朝上照到天花板，再利用天花板反射光的照明方法。这种光给人温暖、欢乐、祥和的感觉，同时亮度适中，比较柔和，适宜儿童房使用。还可以在书桌上放置不闪烁的护眼台灯，这样不仅可以降低孩子视力变弱的可能性，更能让孩子集中精力学习，达到事半功倍的效果。

忌024 忌长期使用人造光源照明

长期使用人造光源照明会扰乱人体的生物钟和生理模式，不仅使眼睛疲劳，还会降低儿童对钙质的吸收能力。长时间灯光照射，还容易使孩子变得精神萎靡，注意力不集中。人造光源过多甚至会诱发儿童性早熟。因此，白天儿童房的采光建议多利用自然光，夜间照明也要科学合理安排，培养孩子早睡早起的好习惯。

忌025 儿童床垫忌太过柔软

很多家长为了让孩子睡得舒服，选择床垫时，认为越软越好，其实这是错误的。太硬的床垫固然不可取，太软的床垫也不利于儿童健康。由于孩子正处在成长发育期，骨骼和脊椎都没有完全发育成熟，睡床过软容易造成骨骼变形。同时，太舒适柔软的床也会让孩子养成爱享受、缺乏斗志的坏习惯。

▲ 太软的床垫不利于儿童健康，因为睡床过软容易造成骨骼变形。

第七章

书房与居家办公风水宜忌

随着居住条件的不断改善，越来越多的住宅都拥有一间独立不受外界干扰的书房。现代书房作为一个独立的空间，功能越来越丰富，同时兼有工作与生活的双重性，既有家庭办公的严肃一面，也有浓浓的生活气息。一个人和一个家庭的文化素养都在这个空间里得到了充分地展示，所以对书房的装饰布置一定要慎重。

书房与居家办公风水之宜

在书房中,我们可以学习、工作、娱乐、社交、放松身心,作为开启智慧、凝神静气的重要所在,书房的风水一定要好好设计,仔细考量。在书房的风水中,最重要的是要保持书房良好的通风与采光。人们长时间地读书需要保持头脑的清醒,新鲜的空气十分重要,所以书房要选择通风良好的房间,而且要经常开门、开窗通风换气。另外,流动的空气也更利于书籍的保护。

宜001 书房宜设在东方、东南方等

书房位于东方能形成比较活泼的氛围,如果业主是作家的话,对有关青年的话题或比较富有活力的书稿最为合适。

东南方能令人集中思想,读书工作的效率高,知识丰富,并能学以致用,充分发挥聪明才智。若这个方位的阳光过于充足的话,可用树木遮挡让视野变得略为狭小,就会更为稳定。否则,视野太广阔,开门即见山也不适宜。

西北方最适合做书房,因为阳光照射的时间短,能使人心情稳定,头脑清晰,让业主获得名誉、地位的运气。

北方也是设书房的有利方位,适合阅读有一定深度的、哲学性的及人性论等方面的书籍。但是这个方位由于太封闭,会导致运气孤立。室内的色彩最好选择浅淡的暖色,予以调和。

宜002 书房宜设在住宅的文昌位

书房最好选择住宅的文昌位。"文昌"是天上二十八星宿之一,又称文曲星,与人间关系密切,专司天下读书人的功名利禄。文昌位即是文昌星飞临入宅的方位。这个方位在每一套住宅里都存在,只要是书房或书桌设于文昌位,则对于读书考试、写作、筹划均会有所裨益。许多人在日常生活中会体验到,在某些位置读书写作,别样耳聪目明,在有的位置却感觉如坐针毡,家中如有读书的小孩则特别明显,这就是家居中文昌位的作用。

宜003 书桌前面明堂宜宽广

书桌前面应尽量有空间,面对的明堂要宽广。有人认为一般书房的位置本来就不太宽敞,如何能够有明堂?其实以门口为向,则外部就可成明堂,这样则前途宽敞,易于纳气入局,用者头脑思路敏捷,宽阔无碍,能成大器;另外也可选面窗而坐,以窗外宽阔空间为明堂,既能够观赏外部景观以养眼,也可收到较好的功效。在书房的案头前方可以摆上富贵竹之类的水种植物,支数以单支如三、五、七枝为佳,达到生机盎然、赏心悦目的效果,以利于启迪智慧。

宜004 书房宜设在宁静之处

书房宜选择宁静之处。书房是陶冶情操的地方，为了创造出静心阅读和学习的空间，书房要尽可能远离客厅、厨房、餐厅、卫浴间，最好选择一个较为宁静的房间作为书房。宁静的环境可以增强学习效率，使人能够保持清醒的头脑。

宜005 书房宜为独立的空间

如果家中有一间独立的书房，那是最理想不过的。若居室面积够大的话，最好能单独开辟出一块空间作为书房，并做好书房与其他空间的隔断，做到互不影响。独立的书房在布置的时候，要充分体现主人的个性和内涵。

▲书桌的座位应背后有靠，这样既有安全感，又不易背后受扰。

▲如果家中有一间独立的书房，那是最理想不过的。独立的书房在布置的时候，要充分体现主人的个性和内涵。

宜006 书桌的座位背后宜有靠

书桌的座位应背后有靠，背后靠墙，既有安全感，又不易背后受扰。因为人耳能听八方，但眼只观六路，背后有靠，即谓有靠山，但凡能够成功出人头地的人士，除了自我的努力、智慧、机遇外，万万不可没有靠山。背后有靠，则读书考试、与人交往均能得贵人相助、宠爱，打工一族则更可得上级赏识提携。古代从事文书类办公工作的人员除了讲究靠山之外，为了避免终日案牍劳形而一无所获，还将座椅后背镶上天然呈群山状的大理石为靠山，以加强倚靠的效果，美其名曰：乐山。所以书桌的座位后背应以不靠窗、不靠门等虚空为要，除了风水上的讲究之外，也缘于办公桌背后有人来去走动，则坐不安稳，难以集中注意力。

宜007 书桌用品的摆放宜有讲究

书桌用品的摆放很有讲究，一定要有山高水低的格局。书桌两边的物品不能摆放得高于头部，因为人不能够伸展出头部是风水上的忌讳之处。摆设的物品必须由高到低进行配置，对于男性使用者来说，

书房与居家办公风水之宜

左手青龙位宜高、宜动，左手位可放茶杯和未看完的图书、刊物、记事本或文件夹等；右手白虎位宜低、宜静，有能量通过的物品如电话机、传真机、台灯等均应放在右方，才较为有利。如果是女性使用者，则应加强右方白虎位，重要的物品可放置在右方。

宜008 书房座椅宜选转椅或藤椅

坐在写字台前学习、工作时，常常要从书柜中找一些相关书籍，此时带轮子的转椅或可移动的轻便藤椅就可以给您节约不少时间，为您带来很多方便。根据人体工程学设计的转椅能有效承托背部曲线，应为首选。

宜009 书桌宜保持整齐、清洁

书桌宜保持整齐、清洁，每次学习或工作后要将书桌收拾干净，保持书桌整齐清洁，文具用品放置有序。这样才有利于下一次的学习与工作，有益于大脑机器及思维保持灵活清晰，体现出一个人办事井井有条的风格和良好的品位。

宜010 书桌上的物品宜五行相生

家庭中的办公风水与办公桌面上的摆设有着莫大的关系。如果桌面上物品摆设正确，五行相生，会产生强烈的创造力，而如果摆设错误，则会让工作陷入困境。对于一个四方形的办公桌而言，当其取基本的坐西向东方向时，其上八个方向已经形成一个八卦形状，那么如下摆设，有助于将家庭事业照顾得面面俱到。

东面：金钱　东南：电话
西面：印章　西南：台历
南面：台灯　东北：笔记
北面：植物　西北：笔墨

宜011 使用电脑宜注意五行平衡

五行忌火的人要远离属火的物品，但现代生活却不可避免使用属火的电脑。化解的办法是在电脑旁放置属水的物品，如一杯水、一块水晶、一个鱼缸等，通过水的能量削弱火气，维持水火平衡。

电脑桌面的颜色和图画也可以根据五行来进行设置。经常使用电脑的人会火气过旺，可以根据自身五行设置电脑桌面。如五行需要水的人，尽量将桌面设置成水的图画和颜色；五行需要火的人，尽量将桌面设置成火的图画和颜色；五行需要木的人，尽量将桌面设置成树木的图画和颜色；五行需要土的人，尽量将桌面设置成沙漠的图画和颜色；五行需要金的人，尽量将桌面设置成雪山或金属的图画和颜色。

▲ 每次学习或工作后要将书桌收拾干净，保持书桌整齐清洁。

宜012 椅子宜高度适宜、灵活

椅子坐面应该高度适宜，使膝盖微微弯曲而脚很自然、舒适地放在地板上，同时使用键盘时，应保持手、腕和小手臂处于同一高度。椅子还应有一定的灵活性，可在一定范围内根据我们的需要调节其高度和转向，这样身体既可以前倾来取放桌面上的物品，又可以后仰让身体自由伸展放松。

宜013 在有电脑的书房宜装换气扇

电脑的荧屏能产生一种叫溴化二苯并呋喃的致癌物质。所以，放置电脑的房间最好能安装换气扇，倘若没有，上网时尤其要注意通风。

宜014 书柜的设计宜合理

书房应该给人质朴的感觉，这样才有利于静心阅读和学习。书柜在材料选择上以木质材料为佳，最好是开放式的深色橱柜。书柜是书房的主要储物空间，在设计上要保持灵活，除了有效放置书籍的柜子，还应该要设计一些带门的壁橱，可以增加藏书的空间，也能储藏其他物品。但要避免装饰得过于华丽，否则会给人浮躁感，不利于学习和工作。

宜015 书柜宜适合主人的职业及喜好

书柜的布置主要根据主人的职业及喜好而定。比如，在音乐家的书房中，音响设备及弹奏乐器应占据最佳位置，书柜中唱片、磁带、乐谱的特点也不同于一般的书籍，应做特别设计，作家的藏书量大，书柜往往会占据整面墙，显得庄重而气派，科技工作者有一些特别的设备，在布置书房时，首先要将制图案、小型工具架、简易实验设备等安置妥当。如果常用的书刊数量不多，可购买一个方形带滚轮的多层活动小书柜，根据需要在房间内自由移动，不常用的书就用箱子装起来，放在不显眼的地方。

▲ 书柜的布置主要根据主人的职业及喜好而定

宜016 空调宜摆放在书房的北方

空调五行属金，开启冷气后，可以制造很大的风水效应，形成风水磁场。空调让人凉爽，所以有凝聚思考、提高读书专心度的功能，空调若摆在书房的北方，文昌位的好运就会被空调机运转时产生的能量带动，使人冷静思考，提高学习效率，尤其有利于那些正要参加考试的人。

宜017 宜依据书桌安排书柜的位置

书桌应该是属阳的，而放置书籍的书柜则是静的，属阴。古人讲求阴阳平衡，并且认为阴阳是宇宙的规律所在，万事万物都可分出阴阳来。为了平衡阴阳，书柜与书桌应摆放在对应的方位，两者之间还要隔开一段距离。书柜的位置要避开阳光直射，既保持了其阴性的属性，同时也有利于书籍的收藏和保存。书柜内部的书籍要摆放整齐，尽量不要挤得太满，留下一些空间，保持书柜内部气流的畅通。

▲ 长时间读书需要很好地保持头脑的清醒，新鲜的空气十分重要，所以书房要选择通风良好的房间，而且要经常开门、开窗、通风换气

宜018 宜将书分类存放

书房，顾名思义是藏书、读书的房间。那么多种类的书，且又有常看、不常看和藏书之分，所以应该将书进行一定的分类存放。如分书写区、查阅区、存储区等分别存放，这样不但使书房井然有序，还可以提高工作效率。

宜019 宽敞书房宜配有健身器材

若书房宽敞，女士可添置一些健身器材，劳逸结合，更有利于身体健康。男士则可配备沙袋、镖盘等富有阳刚之气的健身器材，读书之余锻炼身体不失为一种生活享受。

宜020 书房的通风宜顺畅

长时间读书需要很好地保持头脑的清醒，新鲜的空气十分重要，所以书房要选择通风良好的房间，而且要经常开门、开窗、通风换气。流动的空气也利于书籍的保存。如果通风不畅，将不利于房间内电脑、打印机等办公设备的散热，而这些办公设备所产生的热量和辐射，会污染室内的空气，长时间在有辐射和空气质量不好的房间中工作和学习，对健康极为不利。

宜021 宜在书房悬挂开运吉祥画

在住宅的文昌位悬挂开运吉祥画能够帮助开智慧、求功名。开运吉祥画可以让家中上学的小孩在读书的时候增强自己的自信心，让想要升迁、求官之人加强自己的官运。如果是想开启智慧，可以用"聪明伶俐图"、"魁星踢斗图"；想要考试高中的话可以用"三元及第图"、"状元及第图"、"连中三元图"、"一甲一名图"、"一帆风顺图"；想要开通官运或事业运的时候可以用"官居一品图"、"加官晋爵图"、"平升三级图"、"官上加官图"、"翎顶辉煌图"、"尚书红杏图"、"青云得路图"等。

宜022 书房温度宜适宜

如果书房配有电脑、打印机、扫描仪等设备，就会使室内温度大大升高，应该安装空调来调节室内温度。还要注意，不宜将这些设备放在空调的风口下，也不宜将其放在阳光直射的窗口旁和取暖器旁边。从另一个角度说，保持适宜的书房温度，也会使人感到舒适，从而提高学习与工作效率。

宜023 书房通风宜避免煞气

在利用窗户通风时应该注意窗外是否有煞气，如果有煞气要随时拉上窗帘。如果窗外有巨大声煞，如楼下店铺持续、大声的叫卖声，或马路上传来尖利的汽车喇叭声等，则最好关上窗户，改用空调进行通风。

宜024 书房的装潢线条宜简洁明朗

书房的装潢线条宜简洁明朗，不宜有太多的弧线。最好不用吊灯，并避免对天花板进行过多地装饰，否则会给人意乱神迷的感觉。书柜的装饰线条也不宜过粗，否则有失"文雅"。

宜025 宜在书房中悬挂字画

书房悬挂字画有补壁的装饰作用，字画的内容和类别应根据主人的文化修养与情趣来选择。中国画、装饰画、书法、油画、木刻以及重彩、磨漆画等作品都可用于装饰墙面，但应与家具的配置协调一致。字画不仅能显示主人的文

▲ 书房悬挂字画有补壁的装饰作用，字画的内容和类别应根据主人的文化修养与情趣来选择。

化品位，还可以渲染居室内的气氛，陶冶性情、愉悦身心。如果是一幅山水作品，则宜与室内盆景互相呼应，相映成趣。字画挂在射灯上方，可因灯光照射而更具清新感。在字画的一侧放一株万年青，可使字画的格调更为高雅。

宜026 书房宜摆放常绿植物

书房与卧房不同，一般情况下，夜间没有人在此睡觉，因此在书房中摆放一两盆观叶的绿色植物，不会影响家人的健康。在白天时，由于这些植物进行光合作用，吸入二氧化碳释放氧气，还能令在书房中工作学习的人有充足的氧气，感到脑清目明，绿色能让眼睛有积极的休息，对于保护视力有很大的帮助。要注意的是，书房一般都有大量的书，书架和书柜也相对较大，因此所选的植物最好是矮小、短枝的，以盆景这样的小规格形式最佳。形状上，摆放在书房的植物最好是圆形的阔叶常绿植物，诸如海芋、富贵竹、黄金葛等。

常绿的盆栽植物、观赏类植物，如万年青、橡胶树、松柏、铁树等都属于旺气类的植物，不仅容易栽养，还可以增强书房中的气场。花石榴、山茶花、小桂花等属于吸纳类植物，除了可调节书房内的气氛以外，还可以将书房内的有害气体吸掉，有利于人体健康。

水种植物最适合摆放在书桌上，例如富贵竹、水仙等，可以形成"智者乐水"的格局，同时亦起到美化环境、启迪智慧的作用，数量以一枝、三枝、五枝、七枝为佳。

宜027 书房的光线宜充足

书房作为主人读书写字的场所，对于照明和采光的要求很高，书房应有充足的照明与采光。因为在过强或过弱的光线中工作，都会对视力产生很大的影响，所以写字台最好放在阳光充足但不直射的窗边。

▲ 书房作为主人读书写字的场所，应有充足的照明与采光。

宜028 书房主色宜用绿色和浅蓝色

书房属木，壁面色彩以绿色、浅蓝色为佳，切忌花花绿绿、杂乱无章。其中浅蓝色给人以清爽、开阔的感觉，是一种令人舒适的色彩，也是相当严肃的色彩。蓝色在某种程度上可隐藏其他色彩的不足，是一种方便搭配的颜色。蓝色还具有调节神经、镇静安神的作用，蓝色的灯光在改善失眠、降低血压和预防感冒中有明显作用，但患有忧郁症的人则不宜接触蓝色。

宜029 书房的颜色宜与五行协调

在居家环境里，颜色的运用也会对工作和学习的效率产生很大的影响。在工作比较紧张的环境里，宜采用浅色调来缓和压力；而在工作比较平淡的环境里，宜采用强烈的色彩以振奋精神。具体而言，颜色应与五行相协调，以提高效率。如书房在住宅东部，宜用绿色与蓝色作为主色调；南部的书房宜用紫色；西北方位宜用灰色或浅咖啡色。

书房的颜色应该按照各人不同的命卦和每个居室不同的宅相来具体分析，但颜色应以浅绿色为主。这主要是因为文昌星五行属木，应该采用木的颜色（即绿色），这样会扶旺文昌星。另外，撇开风水不谈，单从生理角度讲，绿色可以保护眼睛，有"养眼"的作用；绿色还有助于人的心境平稳、气血通畅，容易激发人的灵感与智慧。

宜030 艺术家书房宜用冷色调

对从事美术、音乐、写作等职业的人来说，书房布置应以最大程度地方便工作为出发点。所以，书房的布置要保持相对的独立性，并配以相应的工作室家具设备，诸如电脑、绘图桌等，以满足使用要求。很多设计师认为，设计室应以舒适宁静为原则，在色彩方面使用冷色调为宜，将有助于人的心境平稳、气血通畅。窗帘的配置一般选用既能遮光，又有通透感觉的浅色纱帘，高级柔和的百叶帘效果更佳。

宜031 学生的书房宜清爽明朗

学生书房必须考虑安静、采光充足的因素，可用色彩、照明、饰物来营造。色彩上以白色墙面和灰棕色书柜、书桌、椅子的搭配为主，再通过少量的饰品对书房进行点缀，使书房简单而又不会显得沉闷。避免摆放过多的装饰品，以免分散孩子的注意力。装饰盆景不宜选用大盆的鲜花，而以矮小、常绿的叶类观赏植物为好。

宜032 在居家办公两人中央宜悬挂水晶

自主经营的业主通常是意志坚决的人，他们会在不知不觉中向外界散发出大量的能量。可以在共享的工作空间正中央悬挂一个40～50毫米的水晶以抵消（分散）你们的能量。在室内悬挂水晶将有助于你们在取得个人成就的同时，不至于干扰到另外一位的工作环境。

宜033 书房的窗帘宜选择浅色纱帘

书房的窗帘一般选用既能遮光，又具通透感的浅色纱帘比较合适，高级柔和的百叶帘效果更佳。强烈的日照经过窗幔折射会变得温暖而舒适。

▲ 书房的窗帘一般选用既能遮光，又具通透感的浅色纱帘比较合适。

宜034 宜在侧方位上看到你的同伴

如果家庭中的两个人都在家办公，最好在侧方向上能看得到你的同伴。虽然能否看到门很重要，但保证你的座位不直接面对你的同伴也同等重要。如果你坐在位子上，越过自己的桌子就能看到另外一个人，你会发现要把自己的能量和事务与那个人分离会变得十分困难。你自然而然地就被牵扯进他／她的电话交谈、翻动书页和叹息声中去。相反地，如果你们背靠背而坐，你会感到没有安全感、完全被暴露在外，似乎正处于他人的攻击之下。所以两人最好的坐向就是在侧方位上看到你的同伴。

宜035 宜根据事业的发展设定书房

当书房作为家庭办公室时，理想位置是住宅东、东南、南与西北部。而根据业务的类型和事业的发展阶段，要善于利用每一个特殊的方位，才能使事业受益。

事业初期宜在住宅的东部或东南部办公。该方位能使人变得更忙碌、更活跃、更引人注意，更能使好主意转化为现实，有利于事业的发展。

事业发展期宜在住宅的南部办公。该方位能帮助办公者吸引客户对其经营的业务的注意，并且令业务受到普遍的欢迎。特别是公关性质的工作有极大的帮助。

事业飞跃期宜在住宅的西北部办公。该位置有益于领导、组织与协调他人，巩固事业并获得他人的尊敬。

宜036 办公坐向宜与行业相结合

居家办公要注意，行业与坐向也有一定的联系，现列举如下。

五行属金的行业：五金首饰、珠宝金行、汽车交通、金融银行、机械挖掘、鉴定开采、司法律师、政府官员、职业经理、体育运动等。宜坐西向东、坐东南向西北、坐东向西、坐西北向东南。

五行属木的行业：文化出版、文学艺术、演艺事业、文体用品、辅导教育、花卉种植、蔬菜水果、木材制品、医务人员、宗教人士、纺织制衣、时尚设计、文职会计等。宜坐西向东、坐西北向东南、坐东北向西南、坐西南向东北。

五行属水的行业：保险推销、航海船务、冷冻食品、水产养殖、旅游导购、清洁卫生、马戏魔术、编辑记者、钓鱼器材、灭火消防、贸易运输、餐饮酒楼等。宜坐南向北、坐北向南。

五行属火的行业：易燃物品、食用油类、热饮熟食、维修技术、电脑电器、电子烟花、光学眼镜、广告摄影、装饰化妆、灯饰炉具、玩具美容等。宜坐北向南、坐东向西、坐东南向西北。坐东北向西南、坐西南向东北。

五行属土的行业：地产建筑、土产畜牧、玉石瓷器、顾问经纪、建筑材料、装饰装修、皮革制品、肉类加工、酒店经营、娱乐场所等。宜坐南向北。

宜037 宜用大的和椭圆形的办公桌

办公桌的形状与质地对办公会有深刻的影响，在通常的情况下，大办公桌体现着使用者的权利和地位，使用时令人极有快意。

在形状上，居家办公的椭圆桌较长方形桌为佳，有利于长时间的工作，并且避免了磕磕碰碰的情况。在办公桌质地方面，如工作时间较短宜用玻璃桌，可有助于刺激人迅速完成工作，而如需要长时间伏案工作，则宜用木桌。

书房与居家办公风水之忌

书房是学习思考、运筹帷幄的场所，应具有典雅、明净、高雅、脱俗的气氛，在方位布局、装饰设计上要考虑多方面的要求，注意避免风水上的一些禁忌，力求拥有一个"明、静、雅、序"的书香环境。

忌001 书房忌设在主卧房内

书房不可以设置于主卧房内部，以免犯胎神之位。将书房设置于主卧房内，会造成看书和休息、睡眠错位，职能的区分不明显，将使书房不能很好地发挥作用。如果有深夜看书工作的情况，还会影响到别人的睡眠。

忌002 书房忌过大

在居家风水中，任何房间宁可小而雅致，切忌大而无当。

有些面积比较宽敞的家庭，将书房设置得很大，其实在这样的书房里看书或者写作，实在是难以"聚气"的，会让书房中的人精神分散，注意力落在房间中的其他地方。而且如果房间主人本身处在管理者的位置上，在过于空荡的书房里"运筹帷幄"，无法很快地理清思绪，对事业的发展有极大的妨碍。

一般来说，住宅中的书房在10~20平方米为宜，依据住宅整体和房间内部进行选择，不宜过大。

忌003 书房忌设在南方和西南方

南方阳气过于旺盛，极不适合读书。从写作方面来讲，如果说执笔是一种"阳"的工作，那么在写作之前，所经过观察和构思的过程，就是"阴"的工作。如果只是晚上才使用书房的话，还是可以将书房设在南方的。

西南方也不宜设置书房。与南方相同，不适合读书、写作等知识性的工作，而适合于体力方面的工作。

▲ 南方和西南方阳气过于旺盛，极不适合读书

忌004 书房的门忌对着厨厕

书房的门向是需要注意的地方。书房的门向不能正对厕所、厨房，否则会令文昌位受水火冲击，并引入秽气，导致精神不佳。

忌005 书桌忌设在书房中央

书桌忌设在书房的中央，此为四方无靠、孤立无援的格局，无论精神、学业、事业都会受影响。

忌006 不规则房间忌做书房

书房是家居环境的一部分，它要与其他居室融为一体，透出浓浓的生活气息。不规则的房间会产生煞气，给人造成心理上的压制感，而书房作为办公和学习的空间，是要让人在轻松自如的气氛中更投入地工作和学习，并让人能自由地休息的，所以不规则的房间尽量不要做书房。

▲ 不规则的房间会产生煞气，给人造成心理上的压制感。

忌007 座位忌靠近水

座位旁不能有洗手台或水龙头，否则就会影响气场，因为水本身能聚气，也能扰乱磁场。长期坐在水龙头旁边的人，会有神经系统失调或运势反复的现象，最好是避开。

座位不能正对着饮水机，饮水机也是水气的出口，尤其每天有人去开水、关水的，更容易影响附近磁场的稳定。如可以的话，保持一段距离最好。

忌008 书桌忌位于横梁下

横梁压顶是一大忌，书桌和座椅也不能位于横梁下方，否则会令人有被压迫的感觉，无法集中精力学习和工作。同时，家人的官运和财运也会因此受到影响，特别是对从政人士的仕途影响较大。如实在无法避免，可设计假天花将横梁挡住。

忌009 书桌正面忌镶镜子

书桌忌正对镜子，因为书桌上一般都放有台灯，如果灯与镜子太接近，会使人产生灯光从头顶直射下来的感觉，令人情绪紧张、头昏目眩。同时，镜子里照射出的影像还会分散人的注意力，影响人的工作和学习。

忌010 书桌忌紧贴着墙摆放

书桌紧贴着墙摆放，这样的格局容易造成人精神紧张。因为人体有很多感应磁场的部位，其中后脑的脑波放射区最为敏

▲ 书桌不宜紧贴着墙摆放，否则容易造成人精神紧张。

▲ 书桌不要正对窗户，这样会给人一种"望空"的感觉，且易分散读书人的注意力。

感，如果贴墙摆放书桌，人眼的视线所及范围就是墙壁，无法捕捉到有效的信息，人就会将注意力转移到脑后，时间长了，就会消耗掉大量的能量，从而影响工作和学习的效率。

忌011 书房内忌摆放睡床

在书房内摆放睡床不仅会影响书房中人的工作和学习，也会影响到家人的正常作息。书房是工作和学习的地方，床则是用来休息的，在工作和学习时看到一张床摆在旁边，容易使人心生倦意，失去工作和学习的动力。在书房睡觉也不利于休息，因为书房中有电脑、书籍、文件、传真机等与学习、工作有关的设备，在这样的房间里休息会产生很大的压力，即使睡着了也会想着工作，当然也会休息不好。

忌012 书桌忌正对窗户

书桌不要正对窗户，这样会给人一种"望空"的感觉。而且书桌正对窗户，人便容易被窗外的景物吸引，或被外面的事物干扰而分神，难以专心致志地学习，这对需要安心学习的人来讲，影响很大。因此，为了提高工作和学习的效率，摆放书桌时应该避免将书桌正对窗户，如果无法避免，就摆放在离窗户稍偏一点的位置。

忌013 书桌座位忌背对门

人不宜背门而坐。门是气口，既纳入清新的气，同时也会纳入浊气。如果人背门而坐，座后没有依托，空荡荡一片，会使人缺乏安全感，总感觉背后会受袭击，同时也会有一种背后受风寒的感觉。另外，经常背门而坐，会陷入担心背后会发生不测的紧张状态之中，很不利于学习和工作。传统居住风水讲究"书桌坐吉，书柜坐凶"，就是将书桌摆放在吉利的方位，而书柜则刚好相反，可以将其摆在不吉利的方位。

忌014 忌在方正的书桌上插旗子

书房中大的办公桌桌角方正，就不适合在桌上安插旗子，因为这样会使人思绪杂乱无常，可能引发纠纷。若一定要放旗子，应插在桌子背后左方或左右两方为佳。

忌015 坏掉的电脑忌放在书房

坏掉的电脑绝不适宜放在家中，因为坏的电脑会放射辐射磁场，干扰及伤害家人健康，所以旧电脑要马上进行维修或者弃置。

忌016 书柜忌太高

书柜的高度不宜过高。对于藏书较多的家庭来说，高大的书柜更有利于书籍的存放。但书柜并不是越高越好，太高的书柜不利于取书阅读，可能会导致取放书籍时发生危险。而且书柜太高容易形成压迫书桌的格局，长期在这种氛围下学习，会导致人心神不宁，劳心头晕。

▲ 书柜并不是越高越好，太高的书柜不利于取书阅读，可能会导致取放书籍时发生危险。

忌017 书柜忌坐吉方

关于书柜的摆放位置，只要记住以下的八字真言即可，"书桌坐吉，书柜坐凶"，书桌应该摆放在吉利的方位，而书柜则刚好相反，应该摆放在不吉利的方位来镇压凶煞。

忌018 书房内忌放电视

书房环境要幽雅清静，使人能心无旁骛地在里面专心修习。不要放置电视、音响之类的东西。

忌019 书房忌犯白虎煞

书房忌犯白虎煞。风水学有所谓"宁可青龙高千丈，不宜白虎乱抬头"之说。换言之，从风水角度来看，书房往前方望出去，最好是左龙高于右虎，亦即左前方的建筑物宜高于右前方的建筑物，因这表示整个家庭的气运往往会有正面性的发展，而诸事吉祥、万事如意。反之，如果右虎高于左龙，则往往会有恶人当道、好人遭殃、是非口舌、好事落空等不良负面的现象发生。

忌020 书房忌没有窗户

有的人一味追求安静，而将书房安置在一个密不透风的空间，这样做固然带来了安静，但也给人的心理造成了压力。在封闭空间里学习，只会使人的思维越来越僵化，人也会变得越来越孤僻、愚笨。

忌021 忌不符合人体尺度的家具

书房布置应该考虑人的活动尺度和使用要求。不符合人体尺度的家具，会增加人的疲劳感，甚至造成驼背、颈椎病和近视眼。

忌022 书房忌不重视健康理念

很多人并不重视书房的健康理念，认为书房仅仅是看书的地方，不用花什么心思在上面，只要有一张桌子、一把椅子，几本书就足够了。看起来不无道理，但事实上，这样的布局和设置是很久以前的观念了。现代的书房，其首要原则是舒适和健康。

健康书房应该具有的条件是：健康的工作照明；健康的工作方式；安全的布线方案；电磁波的有效防护；合理的办公储物；办公垃圾的及时清扫；新鲜流动的空气。

忌023 书房悬挂字画忌阴阳失衡

书房的悬挂字画讲究一种平衡，也就是风水中所讲到的"阴"与"阳"的平衡，这就要结合主人的秉性来判断。如果主人是一个积极好动的人，风水上认为这种性格属"阳"，想一进书房就获得一种安宁的气氛，可以选择一些属"阴"的字画，如色调比较沉稳的；对于一个性格比较安静的人来说，就可以选择画面比较"热烈"的偏阳的装饰字画。"阴阳"平衡既能起到较好的装饰效果，又能提高人的工作、学习效率，还能带来好运与健康。

忌024 书房忌凌乱嘈杂

书房最忌的是凌乱，最烦的是嘈杂。安静对于书房来讲十分必要，因为人在嘈杂的环境中工作效率要比在安静的环境中低得多。所以在装修书房时要选用那些隔音、吸音效果好的装饰材料。天棚可采用吸音石膏板吊顶，墙壁可采用PVC吸音板或软包装饰布等装饰，地面可采用吸音效果佳的地毯，窗帘要选择较厚的材料，以阻隔窗外的噪音。

▲书房最忌的是凌乱，最烦的是嘈杂，安静对于书房来讲十分必要。

忌025 书房空调出风口忌对人吹

要取得好的风水效果，空调的出风口应该朝上，冷气吹出后由上到下流动，能避免冷风对人直吹引起的头痛、头晕的问题，还有利于调整居家风水。但要切记勿将出风口朝脸或头部吹，免得读书者书还没读完，头就已经痛得受不了了。

忌026 书房的窗帘忌用复杂的花帘

书房的主要功能是读书、学习，花样复杂的窗帘会分散人的注意力，且与书房应有的典雅、明净、高雅、脱俗的气氛不相宜，应以素雅为佳。

▲ 书房的主要功能是读书、学习，花样复杂的窗帘会分散人的注意力。

忌027 书房悬挂的字画忌太多

悬挂在书房的字画不宜太多，一两幅较为适宜，悬挂的挂画应该与书房的氛围一致，比如雅致的书法和文人画作。狂草的字幅、灰暗萧瑟或颜色鲜艳的画作，这些都会使人心情烦躁，产生或亢奋或消沉的结果，不利于人在书房学习、工作。

忌028 书房忌用毛玻璃幕墙

书房最好不要用毛玻璃幕墙，因为毛玻璃不仅寒气太重，而且会令人视觉模糊，使人昏沉欲睡。

忌029 字画忌悬挂过高或过低

字画悬挂要高度适中，不能过高或过低。人的正常视觉区域是在头不转动时与眼睛水平视线成60°的范围内。平均视线约为1.7～1.8米，因此，挂画的高度也应在距地面1.5～2.0米处为宜。

字画悬挂位置宜选在室内与窗成90°的墙壁处，可使自然光源与画面和谐统一，真实感强。挂字画宜疏不宜密，同一屋中的字画应保持在同一水平高度。画框可平贴墙，也可稍前倾（一般前倾15°～30°）。

忌030 书房内摆忌放睡椅

不宜在书房内摆放睡椅，因为在睡椅上看书，不仅不利于身体健康，而且也会降低学习效率。

忌031 书房忌摆放藤类植物

书房忌摆放藤类植物，因为藤类植物易使房间潮湿，使人思路紊乱。

忌032 书房的色彩忌过多

书房是长时间使用的场所，应避免强烈的色彩刺激眼睛，宜多用灰棕色等中性色。为了达到统一，家具和摆设的颜色可以与墙壁的颜色使用同一个色调，并在其中点缀一些其他色彩的装饰，如书柜里的小工艺品、墙上的装饰画等。在购买装饰画时，要注意它在色彩上是起点缀作用的，在形式上要与整体布局协调。

一般书房的地面颜色较深，所以地毯也应选择一些亮度较低、彩度较高的色彩。

天花板颜色的选择应考虑室内的照明效果，一般用白色，以便通过反光使四壁明亮。门窗的色彩要在室内整体色彩的基础上稍加突出，让其成为室内的亮点。总而言之，各种色调不可过多，以恰到好处为原则。

忌033 书房忌使用粉红色调

粉红色是红与白混合的色彩，明朗亮丽，孤独症患者、精神压抑者不妨经常接触粉红色。但书房是让人看书、思考问题的特殊场所，粉红色的优点在书房就成了缺点，这是因为粉红色会使人的肾上腺激素分泌减少，从而使人产生脑神经衰弱、惶恐、不安、易发脾气等症状。

忌034 书房忌安插多种电器

书房忌安插多种电器，因为电器都有自己的磁场，这些磁场会对人体内的磁场产生一定的干扰，引起头痛、心神不宁。

▲ 书房忌安插多种电器，因为电器都有自己的磁场，这些磁场对人体不利。

忌035 书房忌过于"红火"

有一位男士的书房完全是西洋风格，简单而平实。在布置的格局上应该说是无可挑剔的，其装潢的材料以木质为主，颜色则呈现明显的红色。从心理学的角度考虑，红色是令人兴奋的，在一个不大的空间过多地采用红色，会使人在躁动的同时感到压抑，不适宜作为办公环境。

忌036 学生书房的装饰忌古板

学生书房装饰不宜古板，要符合年轻人的特点。书柜可以做成楼梯形，取民间"脚踏楼梯步步高"之意。儿童书房不可摆置高大的书柜，更不宜让书柜闲置，可设计成书柜和衣橱两用款式，这样既可合理利用空间，又不会因为儿童用书少而显得室内空泛。儿童书房可以张贴一些富有生气的动物图画，但不宜有老虎、狮子、豹子等猛兽的图案，否则会给孩子带来精神压力。

忌037 办公文件忌不做整理

在任何家庭办公事业中，处理文件都是至关重要的一环，越是高效处理好家庭办公室的文件，工作才会越有效率。可以规定每周的某一天清理文件，或许周一是你清理文件的日子，或许是周五。但无论你如何抉择，在选定做清理的那一天至少拿出一个小时来整理你的收件箱，将一周以来的文件分类存放，为接下来的一周准备好发票和其他所需的文件。

忌038 忌打扰他人办公

很少有两个人会同时被同一种音乐感动，并从中获得灵感。如果你在有音乐的情况下工作得更好，不妨戴上耳机，这样你的工作伴侣就会因你的选择而不受影响。在共享一个办公室时，最难以面对的情况就是对方电话中的交谈声不断地对你造成干扰。如果可能的话，起身到屋外继续打你的电话。如果你实在走不开，转动椅子不直接面对你的工作伴侣。对着墙打电话能在一定程度上将声音削弱，不至于干扰对方集中精神工作。

忌039 书房照明忌刺眼或昏暗

书房作为主人读书写字的场所，对于照明和采光的要求很高，因为人眼在过强或弱的光线中工作，对视力影响都很大。书房照明主要以满足阅读、写作和学习之用为主，应以明亮、均匀、自然、柔和为原则，不加任何色彩可以减少疲劳。看书的时候，灯光太刺眼或太昏暗都会对眼睛造成伤害。落地大灯要避免直照后脑勺，台灯要光线均匀地照射在读书写字的地方。由于日光灯明亮、价格便宜、用电节省，因此办公室内多半使用日光灯照明，但日光灯有肉眼看不见的闪烁，会造成慢性视力损伤，所以最好多盏日光灯同时使用，以减少对眼睛的伤害。

忌040 书房植物忌枯萎、凋谢

在书房放置植物或鲜花，能营造轻松的学习和工作氛围。如果插花枯萎或凋谢，就要及时清理，以免破坏家居风水，影响运气与健康。在盛水的花瓶中插上花也可，但是要保持花的新鲜度，枯萎就要立即换掉。植物最好是圆形的阔叶常绿植物，比如海芋、富贵竹、黄金葛等。

▲ 书房照明主要以满足阅读、写作和学习之用为主，应以明亮、均匀、自然、柔和为原则，不加任何色彩可以减少疲劳。

▲ 在书房放置植物或鲜花，能营造轻松的学习和工作氛围。

第八章

厨房风水宜忌

"民以食为天",饮食是健康的"脉搏",而厨房则是居家的"心脏"。人们在厨房这个居家"心脏"里创作美食的同时也传达爱意。厨房是如此重要,它关系着一家大小的食禄、财帛及健康状况,也牵系着全家上下的感情。风水学认为,美味健康的食品需要新鲜的材料、精细的做工、整洁明亮的环境以及吉利的厨房风水。

厨房风水之宜

厨房作为居室极其重要的部分，掌控着人的胃肠，关系到家人健康。因此，应该注重其方位格局与装饰布置是否利于风水。作为烹饪的地方，厨房既用"火"又用"水"，其水火关系要处理好。厨房的厨具的设置与摆放，其饰物的布置，照明和色彩的选用宜符合堪舆之道。

宜001 厨房宜设在东方或东南方

厨房位于东方或东南方是大吉。因为东方是日出的方向，能给厨房制造出一种温馨的感觉。厨房本是烟火之地，属火；东为八卦的震卦，震属木；东南为八卦的巽卦，巽也属木，木火相生，有利家人健康和财运。

▲位于东方或东南方的厨房属大吉，厨房位于东方，能够制造出一种温馨的感觉，厨房属火，东属木，木火相生，利于健康及财运。

宜002 厨房宜设在本命卦的四凶方

厨房宜安置在主人本命卦的四个凶方，这样有助于压制不利家宅的有害之气，因为炉火所产生的阳气可调和凶方不利的秽气，有效改善其风水。

宜003 宅主风水命宜与厨房位相生

宅主风水命宜与厨房位相生，如一白命宅主的厨房或灶位宜在乾、兑、震、巽位，因为一白属坎卦，为水，乾、兑属金，是为金生水；震、巽属木，是为水生木。

▲厨房方位宜与住宅风水命相生，如一白命宅主的厨房宜在乾、兑、震、巽位，为金生水之局。

宜004 厨房宜设在住宅后方

厨房宜设在住宅的后半部，不可设在住宅的最前方。因为厨房是烹调食物的地方，会产生一定的油烟和热气，如果一进门就是厨房，不但不方便日常生活，也不卫生。

宜005 厨房宜四方规正

不规则的屋子不仅不可用来做客厅、卧房，也不可用来做厨房。厨房是为一家人加工食物的地方，是家人补充营养和精气的关键之所，所以厨房尤其要注意聚风蓄气，需要四方规正。不规则的房屋如用来做厨房，会影响家人健康。

宜006 厨房宜与餐厅相邻

厨房的位置和餐厅相邻是最理想的选择，这样方便家人的日常生活。餐厅和厨房的位置如果距离过远，首先不方便生活，饭菜会因为距离过远而变凉；其次餐厅和厨房两者本是同根，若相距太远，"气"会连接不畅，代表家中运气会时好时坏。

宜007 厨房门的开度宜适中

厨房门的开度是住宅装修重要的一环。厨房门的开度是指门口完成之后的最窄距离，也就是门框完成后的最窄距离。许多门口的净宽是0.7米~0.8米，这种净宽度最不宜用在厨房门上，必须设法调整。如果有条件，可以考虑将厨房门加宽到0.8米~0.9米，厨房门的最佳高度为1.98米。

宜008 厨房门宜远离卧房门

在设计厨房和卧房的门时，要尽量使两者的距离远一些，特别是不宜两门相对。如果厨房和卧房之间只有一条走廊之隔，且厨房门和卧室的门又相对，厨房的污秽之气以及厨房所产生的高温热量就会不断地冲到卧房，对人的身体造成伤害。

▲厨房的位置和餐厅的位置相邻可以方便家人的日常生活，另外此两者同根，相邻就会使气顺畅。

▲厨房门远离卧房门的话就会使厨房的污秽之气远离卧房，这样会有利于人的睡眠和健康。

宜009 厨房的天花板宜选择平板型

厨房的天花板装饰宜选择平板型,这里面有两个原因。一是平板型天花板在颜色上有可挑选的余地,居者可以用特别的颜色来装饰自己的厨房,给自己一个好心情;二最重要的是这种天花板好清洁。厨房总难免会产生很多油烟,就算你做饭的次数再少,一两年之后也会发现厨房天花板的颜色明显暗淡了不少。做清洁的时候,天花板是一项很重要的工程,因为几乎有70%~80%的油烟会在天花板上。

宜010 厨房内宜光线充足

厨房内光线充足代表着家中财气充足,光线不足则不利家人运气。厨房内应该开个窗户让阳光进入,从厨房风水的角度来说,阳光就是希望。开个窗户的话,既能保证厨房的采光,又利于家庭聚集财气,可谓一举两得。

宜011 厨房排风口宜设在高位

厨房的排风口应该设在高位,让空气从低位风口进入,再从高位排风口排出,使得空气能够得到充分的置换,符合气压流动规律,科学合理。

宜012 厨房装修材料宜易清洁

厨房宜用瓷砖、铝塑板、不锈钢板等材料来装修。因为厨房油烟甚大,尤其是中国人喜欢用煎、炒等烹饪方式,厨房的油烟污渍相当厉害,所以四面的墙壁宜铺设光滑的瓷砖、铝塑板、不锈钢板等,主要是因为这样较易抹除油烟污渍,能够保持清洁卫生。目前市场上瓷砖花色众多,要选择易清洁、好保养的种类作为厨房墙面较常使用的材料,这种材料不怕酸碱的侵蚀,平时只要用清水洗涤擦干即可,唯有瓷砖需注意其沟缝里容易遗留污垢。

▲厨房开有窗户可保证充沛的采光,采光充足代表家中财气充足,利于家庭的聚财。

▲厨房的油烟污渍很重,所以四面的墙壁要铺设光滑的瓷砖、铝塑板、不锈钢板等材料,这样容易清洁,好保养。

宜013 厨房格局设计宜方便使用

厨房的空间有限，灶台的位置、水池及橱柜、煤气的摆放等都需要统筹安排。厨房内部格局设计应按流程的顺序排列，充分考虑厨房的洗刷、料理、烹饪、储藏物品这四大基本功能。注意操作台的宽度、高度以及吊柜的进深、高度等因素，以保证家人在厨房中操作、活动的方便性。

宜014 厨房宜铺设防滑地砖

厨房地面宜铺设防滑地砖或抗渗透性好的石材，这些石材既安全又耐用，又容易清洗，同时也暗示着好的家运。厨房多水，还有油渍，如果不用防滑、抗渗透性好的地砖，就很容易使人滑倒，存在安全的隐患。

▲抗渗透性好的防滑地砖既安全又耐用，且容易清洗，同时也暗示着好的家运，适用于多水的厨房。

宜015 厨房宜依照"黄金三角"摆设

厨房内有一个"黄金三角"：第一角是灶台。灶作为烹调饮食的地方，也就是人的养命之源，它的设置摆放当然是最重要的。其次是水池。无水不可烹饪食物，无水也不能洗碗锅，所以水池为第二重要。第三则是冰箱，冰箱是储藏食物之地，也就是仓库。而这个"黄金三角"按三角摆放为最佳：冰箱置于三角形的角顶，左为灶台，右为水池。这样一来，冰箱将灶台与水池分割开来了，使水火互不相扰，各安其位，各尽其职，就是好的格局了。

宜016 建灶宜选择吉日避开忌日

为一所住宅建灶，宜选择天德、月德、玉堂、生气、平、定、成等吉日，而避开一些忌日，比如朱雀、黑道、天瘟、地瘟等日子。而且，灶五行属火，丙、丁、午也属火，而风水学认为火旺不作灶，因此，丙日、丁日、午日都不适合建灶。一旦犯忌，则家业败退。

具体来说，建灶要避开的忌日可归纳为：

忌丁卯日：正月、五月、九月

忌甲子日：二月、六月、十月

忌癸酉日：三月、七月、十一月

忌庚午日：四月、八月、十二月

此外，丙、丁两干生人还要忌命煞，即不能在丙日、丁日为灶。戊、己两干生人要忌土黄煞，即不能在壬子、壬寅、壬辰、壬午、壬戌六日建灶。

宜017 炉口宜朝主人的生气方

所谓炉口，原本是指炉灶的柴薪入口，以现代煤气炉而言，则是指煤气的进气口，位于点火开关的后方。炉口应尽可能朝男主人或女主人的生气方。如果因厨房设计上的限制，无法将炉口朝向家的任何一个吉方，则应设法将炉口朝向母亲的延年方，这样可增进家庭关系的和谐。

宜018 炉灶宜有依靠

炉灶也是需要有靠山的，这靠山便是墙壁。墙壁可以挡住四面吹来的风，同时也可避免烹饪时产生的油渍溅出而影响居室卫生；另外，如果后面有靠墙，等于风水学所说的有靠山，家人会有贵人相助。相反，如果炉灶设在中央，四面无依无靠，则不宜。

宜019 灶台宜设在藏风纳气处

灶台应安在藏风纳气处，这样的住宅可以兴旺长久，钱财越积越多。且藏风纳气之处可以避免四面吹来的风影响火的燃烧，这样有利于提高烹饪的质量，还能提升家运。

宜020 厨具宜放置在吉方位

关于厨具摆设，一般人只会考虑到美食制作的方便与否，多认为细节问题不会影响到家居的吉祥风水。其实，恰恰相反，厨具的摆设也会牵制家人的运气，所以合适的东西应该放在合适的位置。如果有微波炉或电锅，应把它安置在厨房四个吉方位的一方。同样，电锅和微波炉的插座也应位于吉方，包括烤面包机和焖烧锅等，也应置于吉方位上。

▲炉灶有墙壁做靠山可以挡住四面吹来的风，同时也可避免烹饪时产生的油渍溅出而影响居室卫生。

▲厨具的摆设也会牵制家人的运气，应把微波炉或电锅等厨具安置在厨房四个吉方位的一方。

宜021 炉灶宜坐凶向吉

炉灶坐凶向吉这就是说炉灶应压在凶方，但灶门应向着吉方，因为《金光斗临经》所云："火门者，锅底纳此烧火之口，得向吉方，发福甚速！"需注意的是，炉灶"坐吉向吉"反不如"坐凶向吉"。

宜022 宜慎重选择厨具

厨具不仅要有耐用性，而且厨具的造型、色彩的选用也应慎重考虑。厨具的表层材料应有良好的抗油渍、油烟的能力和易清洁的特性，并且要保持厨具长时间表面洁净，让人使用时感觉舒适。

宜023 现代厨房宜安装欧式橱柜

为了保持厨房的整齐和清洁，最好使用欧式橱柜，因为它们能把厨房的杂物分门别类地放好。为保证烹饪时候愉快、轻松的心情，橱柜的颜色最好使用浅色或冷色调。

▲欧式橱柜能把厨房的杂物分门别类地放好，为保持厨房的整齐和清洁，最好使用欧式橱柜。

宜024 灶台的尺寸宜适中

现代的灶台包括灶具、水盆和操作台三部分，基本都在同一水平高度。灶台的高度与宽度应以人体工程学原理为依据，过高或过宽都不适宜。灶台的高度应在86～100厘米之间，而宽度应在47～62厘米之间。这里所说的高度与宽度都是灶台的完成面，也就是完成之后的净高度和净宽度。灶台的高度要从贴完地面砖的零高度起算，直到灶台水平面。其宽度也是台面的直径最宽距离。如果台面外边是弧形，其最宽直径不应超过62厘米，然后自然弯曲过渡到最窄距离，其最窄距离直径不应低于47厘米。

宜025 厨房设计宜考虑孩子的安全

孩子是许多家庭的重心，在布置厨房的时候要考虑到对孩子的安全防护。厨房里有很多地方要考虑到防止孩子发生危险，如在炉台上设置必要的护栏，防止锅碗滑落；各种洗涤制品应放在矮柜下（洗涤池）专门的柜子里；尖刀等器具应摆在有安全开启开关的抽屉里。

宜026 厨房器皿宜干净、整齐

厨房器皿要清洗干净、摆放有序。烹调及用餐完毕之后应该将各种器皿清洗干净，然后放入橱柜，分门别类地摆放好。因为厨房整洁、厨具餐具藏好并放置整齐会给人舒服的感觉，家人在做饭做菜的时候就会有一种好心情，这自然会提高饭菜的质量。而干净的器皿也保证了饮食卫生。

厨房风水之宜

宜027 厨房灶君宜安放在吉位

中国很多人都认为厨房必须要供奉灶君。其实，厨房未必一定要供奉灶君，一些没有宗教信仰的人不见得就会导致灾祸。如果供奉灶君，就必须将其放置在吉位上。因为供奉灶君必须敬香，而香枝在燃烧时会产生气流及热能，这些动力会影响风水，故灶君必须安放于吉位，如聚气位。聚气位便是门的对角线，如果灶君安放在吉位，则家人的身体会比较健康。

宜028 厨房宜安装抽油烟机

厨房是烹饪美食之所，而中国式的烹饪方式会产生很多油烟，浓浓的油烟既会熏黑墙壁天花，影响家居环境，同时还会污染家中各种电器，更重要的是，受油烟污染的空气会严重威胁到人体的健康。所以厨房都必须安装抽油烟机，以便将烹饪时产生的油烟排出到室外。

宜029 宜正确使用抽油烟机

抽油烟机的正确使用方法是，只要烹饪一开始就应打开，不论是煎、炒、还是煮、蒸、炖。即使烹饪结束了也不要立刻关掉抽油烟机，应该再让它运行五六分钟，以便将厨房内残留的有害气体完全排出到室外。

宜030 宜经常清洗抽油烟机

抽油烟机要注意经常清洗，否则会影响其抽油烟和排气的效果。平时在家里可以用一些简单的方法对其进行清洁，每半年左右应该请专业人士将其拆开清洗。

宜031 厨房宜讲究卫生

厨房是烹饪食物的地方，关系到家庭中每个成员的身体健康，一定要注意清洁卫生。厨房设备应整洁、干净、易清洗，并具有抗污染能力，这样才可以防止食物和原材料被污染。

▲厨房会产生很多油烟，为保持居家的清洁卫生，保护各种家具，厨房宜安装油烟机，以便将烹饪时产生的油烟排出到室外。

▲厨房讲究卫生可以防止食物和原材料被污染，保证家庭里每个成员的身体健康。

宜032 厨房宜采用日光灯照明

为了提高厨房照明度，可以根据不同用途设置多种灯具，但总体上来说，厨房最好采用日光灯照明，特别是吊顶灯和工作台上面宜用日光灯。日光灯既明亮又省电，是厨房照明的首选。

宜033 宜在冰箱里放钱币

冰箱里通常放很多食物，如果在里面放五个铜钱或五个硬币或者装个带数字五的纸币（比如五块），能招来好运。五行者，金、木、水、火、土也，五行俱全，富贵双全。

宜034 厨房宜陈设中国瓷器等饰品

在厨房陈列中国瓷器、玻璃器皿、盆子、盘子等一些美丽的装饰品，可为家人带来好运。

宜035 厨房宜设置纱门

夏季，厨房宜设置纱门，以避免苍蝇飞入。盛饭菜的橱柜也要加纱网。

宜036 垃圾桶宜方便、隐蔽

厨房里垃圾量较大，气味也大，垃圾桶应放在方便倾倒又隐蔽的地方，比如可在洗漱池下的矮柜上设一个垃圾桶或可推拉式的垃圾抽屉。如果后阳台或屋外有空间，可将垃圾桶移到屋外；如果没有，记得将垃圾桶加盖。造型优雅的垃圾桶为首选。

宜037 厨房宜摆放色彩丰富的植物

一些家庭成员每天需要花很多时间在厨房，所以厨房适宜摆放一些风水植物来增添生气。一般厨房多采用白色或淡色装潢，而色彩丰富的风水植物不仅可以带来色彩变化，同时还能柔化硬朗的线条，为厨房注入一股生气。

▲中国的瓷器、玻璃器皿等装饰物美观大方，将它们摆放在厨房适当的位置可以起到开运的效果。

▲厨房摆放色彩丰富的风水植物可以通过色彩的变化及柔化硬朗的线条为厨房注入活泼的生机。

宜038 宜根据空间布置厨房的色调

厨房的色调宜根据其空间的大小来布置。一般来说，空间大的厨房不可选择明亮、纯度低的色调，这种用色会使厨房更具空旷感；而空间较小的厨房又不可选择色彩鲜明的色调，因为这会使本来狭小的空间变得更加局促，从而给人压抑窒息之感。

宜040 厨房宜用白色和绿色

白色与绿色是代表洁净与希望的颜色，用于厨房能为阴气潮湿的环境增添许多生气，令烹饪者在烹饪时心情舒畅、愉快。最好的做法是将两种颜色结合使用，白色为主、绿色为辅是最合理的搭配。

▲ 厨房色调的选择宜根据其空间的大小来决定，宜选择与其空间协调一致的色彩。

▲ 白色为主、绿色为辅是厨房最合理的色调搭配，白色代表洁净，绿色代表希望，这样的色调会给烹饪者带来舒畅、愉快的心情。

宜039 厨房灯具宜远离炉灶

厨房灯具安置宜远离炉灶，不要让煤气、水蒸气直接熏染。一方面因为炉灶产生的高温热量容易损害灯具，另一方面，煤气、水蒸气直接熏染灯具会影响其照明效果。

厨房风水之忌

厨房是人间烟火的代表，是传递亲情友情、酝酿爱情的处所。因此，构建良好的厨房风水效应除了了解其有利于风水的格局与装饰之外，还要清楚厨房在布局和装饰上的许多禁忌。比如厨房切忌完全封闭，切忌设置在屋子中央，忌与卫生间相邻等。

忌001 厨房忌设在住宅中央

厨房设置在住宅的中心位置，无论是在风水还是生活上都不合适。如果厨房设在住宅的中心位置，烹饪时所产生的大量油烟就会难以散去，另外油烟散发到客厅或卧房中，整个屋子就会充溢着一股浓浓的油烟味，影响家人健康。

忌002 厨房忌设在南方

厨房忌设在南方，因为南方属火，厨房也属火，火上加火，对居家不利。另外，南风更会令烹饪的烟气弥漫到整个房间。

忌003 厨房位忌与宅主风水命相克

厨房位忌与宅主风水命相克。如一白命宅主的厨房或灶位忌在坤、艮、离及中宫等位，因为一白属坎卦，属水，离属于火，是为水克火；坤、艮、中宫属土，是为土克水。

忌004 厨房形状忌不规则

厨房的形状要方正，不能用不规则的房子做厨房，特别不能将厨房设计成三角形。因为不规则的厨房、多边角的形状会有煞气。特别是三角形，其散发出来的不利能量容易冲射到人，影响人的身体健康。

▲南方属火，厨房也属火，食物向南易腐化，南风更会令烹饪的烟气弥漫到整个房间，故厨房不宜设在南方。

▲厨房不宜设计得不规则，不规则的厨房形状让人操作不便，且多边角的形状会有煞气，其散发的能量对人体健康不利。

忌005 厨房忌设在北方、东北方等

风水学上认为,厨房不能设置在北方,也不能设在有"鬼门关"之称的东北方和西南方向。因为厨房的灶台或炉灶在这些方位的话,家人,尤其是女主人的精神和肉体都会深受其害,只有少数经常运动和性格开朗的人除外。

忌006 厨房忌与卧房相邻

卧房是睡觉休息的私密空间,环境比较安静,不宜有污秽之气。而厨房因为白天烹饪食物往往会留下污秽之气和烧菜时的油烟味,若与卧房相邻,这些气会严重影响卧房的环境和人的睡眠质量,从而对人的身体健康造成损害。厨房也不可设在两个卧房之间,若犯此忌,同样对居住在两边卧房中的人不利。

▲厨房如果与卧房相邻,厨房里的秽气会影响卧房的环境和人的睡眠质量,从而对人的身体健康造成损害。

忌007 厨房忌设在浴厕下方

厨房若位于上一层楼的厕所下方,做饭时听到楼上厕所的冲水声,会破坏一家人用餐的心情,很不吉利。因为厨房灶台是烹饪食物的地方,而厕所是承受污秽的地方,不宜上下相对。

忌008 厨房忌与浴厕相连

从风水学的角度上说,厨卫相邻,水火相克,会造成磁场相冲,影响整个居室的能量状态,而两气相冲容易造成水火未济之局,导致一家人身体多疾。从卫生角度来说,厨房是一家做饭的地方,卫生间是家人排泄秽物之所,厨房紧邻卫生间的话,卫生间的秽气很容易混入厨房,再高明的厨师做出的食物也不好吃,这样会败坏家人的胃口,影响家人的心情和健康。

忌009 厨房忌设在卧室的楼上楼下

《开运灶法》云:"楼上作房,楼下不可作灶。损小口,惊风出痘而亡。"厨房因下水不洁,空气燥热、多油烟及污物,易招虫蚁。从中医的角度看,卧室挨近厨房都会使人虚火旺,造成人脾气不佳或神经过敏、紧张不安,身体多病痛。就现代厨房而言,厨房是动水、动火、动气、动电之管道所在,不平静多危险,所以厨房不可设在卧室的楼上楼下。

忌010 厨房忌设在神桌背后

厨房若设置在神桌背后，将会导致神明犹如坐在火炉上烤，这样神明就会坐不稳，神明坐不稳家运就会不稳，严重的会导致退神，家运渐衰。建议在神桌和厨房间再隔出一道空间来化解，或是另觅他处安置神桌。

忌011 忌敞开式厨房

有些家庭为了营造某种时尚气氛而将厨房做成敞开式。厨房最好不要做成敞开式。因为这种敞开式厨房会带来两个问题：一是墙体的拆除会导致居室的不稳固，容易造成安全隐患。二是室内空气易受污染。因为中国饮食以烹调为主，油烟味比较大，厨房敞开后很容易使油烟飘入客厅及室内，慢慢污染家中的彩电、冰箱等电器，形成污染源，即使使用排风扇强制排风，也不能完全排除这种隐患。

忌012 厨卫忌同门出入

有些住宅因为面积较小，便将厨房与厕所用一扇门进出，无论是先经厨房到厕所，还是先经厕所到厨房都不妥当。因为厨房是烹饪食物的空间，而厕所是排污之处，这样的格局，会把厕所里的秽气携带进厨房。

忌013 厨房门忌正对大门

厨房为一家财富之所在，大门为理气的入口，是家人、朋友进出的地方。大门正对厨房门时，会使厨房里一切一览无遗，财气尽露，对家庭财运不利。

忌014 厨房门忌正对客厅

厨房门不宜正对客厅。如果厨房门正对客厅，居住者受厨房的油烟熏冲易导致头晕脑胀，脾气暴躁。

▲厨房不宜设计成敞开式，敞开式厨房一方面可能导致居室不稳固，另一方面容易使室内空气受到污染。

▲厨房门正对客厅，厨房内的油烟就会冲到客厅中，使居室内的家具容易受到污染，而居住者也会因为受油烟熏冲易导致头晕脑胀，脾气暴躁。

忌015 厨房门忌与灶口相对

灶是烹制食物时用来加热的设备，而厨房的门会有风进入，从家居安全角度来说，如果厨房门正对灶口的话，会有大量的风吹向炉灶，现在大部分家庭都使用煤气作燃料，如果火被风吹熄，便会有漏气的危险。同时，如果炉灶的火受到风吹，也会影响火力，进而影响饭菜的质量。风水学认为这种格局会带来不好的风水，也会影响运气。不论是为了风水的吉利，还是为了居家安全，都应该尽量避免把炉灶放在迎风的地方。

▲厨房门正对着灶口，会使大量的风吹向炉灶，炉火就很容易被吹熄，有漏气的危险，另一方面火力受到影响也会使饭菜质量受到影响。

忌016 厨房门忌与卫浴间门相对

如果厨房的大门与卫浴间门相对，卫浴间的秽气就会冲入厨房，影响人的食欲；厨房是人体养分的补充场所，在五行上属火，而卫浴间阴气较重，在五行中属水，水火对攻，从风水角度来分析，也是不利的。良好的化解方法除了加强厨房与卫浴间的通风，尽量保持两者的干燥外，两边的门也应经常关闭，如果挂上门帘的话，效果会更好。

忌017 厨房忌封闭

厨房至少要有一面要对着空旷处（如：阳台、天井、后院等），或开一扇窗，切忌封闭。因为"闷罐"式厨房，不但会影响卫生，更有阻家运。

忌018 厨房忌过小

厨房不要过小。国内大部分家庭对厨房不够重视，分配给厨房的面积和区域往往过小，有的甚至将厨房安排在阳台上。饮食和睡眠是滋养我们身体的重要因素，厨房是食物加工储藏的场所，这个部分设施太弱或过于简陋，那么我们身体所得到的补充和给养也就少，久而久之必定产生不良的影响。另外，在风水学上厨房过小不利于家人的感情交流，家人感情就会疏离。

忌019 厨房忌开两扇窗

古谚有云："厨房属阴，是女性主控的地方；客厅属阳，是男人的地盘。"厨房面积的大小与婆媳的关系紧张与否，并无直接关系，但是，如果开了两扇小窗户，就大有问题了。要注意，为避免婆媳不和，厨房只能开一扇窗户，万一两个窗户难封掉其一，可将玉洞箫挂在窗上化解。

忌020 厨房忌缺少进风口

强排风的装置（抽油烟机）是中式厨房中必不可少的，但是，大家经常忽略进风口。在空气流动力学中，空气被强制排出时，必须设置相应的进风口，否则就会导致空气供求不平衡。

▲ 用于烹饪的厨房空气较为污浊，没有进风口，就不能使室内外的空气良好地流通交换，不利于卫生与安全。

忌021 厨房忌用不耐水材料

厨房是个潮湿且易积水的场所，所以表面装饰用材都应选择防水耐水性能优良的材料。地面、操作台面的材料应不漏水、不渗水；墙面、顶棚材料应耐水、并可用水擦洗。

忌022 厨房忌用易燃的装修材料

厨房是居室中唯一使用明火的地方，因此厨房设备的材料要求格外讲究，因为它决定着厨房甚至整个家庭的安全。如果厨房用易燃材料装修，很容易引起火灾，给居家安全带来威胁。厨具也应全部选用由防燃和不燃材质做成的。

忌023 厨房的装饰材料忌色彩清淡

厨房的特殊功能决定厨房装饰材料的色彩不宜过于清淡，要选用易于清洁的颜色。厨房的墙面装饰主要是通过厨房的基本设施来体现的，装饰要服务于这些基本设施的功能需要。

忌024 厨房地面忌高于其他地面

厨房的地面不能高于其他房间的地面，否则溢出去的水就很难流回来。这样会破坏其他居室的卫生，而水带来的潮湿环境也会使家人的健康受到影响。若厨房的地面高于其他房间的地面，要在厨房的门上加一道门槛。

忌025 厨房忌使用马赛克铺地

马赛克（又名锦砖、花窗玻璃，是一种用小瓷砖、小陶片拼成的装饰图案）耐水防滑，是以往厨房里使用较多的铺地材料，但是马赛克面积小、缝隙多、易藏污垢，且又不易清洁，使用久了还容易产生局部块面脱落，难以修补，因此厨房里最好还是不要使用马赛克铺地。

忌026 厨房地砖接口忌过大

地板适用防滑及厚材质的地砖，但忌接口过大，否则容易积藏污垢，不方便打扫。

忌027 厨房忌用镂空型天花板

如果装修厨房时你选择了镂空花型天花板，那就等于无法清洁了，因为油烟都会渗入到镂空花里，很难清洗。平板型天花板就不存在这个问题，它可以用布擦或用刷子刷。不少清洗过厨房天花板的人都有这种感觉：平板型天花板在同质材料中同时段的清洗效果比镂空型天花板要好得多。

▲厨房采用镂空花型天花板，容易使油烟渗入到镂空花里，这样很难清洁。

忌028 炉灶忌"背宅反向"

厨房最重要的家具就是炉灶了，一般来说，炉灶的朝向不能和住宅的朝向相反，否则不利家运。炉灶的朝向即是炉灶开关的方向，住宅的朝向一般指住宅大门的方向。何谓"背宅反向"？如门向北，炉灶朝向南，南与北是相反的，就犯了"背宅反向"的忌讳。

忌029 炉灶忌坐南向北

炉灶不宜坐南向北。因为炉灶属火，北面属水，炉具坐南向北会导致水火攻心。

忌030 厨房忌设两灶

家中如果设两灶（煤气炉），这不但会严重影响家人的团结，也会导致夫妻外遇等事情发生。这种格局下别无他法，只能速将其中一炉灶移除。

忌031 炉灶忌安放在西方

炉灶不宜安放在西方，这是普遍的说法。其理由有以下三点：第一，西方的"金"气受炉火所克，不吉。第二，日落西方，暮气沉沉，煮食时炉灶吸纳了这些暮气便不吉利。第三，炉灶受西斜的太阳照射，容易变坏。吃下坏了的炉灶所煮的食物，便正如俗语所谓的"病从口入"了。

忌032 炉灶忌设在西北方

西北方属乾，五行属金，代表一家之主。倘若炉灶安放在那里，炉火克金，便会损害一家之主，因而使家人陷入困境。

忌033 炉灶忌安在南的"午"方

有一派风水理论，认为"灶安午方，主火灾目疾"。有人推论这是因为南方属火，若炉灶安在南面午方，二"火"相遇，非常燥热，故此便会有火灾或目疾的不幸事件发生。

忌034 炉灶忌安在北方的"子"方

炉灶不宜安在北方的子方，有人解释这是因为北方的水气当旺，洪水与炉火互不相容，故此炉灶不宜安放在北面的子方。

忌035 炉灶忌安在东北的"艮"方

古书曰"灶在艮方，家道不延"。一派风水理论认为艮方是"鬼门"，所以炉灶不宜安放在那里，否则有损家人健康，或遭水灾贼劫。

忌036 炉灶忌安在西南的"坤"方

一些人认为西南坤方是"鬼门关"，故此炉灶亦不宜安放在那里，否则会对家人健康有损。

忌037 炉灶忌设在厨房中央

灶台不宜独立设在厨房中央，一方面炉灶设在中央显得无依无靠，不利风水，另一方面厨房中心位置火气过旺不利家庭和睦。

▲ 炉灶设在厨房中央无依无靠，不利风水，另一方面厨房中心位置火气过旺的话不利家庭和睦

忌038 住宅大门忌见灶

书曰："阳宅三要：门、房、灶"。炉灶是居家生活重心之一，乃家庭生活隐秘所在，而料理的食物在过去还是贫富的象征。炉灶可谓财禄之库藏，无需在客人面前全部坦然公开，故忌由大门直接看见，否则财进去又流出来，根本就存不住。

忌039 炉灶忌受到斜阳照射

炉灶不宜受到斜阳的照射，因为这样不利风水。日暮斜阳，这种光照射到炉灶上，炉灶便会吸收了其气息，不吉。另外斜阳长期照耀着炉灶也会使其容易损坏。所以炉灶应远离窗口，尤其不能靠近西斜的窗口。若西斜的阳光能透过窗子射到炉灶上，那就要把窗户封掉一部分，直至西斜的阳光不能照射在炉灶上为止。

忌040 炉灶上方忌有横梁

厨房内如果有横梁，原则上不会构成威胁，但要记住的是：横梁不宜压灶。风水学上有"横梁压顶"的不吉利说法。书曰"栋下有灶，主阴劳怯"，意思就是说，灶上有横梁压顶，对妇女健康有害。这主要是因为以前家务多是妇女来承担，灶上有横梁压顶，易对妇女生理及心理带来不利影响。因此厨房装修时，切忌横梁压灶。如果无法改变横梁压灶的情况，可在梁上用红绳悬挂两支竹箫来化解。

忌041 炉灶忌靠近卧房的床

炉灶会产生大量的热量，尤其是在夏天做饭的时候，可以说，厨房就是一个高温热源，靠近厨房的区域热量很高。所以炉灶不宜靠近卧房的床，否则不利居住者的健康。

忌042 炉灶忌受到尖角冲射

风水学家认为尖角锋利，容易造成损害，故此对于尖角冲射很忌讳。而炉灶是一家煮食养命之所在，倘若受到尖角冲射则会对家人健康造成影响。

忌043 炉灶忌靠近窗户

厨房讲究有依有靠，当炉灶放在窗前或窗下时，就象征家庭无依无靠。因为如果炉灶离窗户太近，风会从窗户吹进厨房进而影响到火势，且容易带来安全隐患。因此要尽量避免炉灶靠近窗户。

忌044 炉灶忌低陷

将炉灶的位置设计为低于操作台面的位置，这在风水上属于"财库低陷"之局，会给家庭带来财运败退的影响，宜将台面的位置重新打平，这样才能彻底化解煞气。

忌045 炉灶忌安在水道上

炉灶忌安在水道上。这是因为一方面炉灶属火，而水道乃排水之物，水火不容，故此两者不宜接近。另一方面意味着穿肠而过，会导致财去财空。

忌046 炉灶忌在两个水性物中间

洗菜盆、冰箱及洗衣机等均属于"水性"的物件，炉灶不宜夹在这些物件之间。炉灶和洗碗盆之间要留一块缓冲地带，尤其要避免两水夹一火，比如炉灶夹在洗碗盆和洗衣机之间，否则会造成两水克一火的局面，于主人不利。

▲炉灶放在窗前象征着家庭无依无靠，而离窗户太近会使窗户进来的风影响到火势，从而带来安全隐患。

▲炉灶夹在洗菜盆、冰箱及洗衣机等"水性"的物件之间形成两水克一火的局面，于主人不利。

忌047 灶井忌相邻

风水学家一致认为,水井绝对不宜与灶台相邻。从风水的角度来说,水井为水属阴,炉灶为火属阳,一阴一阳相并列,呈对立之相,属凶相。同时厨房会有污水排出,倘若水井和炉灶相邻,厨房排出的污水就会渗入到水井中,这样水质就会受到污染,人体健康就会受到威胁。

忌048 炉灶忌与"水"对冲

水槽所产生的水气,与炉灶的火气是相冲的。所以炉灶不可与水槽或冰箱对冲。正所谓"水火不相容",水多会对煮食的炉灶有所冲克,间接地影响全家人的食欲。其实这个说法的原理是很简单的:生火的地方水气太重会产生潮气,潮气又会影响火的燃烧,从而影响烹调出的食物口味。

忌049 炉灶忌悬空

由于使用空间不足,常有人将炉灶置于外飘窗窗台或防盗网上,灶成悬空状,风水上称其为"无根灶",是大忌。古人认为最好能使炉灶"落地",认为这样善得地气,能避免破财、漏财和招惹是非。从现代的角度来说,"无根灶"存在许多安全隐患,家居不宜安置。

忌050 炉灶上忌晾衣服

千万不要将衣服晾在炉灶上,这是风水学上的大忌。另外更不可将内衣裤披在热的锅盖上烘干,否则易惹上火灾。

忌051 炉灶忌漏气

如果炉灶损坏后漏煤气,就会出现危险,伤及家人。所以,炉灶一定要定期检查、检修,防患于未然。另外,厨房是一个"水火交融"的地方,若厨房家具出现故障或者损坏,一定要及时处理,否则会影响家人的运气。

忌052 炉灶背后忌空旷

炉灶背后应靠墙,不宜空旷。倘若背后无遮挡,则火势及油烟均不易控制,也不安全。如果炉灶背后用玻璃遮挡,亦不吉,因为这正如古书所言:"凡灶门,忌窗光射之,大凶。"

▲炉灶背后空旷无遮挡,不利于控制油烟和火势,不利于安全,同时近窗受到窗光冲射也不吉。

忌053 炉灶忌用黑、红二色

在选择煮食炉或在建造灶座时,有些颜色是不宜采用的特别是红色和黑色。炉灶五行中属火,用红色不宜,因为红色也属火;另从色彩心理学上分析,红色容易

厨房风水之忌

使人脾气暴躁。而黑色则会使本就阴暗的厨房显得更加压抑，且让人不易察觉卫生死角。所以在选购炉灶或是设灶时，最好避免使用这两种颜色。

忌054 煤气炉忌设于阳台

在现代家居中许多人将煤气炉摆于阳台上，这既不合乎风水之道，也不安全。这样一则家宅的气场会因此而变弱，二则阳台的承重量是有限度的，阳台重物过多很容易引起坍塌事故的发生。一定要避免将煤气炉设在阳台上，如果暂时无法更改已经摆设在阳台上的煤气灶，可以先在阳台周边平均安置36枚古钱来稳住气场，且阳台一定要少放重物。

忌055 煤气炉忌对着阳台

煤气炉不可对着阳台。阳台本是采纳阳光的地方，热量很高，如果煤气炉对着阳台，家庭火气就会很旺盛，家人受到影响往往会虚火上升，导致人体内新陈代谢速度减缓，从而影响到身体健康。

忌056 煤气炉忌与楼梯相冲

若楼梯下冲之气直接冲到煤气炉，会造成煤气炉外围的气场不稳，易导致人精神紧张、工作不专心等。最彻底的化解方式就是将煤气炉移位。如果无法移位，可以用屏风做阻隔；如果没有空间放置屏风，建议在楼梯口安置一组五帝钱来化解。

忌057 抽油烟机忌噪音过大

在选用抽油烟机时，要注意选用隐藏式、低噪音的。过大的噪音不但影响人的心情，而且容易损坏机器本身。抽油烟机在沾染上油脂、灰尘后也会发出噪音，所以要注意经常清洁。

忌058 门和壁刀忌对着煤气炉

门切到煤气炉或壁刀对着煤气炉，容易对人的身体及精神健康带来不利影响。建议在炉灶上方被切到之处挂一只麒麟踩八卦并使其正对门或壁刀来化解。

▲ 厨房门对着炉灶，这种格局不利风水，人的身体及精神健康容易受到不良影响。

忌059 厨房墙上忌挂电子钟

厨房墙上忌挂电子钟，尤其是猫头鹰或其他带有恐怖意味的鸟兽造型，因为猫头鹰等这种恐怖造型的时钟，不利于孩子的健康成长。

忌060 厨房忌只用抽油烟机排气

厨房的抽油烟机如果持续使用太长时间，其工作效率就会受到影响。所以厨房最好采用以抽油烟机为主、换气扇为辅的排烟、排味、通风换气的方式。中国菜烹饪时会产生较多的油烟，所以在炉灶之上应该安装抽油烟机。同时，在棚顶或窗上安装换气扇，协助换气，以便把油烟尽快抽到窗外，保持厨房的清洁。

忌061 冰箱忌摆放不当

有些人认为冰箱应该压在凶方，因为冰箱既冷又沉重，把它摆在凶方镇压凶星，最为理想。另一些人则认为冰箱应该摆在吉方，因为：第一，冰箱是储蓄一家饮食所需的用具，倘若摆放在凶方，实在不大适宜。第二，风水学上讲究"凶方宜静不宜动"，冰箱一天二十四小时不停地运作，放在凶方会惊动凶星，刺激它肆虐逞威，故不适宜。从科学的角度上说，冰箱放在风水中的吉位还是凶位并不重要，重要的是应放在方便使用、距离热源远、通风、干燥、清洁和距卧室较远的位置，这才是真正意义上的吉位。

忌062 冰箱忌放置在南方

冰箱不宜放置在南方。从风水上说，冰箱属水，南方属火，水火相克，容易导致家人运气不好。从生活角度来说，南方接受阳光照射的时间比较多，温度也相对较高，而冰箱是制冷电器，要尽量避免高温，所以最好不要将冰箱放置在南方。

忌063 冰箱门忌正对灶口

现代住宅常见的问题之一是因居家空间不足，而导致冰箱门正对灶口。在这种情况下冰箱会容易受油烟所污，导致其内食品受污染、变质，而其外则受油烟熏燎，易脏，冰箱的使用寿命也会因此大大缩短。同时，在风水学上，冰箱为水、炉灶为火，二者相对会水火相冲，人夹在其中烹饪，身体健康会受到影响。

▲ 放置在厨房的冰箱门正对灶口会使冰箱易受油烟所污，其内的食品也容易受污染变质。

忌064 冰箱忌放于阳台上

冰箱若放置在开放的阳台上，不吉。在风水学上冰箱是家中财库，将冰箱放置在阳台为财库外露之格，不利财运。另外，最重要的是这会给日常生活带来诸多不便，甚至可能导致危险的发生。

忌065 冰箱忌靠近灶台、洗菜池

冰箱是厨房中不可或缺的一部分，但它的位置不宜靠近灶台，也不宜靠近洗菜

池。因为灶台经常产生热量，会影响冰箱内的温度，而洗菜池中溅出来的水则可能会导致冰箱漏电。

忌066 冰箱忌空无一物

冰箱代表一家人的财库，因此特别忌空无一物。冰箱食材丰盛象征家中衣食无忧，相反则象征一贫如洗。另外从居家方便的角度来说，冰箱也不适宜空空如也。

忌067 洗衣机忌放置在厨房中

有些人在布置卫生间时把在卫生间中放不下的洗衣机移到厨房，平时为了方便，便在厨房洗涤衣服。在风水上这是很忌讳的，古人认为厨房是灶君之所在，十分神圣，在其间洗涤不洁的衣服，会影响运气，所以不宜把洗衣机放置在厨房。如果实在无法将其放在厨房以外的地方，那在洗涤衣物时，宜把洗衣机挪到厨房外使用。

忌068 空调忌直对灶火

厨房的炉灶是全家人填饱肚子的炊具，若空调直接对灶火，会让灶火不旺，间接地破坏烹饪中食物的能量，进而影响居住者的身体健康。另外，灶火也代表性，空调对灶火对夫妻性生活也很有影响。

忌069 厨房橱柜忌摆得太多

有些人唯恐厨房的存储空间不够，喜欢选择柜体较多的橱柜。但橱柜的选择不是多多益善，而应该是合理有效。过多的橱柜不但占去了活动区域，还会使厨房显得沉重、压抑，并会造成光照死角。

忌070 餐具忌暴露在外

厨房里锅、碗、瓢、盆等物品既多又杂，如果暴露在外，易沾油污又难清洗。因此，厨房里的家具应尽量采用封闭的形式，将各种用具、物品分门别类储藏于柜内，既卫生又整齐。

▲厨房放置洗衣机在风水上是非常忌讳的，在厨房洗涤不洁的衣服会影响运气。

▲暴露在外的餐具，易沾油污且难以清洗，应将其分门别类储藏于柜内，这样既卫生又整齐。

忌071 厨房刀具忌悬挂在墙上

厨房中的各种菜刀或水果刀不应悬挂在墙上，或插在刀架上，应该放入抽屉收好。特别是对于有小孩的家庭，菜刀外露不安全，从风水学上，外露的刀有煞气，于居家不利。

忌072 锅与铲用过后忌放在一起

锅和铲使用后不宜放在一起，这两种用具平时用来炒菜吱吱喳喳响个不停，如果用过后不清洗或是清洗后放在一起，是不吉利的，最好分开放。

忌073 厨房忌放置过多杂物

厨房宜布置得整齐清洁，不宜摆放过多杂物。厨房摆放的杂物过多会导致空间狭窄、昏暗、阴湿等。这样的环境最易滋生蚊虫鼠蚁，对全家人的健康造成很大的威胁。同时，厨房的卫生环境若不理想，还会影响人在炒菜煮饭时的情绪与心情，这样做出来的食物，色、香、味都会大打折扣，当然也会影响全家人的食欲和健康。

忌074 厨房内忌放置餐桌

一些家庭喜欢将餐桌放在厨房里，这边烧好菜，那边就用餐，非常方便，避免了过长的食物运送过程。但这在风水学上是不适宜的。因为厨房是处理膳食的地方，不管怎么小心还是会有一定的秽气，厨房的空气受到熏染，不利饮食。且炉灶属火，经常燃烧，温度很高，人身处其中会受到不良影响。

忌075 刀和砧板用过后忌放在一起

用刀切东西，一刀一刀都斩在砧板上，这两者用过后也应分开放，不要"砰"一声就把刀插在砧板上，这样煞气很重。

忌076 臼和棒忌迎着放

臼不能够连着棒迎着放，否则会令家人大小事情都吵闹一番。正确的方法是把臼倒盖，然后将棒置放在上面。总的来说，一公一母的器皿最好不要一起放，否则夫妻容易动干戈。

忌077 厨房忌有卫生死角

厨房是最容易堆积灰尘、污垢和滋生细菌的地方。在设计厨房时，应尽可能采用封闭式柜体，如吊橱封到顶，煤气柜、水池下部也最好落地封实。这样不但节省了材料，最重要的是减少了可能出现的卫生死角。在打扫厨房时一定要将一些边角位置都清理干净，避免出现卫生死角。

忌078 厨房内忌晾衣服

厨房内不宜晾晒衣服。在厨房内晾衣服会使运气变差。虽然这种推断似乎有些以偏概全，但烹饪料理五行属火，洗过的衣服五行属水，水火相克，不吉。另外厨房总会有一些油烟味，衣服晾在其中自然就会沾上油烟的味道，穿在身上就会对人本身的气场造成一定的不良影响，使运气阻滞，不利健康。

厨房风水之忌

忌079 厨房忌阴暗潮湿

如果厨房不能定期清洁，里面会有水淤积，就容易造成厨房阴暗潮湿，并散发出难闻的气味，这样很不卫生，而该气味还会漫延到整个居室，影响到家人健康。

忌080 厨房的镜子忌照炉火

镜子在厨房风水中的运用有正反两面的效果，镜子正确摆设可改善或增进风水状况，但若摆设不当，则会给居住者造成很大的伤害。厨房悬挂镜子的禁忌之一就是镜子忌直照炉火。镜子若悬挂在炉灶后面的墙上，又照到锅中的食物，伤害更大，这种"天门火"的格局，从居住风水上讲会使住宅遭受火灾或其他不幸。相反，若在进餐区内悬挂镜子映照着桌上的食物，则既会刺激家人食欲，又会增加家中的财富。

忌081 有孕妇的家庭忌改造厨房

对于有孕妇的家庭来说，切忌改造厨房或挪动炉灶。这种说法的理由有三个：第一，古人认为孕妇属于不洁之人，家中有孕妇就要避开破土开工等神圣的工事，以免亵渎神明；第二，改造房子的工程繁重，孕妇最忌过度操劳，稍有不慎都有流产的危险；第三，新装修的房子并不是很干爽的，过重的湿气对孕妇会有不良的影响。

忌082 厨房忌摆放金鱼缸

厨房不宜摆放金鱼缸。因为金鱼缸五行属水，而且还是水性很高的物品，将其摆在厨房对着炉灶会构成水火相战的局面。

忌083 厨房的墙面装饰忌过多

厨房的墙面装饰不宜过多。厨房的装饰性主要是通过厨房的基本设施来体现，装饰性也要服务于这些基本设施功能的需要。一些基本炊具的合理摆放、挂置，同时也是装饰厨房墙面的因素，也能达到较好的装饰效果。

忌084 厨房忌摆放娇弱的植物

娇弱的植物不适宜摆放在厨房。这是因为厨房的门开开关关，加上厨房到处都是散发高热的炉子、烤箱、冰箱等家用电器，很容易导致植物干枯。

▲娇弱的植物放置在厨房中，厨房内的油烟及火气容易使其干枯及受到污染。

第九章

餐厅与吧台风水宜忌

餐厅是人补充能量之所，与户主关系密切。餐厅除了追求自然、高雅、朴实、个性之外，更讲究勘探地理气场的学问——风水。相同的餐厅，不同的布局会产生不同的风水，从而为住者带来不同的家运。吧台是现代时尚家居中供家人品酒休闲或朋友之间倾心交谈的处所，吧台的功能主要体现在"休闲"两字上，其设计与装饰既可体现主人的气度涵养和生活品质，更关乎家宅运程。

餐厅风水之宜

布局成功、装饰得当的餐厅使人在进餐的时候精神松弛舒泰、心情愉悦，从而能尽情享受人间美食，还有益于用餐者沟通交流，促进家庭成员之间的和谐相处。因此，餐厅在选择方位、设计布局、安放家具、装饰美化的时候既要讲究科学合理，又要有利于风水。

宜001 餐厅宜位于住宅中心

餐厅宜位于住宅的中心位置。餐厅位于住宅中心，不仅方便家人的日常生活，从风水角度来讲更有利于家庭团结、财运亨通，能有效地提升家人运气。但是需要注意的是餐厅不可直对着住宅的前门或后门。

▲位于住宅中心的餐厅可方便家人的日常生活，从风水角度来讲也有利于家庭团结、财运亨通，能有效地提升家人运气。

宜003 餐厅宜设在住宅南方

餐厅也宜设在住宅的南方，因为南方日照光线也比较充足，能给人温暖的感觉，更容易营造出温馨的就餐环境，让家人尽情地享用美食。而且南面属火，餐厅设在南面可令家道如火势燎原，日益兴旺。

▲住宅的南方日光充沛，给人温暖之感，可营造出温馨的就餐氛围，餐厅设在此处能让家人尽情地享用美食。

宜002 餐厅宜与厨房相邻

餐厅和厨房的位置最好相邻，一出厨房就是餐厅更佳，因为餐厅设在厨房旁边方便就餐，能够保证饭菜的新鲜和热度。要避免二者相距过远。

宜004 餐厅宜设在住宅的东方

餐厅还适合设在住宅的东方，这个方向是太阳升起后最早照射的地方，能给人勃勃生机和活力。如果在此方位吃早餐，能激发家人积极向上的进取心。

宜005 餐厅的格局宜方正

餐厅的格局讲究方正，通常方方正正的空间格局寓意做人堂堂正正，如果再搭配上方形餐桌或圆椅子，这样方圆组合，就会别有韵味。不仅吃饭的时候起坐舒适，使人能在身心放松的情况下愉快地就餐，而且比较容易接受到好的运气。

宜006 餐厅相对的墙面窗户宜聚气

餐厅墙面窗户应聚气，不宜窗与窗正对。餐厅墙壁的一面设置了窗户即可，不需两面都开窗。如果餐厅两侧都开设了窗户，那么就应将两个窗户错开，不要正面相对。因为，两窗相对时，气会从一面墙的窗户进入，再从另一面墙上的窗户流出，无法聚气，不利于住宅的气运。同时，两扇窗户相对的局面，还会让风直吹到用餐者，容易给用餐者带来健康上的不利。

宜007 餐厅宜设在东南方

设置餐厅有以下几个吉方，即住宅的东、东南、南与北方。最好的餐厅位置是设在东南方，因为东南方有"辰巳黄金水"之称，餐厅设在这个方位有家运兴隆的吉兆。另外此处空气足，光线好，比较容易营造出温馨的就餐氛围，有益健康。

宜008 餐厅宜在客厅和厨房之间

餐厅宜设在厨房与客厅之间。这种格局可增进家庭成员关系的和谐。从实用角度来看，这样能最大限度地节省上菜以及人们从客厅到餐厅就餐耗费的时间，同时可避免菜汤、食物过快冷却或弄脏地板。如果餐厅与客厅设在同一个房间，应当与客厅在空间上有所分隔，具体可通过矮柜、组合柜或软装饰作半开放式或封闭式的分隔。

▲ 餐厅的墙面宜藏风纳气，其一面设置了窗户即可，不宜两面墙壁都开窗，否则无法聚气，不利财运。

▲ 设置在厨房与客厅之间的餐厅方便家人就餐，同时还可增进家庭成员之间关系的和谐。

宜009 餐桌宜摆在吉方位

餐桌是餐厅里最重要的家具，是家庭成员享用美食的地方，所以一定要选择最佳位置摆放。餐桌可以摆在生气、延年或天医的位置，这样会令家庭财运亨通、家人身体健康、生活幸福美满。

宜010 餐厅的天花及地板宜平整

餐厅是一家老少围桌共食的地方，若有倾斜或凹凸在风水学上不吉利，易导致家口不宁。因此，餐厅的地板和天花都须平整。

宜011 餐厅天花宜区别于其他区域

餐厅的天花设计对整个餐厅设计非常重要，因为很多餐厅与客厅，或餐厅与厨房之间是连接的不做任何隔断，这就需要在天花吊板做区分，展现丰富的多层次空间变化，使住宅整体设计功能区域表现明显。

宜012 餐桌宜选圆形或方形

中国的传统宇宙观是天圆地方，日常用具也大多以圆形或方形为主，传统的餐桌便是最典型的例子。传统的餐桌形如满月，象征一家老少团圆，亲密无间，能够聚拢人气，营造出良好的进餐气氛。方形的餐桌，小的可坐四人，称为四仙桌；大的可坐八人，又称八仙桌，象征八仙聚会，属大吉。方桌方正平稳，象征公平与稳重，因此被人们广泛采用。圆桌或方桌在家庭人口较少时适用，而椭圆桌或长方桌在人口较多时适用，设置时宜根据人口数量加以选用。

宜013 大餐厅宜选用方形餐桌

面积比较大的餐厅（15平方米以上）若选用方桌，能凝聚人气，增强财运。方桌是四面开方的，有"广纳四方财运"的风水效应。

▲餐厅的天花吊板区别与客厅的天花设计，能体现丰富的多层次空间变化，使住宅整体设计功能区域表现明显。

▲方桌四面开方，有"广纳四方财运"的风水效应，放置在大餐厅之中能凝聚人气，增强财运。

宜014 餐厅地面宜耐磨、耐脏

餐厅是家人聚集在一起就餐的地方，活动频繁，地面容易弄脏或受损，所以其装饰材料宜以各种耐磨、耐脏的瓷砖和复合木地板作为首选。利用这两种地面装饰材料，可以变换出无数种装修风格和式样。而合理利用石材和地毯，又能使餐厅空间的局部地面变得丰富多彩。

宜015 餐厅宜使用实木家具

居家餐厅布置应多使用实木家具，尤其是餐桌宜选用实木材质。实木家具富有亲和力，清新环保，带有自然的本色，利于家庭吸纳有益的气。另外实木材质的家具借助布艺、鲜花、挂画、灯光等装饰的烘托，还可以增强餐厅的"阳气"，让餐厅呈现出和谐的暖色调。

▲ 实木家具富有亲和力，清新环保，带有自然的本色，餐厅使用实木家具有利于家庭吸纳有益的气。

宜016 餐桌的尺寸宜合理

餐桌的大小尺寸要尽量和餐厅大小相协调。

圆桌：如果客厅、餐厅的家具都是方形或长方形的，圆桌面直径可从150毫米递增。在一般中小型住宅中，如用直径1200毫米餐桌则显过大，可定做一张直径1140毫米的圆桌，这样看起来空间会比较宽敞。直径在900毫米以上的餐桌，虽可坐多人，但不宜摆放过多的固定椅子。如果直径为1200毫米的餐桌，放8张椅子就很拥挤。平时可以只放4～6张椅子，人多时加用折椅。折椅平时可放在贮物室，不占空间。使用圆桌就餐有一个好处，就是就座的人数上可以有较大的伸缩性。人多时，只要把椅子拉离桌面一点，就可以容纳得下，不存在使用方桌时坐转角位不方便的弊端。

方桌：760毫米×760毫米的方桌和1070毫米×760毫米的长方形桌是常用的餐桌尺寸。如果椅子可伸入桌底，即便是很小的角落，也可以放一张六座位的餐桌。用餐时，只把餐椅拉出一些就可以了。760毫米的餐桌宽度是标准尺寸，至少不小于（700毫米），否则就餐时会因餐桌太窄而互相碰脚。餐桌的脚最好是缩在中间，如果四只脚安排在四角，就很不方便。桌面低些，就餐时可对餐桌上的食品看得清楚些。一般桌高为710毫米，配415毫米高度的座椅。

开合桌：开合桌又称伸展式餐桌，可由一张900毫米方桌或直径1050毫米的圆桌变成1350～1700毫米的长桌或椭圆桌（有各种尺寸），很适合中小型单位会客时使用。

宜017 餐桌颜色宜配合宅主风水命

现代餐桌的颜色五彩缤纷，各种色调皆有。在选择颜色时，最好配合宅主风水命，以具有生旺作用的颜色为宜。例如，当宅主风水命是三碧四绿命时，配合的颜色应该是绿色和青色，而生旺色是黑色和灰色；当宅主风水命是九紫命时，配合色是红色和紫色，生旺色是绿色和青色。可参考以下简表：

餐桌颜色与宅主风水命表

宅主风水命	配合色	生旺色
三碧四绿命	绿色、青色	黑色、灰色
九紫命	红色、紫色	绿色、青色
二黑五黄八白命	啡色、黄色	红色、紫色
六白七赤命	白色、银色	啡色、黄色
一白命	黄色、灰色	白色、银色

宜018 餐桌上方宜平整

餐桌之上宜平整，不宜倾斜，否则会对家人健康不利。如果不能把餐桌移至斜顶遮挡的范围之外，则可用假天花把斜顶填平。餐桌若是处于楼梯下，则可把两盆开运竹摆放在楼梯底化解。

宜019 餐具上宜有吉祥图案

选择餐具宜选用传统的碗、盘、碟、筷，这些餐具一般造型典雅、形态饱满祥和，多采用龙、蝙蝠或桃子等吉祥图案作为装饰，能给就餐者带来好运。

▲ 餐桌上方四方平整，有利于家人的身体健康和家庭的运气。

▲ 餐厅餐具选用传统的图案作为装饰，会给使用者带来吉祥，增添好运。

宜020 餐椅座位数宜为幸运数字

餐椅的座位数对家运也有一定影响，最好是6、8、9等属阳的幸运数字。一般家中的用餐人数都是固定的，不过在宴客时可事先安排好该请几位客人。

宜021 用餐时老人宜坐在主位

家中每位成员用餐时的方位也比较重要，宜让家中的老年人坐在主位，其次是男主人。这样有利于家庭的和睦及塑造男主人的权威，对老年人的身体、男主人的事业也都有帮助。

宜022 用餐时宜坐在本命卦的吉方

家中的每位成员用餐时都应朝向自己本命卦的四个吉方之一而坐。家中长辈面对天乙贵人方而坐，可长保健康；家中负责生计者的座位应朝生气方而坐；母亲则应朝延年方而坐，这也代表着家庭婆媳关系和谐；求学的子女最好朝向伏位，有旺文昌运的效果。

宜023 餐具宜体现自然和谐之趣

餐具的"自然化"体现在自然材质的选用、造型上模仿自然物以及色彩上用色原始而浓烈。如木质碗筷、贝壳平碟、椰壳烛台、黄瓜形橄榄架、花朵碟等，这类餐具充满自然趣味，不仅能激发人的食欲还能培养人对自然和生活的热爱之感。

宜024 餐椅与餐桌宜相配

餐椅是与餐桌一起使用的家具，因此切记要与餐桌相配，以便在座位与桌子之间给膝盖留出足够大的空间。如果餐厅面积足够，就可选用有扶手的椅子，但是它们会占据更多的空间，饭后椅子也不容易塞到桌子下面。如果空间较小，选择可以堆叠的椅子更为合理。另外，选用的餐椅一定要有靠背，椅子有靠表示食禄不断。餐椅不能有轮子或单脚，这样是不稳的象征。无靠的圆凳，只适合商家，如放置在家庭作为餐椅会带来越吃越穷的窘境。

▲ 家庭成员在就餐时宜朝向自己本命卦的四个吉方之一而坐，长辈宜面对天乙贵人方，家中负责生计者朝生气方而坐，母亲宜朝延年方。

▲ 餐椅与餐桌宜相配，这样不仅方便就餐，也有益于居家环境的整齐美观，而积足够的话可选用有扶手的椅子。

宜025 餐具颜色宜配合主人的五行

现在餐具的颜色可以说是五彩缤纷，各种色调都有。选择颜色方面，最好配合主人五行，以具有生旺作用的为宜，附下表方便查询：

与主人五行相宜的餐桌颜色表

后天五行	配合色	生旺色
木	绿色	青色、黑色、灰色
火	红色	紫色、绿色、青色
土	咖啡色	黄色、红色、紫色
金	白色	银色、咖啡色、黄色
水	黑色	灰色、白色、银色

宜026 餐厅宜摆放橱柜或酒柜

餐厅可摆放大小适当的橱柜或酒柜，柜内可摆放些不需冷藏的食品、饮料、酒类，这样不仅方便日常使用，还能产生装饰效果。

宜027 冰箱宜放置在餐厅北方

冰箱通常放置在厨房内，不过也有摆在餐厅的。如餐厅内设置冰箱，最好是朝北方摆放，因为朝北可纳北方寒气，并且可以避免水火不容、家中多口角等。冰箱属水，北方为水，这能助旺餐厅风水。

宜028 餐厅宜有音响

在餐厅的角落最好安置音响，以便用餐时刻享受美妙的音乐。适时播放轻柔美妙的背景乐曲，医学上认为可以促进人体内消化酶的分泌，提升胃的蠕动水平，有利于食物消化。

宜029 餐厅宜装设镜子

在用餐区装设镜子，映照出餐桌上的食物，在风水上能产生使财富加倍的效果。这是家中唯一可以悬挂镜子映照食物的地方，其他诸如厨房绝对不能挂镜子，否则会导致意外发生。

▲ 镜子安装在餐厅的就餐区，映照出餐桌上的食物，就能产生使财富加倍的风水效果。

宜030 餐厅宜摆放福禄寿三仙

餐厅适合摆放福禄寿三仙，分别象征健康、财富和长寿，它们除了观赏装饰作用外还会给家人带来好运。另外，可摆放一些风水水果挂画，如橘子代表富贵、桃子代表健康长寿，石榴代表多子多孙。

宜031 餐厅宜悬挂利于进食的图画

餐厅最好选择可为轻松进食提供和谐背景的图画。赏心悦目的食品写生、欢宴场景或意境悠远的风景画均可，而通常放在餐具柜上的真水果，鲜翠欲滴，也有同样的效果。

宜032 餐厅宜用装饰品点缀

美好的环境能给用餐者带来好心情，增进食欲。因此餐厅可用植物、壁画等来点缀，这能使人改变视觉角度，从而变换自己的心情，并能增强人的运气。

宜033 餐厅装饰布置宜阴阳调和

餐厅装饰布置要讲究阴阳调和，在阴阳平衡上略偏阳性。因此祖先画像或古董家具等属阴的物品最好不要摆在餐厅，因为阴气太重有损家运。另一方面，阳气过盛也会造成家庭失和。

宜034 瓶花宜与餐桌的布局协调

现在许多家庭都在餐桌上摆放瓶花，这是一种不错的装饰。在设置上，要注意瓶花与餐桌的布局相协调。长方形的餐桌上，瓶花的插置宜构成三角形；圆形餐桌上，瓶花的插置以构成圆形为好。同时还须注意，餐厅主要是品尝美味佳肴的地方，故不可用浓香品种的花，以免干扰食物的味道，使人产生不适的感觉，进而影响心情。

▲一副壁画点缀在餐厅的墙壁，给餐厅带来许多明媚优雅的气息，从而变换了人的心情，增强人的运气。

▲餐桌上的瓶花与餐桌的布局相协调，相映成趣，营造出美好的气氛，能让人性情舒畅。

宜035 餐厅植物宜避开有害品种

布置餐厅的绿化植物时要特别注意避免选用一些有毒的对人体有害的品种。如玉丁香久闻会引起烦闷气喘，影响记忆力；夜来香夜间排出废气，使高血压、心脏病患者感到郁闷；郁金香含毒碱，连续接触两个小时以上会头昏；含羞草有毒碱，经常接触会引起毛发脱落；松柏会影响食欲。

宜036 餐厅宜放置植物

餐厅是象征健康、福气以及富足的地方，美化这里的环境可以让人在增强健康的同时获得更多财富。在餐厅稍微点缀一点绿意，带来的将是无限的生机，如秋海棠和圣诞花之类，可以增添欢乐的气氛。也可将富有色彩变化的吊兰置于木质的分隔柜上，可以把餐厅和其他功能区分开。

宜037 宜根据方位摆放餐厅植物

植物的摆放可根据方位来选择，东方在五行中属木，将植物放置在东方，代表家庭幸福家人身体健康；东南方在五行中也属木，将植物放置在东南方，代表着拥有财富与成功；南方在五行中属火，将植物放置在南方，代表拥有声誉与学识；北方在五行中属水，将植物放置在北方，代表着拥有事业。因为土行会破坏中心，且与金行相克，所以应避免将植物放在西南、东北以及中间位置，当然，也要避免放到金行的方位——西方与西北方。

宜038 餐厅绿化植物比例宜适度

餐厅绿化植物与餐厅内空间高度及阔度宜成比例，过大过小都会影响美感。一般来说，餐厅内绿化面积最多不得超过餐厅面积的10%，这样室内才有一种开阔感，否则会使人觉得压抑，影响用餐的心情。

▲在餐厅合适的位置稍微点缀一点绿意，带来无尽生机，能让人赏心悦目地享受美味。

▲餐厅内放置的植物比例恰当，营造出恰到好处的美感，给人带来舒适灵动的感觉。

宜039 **宜根据需要选用餐厅光源**

对于餐厅可以依据自己的需要，运用不同光源组合变化，创造出温暖的气氛或戏剧性效果。可选择嵌在天花板上的照明灯。朝天壁灯也是一个相当好的光源，比起吊灯，它会为房间增加更多的戏剧性。此外，桌灯或立式台灯也都能创造出温馨的气氛且可以摆放在屋里的任何角落。

宜040 **餐厅宜采光充足**

对于一个餐厅来说，视觉上的明亮干净是非常重要的。因此，餐厅十分讲究采光充足。从风水环境来说，充足的日照会使家道日益兴旺。因此，餐厅最好在南面开窗户，以利采光。

宜041 **植物色彩与餐厅环境宜和谐**

植物的色彩宜与餐厅整体环境相和谐。一般来说，最好用对比的手法，如背景为亮色调或浅色调，选择植物时应以深沉的观叶植物或鲜丽的花卉为好，这样能突出立体感。

宜042 **餐桌上方宜安装照明灯**

中国人吃饭讲究"色、香、味"俱全，但好的饭菜如果没有合适的灯光也会逊色很多，因此，餐桌上方宜安装照明灯。餐桌上方宜安置造型独特、光线柔和、色彩素雅的可以调整高度的吊灯。这不但方便用餐，更能调动人的食欲。淡淡的灯光静静地映照在热气腾腾的佳肴上，可以刺激人的食欲，营造出家的温馨气氛，也能促进家人身心健康。

▲餐厅采光充足，不仅能给人视觉上的干净明亮，而且充足的光照更有益于人身心健康，能使家道日益兴旺。

▲餐桌上方造型独特、光线柔和、色彩素雅的可以调整高度的吊灯照射着桌上的美味，可刺激人的食欲，让人垂涎，淡淡的灯光形成温馨的就餐氛围，令人陶醉。

宜043 餐厅宜灯光柔和

餐厅的灯光宜柔和淡雅，以营造出温馨的家庭气氛，有利于形成家庭和睦温暖的就餐氛围。

▲柔和淡雅的光线，刺激着人的食欲，营造出温馨的家庭气氛，让人倍感家庭之乐。

宜045 餐厅色彩宜注重稳重感

在对餐厅进行色彩搭配时，要注意天花板色调宜浅，墙面宜用中间色调，地面色调则宜深，以增加稳重感。

▲清新浅淡的天花，柔和温暖的墙面，稳重典雅的木地板使餐厅整体呈现出稳重的格调。

宜044 餐厅颜色宜用暖色系

对于餐厅色彩，宜以明朗轻快的色调为主，最好采用暖色系（即黄色系或红色系），这类色彩既可以给人温馨感又能刺激食欲，增加能量，有利健康。

▲暖色系的灯光在给人温馨感的同时又能刺激食欲，增加能量，有利健康。

宜046 餐厅摆放的植物宜耐阴

因餐厅内一般是封闭的空间，选择植物最好以耐阴的观叶植物或半阴生植物为主。东西向餐厅养文竹、万年青、旱伞；北向餐厅养龟背竹、棕竹、虎尾兰、印度橡皮树等。

▲餐厅的植物最好以耐阴的观叶植物或半阴生植物为主，以方便护理。

餐厅风水之忌

餐厅是家人用餐之地，布局装饰恰当则会增进家运，促进家庭和睦。需要注意的是餐厅的设置、装饰在风水学上同样很有讲究。如餐厅不宜设在西方、西北方及西南方，餐厅不宜有太多的尖角，饰品不宜过多等。在布置装饰餐厅的时候千万要留心。

忌001 餐厅忌设在西方、西北方

餐厅忌设在房屋的西方和西北方。如果餐厅设置在房屋的西方，下午太阳西晒，食物容易变质，从风水上说，这也容易让人形成懒散和好吃的习惯。餐厅也不宜设在西北方，西北方的寒气比较重不适宜日常就餐，同时餐厅若设在西北方还会使用餐者情绪不够明朗和稳定。

忌002 餐厅忌设在西南方

餐厅最好不要设在住宅西南方。从风水角度分析，西南方为飞星二黑管事，二黑代表疾病，餐厅设在西南不利于家人身体健康，尤其对女性不利。

忌003 餐厅忌位于卫浴间的正下方

餐厅的正上方不宜是卫浴间，也就是说餐厅忌位于上一层楼厕所的正下方。因为餐厅是一家人用餐的地方，而卫浴间是排泄污秽的地方，有较重的秽气和湿气，坐在下面用餐会让人缺乏胃口，影响食欲。这种格局不利于家人的健康，也会影响家运。

忌004 餐厅忌设在厨房中

厨房最好不要与餐厅合二为一，两者的空间划分要清楚。因为厨房在风水上代表着财源，而餐厅则象征开销、花费，两者相合，在风水上会形成家庭理财失衡，难以积累财富。另外，因厨房中油烟及热气较大，食物放在其中味道容易受到影响，同时人在其中就餐不利于健康。如果空间有限，厨房和餐厅不得不合并的话，要注意不能使厨房的烹饪活动受到干扰，同时也不能破坏进餐的气氛。要尽量使厨房和餐厅有自然的界线，或使餐桌远离厨具。

▲设置在厨房中的餐厅在风水上会形成家庭理财失衡，难以积累财富，而餐厨合一从卫生的角度来说也不宜。

忌005 "楼中楼"的餐厅忌位于楼下

如果是复式或者别墅的住宅,餐厅最好不要设在楼下。因为气是往上升的,"楼中楼"设计的餐厅应位于楼上才能带来好运气。在楼上用餐,环境优雅,在楼下用餐则易受来访者的干扰。

忌006 餐厅忌有太多的尖角

传统的居住风水学认为,尖锐带角的墙和梁柱会带来不好的风水。因此餐厅内不宜有太多尖角,否则会影响健康运和财运。如果因为某些原因,不得不选择有尖角的房子作餐厅,则可用橱柜隔开以弥补缺憾。餐桌的形状也不宜带有尖角,因为尖角容易引起碰伤,对健康有损。而餐厅座椅更忌带有尖角,因为带有尖角的座椅会影响就餐时的心情,尖角角度愈小便愈尖锐,不利因素也就愈大。

▲餐厅的方形玻璃餐桌也会形成尖角,从风水的角度来说这易产生煞气,从安全的角度来说,尖角锋利,容易引起碰伤。

忌007 餐厅忌正对住宅前门或后门

餐厅不可正对住宅的前门或后门。出现这种情况就如同厨房的门正对大门一样,会使来访的客人直接看到餐桌。餐桌象征着家庭的财富,被来访的客人看见是不合适的,应尽量避免。如果实在避免不了,可以使用屏风遮挡。

忌008 餐厅忌正对卫生间的门

餐厅不宜正对卫生间的门,出现这样的情况比厨房的门正对卫生间的门更为糟糕。厨房的食物仅仅是处于烹饪过程中,而餐厅的食物处在享用过程中,在享受食物带给人的愉悦的过程中,来自卫生间的异味会严重影响就餐情绪。

忌009 餐厅的天花板忌贴镜子

有很多家庭会在餐厅的天花板上贴镜子,殊不知镜子会对下面的物体产生反射,形成下面是食品的实品,上面是食品的虚像的局面,两相对应,导致吃的气容易散掉,所以餐厅的天花板不宜贴镜。

忌010 餐厅忌空间小而家具多

餐厅空间过小,家具过多、过大,在摆设时也会带来诸多不便。另外,过于紧凑的空间环境对风水会产生一些不利影响,如使人压力过大等。因此,在选择餐厅家具时,宜力求实用、美观,忌在小面积的空间里强行塞入过多、过大的家具。

忌011 餐厅地面忌用冷色材质

餐厅地面不宜用冷色材质，如铝片、瓷砖、不锈钢。因为餐厅容易被洒上油污和水，使用此类材料不防滑，不易干燥，且易弄脏。餐厅地面在材料选择上宜用其他材料，如上光漆木质地面等。

忌012 餐厅通道忌过多

餐桌是全家人用餐的地方，要有宁静舒适的环境才可闲适地享用美餐，因此，餐厅不宜通道过多。如果餐厅多通道，则犹如置身在漩涡中，令人产生危机感，使人坐立不安。这种情况要尽量设法改善。

忌013 餐厅忌开设落地窗

餐厅在开设窗户时注意要避免开设落地窗，因为落地窗视野太宽阔会影响食欲，而且桌椅移动时还容易撞到下层玻璃。如果已经开设有落地窗，则应该挂上窗帘。

▲地窗视野太宽阔会吸引人的目光从而影响食欲，桌椅移动时还容易撞击到下层玻璃，引发危险，宜挂上窗帘。

忌014 餐厅忌空间大而家具小

餐厅的空间过大，家具过小，会形成空旷寂寥的局面，不利于财运。从装潢角度来看这种布置也有碍美观。

忌015 餐桌忌摆在不利家宅的方位

餐桌不宜摆放在对家宅不利的方位。所谓不利的方位是指与户主五行不合的方位，比如男主人属于东四命，便要避免在西、西南、西北以及东北这四个方位摆放餐桌；如果户主属于西四命，便要避免在东南、东、南及北方摆放餐桌。

忌016 餐桌忌正对神台

神台是供奉神及祖先之处，毕竟因为阴阳异路，仙凡有别，不宜与凡人进食之处太接近。故严格来说，餐厅最好不要摆放神台，餐桌更不能正对神台。倘若神台供奉的是观音、佛祖诸佛，正面相对便会显得格格不入，因为他们是戒杀生而喜素吃斋的，而一般人家吃饭却常有大鱼大肉。如有可能，应使餐桌尽量与神台保持一段距离，最重要的是要把餐桌移开，不要与神台形成一条直线。

忌017 餐桌忌摆放在通道上

通常在客厅与餐厅之间都有个通道，千万不要将餐桌摆放在通道上。通道是家人行走的地方，不聚气，用餐时容易受到干扰，而且餐桌还堵塞了通道，不方便家人的日常生活。

忌018 餐桌忌与大门直冲

住宅风水讲究宜回旋、忌直冲,如有犯冲便会导致住宅的元气外泄,风水会大受影响。若餐桌与大门成一条直线,站在门外便可以看见一家大小在吃饭,非常不妥。建议把餐桌移开,但如果确无可移之处,可以放置屏风或板墙作为遮挡。

忌020 餐桌忌正对厨房门

厨房经常有油烟排出,温度较高,餐桌放在厨房门对面,对家人的健康不利,时间长了会令人变得脾气暴躁。因此,餐桌不要正对着厨房的门摆放,如果无法避免,可用帘子遮挡,或者经常将厨房门关上。

▲ 餐桌与大门成一条直线,站在门外便可以看见一家大小在吃饭,这是不良之局,容易导致住宅的元气外泄。

▲ 正对着厨房门的餐桌,会受到厨房秽气的冲袭,对家人的健康不利,时间长了还会使人脾气暴躁。

忌019 餐桌忌正对厕所门

餐桌切忌被厕所门直冲。厕所在风水上被视为"出秽"的不洁之处,越隐蔽越好,如正对餐桌,不仅影响人的食欲,也不利健康。如果餐桌与厕所直冲,应尽快把餐桌移到别的位置。如果确实无法移开,则可以在餐桌的正中摆放一个小水盆,用水浸养铁树或开运竹,以此方法进行化解。

忌021 餐桌忌摆在气浊杂物多之处

餐桌所在的位置应该是气清洁而杂物少的,因为进食之处,其气宜清不宜浊,多杂物则多浊气,对于饮食健康不利。

忌022 餐桌忌在空调的下方或附近

空调使用过一段时间后常会有灰尘堆积,如果餐厅里的空调直吹餐桌,灰尘很有可能被吹到食物里。另一方面这样也容易使桌上美味的食物更快凉掉,所以餐厅里的空调最好不要装在餐桌的上方或附近。

忌023 用餐时忌坐在桌角

餐桌最好用圆形或椭圆形，如果用方形餐桌则要避免有尖锐的桌角，同时在用餐的时候不要坐在桌角的位置，以免被煞气冲到。

忌024 餐椅的材质忌为金属

餐椅的材料忌金属，因为金属会泄气。如椅背是金属的就不太好。而椅垫是石材质的也不好，因石材虽是土质，但为金的现象。餐椅的材料宜以木、土为重，木头制、皮制、布制都很好。

忌025 餐桌上方忌有横梁压顶

住宅里不管是哪个地方有横梁压顶都不吉利，而尤以压在睡床、沙发、炉灶及餐桌上的祸害最甚，必须尽量设法避免。

忌026 餐桌之上忌用烛形吊灯

有些吊灯由几枝白色蜡烛形的灯管组成，虽然设计新颖，颇有观赏价值，但若把它悬挂在餐桌之上，就如同把长短不一的白蜡烛堆放在餐桌之上，这绝非吉兆。因为白蜡烛是丧事的象征，把它放在一家大小共同进餐之处，其象征的意味不吉。因此宜尽量避免这种情况，而如选用其他颜色的这种形状的灯管则无碍。

忌027 餐桌忌过大

宜注意餐桌与餐厅的大小比例。如果餐厅的面积并不宽敞，则不适宜摆放大型餐桌，这样会形成厅小台大，非但出入不便，而且会阻碍餐厅的风水。如果出现这种情况，最好的办法是更换面积小的餐桌，使之与餐厅的比例大小适中，以方便出入，并改善家居风水。

▲ 横梁压顶在风水学上是最为忌讳的，餐桌上方有横梁压顶也是如此，易使家人运气败坏，招来祸患。

▲ 餐厅的面积过小，却摆放着大型的餐桌，形成厅小台大，一方面使出入不便，有碍美观，还会阻碍餐厅的风水。

忌028 用餐时忌坐在沙发上

沙发一般较低平，坐在沙发上吃饭不利于消化，而且吃饭时容易弄脏客厅和沙发，不利于卫生。

忌029 用餐时忌发生口角

用餐时间是一家人欢聚的时刻，家庭和乐，家运才会昌旺，而进餐时发生口角则会影响家运。因此要注重进餐的礼仪，如有长者一同进餐，一定要请长辈先用，这不但能体现家庭的教养，也有福佑晚辈的意义。

忌030 餐桌忌用冷色调台面

大理石与玻璃等桌面较为坚硬、冰冷，艺术感较强，但这样的台面属冷色调，能迅速吸收人体的能量，不利于提高进餐者的食欲，也不利于进餐者的座谈交流，所以要尽量少用这类台面的餐桌。

忌031 用餐时忌坐在本命卦的凶方

家庭成员在用餐时不宜坐在自己本命卦的绝命、祸患等方位，长期坐在这些方位用餐会不利身体的健康。

忌032 餐椅忌正对灯饰

餐椅上方不宜有灯饰正面照射，因为如果灯饰位于餐椅的上方，灯光照射下来所散发的热量就会让人感到不适，从而影响用餐者的心情及用餐的氛围。

忌033 餐桌忌缺乏生气

餐桌上如果只放置碗筷，没有任何装饰，会使餐厅缺乏生气。宜在餐桌上或餐桌的旁边放置盆栽或鲜花，这能使人在进餐时增强食欲，并对宅内人的运气大有帮助。

▲餐桌的材质为冷色调的话，会迅速吸收人体的能量，不利于提高进餐者的食欲，也不利于进餐者的座谈交流。

▲餐桌上一点装饰都没有，这样的餐厅缺乏生气，显得死气沉沉，不利于增进人的食欲。

忌034 餐具忌不清洗

长期将餐具堆积起来不清洗是很不好的习惯，这样不仅会造成细菌的滋生繁衍，使餐具很难清洗，而且残留的食品杂质发酵、发臭后会污染室内空气环境，影响家人健康。

忌035 餐厅装饰忌缺少文化气息

餐厅装饰设计的目的不宜仅限于美化，而应当使其体现居室主人的文化素养。在餐厅的装饰上，可运用科学技术及文化艺术的手段创造出功能合理、舒适美观，符合人的生理、心理要求的空间环境。要从为装饰而装饰的层面，提升到对艺术风格、文化特色和美学价值的追求的高度。

忌036 餐厅忌使用尖锐的刀叉

家居餐厅应避免使用尖锐的刀叉，防止冲煞。喜爱西式餐点的家庭，在用餐过后宜将刀叉用具收归橱柜并放置好。

忌037 餐厅忌有电视机

边听音乐边用餐是一种享受，但边看电视边用餐，则不适宜。因为如果眼睛总是盯着电视，而不是用心地去享受美餐，这会影响食欲，影响人体的消化功能，对健康不利。所以，最好不要把电视机放在餐厅。

忌038 餐厅忌乱置冰箱

冰箱通常摆放在厨房，但也有摆放在餐厅的。若餐厅内设置冰箱，宜讲究方位，不要胡乱放置。最好是朝北，不宜朝南。因为朝北可纳北方寒气，南方属火，朝南有水火不容之格局，导致家中多口角。

忌039 餐厅装饰品忌过多

餐厅宜保持简洁大方，不宜摆放太多的装饰品，以避免杂乱。餐厅陈设既要美观，又要实用，不可随意堆砌，各类装饰用品要根据不同就餐环境灵活布局。

▲ 餐厅仅仅摆放着餐桌，墙壁上一点装饰物都没有，显得冷清单调，没有审美可言，这样的餐厅不能体现主人的品味，于家运也不利。

▲ 餐桌上饰物过多，显得杂乱无章，既不美观，也有碍家运。

忌040 餐厅忌用厚实的棉纺织物

餐厅中的软织物，如桌布、餐巾及窗帘等，宜选用较薄的化纤类材料，不宜选用厚实的棉纺织物。因厚实的棉纺类织物极易吸附食物气味且不易散去，故不利餐厅环境卫生，会影响人体健康。从风水上讲，厚实的棉纺织物还容易吸附不好的运气。

忌041 餐厅花卉忌花哨过度

花卉能起到美化环境、调节心理的作用，但餐厅花卉切忌花哨过度、冷色暖色相混杂。这样会让人烦躁，且会影响人的食欲。花色上宜色调相近，深浅相似。例如，在暗淡灯光下摆设晚宴，摆放红、蓝、紫等深色花卉会令人感到稳重；同是这些花，若用于午宴，则会显得热烈奔放。而白色、粉色等淡色花用于晚宴，会显得明亮耀眼，使人兴奋。

忌042 餐厅忌摆放浓香的花卉

餐厅是品尝佳肴的地方，所以不适宜摆放浓香的花卉品种，以免干扰食物的味道。另一方面，浓烈的花香，多具刺激性，如果用餐人中，有对花香过敏者，容易引起反胃，甚至呕吐。

忌043 餐厅忌摆设开谢频繁的花类

餐厅不宜放置开谢频繁的花卉种类。花开时，固然会带给你繁花似锦的喜悦，但是花落时，则难免使你发出残花败叶的嘘嗟。如果恰逢好友来临，举杯相对，那凋谢枯萎的残花，便会大煞风景。

忌044 餐厅颜色忌刺眼

餐厅颜色以素雅为主，如白色。颜色不能太刺眼，油漆尽量不要反光。也可配合家具选用一些明快清朗的色调，在给人温馨感的同时也提高进餐者的兴致。

▲餐厅的颜色太刺眼，容易使人眼花缭乱，反光的油漆使人视觉神经受到刺激，不利于就餐与消化。

▲放置在餐厅的花卉颜色繁多，冷暖相杂，看起来花俏无比，易使人烦躁、影响人的食欲。

忌045 餐厅忌挂意境萧条的挂画

从风水学上讲，餐厅不适宜悬挂意境萧条的图画。因为意境萧条的图画象征的意味消极，一方面摆放在餐厅不吉利，另一方面也不利于培养愉悦的就餐心情。所谓意境萧条的图画，大致包括惊涛骇浪、落叶萧瑟、夕阳残照、孤身上路、隆冬荒野、恶兽相搏、枯藤老树等几类题材。

忌046 餐厅忌用黑色或灰色

色彩在就餐时对人们的心理影响很大，餐厅环境的色彩能影响人们就餐时的情绪。因此，餐厅墙面的装饰绝不能忽视色彩的作用。在设计时可以根据个人喜好与性格选择，但要注意不宜选择黑色或灰色等冷色调，否则会破坏家庭用餐的气氛，降低进餐者的食欲。

忌047 餐厅墙壁忌花哨

用令人眼花缭乱的色彩装饰餐厅，是居家布置的大败笔。因为颜色过于繁杂鲜艳，会让人坐立不安，影响进餐的心情。

忌048 餐厅地板忌与家具不协调

餐厅的地板色调与家具色调要协调，这样人的视觉就不易疲劳。特别是大面积色块，一定要色彩和谐。如果色彩深浅相差过大，不仅会影响整体装修效果，也会影响进餐者的食欲和心情。

忌049 餐厅忌光线不足

餐厅是一家人共享美食的重要空间，应宽敞舒适，且光线充足。尤其是家中有年长者的话，更应该注意使餐厅光线充足。从风水角度来讲，餐厅光线不足就是阳气不足，对家人健康不利。

▲餐厅环境的色彩能影响人们就餐时的情绪，餐厅选择黑色或灰色等冷色调的话会使人压抑，易破坏家庭用餐的氛围，降低进餐者食欲。

▲餐厅的整体色调灰暗，几乎没有光线，这样的就餐环境阴沉郁闷，不管是从方便就餐还是从风水来说都非常不利。

吧台风水之宜

吧台是现代家庭中供家人品尝佳酿的休闲之所，是朋友之间倾心交谈的优雅静谧之地。吧台的设计和装饰得当不仅能够体现出主人良好的文化层次、生活品位和气度涵养，还能为家人增添运势。因此吧台的设置，也是非常讲究其合理性及风水意味的。

宜001 吧台宜设在厨厅交界处

吧台建在厨房与客厅交界处也是不错的主意。客厅一般是家庭招待客人的最佳场所，而厨房是储藏食物的地方，如果能综合两个空间的优势，在其交界处设计吧台，岂不两全其美？

宜002 吧台宜设在餐厅的角落

吧台的位置并没有特定的规则可循，设计师通常会建议利用一些畸零空间。吧台宜摆放在餐厅的角落，因吧台的水性灵活多变，不怕受压，就算设在楼梯下也无妨。

宜003 吧台宜设在吸引人的地方

吧台是供人休闲之所，是亲友品尝佳酿倾心聊天的地方。因此，吧台宜设置在能吸引人久坐的地方。

宜004 吧台宜设在餐厅与厨房之间

设在餐厅和厨房之间的吧台就像一个便餐台，这样的吧台很常见也很方便，能有效地提高生活质量。更能体现休闲的功能。

宜005 吧台宜设在客厅与餐厅之间

吧台设在客厅与餐厅之间，对于经常举行宴会的家庭非常合适。它的功能在宴请客人时，就能充分发挥出来。在吧台上完成调酒和制作甜点，都非常得心应手。

▲将吧台设置在餐厅的一角，既合理利用空间，更为家人的就餐及休闲提供便利。

▲设置在客厅与餐厅之间的吧台适用于经常举行宴会的家庭，在吧台上调酒和制作甜点，然后送至正举行宴会的客厅非常方便。

宜006 吧台宜设在客厅电视的对面

随着有线电视普及频道的增加，许多人在电视前的时间越来越长。将吧台设计在电视对面的位置，可以边喝茶边欣赏精彩的歌舞晚会或者一场激烈的足球比赛，更能提供聊天的题材。

宜007 宜根据空间调整吧台样式

吧台造型灵活多变，可以根据空间的大小适当调整样式。如在不规则居室里，利用凹入部分设置酒吧，可以有效地利用室内空间，给人整齐统一的印象。如果房间内有楼梯，也可以利用楼梯下面的凹入空间设置吧台，让这个特殊空间得以充分利用。还可将室内一部分干扰较小的墙面布置成贴墙的吧台，这样才能做到空间的合理运用，也避免了尖角的产生形成。

宜008 吧台风格宜与整体风格协调

吧台的形式多种多样，一般常见的有变化空间的隔断式，一物两用餐台式，活动自如的成品式，立式发展的倚墙式，节省空间的嵌入式，别具匠心的转角式等款式。无论吧台采用何种款式，都必须与居家整体风格相协调。此外，吧台的设计要考虑家人的生活方式、用餐习惯、休闲娱乐取向以及住房空间等条件。

宜009 墙角部位宜设计转角式吧台

墙角的转角在空间利用上比较难，但如果因地制宜将其设计成个性突出的吧台，则不仅弥补了空间利用上的缺点，还可以形成整个空间的亮点。毕竟只有部分户型才有转角空间，如果将其设计成转角式吧台，更能彰显主人的匠心独运。如果空间面积足够，这个空间将会别具一格。

▲吧台的样式可根据空间的大小来调整，如在不规则居室里，利用凹入部分设置酒吧，可有效地利用空间。

▲在墙角的转角处因地制宜地设计成个性突出的吧台，不仅弥补了空间的缺点，还使其成为整个居室的亮点。

宜010 吧台宜成为室内的视觉中心

大面积餐厅的吧台是居室的"特区",这一空间区域应该成为室内的视觉中心。设计时,主要是确定柜位、灯位、杯位、瓶位、食具位等。可制作或选购1~1.2米的酒吧专用玻璃柜。柜内上方安有照明和装饰用的灯具,柜内后壁最好镶有一块玻璃镜,以反射柜内的物品,给人一赏心悦目的感觉,烘托居室中的生旺之气。

宜011 吧台台面宜使用耐磨材料

考虑到吧台损耗性较大,因此其台面最好要使用耐磨材质,而不宜用贴皮材料。有水槽的吧台使用的材质最好还能耐水。如果吧台使用电器,就要考虑到使用耐火的材质装修,人造石、美耐板、石材等,都是理想的耐火材料。

宜012 酒柜的设计宜便于使用

酒柜的设计要注意使用上的便利,每一层的高度至少30~40厘米,置放酒瓶的部分最好设计成斜式,让酒能淹过瓶塞,使酒能储放更久。柜子深度不宜过深,以触手可及为佳。如果家庭空间不是很大,也可以考虑将餐桌与吧台结合,使吧台兼做餐桌,一般可以设计成"T"形或"L"形。吧台可分为上下两层,下层挑出一部分,做成折叠式,支起时形成小餐桌,供数人用餐,放下时就成为吧台,可减少使用面积,支架可利用吧柜的门窗。

宜013 酒柜的摆放宜与命相相符

酒柜的摆放应与户主的命相相符,如果户主属东四命的,则酒柜宜摆放在餐厅正东、东南、正南及正北这东四方。户主属西四命的,则酒柜宜摆放在餐厅的西南、正西、西北及东北这西四方。

▲因为吧台损耗性较大,故宜选用耐磨、防火性的材料,最好还能耐水。

▲酒柜的摆放应与户主的命相相符,如果户主属东四命的,则酒柜宜摆放在餐厅正东、东南、正南及正北这东四方。

宜014 吧台宜摆放阔叶常绿植物

吧台适合摆放圆形的阔叶常绿植物，诸如海芋、富贵竹、黄金葛等，这些植物一来有助于财位开运聚财，二来能化解煞气，增添福气。当然这些植物都需要细心养护，要经常擦拭其叶面以保持干净。

宜015 吧台宜摆设招财石

如果吧台刚好在大厅开门的对角线上（财气位），则适宜摆设金元宝、招财石。因招财石本身会不停地转动，有水流在其中，所产生之气流，会加强财位的能量。

宜016 吧台灯光宜采用嵌入式设计

灯光是营造吧台气氛的重要角色，在吧台灯光设计上也有一些风水考究。吧台的灯光最好采用嵌入式设计，这既可节省空间，又体现了简洁的现代风格，与吧台的氛围相适合。

宜017 酒柜宜呈方圆或弧形内收

酒柜宜设计成方形或圆形。酒柜是方形或圆形都会形成风水上方圆吉利、富贵之格局，但若酒柜是弧形则不宜向外，要内收方可家运昌隆。

▲ 在大门对角线上的吧台摆设招财石，其不停转动的水流所产生的气流会加强财位的能量。

▲ 弧形内收的酒柜属于吉利、富贵之格局，内收的弧形可使家运昌隆。

宜018 吧台的颜色宜与方位搭配

在风水学中，红色五行属火，在八卦方位中属南方。若吧台在南方，放置红色、紫色的装饰品和物品，可以加强气场，引进财气；若吧台是在北方，则要用黑色或蓝色，因黑、蓝色代表北方，五行属水，也可以放置高脚水晶水杯。西方与西北方都是属金，金、银色的饰品可以带来好的气场；西南方与东北方属土，可以选择黄色为主色的饰品装饰；东方与东南方属木，可放置绿色饰品或发财树。吧台饰品摆放时以搭配自然和谐为原则，色彩也应力求协调柔和。

▲吧台的颜色宜与方位相搭配，在北方的吧台使用代表北方的蓝色来装饰，既整洁优雅又相生相旺。

宜019 吧台灯光宜采用暖色调

如何将家庭吧台营造得温馨怡人，吧台灯光的色调就宜选用暖色调，因为暖色调的光线比较适合久坐，也便于营造气氛；黄色系的照明较不伤眼，再加上射灯光线一强，可以穿透展示柜，让吧台呈现明亮的视觉感受。

▲暖色调的光线可营造出温馨的气氛，能够吸引人久坐，是最为适宜的吧台的色调。

吧台风水之忌

作为家中的休闲场所，吧台在设计装饰上非常讲究。其方位、形状、饰物、色彩及光线的搭配都有一定的要求。比如，吧台不能远离其他功能区，这不方便日常生活；吧台忌有缺角，以免犯"角煞"；吧台不宜色彩杂乱等。

忌001 吧台忌忽视电路水路走向

在设计吧台之前，宜事先设计好房间水路、电路的走向。如果想在吧台内使用耗电量大的电器，如电磁炉等，最好单独设计一个回路，以免电路跳闸。拥有良好的给水、排水系统以及安插电源的位置都很重要，一定要将管线安排好，以免给日后的使用增添许多麻烦。

忌002 吧台忌离其他功能区太远

吧台是家人品酒休闲的空间，不宜离客厅、餐厅或厨房太远。否则，会给人产生孤立的感觉，也不方便家人的日常生活。

忌003 贴墙吧台忌设计成转角式

将室内一部分干扰较小的墙面布置成贴墙的酒吧，是现今流行的一种布局。但这样的墙角部分不适合设计转角式吧台，只能采用贴墙式。这样才能做到空间的合理运用，也避免了尖角的产生。即吧台靠墙安放，吧柜摆在吧台上，或悬挂在墙上。吧柜上方可以悬挂一块顶棚，嵌上筒灯，让灯光投射在吧台和酒具上，能增加光影效果。

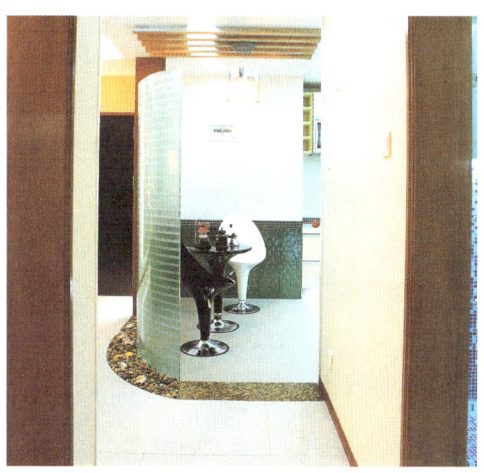

▲吧台是家人品酒休闲的空间，不宜离客厅、餐厅或厨房太远

▲室内一部分干扰较小的墙面适合设计成贴墙式吧台，而不应该设计转角式

忌004 酒柜忌摆放在鱼缸旁边

酒柜是水气重的家具，鱼缸又多水，两者的本质相近，若是摆放在一起，会令水气过重。最好将两者分开放置，若很难移动二者，可在它们之间摆放一盆常绿植物，以一木隔在两水之间，这样可消除过多的水气。

忌005 吧凳忌缺乏灵活性

吧台的吧凳不宜缺乏灵活性。吧凳不仅是活化吧台空间的主角，也是塑造人们美好姿态的关键。在选择吧凳时，除了颜色与样式需要注意外，还要选用符合人体曲线的椅面，最重要的是具有灵活性，可360°旋转，方便调整高度。一般可选择带旋转角度和调节高度的中轴式钢管吧凳。

▲吧凳是活化吧台空间的主角，不宜缺乏灵活性，宜选择可360°旋转，方便调整高度的。

忌006 吧台的水槽忌高低不平

设有水槽的吧台，在购买水槽时要注意，水槽最好是平底槽。若水槽高低不平，放置杯子时易发生倾倒或撞坏的情况。水槽深度最好20厘米以上，以免水花四溅，弄湿居室。

忌007 吧台忌有缺角

设置吧台时只要尽量避免出现缺角或凸出太明显的形状即可，因为尖角吧台容易形成"角煞"，对身体和精神两方面都造成不利的影响。另外，棱角尖锐的形状会放射出煞气，不利财运。

忌008 酒柜忌与财神相对

酒柜不宜与财神相对。因为酒柜一般都安有镜片，如果酒柜与供奉的财神相对会把钱财反射出去，令家庭财运不佳，甚至破产。

忌009 酒柜中的镜片忌过大

一般的酒柜均用镜片来做背板，这令酒柜中的美酒及水晶酒杯显得更明亮通透，但倘若镜片太大，在风水方面便会引起诸多不便。酒柜中的镜片太大，容易反射到神柜的位置，神台的香火在酒柜的镜片反照出来，这正是风水学的大忌，应该尽量避免。万一有这种情况出现，便应把酒柜或神台移位，直到神柜不能被反射。

第十章

卫浴间风水宜忌

回家后,一场酣畅淋漓的惬意淋浴或一番浸润悠闲的舒服泡澡,即能洗去一天的疲劳,换上一身的清爽舒服。无疑,卫浴间是现代人释放生活压力的快乐天堂,是居家空间极其重要的部分,还是风水学上的重地。卫浴间五行属水,主财,除了其独特的日常使用功能外,其所处的位置与布局还会直接影响家庭成员的健康及财运。

卫浴间风水之宜

卫浴间最好设置于东南或者东方（从房子的中心看），卫浴门宜远离卧房门，卫浴间使用的材料宜防水、防滑、抗腐蚀，卫浴间宜空气流通……这些都是卫浴间布局装饰非常注重的风水原则。我们应遵循这些因应之道，趋吉避凶，让生活顺心舒适。

宜001 卫浴间宜设在住宅的凶方

判断一套住宅的优劣，作为给水、排水集合地和关系家人健康的卫浴间是极为重要的指标，因此卫浴间的位置非常讲究。卫浴间本非洁净之地，所以不宜放在吉位，如生气位等，而必须放在绝命位、五鬼位、祸害位、六煞位以对其进行压制，取以毒攻毒之效，则不凶反吉。（住宅风水学根据先天八卦的组合，将八个方位排列成一个次序：生气位，为贪狼星；延年位，为武曲星；天医位，为巨门星；伏虎位，为左辅星；祸害位，为禄存星；六煞位，为文曲星；五鬼位，为廉贞星；绝命位，为破军星。）

宜002 卫浴间宜干湿分离

将卫浴间的淋浴区和其他区域相分隔，淋浴时水就不会四处飞溅。如果卫浴间能够干湿分离，淋浴区外面的空间就不会有水，可有效地保持室内干燥。使用完毕之后，应把卫浴间的门关上，特别是套房的卫浴间。

宜003 卫浴间宜设在东或东南方

挑选卫浴间方位的原则是先找出风水气场的所在，再区分优劣，进而有效地调和环境与人之间的默契。最理想的卫浴间方位是在东或东南方，因为东和东南属木，水生木，水能支援东和东南方木的气能。

▲卫浴间本非洁净之地，所以不宜放在吉位，宜将其设置在凶方。

▲最理想的卫浴间方位是在东或东南方，因为东和东南属木，水生木，水能支援东和东南方木的气能。

宜004 卫浴间宜重视上下楼层关系

有些别墅或复式住宅装修时往往只考虑楼层平面内各房间之间的搭配，却忽视了上下楼层之间的关系。而在家相学中，上下层之间的关系也是非常重要的。比如卫浴间压在卧室之上就是极为不好的宅相，卫浴间的浊气下降到卧室之中，不利健康，而且住在这种格局会令人感觉不舒服。

宜005 盥洗室宜设在卫浴间的前端

盥洗室宜设置在卫浴间的前端，这样更能方便日常生活。盥洗室主要功能是摆放各种盥洗用具及为人提供洗脸、刷牙、洁手、刮胡须、整理容貌的场所，另外人们还可以在此换、放衣服。

宜006 卫浴门宜远离卧室门

现代人为了安逸、舒适，在购房时常会选择有多套卫生设施的住宅，其中的卫生设施多数与主卧室相连。因此，在装修时需要予以特别关注，避免卫浴间的门正对卧室门，保证卫浴门具有良好的密封性能，且必须与卧床保持较大距离。如果无法避免卫浴门与卧室门相对，宜在中间设置屏风来化解。

宜007 卫浴间吊顶高度宜适中

卫浴间吊顶可以根据不同造型选用多种材料，如平顶型可用PVC扣板、铝扣板、塑铝板，配以轻钢龙骨或水泥板。但是在吊顶时要注意不能太高，也不宜太低。吊顶太高了显得空旷，而且在沐浴时会因为空间里的寒气过多而感到寒冷；太低又会给人压抑感，令人身心疲惫。

▲盥洗室主要功能是方便家人盥洗，因此宜设置在卫浴间的前端。

▲吊顶时要注意不能太高，也不宜太低，宜高度适中。

宜008 卫浴间天花及墙壁宜抗腐

浴室的墙壁和天花板所占面积比较大，所以应选择既防水、抗腐蚀又防霉的材料来确保室内卫生。瓷砖、桑拿板和具有防水功能的塑料壁纸都能达到这些要求。

宜009 卫浴间宜通风、采光良好

卫浴间宜通风及有阳光的照射。卫浴间长年潮湿，极易滋长细菌，如果缺乏阳光和清新的空气，污浊之气便容易积聚于此，长此以往势必有损入厕之人的身体健康。如果常有清新的空气，随时能接受阳光的照射，卫浴间则会干燥卫生。因为阳光不但能杀菌，还能给卫浴间带来生命力，对人体健康大有益处。因此卫浴间最好安置在有阳光照射的位置，并宜有足够大的窗户。

宜010 卫浴间地面宜防水、耐脏

卫浴间地面应采用防水、耐脏、防滑的地砖，如花岗岩等材料。如果卫浴间只有少部分接受阳光的照射或根本不暴露在自然光中，那么地面的材料就以大理石、花岗岩为佳。为了防滑，也可铺设一层防滑垫。用新型材料铺设的地面容易藏污纳垢，对卫浴间的气能会产生负面的影响，应该经常清洗。

宜011 卫浴间宜保持清洁

卫浴间因为有较重的湿气和秽气，一定要经常清扫，保持清洁卫生，否则容易滋生细菌和散发出异味，不利于家人健康。有的新型铺设材料容易藏污纳垢，也会对卫浴间的空气产生负面的影响，所以卫浴间应该经常清洗，保持清洁。

▲卫浴间最好安置在有阳光照射的位置，并宜有足够大的窗户。常有清新的空气，随时能接受阳光的照射，使其干燥卫生。

▲卫浴间宜经常清扫，只有保持清洁卫生，才有利于家人的健康。

宜012 卫浴间的排水宜通畅

设计卫浴间时，要考虑排水的通畅性，以便清扫和排除地面污水。卫浴排水管道尽量不要流经住宅其他房间，以免排水时发出响声影响休息，且污水管道经其他房间时会让人感觉也不舒服，在潜意识里会觉得肮脏不堪。

宜013 卫浴间宜有排气扇

卫浴间内一定要有排气扇，这可把卫浴间内的秽气抽出，一方面可减轻气煞的祸害，另一方面亦可保持卫浴间内空气清新。

宜014 马桶宜面对卫浴间的墙壁

马桶的朝向最好是面对卫浴间的墙壁，而不应正对着卫浴间的门。在卫浴间面积较大的情况下，最好将马桶设在从卫浴间的门外看不到的位置上；如果卫浴间的面积较小，无法找到一个比较合适的位置，那么就尽量使马桶错开门所在位置的直线。

宜015 宜充分利用台面下方空间

最大限度地利用台面下方空间进行装修装饰，既节省空间又可起到美观作用。不管卫浴间的面积怎么小，只要能够安装台式洗面盆，那么台面下的空间就不宜浪费。可以用底柜或立式收纳柜与底柜相组合，在台下安装与台面尺寸相同的台下浴室柜，以方便将卫浴用品分类放置。两种收纳柜最好在材质及风格方面保持一致，以使狭小空间更和谐。

宜016 卫浴间宜保持干燥

由于其特殊功能和位置,阴暗和潮湿常是卫浴间的"通病",也是细菌滋生、繁殖的最佳环境，所以为防止细菌、污垢的积聚，保证家人的健康，要尽量使卫浴间保持干燥的状态。卫浴间在平时就应该保持通风，使用时打开通风扇,如果卫浴间上方有小窗的话要常常打开。

▲马桶的朝向最好是面对卫浴间的墙壁，不宜正对着卫浴间的门。

▲为防止细菌、污垢的积聚，保证家人的健康，要尽量使卫浴间保持干燥、通风。

宜017 家有老人马桶旁宜设扶杆

家里有老人的卫浴间，坐便器附近应安装助力扶杆，以方便老人站起。另外，马桶在平时宜尽量将马桶盖闭合，尤其是在冲洗的时候。

宜018 卫浴间的镜子宜方圆

卫浴间的镜子一般以方形最佳，因为方形代表了平衡和有序，但在选用方形的时候切忌不能有尖锐的棱角。另外，圆形和椭圆形的镜子也适用。

宜019 卫浴间宜摆设镜子

在整个住宅当中，卫浴间算是最适合放镜子的地方。尤其对于那些没有窗户的卫浴间来说，镜子的作用更不容小视。卫浴间的镜子既可以将秽气反射出去，又可以用来梳妆理容，还可以用来增大视觉面积和拓展空间。

宜020 卫浴间镜子宜大

用于卫浴间的镜子，应尽量挑选较大的。因为它可以尽可能地扩张因睡眠而收缩的能量，会使人精神百倍。另外，如果人在照镜子时，头部上方还有一大片空间，就意味着事业的发展一片光明。不过也要适当，因为过多的空间会使人流于想象。考虑到容易清洁及美观的因素，镜子一般设计成与洗手台同宽即可。

宜021 卫浴间的镜子宜保持干净

卫浴间的镜子是最常被使用的，保持干净既方便日常生活又能使空间明亮宽敞。另外，更因为镜子代表了事业的发展，镜子脏了，事业运必然受到影响。所以镜子要时刻保持干净，要随时擦干镜面上的水渍和雾气，一定要越清晰越好。

▲ 卫浴间算是最适合放镜子的地方，镜子既可以用来梳妆理容，又可以将秽气反射出去。

▲ 镜子时刻保持干净，既方便使用又有利于增添家庭的运气。

宜022 卫浴间的物品宜摆放在外

卫浴间的香皂、沐浴露、洗发剂、洗手液等洗浴用品不必封闭于橱柜内，只要摆放好即可，因为美好的气味可以带来好运气。

宜023 卫浴间植物宜耐阴、耐潮

卫浴间湿度高，放置盆栽十分适合，因为室内湿气能滋润植物，使之生长茂盛，增添浴室生机。选择植物时一定要谨慎，只能选择耐阴暗、潮湿的植物，如抽叶藤、蓬莱蕉等。当然，如果卫浴间宽敞明亮又有空调的话，可增加一些观叶凤梨、蕙兰等较具观赏性的植物，切记不能放有刺的植物。

宜024 卫浴间凸出的窗子宜摆花

在卫浴间摆放一些花可以改善室内空气，同时还有美化的作用。而风水学认为，在卫浴间向外凸出的窗子上摆放一些花，可以降低浴室的凶相。

宜025 卫浴间的灯具宜防水

卫浴间是使用水最频繁的地方，因此，在卫浴间灯具的选择上，应以选用具有可靠的防水性与安全性的玻璃或塑料密封灯具为宜。在灯饰的造型上，可根据自己的兴趣与爱好选择，但在安装时不宜过多，不可太低，以免发生溅水、碰撞等意外。

宜026 卫浴间盥洗区光线宜稍强

对整个卫浴间来说，宜选择日光灯照明，其柔和的亮度足够满足使用的需求了。而盥洗区域需要的光线要稍强一点，适合布置一盏光线柔和的灯具，用来加强此处的照明，以弥补整体日光灯在此处照明时亮度的不足。应该格外注意的是，最好不要使日光灯正对着头顶照射，这个角度照射的光线会使人觉得很不舒服。最好能偏离这个位置，使灯光从侧面照射，这样光线就不会使人产生紧张感。

▲卫浴间窗子上摆放一些花，可降低浴室的凶相，还能美化居室。

▲盥洗区域的光线要稍强一点，适合布置一盏光线柔和的灯具，加强此处的照明。

宜027 卫浴间灯具宜选用卤素灯

卫浴间天花板上的灯具一定要封紧，宜选用隐藏式、低电压的卤素灯，这会比单一的天花板日光灯的照明好。若是在中间再安上三盏小聚光灯，便能照射到角落，使卫浴间均匀受光。壁灯也可以用在浴室里，只不过它的灯泡必须完全密封起来，以免溅水触电。此外，电灯的开关宜远离灯具本身。

宜028 卫浴间镜子上方宜重点照明

卫浴间的梳妆镜通常用来梳妆打扮，其上方最适宜重点照明。这样可以在梳妆镜附近形成强烈的灯光效果，使其便于使用梳妆镜梳洗打扮，还可以增加温暖、宽敞、清新的感觉。

宜029 卫浴间宜用冷色调

卫浴间的色调以有清洁感的冷色调为佳，搭配同类色和类似色为宜，如浅灰色的瓷砖、白色的浴缸、奶白色的洗脸台，配上淡黄色的墙面，也可用清晰单纯的暖色调，如乳白、象牙黄或玫瑰红墙体，辅助以颜色相近的、图案简单的地板，在柔和、弥漫的灯光的映衬下，不仅使空间视野开阔，暖意倍增，而且愈加清雅洁净，爽心怡神。

宜030 卫浴间的毛巾颜色宜柔和

吊挂在卫浴间里的毛巾，以黄色系、乳白色系、浅草绿色系为佳。这类柔和的颜色能给人带来好心情，注意不宜选用红色或黑色系的毛巾。

宜031 肥皂颜色宜搭配五行

肥皂的颜色选择宜配合人的五行。如五行属金宜用乳白色系；属木则选用绿色；属水宜用灰色系；属火用玫瑰红色系、属土则宜用黄色系，这样能为室内带来一股生气盎然的能量，令人身心愉快。

宜032 卫浴间的色调宜整体统一

卫浴间的色调宜整体统一。一般来说卫浴间在装饰的时候宜以卫生洁具三大件（面盆、浴缸、马桶）的色调为主色调，墙面和地面的色彩与之互相呼应，才能使整个卫浴间的色彩协调舒适。对于洁具三大件的色调选择，一般来说，白色的洁具显得清丽舒畅；象牙黄色则富贵高雅；湖绿色给人自然温馨的感觉；玫瑰红色则彰显浪漫含蓄的韵味。

▲卫浴间在装饰的时候宜以卫生洁具三大件（面盆、浴缸、马桶）的色调为主色调，墙面和地面的色彩与之互相呼应，才能使整个卫浴间的色彩协调舒适。

卫浴间风水之忌

判断一套住宅的优劣，卫浴间是极为重要的指标，因此卫浴间的设置除了讲究一些合宜的风水之道外，还有许多需要特别留心的不宜之处。如卫浴间不宜设在房屋的中心点，卫浴门不宜正对房门，浴缸不宜存水，镜子不能照到卫具等。

忌001 卫浴间忌设在住宅中央

卫浴间、厨房等易积聚污秽的房间都不宜设在住宅的中央。若卫浴间设在住宅的中央，其内的湿气、秽气便会扩散至其他房间，容易导致家人生病，对健康极为不利。如果卫浴间已经设在房子的中央，最好重新装修调整。

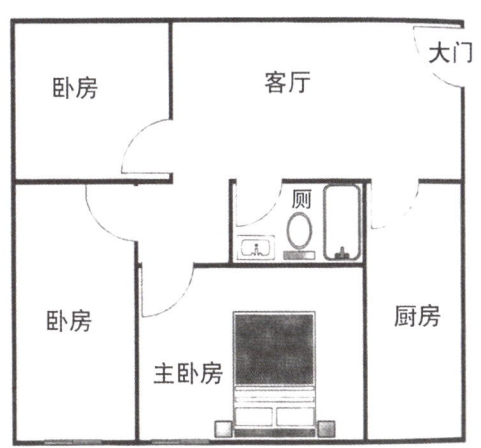

▲卫浴间设在住宅的中央，其内的湿气、秽气便会扩散至其他房间，容易导致家人生病。

忌002 卫浴间忌设在住宅的南方

卫浴间不宜设在住宅的南方。南方为离卦，五行属火，而卫浴间五行属水，将属水的卫浴间设在属火的南方，使卫浴间克制了火地，形成了"水火不容"的格局，不利。万一有这样的情况，最好将卫浴间移到东、东南、西北的方位上。同时，南方也是采光的方位，卫浴间若占据这个方位则为不吉。

忌003 卫浴间忌设在住宅的北方

因为北方五行属水，在这设置卫浴间会使水能增加，乃有淹没之态。且北方的气能是安宁与静止的，有停滞之险，会消耗人的精力。如果卫浴间不能改变此位置，宜种植高大的植物以引入木能，借此排走水能。该类植物能带来气能与活力，能吸湿并产生新鲜之氧气。

忌004 卫浴间忌设在东北方

卫浴间不宜设在住宅的东北方，因为东北五行属土，这儿的土能破坏了水能，易激起该处之气能，会影响家人的身体健康。如果卫浴间已经设在此不能移位，可在房间的东北处放上一个白陶碗并装上海盐，或放上一尊沉重的铁制雕塑，或是在一个圆的铁盆里插上一枚红花，引入金能以助土能与水能协调。

忌005 卫浴间方位忌与生年相冲

传统的风水学理论对卫浴间方位的吉凶宜忌，除了指出其要压在凶方之外，其他却很少提及，因而产生了不少附会的说法。这里指出一点，卫浴间方位必须避免与男、女主人的生年相冲，因为男、女主人出生年命是风水中的重要因素。

忌006 卫浴间忌设在大门青龙位

卫浴间位于青龙位，一进门就遇臭，易导致贵人不临，甚至还会引发口角是非，使得家人药物不断，连连破财。

忌007 卫浴间忌设在走廊尽头

当居室有较长的走廊时，就要注意走廊和浴室的关系，卫浴间只宜设在走廊的边上，而不可设在走廊的尽头。从风水上来讲，如果卫浴间被走廊直冲则不吉，尤其对家人的健康伤害很大。

忌008 卫浴间忌设在西北、西南

卫浴间也不宜设在西北、西南方位。如果卫浴间设在西北，那里的水能就会耗尽的金气能，会使居住者沮丧、困惑。而卫浴间在西南的话，此处的气能变化多端且不稳定，西南的土气能会摧毁水气能，会使人健康不佳。

忌009 卫浴间忌与厨房相连

一些家庭为了节省空间往往将卫生间与厨房相连，甚至把卫浴间的门开在厨房里，这是极不适宜的。传统风水学认为，厨房是火的能量区，卫浴间是水的能量区，卫浴间与厨房相邻就会形成水火并邻的格局这样会造成磁场爆冲，也会影响整个住宅的能量状态。

▲卫浴间设在走廊的尽头，从风水上来讲不吉，尤其对家人的健康伤害很大。

▲卫浴间与厨房相连是极不适宜的，这样不仅不卫生还会造成磁场爆冲，影响整个住宅的能量状态。

忌010 卫浴间忌在神位后面

卫浴间要避开神位，既不能正好在神位后面，也不可在神位的楼上房间。卫浴间也不可在房子的文昌位，以免使文昌受污秽。卫浴间还不能正对保险柜。

忌011 卫浴间忌做床的靠山

床是休息的地方，最重要的是要有清净之气，宜置于吉方，这和卫浴间的喜忌相反。由于把厕所、浴室设在卧室的旁边，最为方便，所以现代楼房主卧的浴室，必在卧室之邻。但千万要注意的是床的靠山必不能是卫浴间的墙壁，因为卧室主人睡眠时，这种格局会令他们精神不振，思考能力减退，易头晕目眩等。遇到这样的情况就要把床头移开。

忌012 卫浴门忌冲大门

卫浴间的门不宜与房屋入户的大门对冲。传统风水学认为，房屋的入户门是气口，是生气吸入的地方，生气应该和缓地在住宅内流动。如果卫浴间的门正好对着入户口，从室外进入的生气会进入排泄污秽、阴气较重的卫浴间，卫浴间的门就像一张大口，释放的阴气与住宅大门进来的生气会形成对冲，不吉。另外，人一进屋即看到卫浴间门，而且有可能有异味或声音传出，不礼貌。

忌013 卫浴门忌与炉灶相对

卫浴间的门不可与灶位正对。卫浴间属水，是排泄秽气之处，而灶位属火，是烹煮食物的地方，性质完全不同，若相对则水火不容，不利家运。

忌014 卫浴门忌正对往上之楼梯

卫浴门（尤其是内设有独立厕所间的门）正对往上之楼梯，楼梯下冲之气就直冲卫浴间，易导致其内之秽气聚集难散、滋生细菌等，影响家人的身体健康和运势。如果没办法改变这种情况，则可在卫浴门挂上长布帘和在门槛上安置五帝钱作为化解。

忌015 卫浴门忌正对往下之楼梯

正对往下之楼梯，会导致卫浴间秽气往下直泄，流置阳宅各处，影响家人的健康和运势。对于这种情况，可用卫浴门正对上楼梯的化解方法来进行化解。

忌016 卫浴门忌正对房门

卫浴间的门对着任何一个房间的门都是不理想的，要尽量避免。如果实在无法避免，可在卫浴间与宅门间设立屏风或隔断以此化解此种情形所带来的不利影响。

▲ 卫浴门正对任何一个房门，都会使卫浴间的秽气直冲到房间里面，要尽量避免。

忌017 卫浴门尺度忌太高太宽

卫浴门是家宅所有门中最窄和最矮的，而现在的家居中也不需要高大的卫浴门。卫浴门的净高尺寸有两个：1.875米和1.99米～2.09米之间，目前的楼盘层高有2.85米就很好了，所以卫浴间门无须达到2米的净高度。如果居室属于豪宅，层高会达到3米以上，那样门开高一些也无妨。层高当然使人舒适，但取暖和制冷的效果相应会差些，除非增大耗电成本。至于卫浴门的净宽尺寸也有两个：0.59米、0.71～0.79米，这两个尺寸范围足以够用。家居卫浴门尺度不用太宽太高，要正好开在鲁班尺的"劫"、"害"的字眼上。

忌018 卫浴门忌为玻璃门

卫浴间是一个很隐秘的地方，不适宜用玻璃门。如果换成玻璃门，卫生间的隐秘性就会遭到破坏，不利家庭生活。

忌019 卫浴门忌长期敞开

卫浴间会有秽气散发，如果将门长期敞开，秽气会流向其他房间，且卫浴间流出的秽气很不洁净，对居住者身体健康不利，也会影响到家庭成员的运气。因此应尽量让卫浴间的门保持关闭状态。

忌020 卫浴间忌改成卧室

现代都市地狭人稠，寸土寸金，往往有些家庭为了节省空间，便把其中一间卫浴间改做卧室。家相学中说，卫浴间是不洁之地，卧室邻近卫浴间已是不吉，更何况是把卫浴间改做卧室。而从环境卫生的角度来说亦不适宜，因为虽然把自己那层楼的卫浴间改做卧室，但楼上楼下却依然如故，而自己夹在上下两层的卫浴间之间，颇为不妥。此外，楼上的卫浴间若有污水渗漏，睡在下面的人便会首当其冲，极不卫生。

▲ 卫浴间使用玻璃门会导致其隐私性遭到破坏，不利于家庭生活。

▲ 卫浴间是不洁之地，卧室邻近卫浴间已是不吉，把卫浴间改做卧室更是大忌，千万要避免。

忌021 卫浴间地面忌过于光滑

卫浴间的地面经常会有水，一定要防滑，以免出现安全事故。因此，在装修时卫浴间地面要使用防滑材料，而大型瓷砖类的材料当为首选，因为它清扫方便、容易干燥，可拼贴出丰富的图案，且光洁平整，是非常实用的材料。有时为了防滑，也可在瓷砖上铺设一层防滑垫。另外，塑料地板的实用价值也很高，加上饰钉后其防滑作用会更显著。

忌022 卫浴间忌无窗户

卫浴间的湿度非常高，气流往往沉重难以流动，甚至会处于停滞的状态。如果没有窗户，空气就会因为不流通而变得污浊有害，会损害人的身体健康。一些住宅的卫浴间是全封闭的，没有窗户，只有排气扇，且排气扇也并不是经常开启，这是非常不明智的。

▲ 没有窗户的卫浴间会因空气不流通而变得污浊有害，有损人健康。

忌023 卫浴间地面忌高于卧室地面

卫浴间的地面不能高于卧室的地面，尤其是浴盆的位置不能有一种"高高在上"的感觉。风水学说认为，水是向下流的，属润下格，长期住在被水"滋润"的卧室里容易使人发生内分泌系统的疾病。

忌024 卫浴间忌杂乱

卫浴间不宜摆放过多杂物以免杂乱。否则的话，会使原本就相对狭小的空间变得更加局促，一方面不方便日常活动，另一方面不利于空气的流通，还会导致照明不均，使得原本潮湿的浴室卫浴间更加潮湿。而最理想的浴室就是那些设计简单、摆设简洁、通风良好的浴室。

忌025 卫浴间忌四处流水

大部分的卫浴间都是这样，洗澡时水四处飞溅，纵横满地。要知道，卫浴间的水四处流淌，正是卫浴间潮湿的根源。所以卫浴间要设置良好的排水系统，以便将流淌在地上的水集中排出去。

忌026 卫浴间忌弥漫不洁之气

卫浴空间如果不干净或潮湿不通风，就会弥漫着带有臭味或霉味的不洁之气。为了不让不吉的阴气笼罩，首先要注意房间的通风排气，其次可以改善卫浴空间的摆设、颜色以及气味，像拖鞋、踏垫等的颜色可以选用与墙体颜色反差较大的色彩。去味方面，芳香剂很有效，但不环保，最好是选用一些香花

或香草。花是卫浴空间提升运气的幸运物，香草中可选含有能使心情平静的香味及有治疗失眠之效的香味，它可以减少卫浴空间的不洁之气，能给家人带来好运。

忌027 卫浴间忌使用金属材料

卫浴间不宜使用冰冷、坚硬的金属材料，因为这些会让使用者感到不舒服，而且一不小心也容易对身体造成伤害。如果已使用了这些材质，则可以在卫浴间里挂上柔软的毛巾，这样会使整个卫浴间变得温馨、舒适起来，让人有安全感。

忌028 卫浴间忌有尖角的构件

卫浴间不宜选择有尖角的构件，如三角形或其他有锐利边角的物体。因为浴室空间相对较小，而人们在那里活动时皮肤裸露较多。因此，为避免擦伤、划破皮肤宜选择表面光滑、无突起、尖角的构件作为卫浴设施。

忌029 马桶方向忌与住宅方向一致

传统风水学认为，马桶的方向不可和套宅的方向一致。比如套宅大门的方向朝南，那么当人坐在马桶上的时候，如果面向南方，就是犯了马桶与套宅同向的忌讳，这样可能会导致家庭成员出现健康问题。化解办法就是将马桶的方向调整成与住宅方向偏离或者相反的方向。

忌030 小浴室忌装大浴缸

浴室面积不大，却在里面装一个大的浴缸，这种摆设容易造成夫妻间口角不合，因此，要选用尺寸与浴室面积相匹配的浴缸。

忌031 马桶忌放在卫浴间的中间

马桶应该靠墙，不宜设在卫浴间中央。如果马桶处在中间，会破坏卫生间的整体和谐，还会给生活带来不便。另外，在方向上，马桶不宜坐北朝南，避免形成水火对攻的局面。

▲ 方形的玻璃小桌其桌角也形成尖角，对裸露的人体造成威胁，不宜。

▲ 马桶处在中间，会破坏卫生间的整体和谐，还会给生活带来不便。

忌032 浴缸形状忌不规则

卫浴设施的选择很有讲究。浴缸的形状以长方形或圆形为吉利，规则的五边形、六边形也可以，但切忌使用三角形或不规则的形状，那样对使用者不利。

忌035 热水器忌安装在浴室内

热水器切忌安装在浴室内，宜将其安装在卫浴间之外的通风处。如果实在无法将热水器安装在浴室之外，就要注意保持浴室的通风换气，避免煤气外溢而引起中毒。

▲浴缸使用不规则的形状，不管是从风水还是从使用的角度来看都对使用者不利。

▲热水器安装在浴室内容易受到损坏，由于浴室潮湿还会隐藏着触电的危险，如果浴室不通风透气还可能因煤气外溢而引起中毒。

忌033 浴缸忌存水

浴缸是洗澡用的，不宜存水。有些人为了节水，泡澡后将剩下的水留着冲厕所、擦地。这种做法不卫生且会产生不好的风水效应。因为使用浴缸洗澡是要把脏东西洗下来，把水放掉，意味着和脏东西说"再见"了。如果存水的话，所洗掉的疲乏和坏情绪仍留在室内，就会干扰到生活。

忌034 马桶固定后忌轻易移动位置

马桶一旦固定了就不要轻易移动，千万不要为了有大洗手台或宽淋浴间而把马桶位置放至远离原排污管的地方，卫浴风水的看法是，随意触动了污气会有意外发生。

忌036 卫浴间忌使用嵌入式盆台

有的人在装修卫浴间的时候，喜欢在卫浴间里砌一个盆台，盆台高出地面一两个台阶，然后将浴盆嵌在盆台里，这样的格局非常漂亮。不过，根据中国传统家相学的原理，卫浴间的地面不能高于卧室的地面，尤其是浴盆的位置不能过高。如果浴盆的位置高于卧室就意味着人住在被水侵蚀的卧室里，这使人容易患上内分泌系统的疾病。如果您非常喜欢这样的嵌入式浴盆，可以将它安置在另一间远离卧室的卫浴间内。

忌037 卫浴间灯具接头忌暴露在外

卫浴间比较潮湿，所以在安装电灯、电线时要格外小心。灯具和开关最好使用带有安全防护功能的，接头和插座也不能暴露在外。开关如为跷板式的，宜设于卫浴间门外，否则应采用防潮防水型面板或使用绝缘绳操作的拉线开关，以预防因潮湿漏电造成意外事故。

忌038 卫浴间镜子忌照出卫具

卫浴间一般会设有镜子，但千万不要设置在卫具的对面，使镜子映照出卫具的影像，尤其是不应使镜子映出卫具的使用者。因为这样的设置容易使人感到不舒服，甚至使人变得焦躁。为避免这种情况出现，则朝向卫具所在位置正对的四个方向不宜设置镜子。另一个最简单易行的办法就是将镜子设在卫具侧面的墙壁上，并且使两者之间留有一段空白距离。

忌039 神龛忌放在卫浴间外面

神龛不能放在卫浴间外面，因为卫浴间是一家之中空气最差、最不干净的地方。卫浴间里面都可以经常通风，可是外面这一小块方寸之地，却连空气都不流通，这么污浊的环境，怎么可以放置神龛呢？而且人进人出，从神像面前经过很不敬。

忌040 忌将废水倒在卫浴间的花盆

绝大多数的洗涤行为都是在卫浴间进行的，因此在洗刷的同时，注意不要将带碱性的废水倾倒在花盆里，这样会导致植物死亡而给主人带来不好的运气。

忌041 卫浴间的植物忌沾泡沫

卫浴间绿化的目的是让卫浴间产生"动"的装饰效果。绿化装饰的过程中应注意卫浴间是湿度和温度都很高的特殊场所，摆放植物的位置要避免肥皂泡沫飞溅玷污，否则既影响植物的生长又不卫生。

▲卫浴间的镜子映照出卫具的影像，甚至照出使用者，易使人焦躁。

▲卫浴间摆放植物的位置要避免肥皂泡沫飞溅玷污，否则既影响植物生长又不卫生。

忌042 卫浴间忌用贴木皮类家具

卫浴间不宜使用贴木皮类家具。因为市场上的贴木皮类浴室家具多以实木或密度板为基材，使用实木皮板整体粘贴后再在表面刷附防水漆料，而基材本身易出现开裂现象，会影响防水效果，所以不宜用在卫浴间。

忌043 卫浴间的灯饰忌过多、繁复

卫浴间的整体照明宜选白炽灯，以柔和的亮度为宜，但化妆镜旁必须设置独立的照明灯作为局部灯光的补充。镜前局部照明可选日光灯，以增加温暖、宽敞、清新的感觉。在卫浴间灯具的选择上，应以具有可靠的防水性与安全性的玻璃或塑料密封灯具为主。在灯饰的造型上，不宜用繁复的灯型来点缀，更不可太低，以免累赘或发生溅水、碰撞等意外。

忌044 卫浴间的镜子忌太小

卫生间必须具备镜子，并可以稍大，既可将污气反射出去，又有梳妆作用，此外亦可增大视觉面积及拓展视觉空间。太小的镜子起不到什么作用。

忌045 卫浴间忌选用深紫色

卫浴间不适宜选用深紫色装饰。因为深紫色虽然有浪漫的情调，但它同样会给人压抑、深沉之感。这种颜色须慎重选择，设计不当会让空间氛围忧郁黯淡。

忌046 卫浴间忌选用刺眼的颜色

卫浴间避免使用诸如大红色等刺眼的色彩，因为这样会令入厕者产生烦躁的心理。由于卫浴间是属水之地，所以卫浴间的颜色也最好选择属金的白色及属水的蓝色，既高雅又能产生安宁、静谧的感觉。

▲ 卫浴间的灯饰造型不宜太过繁复，更不可太低，以免累赘或发生溅水、碰撞等意外。

▲ 卫浴间使用诸如大红大紫等刺眼的色彩，会令入厕者产生烦躁的心理。

忌047 卫浴间忌有电吹风

电吹风不宜摆放在卫浴间。因为一方面卫浴间有较重的湿气，会影响电吹风的使用效果和寿命，另一方面从风水角度来讲，卫浴间属水，电吹风属火，两者放在一起会形成水火不容的风水格局。宜将其放在柜子里，或者其他房间，要使用时才拿出来。

忌048 卫浴间忌压在卧室之上

一些别墅或复式住宅，在装修时往往只考虑同一楼层平面内各房间之间的搭配，而忽视了上下楼层之间的关系。其实，上下层之间的关系也是非常重要的，卫浴间不应该"压"在卧室之上。试想，如果卫浴间的污浊之气下降到卧室之中，睡在下面的人的身体怎么会好呢？

忌049 卫浴间忌太潮湿

卫浴间必须常保持干爽清洁，否则极易积聚阴气，对家人的健康与运势都不利。

如果卫浴间潮气过重的话，卫具就极易受潮变形褪色，失去美感和应有的功能。而且潮湿的卫浴间还极易滋生细菌和真菌，使卫浴间内的物品出现难闻气味，并对人体造成不好的影响。

要坚决卫浴间的潮湿问题，首先在装修上做好防潮处理，具体包括，卫浴间的天棚宜选用具有防水、防腐、防锈特点的材料制成；地面铺设瓷砖时，要保证砖面有一个泄水坡度，避免水的蓄积，还要保持地砖与墙砖通缝、对齐，以保证整个卫浴间的整体感，以免在视觉上产生杂乱的印象；墙面的瓷砖也要做好防潮防水，而且贴瓷砖时要保证平整，若遇到给水管路出口，瓷砖的切口要小、适当，使得外观完美；卫浴间最好有窗户，以利通风，最好还有排风扇，而且排风扇必须安有逆行闸门，以防止污浊空气倒流。

其次，应选用具有防潮性能的家具，将卫浴间常用的物品，如毛巾、洗浴用品等收纳其中，避免物品收到影响。如果选用了容易受潮的木制家具，可在柜体底部采用金属作为支腿材料支撑柜体，这样就可以避免将潮气引向柜体，既能延长了卫浴家具的使用寿命，也能加强对物品的收纳保护。

忌050 卫浴间忌用黑色

卫浴间内宜用鲜艳的颜色，忌用灰、黑、蓝等阴沉色调。因为卫浴间本身已经阳气不足，再加上这些阴沉色调就等于火上加油，容易招惹阴灵。

第十一章

楼梯风水宜忌

现代住宅都是高楼大厦，离不开联系上下空间的楼梯。楼梯作为重要的"气口"，它可以使气通到一楼、二楼、三楼，甚至更高。在复式房的设计中，楼梯是承前启后的关键部位。在风水学中，楼梯的方位以及旋转的形状都会影响气流的流向，而家中的气流代表财气，因此在居家设计时不可忽视楼梯的重要性。

楼梯风水之宜

随着复式、跃式、别墅等住宅结构的流行，家居多个层面的空间分隔就要靠楼梯来衔接，这时候楼梯就被纳入住宅的内部空间。楼梯作为房屋的通道，是家中联系"上"与"下"的纽带，其方位、形状、布置等就对住宅的内部布局产生了强烈的影响。

宜001 宜根据房子的坐向设置楼梯

楼梯的坐落位置宜根据房子的坐向来判断，以房子的靠山来选择楼梯位置。因为楼梯是转折的地方，而房子的靠山是营气的地方。如果房子是靠北面，那北面就是营造出好的气的位置，那这个位置就可以做二层楼梯转折、旋转的空间。但是也要注意这个位置是不是吉祥的位置，例如坐南朝北的房子，不宜将楼梯设在南方，这是"背剑格局"，就像一个人背了一把剑，抽来抽去的，会永远都在拔剑与人相争，使人好打抱不平，常与人争执。以下是各个方位坐向的房子所对应楼梯的吉方位：

东南坐向的房子楼梯的吉祥位为南方、北方、东方；

西南坐向的房子楼梯的吉祥位为西北方、东北方、西方；

西坐向的房子楼梯的吉祥位为西北方、东北方、西南方；

北坐向的房子楼梯的吉祥位为：南方、东方、东南方；

南坐向的房子楼梯的吉祥位为东方、北方、东南方；

东坐向的房子楼梯的吉祥位为西南方、西方、西北方；

西北坐向的房子楼梯的吉祥位为南方、北方、东南方；

东北坐向的房子楼梯的吉祥位为南方、东南方、西方。

▲楼梯是转折的地方，而房子的靠山是营气的地方，因此，楼梯的坐落位置宜根据房子的坐向来判断。

宜002 楼梯宜设在隐蔽处

将楼梯设置在隐蔽处，隐藏在墙壁后面，用两面墙把楼梯夹住，能够避免楼梯口正对住宅的大门，同时还可以增强上下楼梯的安全感。为避免楼梯口正对大门也可以将楼梯反转设计，比如把楼梯的形状设计成弧形，使得梯口反转方向，背对大门。

▲楼梯设置在隐蔽处，可避免楼梯口正对住宅的大门，还可增强安全感。

宜003 楼梯进气口宜对着起居室等

楼梯进气口宜对着客厅、餐厅、起居室。因为客厅、餐厅、起居室都是一家人聚集的地方，楼梯对着这些地方，就能产生聚合的力量。但是如果楼梯口对着餐厅时，不宜冲到餐桌，这样会令在这里用餐的人很不安定。

宜004 大门和楼梯之间宜设屏风

如果大门直对楼梯口，大门的气就会直冲楼梯口。出现这种格局时，宜在大门和楼梯之间放置一个屏风，使"气"能顺着屏风进入家门。

▲大门直对楼梯口，宜在大门和楼梯之间放置一个屏风，使"气"能顺着屏风进入家门。

宜005 楼梯上行方向宜顺时针

人上楼时的行走方向应与宇宙螺旋场的运行方向相一致，以顺时针方向为宜，而且楼梯的上下弧度需要大小相同。

▲楼梯的行走方向应与宇宙螺旋场的运行方向一致，以顺时针方向为宜。

宜006 三碧、四绿命宅主宜选直梯

直梯最为常见，也最为简单，但在设计时要考虑是否适合宅主，如果适合，对提升家运就有不错的效果。三碧和四绿命的宅主宜选择直梯。

宜007 楼梯坡度宜根据家人来设定

楼梯的坡度宜根据家中成员状况来决定。若家庭中有老人和孩子，楼梯的坡度就要缓一些，踏步板要宽一些，梯级要矮一些，楼梯的旋转也不要太猛烈，这样老人、孩子在上下楼的时候才会有安全感。

▲楼梯的坡度宜根据家中成员状况来决定。若家庭中有老人和孩子，楼梯的坡度就要缓一些，踏步板要宽一些，梯级要矮一些，楼梯的旋转也不要太猛烈。

宜008 楼梯宜与住宅总体风格一致

楼梯设置要注意与住宅空间环境总体风格保持一致。和谐、统一是家居风水最主要的原则，如果楼梯的设置过于突兀，装饰过于哗众取宠，必然会让居住者觉得不适。

宜009 楼梯高度差宜控制在首末步

所谓楼梯的首末步，就是与地面相接的第一级踏步和与楼板相接的最后一级踏步。这两步不仅是上下空间的连接点，也不仅仅是楼梯的支撑点，它们还是整段楼梯中最关键的地方。一般而言，楼梯的调整会在楼梯的首、末两级进行，而中段保持不变，所以有可能出现首、末两级的踏步高度与中段不同的情况。把调整安排在首、末两级有一定的道理，因为每个人在踏上楼梯第一步的时候总是十分小心，当熟悉了踏步的节奏后，心中的戒备才会逐渐放松，因此，楼梯中段的踏步高度必须保持与首末步相同。

▲楼梯中段的踏步高度必须保持与首末步相同，因此其高度差控制在首末步。

宜010 楼梯台阶宜防滑

楼梯台阶与坡道如不设防滑条的话，则踏步面应向内侧倾斜，以免人在上下楼梯时滑倒。楼梯台阶的材料一般采用实木、大理石或玻璃。应该注意的是：在选择玻

璃做楼梯时一定要加设防滑条，且用于踏板的玻璃最好采用钢化玻璃，因为其承载重量大，且不像普通玻璃破裂之后容易出现锋利的尖角。

宜011 楼梯栏杆的宽度宜适中

在设计楼梯栏杆的宽度时，要首先考虑到安全问题，特别是有小孩的家庭，应考虑小孩头部被夹的可能性。栏杆间隔以8厘米为宜，因为8厘米的间隔正好可以防止小孩把脑袋伸进去。

宜012 楼梯的部件宜光滑、圆润

楼梯的所有部件都应光滑、圆润，没有突出、尖锐的部分，以免对居住者造成意外的伤害。试想一下，当女士们穿着裙子优雅地走上楼去，但裙子的后摆却被挂住了，会产生什么样的尴尬情形？同时楼梯的踏板要注意做圆角处理，避免其对脚部造成伤害。

宜013 宜根据情况选择楼梯处植物

楼梯处植物的摆设要根据实际情况来定。如果楼梯较窄，使用频率又高，在选择植物时宜选用小型盆花，如袖珍椰子、蕨类植物、凤梨等。还可根据壁面的颜色选择不同的植物。如果壁面为白、黄等浅色，最好选择颜色深的植物；如果壁面为深色，则选择颜色淡的植物为好。若楼梯较宽，每隔一段阶梯可以放置一些小型观叶植物或四季小品花卉。在扶手位置可放些绿萝或蕨类植物。平台较宽阔的话，可放置印度橡皮树等。

宜014 楼梯宜用环保材料

在选择楼梯款式的时候也应关心它是否由环保材料组成。切记不要选择那种会挥发出对人体有害的化学物质的材料，否则不利于家人的健康。

▲ 楼梯的所有部件都应光滑、圆润，可避免对居住者造成意外的伤害。

▲ 选用环保材料来作为楼梯的材料有利于家人健康。

宜015 楼梯光线宜明亮柔和

从所处的位置来讲，楼梯多给人较昏暗的感觉，所以光源的设计就变得尤为重要。主光源、次光源、艺术照明等方面都要根据实际情况而定。过暗的灯光不利于行走，过亮又易出现眩光，因此，楼梯的光线在确保清晰明亮的同时，还要追求一定的柔和度。

宜016 楼梯宜挂装饰画、装饰品

楼梯的细节美化是十分重要的。可在楼梯转弯处随着楼梯的形状摆放不很规则的装饰挂画，再配上一些比较有新意的装饰品，如金属质地的雕塑、艺术相框、手工烟灰缸等，这些装饰品在细节上与装饰画相呼应。如果一上楼梯，正对的墙面面积很大，那么可以根据自己的想法直接在墙面上画图案装饰，画图案最好是请专业人士来完成。

▲楼梯转弯处随着楼梯的形状摆放不很规则的装饰挂画，再配上一些比较有新意的装饰品可美化楼梯，还能体现宅主的文化品位。

宜017 宜合理利用楼梯底部空间

大多数楼梯下面都会留一个空间，这样的空间若能合理地规划，则能发挥很好的作用。例如在其底部装上一扇门，就可以成为一个储蓄室，里面摆上几个储物箱，可以分门别类地收藏东西。还可以根据楼梯台阶的高低错落，制作大小不同的抽屉式柜子，直接嵌在里面，用来摆放不同物品。楼梯踏板也可以做成活动板，利用台阶做成抽屉，作为储藏柜用。另外，那些不常用的东西以及孩子们所丢弃的玩具，或是那些等着回收的报刊废纸，都可以放置在这个地方，这样既合理利用了空间又能达到整齐美观的效果。除此之外，还可以将靠墙的一侧作为展示柜，展示柜可依楼梯的走势而设计，做成大小不一的柜子，然后再在墙上打上适当的柔光，使展示柜上的物件精美漂亮。

宜018 楼梯颜色宜与方位对应

根据五行的原理，楼梯宜根据其方位选择与其相配的颜色来装饰，这样有利于增添屋宅的运程。如果楼梯设在东或东南方，宜用绿色、蓝色；如是南方宜用淡紫色、黄色；北方则宜用灰白、米色、粉红色；西北方适宜灰、白、黄、棕、黑；东北方宜用淡黄，而西南方则宜用黄色。

楼梯风水之忌

楼梯的布局装饰与家中的宅运、财运息息相关。有人认为楼梯和房间不同，楼梯只是发挥通道的功能。其实，楼梯既是家中接气与送气之所在，也是最易发生事故的地方，倘若方位不当，就会给家中带来不利因素。因此在设计楼梯时，要留心一些不利风水的格局与装饰。

忌001 楼梯忌设在住宅的中央

将楼梯设在住宅中央是不太合理的。房子的中央被称作"穴眼"，是"气"的凝结点。楼梯设在其中会把整个房屋底层分隔得支离破碎，使蛰居一隅的客厅成了门厅的陪衬，如同专为陌生人"留步稍候"而设的"大堂会客区"。一般认为客厅是全宅的灵魂所在，是最尊贵的地方，如果把楼梯设置在屋子中央，则显得喧宾夺主。而且楼梯是人经常走动的地方，喧闹不宁，设在住宅中央不仅浪费了"穴眼"这一风水宝地，而且带有"践踏"的不敬之意，自然不会给房屋主人带来好运。

忌002 楼梯口和楼梯角忌正对房门

楼梯口及楼梯角不可正对卧房门和厨房门，特别是不宜正对新婚夫妇的新房门。因为楼梯口属"气口"，正对房门会让气流直接冲到房间，对居住者的健康不利。楼梯角正对房门的话，就形成了尖角对房的不利格局。如果无法避免这两种格局的话，可在卧房门、厨房门与楼梯口之间放一个屏风，或在厨房门、卧房门上挂个门帘来化解。

忌003 楼梯忌正对大门

当楼梯迎大门而立时，楼上的人气与财气在开门时就会冲门而出，不利家人健康，也不利财运。若出现这种格局，可在梯级与大门之间放一面凹镜，这样可以把气能反射汇聚回屋内。

忌004 楼梯口忌正对厕所、门窗等

楼梯的进气口不宜正对厕所、门窗、灶口等。楼梯正对厕所，从楼口带进来好的气流就会直冲进厕所里，不吉；而楼梯口如果对着走出去的门或落地窗，会让住在楼上卧房的人不想回家，财气也会留不住，尤其是直梯更严重；而如果楼梯口对着厨房灶口，亦不吉。

忌005 楼梯忌通向卧室

楼梯具有很鲜明的指向性，面对楼梯，人们都会不由自主地拾级而上，所以切忌进门处的楼梯直接指向卧房门，这样会将人们的目光引向私人空间。如果楼梯直通卧室的话，不仅不利于家人保护隐私，也会让来访者感到尴尬。

忌006 房间里面忌设置楼梯

房间里面不要设置楼梯。有些住宅为了要节省空间，就在卧室内做了楼梯通往楼上的小孩房间，这种情形在风水理论上称为"寡妇煞"，会对主人的身体健康有不良影响。

忌007 楼梯忌压在房屋的中心点上

楼梯的转台或最后一级不能压在房屋的中心点。因为房屋中心点是统管八方、八卦的，是房屋的核心，若核心动摇的话，八方皆乱。相对于斜梯和半途有转弯平台的楼梯来说，楼梯的第一个台阶在房屋中心还无大碍，如果到达楼梯尽头的平台是房屋中心，那就是大凶的格局。

忌008 楼梯外形忌锯齿状

楼梯是现代建筑不可缺少的构件。但需要注意楼梯的形状，形如锯齿的楼梯是一种带煞气的房屋构件，因此楼梯不宜设计成锯齿形，否则会给家人带来不利。

忌009 楼梯底下忌作厨房、卧室

楼梯底下的空间呈倾斜状，高低不平，不宜作餐厅、厨房和卧室等。因为人在楼梯下面会感到很压抑，而且容易碰伤。如果想利用楼梯底下的空间，最好是将其设计成储藏室或厕所，这样有利于家人的财运，使家中钱财越积越多。

忌010 二黑、五黄命宅主忌用直梯

如果楼梯的形状与宅主五行相克，则不利家运。几何线条给人"僵硬"的感觉，二黑和五黄命五行属土，直梯属木，木克土，所以二黑和五黄命的户主最好不要使用直梯。

忌011 楼梯忌太低

楼梯与天花板的距离应大于2米，以避免碰头。若楼梯太低，上楼时总是要小心翼翼，这会给人的生活造成紧张感。太低的楼梯也会影响气的流通，不利于家运和财运。

▲ 形如锯齿的楼梯是一种带煞气的房屋构件，会给家人带来不利。

▲ 卫楼梯太低，这会给人的生活造成紧张感。太低的楼梯也会影响气的流通，不利于家运和财运。

忌012 楼梯设计忌忽略台阶的高低

楼梯最忌讳的就是各个台阶的尺度不等。相信很多人都有在楼梯上被绊或踩空的经历，这两种情况都会让人惊出一身的冷汗。因为人在上下楼的时候，节奏感已经在脑子里形成了惯性，变成一件很自然的事，如果在楼梯这样一个陡面上，节奏突然被打断，就很容易发生意外。

忌013 楼梯坡度忌过大

楼梯是快速移"气"的通道，能让"气"从一个层面向另一个层面迅速移动。当人在楼梯上下移动时，便会搅动气能，使其改变流向。要使居家达到藏风聚气的目的，气流必须回旋，如果楼梯的坡度太大就会影响气的流通。为了避免楼上的"气"直冲而下，家居楼梯从形状上讲，应尽量不做直梯，而是做成折线形的楼梯（即有休息平台的楼梯）、螺旋楼梯或弧形楼梯。

▲楼梯的坡度太大就会影响气的流通，也不利于家人行走安全。

忌014 楼梯装修忌用硬材

在选用楼梯装修材料时，需要注意的是，如果不希望自己的居室呈现出宾馆、舞厅等公共场所的喧嚣气氛，就不要采用不锈钢等生硬的材料制作居室的楼梯。不锈钢等金属材料因为其明亮、耐用、加工便利等特点而早已被定位在公共设施的专用材料中，因此不宜家庭使用。

忌015 楼梯踏板忌用普通玻璃

楼梯的踏板一般可采用实木、大理石或玻璃。目前很多人喜欢玻璃台阶的剔透、冰冷及酷的感觉，但注意用于踏板的玻璃应是钢化玻璃，其承重量大。普通玻璃虽然也能承重，但破裂之后容易出现锋利的尖角，因此为安全起见，最好不要采用普通玻璃。

忌016 楼梯扶手忌有冰冷感

冷暖适中的楼梯扶手会给居住者带来舒适的感觉。如果采用金属作为楼梯的栏杆扶手会给人冰冷的感觉，因此最好要求厂家在金属的表面做一下处理。金属在冬季时非常冰冷，尤其是冬天，会让人很不舒服，这对老年人尤为不利。目前，市场上有一种特殊材质的扶手，既有金属般的酷感，又不冰冷，适宜选用。楼梯的扶手直径则以5.5厘米为宜，使用起来会非常舒服。

忌017 楼梯踏级忌有缝隙

家庭中的楼梯踏级不应有缝隙。如果楼梯踏级有缝隙，这样不仅不利于居家安全，而且居住者走在上面，衣服也容易被勾住，易发生意外。

▲楼梯踏级有缝隙，这样不利于居家安全，居住者走在上面，易发生意外。

忌018 楼梯扶手材料忌与方位相克

楼梯扶手分为木制扶手和金属扶手，五行属性为木和金，都有相克的对应方位。木制扶手不宜在东北、东南、西北、西南四方位，如果已经选用了，可以通过颜色来化解，只要使用红色、银白色或者咖啡色材料即可。金属扶手不宜在东和东南两个方位出现，若已经出现又不想换的话可以通过红色、深色来化解。

忌019 楼梯忌噪音过大

楼梯不仅要结实、安全、美观，在使用时还应避免发出过大的声音。在夜深人静的时候，踩在楼梯上所产生的"咚咚"声会显得有些恐怖。楼梯的噪音不但与踏步板的材质以及整体设计有关系，也与楼梯各个部件间的连接有关系，所以应该慎重选择。

忌020 楼梯颜色忌与方位相克

楼梯的颜色如果与方位相克就会形成不利家运的风水，因此宜避免选用与楼梯方位相克的颜色。以下是楼梯方位与颜色相克的对应关系。

东与东南：白色、米色、灰色；
南：黑色、紫色；
西：红色系列；
北：黄色、红色；
西北：粉红色；
东北：铁锈色；
西南：棕色。

忌021 五行属土宅主忌用绿色楼梯

二黑、五黄、八白命宅主不宜用绿色楼梯。在风水学中，二黑、五黄、八白五行属土，绿色五行属于木，木克土，对宅主不利。土对应人身体的脾胃，土被木克，家人脾胃易出问题，容易发生肠胃疾病。

第十二章

过道风水宜忌

过道是联系各居室的交通纽带,是家居的动脉,是居室中利用率最高的区域之一。作为室内人气旺盛的场所,过道应设在吉方位;而作为居室的"交通线",方便行走是过道的主要功能要求。在设计过道的时候若是合乎风水之道则能为家居增运,否则会有许多不良的风水影响。

过道风水之宜

干净整洁的过道不仅会给居住者带来好心情,也方便居住者行走。过道是人们经常走动的地方,宜保持长期的照明,这样既方便日常生活,又能带来好的家运。过道的装饰美观大方能为居室增添高雅、宁静的气息。总之,过道的布置与装饰合理得当,能使居住者家运通畅,生活舒适。

宜001 过道宜设在吉位

过道宜设在家居吉方位。虽然过道在家相上很难成为吉相,但在东、东南、南、西南的过道,基于通风、遮光面而言,也可能成为吉相。除此之外的其他方位则很难成为吉相。

宜002 过道宜整洁、通畅

干净整洁的过道,会给居住者带来好心情,也方便行走。如果在过道堆放过多杂物或者垃圾,就会影响居住者的心情和生活,甚至使其生活失去方向,不利家运。

宜003 过道边墙宜重点装饰

过道装饰的美观主要体现在墙饰上。过道墙面的装饰方法有很多,如在一侧墙面安装内有多层架板的玻璃吊柜,放些纪念品等物;也可挂上几幅适宜的装饰画,这可起到补缺的作用,更能增添文明、雅静的气息;还可在过道面积稍大的一面墙上挂一块较宽的茶镜玻璃,玻璃下方墙脚处放置盆景或花卉来衬托。如果茶镜能反衬出室外的树木等景色,则有借墙为镜、延展空间的良好效用,使上下、内外相映生辉,生生不息。

▲过道干净整洁,方便居住者随意行走,可给居住者带来好心情,同时还能使家中气流通畅无阻,可带来好的家运。

▲过道上点缀着几幅装饰画,增添了许多文明、雅静的气息,同时还延展了空间。

宜004 宜根据需要设定过道宽度

居室过道的宽度可以根据不同的需要设定。居室入口处的过道常起门斗的作用，既是交通要道，又是更衣、换鞋和临时搁置物品的场所，还是搬运大型家具的必经之路。在大型家具中，沙发、餐桌、钢琴等的尺度较大，在一般情况下，过道净宽不宜小于1.2米。通往卧室、起居室（厅）的过道要考虑搬运写字台、大衣柜等物品的通过宽度，尤其在入口处有拐弯时，门的两侧应有一定余地，故该过道宽度不应小于1米。通往厨房、卫浴间、贮藏室的过道净宽可适当减小，但也不应小于0.9米。各种过道在拐弯处应考虑搬运家具的路线，以方便搬运。

宜005 过道边墙宜有艺术感

作为室内的主要"交通线"，如果在墙边铺上七彩的卵石，放上小海星、小贝壳等饰品，整个空间就会充满艺术感，也会给家人的日常生活带来好心情。

宜006 过道地面宜平整、易清洁

作为室内的"交通线"，过道的地面应平整、易于清洁。地面材料以硬质、耐腐蚀、防潮、防滑材料为宜，多用全瓷地砖、优质大理石或者实木及复合地板，这样可以避免过道地面因行走频率过高而过早磨损。

宜007 过道色彩宜与方位五行相配

住宅之过道是一宅之动向位置，若此位置的瓷砖色彩五行克此位置方位之五行，就容易形成杀气，所谓杀气是克宅场，主家宅不宁。因此切忌走道所在的方位与其所铺设的瓷砖颜色相克。以本宅中心点分出，东方和东南方忌白瓷砖，西和西北忌红色瓷砖，南方忌黑色瓷砖、北方忌黄色瓷砖，东北、西南、西北方忌绿色瓷砖。

宜008 过道地面宜铺设实木地板

过道地面主要有实木地板、瓷砖和地毯三种装饰材料。中式风格的过道装饰中，最好使用实木地板而不用复合地板。虽然复合地板的图案多样、色彩丰富，但太过强调现代气息，而实木地板的色彩单纯，赋予过道宁静、古典的气息，且实木地板具有更高品位的质感，与室内其他家具等搭配和谐。

▲过道使用实木地板，色调单纯，营造出一种宁静、古典的气息，与其他家具更和谐一致。

宜009 过道地毯宜耐磨

选择过道的地毯时要注意铺设的位置和该处的行走量。过道是走动频率较高的区域，因此宜选用密度较高、耐磨的地毯。一般而言，素色和没有图纹的地毯较易显露污渍和脚印；割绒地毯的积尘通常浮现于毯面上，但尘污容易清理；而圈绒则容易在地毯下面沉积灰尘，较难清除。优质地毯有不褪色、防霉、防蛀、阻燃等特性。选购人工或机织地毯时，应注意是否有厂方提供的防尘、防污、耐磨损、防静电等保证。

▲过道是走动频率较高的区域，宜选用密度较高、耐磨的地毯。

宜010 过道宜以攀附状植物为主

居室的过道往往较窄，且大多光线较暗淡。此处的绿化装饰大多选择体态规整或攀附为柱状的植物，如巴西铁树、一叶兰、黄金葛等；也可用小型盆花，如袖珍椰子、鸭跖草、凤梨、吊兰等，采用吊挂的形式，这样既可节省空间，又能使空间的气氛活泼。也可以根据过道壁面的颜色选择不同的植物，假如壁面为白、黄等浅色，则应选择带颜色的植物；如果壁面为深色，则选择颜色淡的植物。总之，该处绿化装饰选配的植物以叶形纤细、枝茎柔软为宜，以缓和空间视线。

宜011 大面积过道宜摆放绿色植物

若是过道比较宽阔，可在此配置一些观叶植物，叶部要向高处发展，使之不阻碍视线和出入；摆放小巧玲珑的植物，会给人一种明朗的感觉。也可利用壁面和门背后的柜面放置数盆观叶植物，或利用天花板悬吊抽叶藤、吊兰、鸭跖草等。至于柜面上，可放置一些菊花、樱草、仙客来、非洲紫罗兰等。宜将室内的花草每周对换一次，以达到调整绿色植物生长环境的目的。

▲宽阔的过道配置绿色的观叶植物，可以给居室更换新鲜的空气，带来无尽的春意。

过道风水之忌

过道在居室中的风水效应容易被忽略，但实际上过道与居住者的社会地位、信用及整体运气息息相关。如果在过道堆放过多杂物或者垃圾，会影响居住者的心情和生活，不利家运。因此，过道在设计、装饰美化上也应符合一些因应之道，避免触犯禁忌不利风水。

忌001 过道忌直冲卧房门

住宅里面的过道不宜直冲卧房门，这样会让气流直接冲向卧房，影响房间里的气场，无形中也影响了家庭的运气。

忌002 过道忌将房子一分为二

如果过道把房子分隔为两部分，就是把风水气场分散成两半，这对家庭财运不利。同时，风水学认为，在住宅的中央穿过的过道等于把整个家庭一分为二，导致家庭不和睦，影响夫妻感情。"回"字形过道亦影响家运，也是风水中的大忌。

▲房子被过道分隔成两半，风水气场也被分割成两半，这样等于将整个家庭一分为二，易导致家庭不和睦，影响夫妻感情。

忌003 过道忌直通、宽窄无度

过道不宜宽窄无度，一通到底。一般过道控制在90厘米左右，最宽为1.3米。如果宽度超过1.8米则视为"缺"，是凶相。补救的方法就是使之变窄。过道的长度也有一定限制，不宜一通到底，一般控制在整个住宅长度的三分之二以内。如果过道一通到底，把一个家庭分割成两半，就象征着家庭的分裂崩溃，是凶相。补救的方法是在过道的尽头处改建橱柜，把过道长度缩短到宅长的三分之二以内。

忌004 过道忌过多

室内的动线设计要流畅。走道不宜过多，最好是以客厅为中心，能四面八方前往各单独房间。如果过道绕来绕去，或穿过一房再进入另一房，都不宜。动线不流畅的格局属于不吉之格。

忌005 过道尽头忌正对厕所

过道的尽头不宜正对厕所，否则厕所的秽气就会直冲过道而污染全宅，而且这也有碍观瞻。出现这种情况宜在过道安门，安门后在客厅就不会看到他人出入厕所的尴尬情况，也可避免厕所的秽气流入客厅。

忌006 过道忌有利器

许多家庭在装修时，在屋内的小过道做假天花板，在天花板上开一个柜的位置，使其变成了一个储物柜。在储物柜内摆放一般物件，如衣服、棉被等是没有问题的，但不宜摆放利器，以免发生意外。过道边墙也不能挂刀、箭等利器，避免其掉下来伤害到家人。

忌007 过道内忌有横梁

横梁是装修设计中应注意的问题，也是较难处理的风水问题。如果小过道内出现横梁，一般可做假天花来化解，这样既美观大方，又解决了风水方面的问题。否则，有碍美观，还会使人心理有压迫感，导致家人工作可能出现阻力，做事不顺利等，影响家运。

忌008 过道地毯忌不透气

地板的阳气很强，如果在上面铺上不透气的地毯，就会阻隔阳气，导致家里阴气增加，所以要选择通气良好的地毯铺设过道。另外，地板是吸收大地能量的过滤器，但深色、陈旧的地板不能充分吸收大地的能量，所以应该选择铺设明亮色调的地板或地毯。

忌009 过道壁柜忌潮湿不通风

过道的壁柜常因通风、防潮不良而造成贮藏物品霉烂，所以对设于底层或靠外墙、卫生间等容易受潮部位的壁柜，应采用积极的防潮措施，宜保持其通风透气，避免壁柜受潮生霉。所有壁柜内均应平整、光洁且应经常清洁整理，以免细菌、真菌滋生在角落缝隙里，损坏壁柜和其中的物品。

▲过道内出现横梁，有碍美观，还会使人心理有压迫感，导致家人工作不顺，影响家运。

▲过道壁柜不通风，防潮不良就会使贮藏物品霉烂，应该保持其洁净、通风。

第十三章

窗户风水宜忌

住宅反映了居住者的矛盾统一观念,既希望与外界保持适度的距离,获得独立性和安全感,又希望与外界连接在一起,达到和谐的统一,需要一条通向大自然、通向社会人群的纽带,窗户就是这独特的纽带。窗户是最能体现一宅风水之优劣的,因此,在居家设计中,宜注意窗户风水的一些宜忌,使其方位格局与装饰布置均能合乎堪舆之道。

窗户风水之宜

窗户是住宅与外界接触的第二通道，也是人们在屋内视觉上与外界经常接触的媒介，视线状况的好坏会直接反应到人类的大脑，影响人们的心理状态。从风水角度讲，窗户与门一样，它的位置、形状、大小决定着居家纳气的旺衰、强弱，既关系到住宅风水的好坏，又左右着全家人的吉凶。

宜001 窗户宜靠南开

风水学比较强调住宅向南。从自然的角度来说，向东或向西的房子分别在上午和下午被强烈的阳光照射，向北的房子有北方寒冷之气，而向南却有暖和之气，因此民间有句俗语："千金难买向南居。"窗户向南亦同此理。所以窗户要尽量靠南开，比如开在东南、西南、正南，这样就可以接纳南边不寒不燥的气，对人体健康和人的命运都有较好的影响。

宜002 住宅东南墙宜开窗

不论任何坐向的房屋，最好在东南面的墙开设窗户，这样，早上起来居室就会被阳光充满，由此自会带来好运气，且使室内干燥不生霉气，大吉。

宜003 窗前宜正对腰带形马路

窗前正对腰带形的马路主吉，财运旺，事业顺。窗前有缓冲而来的路，主家人财运稳固，人丁平安。但窗户忌对着弯弓路，否则会对居住者造成危害。

▲"千金难买向南居"，窗户也应尽量向南开，这样就可以接纳南边不寒不燥的气，对人体健康和人的命运都有较好的影响。

▲窗前正对缓冲而来的腰带形的马路主吉，家人财运旺，事业顺。

宜004 窗户宜正对弯曲的马路

房屋的大窗如果正好正对弯曲的马路，这就是最难得的"九曲水"。有了"九曲水"，住宅被水环抱着，运气就不会流散，还会使好运连连不断。

宜005 窗外宜见公园和水池

窗外有公园、球场主吉；窗外见环抱路，亦为见财吉兆；窗外见湖河或向海为明堂水，可使事业兴旺。相反，窗前空旷无水也是吉祥的，是为明堂宽阔，亦能使事业发展平稳。住宅窗前宜有半圆形池塘或溪水，圆方朝前，基地主正，是发财的格局。

▲ 窗外见空旷广阔的公园可使事业发展平稳，见水池为明堂水，旺事业。

宜006 宜开方形窗或拱形窗

窗户的形状宜设计成方形、拱形或椭圆形。方形窗、拱形窗、圆形窗给人以宁静安详的感觉，适合装设在卧室、玄关和休闲室。而方形窗尤能给人振奋肯定之感，适合开在餐厅和工作场所。

宜007 大窗户宜设计成组合窗

为了建筑外形的美观，设计师通常会把窗户设计得比较大，但为了避免因气散而影响宅运，建议将大窗设计成由多块玻璃组合而成的形式，其收到的装饰效果相同又不会影响宅运。

宜008 窗户高度宜超过人的身高

窗户的顶端高度必须超过居住者的身高，这既可增加居住者的自信和气度，确保空气的流通，同时也使居住者在眺望窗外风景时不致因弯腰弓背而感到吃力。

▲ 窗户的高度高过人的身高，可增加居住者的自信和气度，确保空气的流通。

宜009 窗户宜大小适中

窗户不宜过大，也不宜过小。住宅的窗户太大容易导致内气外泄，导致家庭关系不和。窗户过小或四面不开窗的房子会显得寒碜小气、暗无天日，居住者也会变得气量狭窄、萎靡退缩。如果窗户过大，可悬挂百叶窗或窗帘来弥补这个缺陷，不过百叶窗比窗帘更易于吸纳外气，所以效果比窗帘好。

宜010 窗形、窗向宜与五行相生

窗的形状、方位与五行相关，运用得当有助于加强家居吸收能量和增加活力。窗户的五行形状为：金形圆、木形长、水形曲、火形尖、土形方，要有针对性地选择使用。

圆形或弧形的窗户属金型窗。开在西、西南、西北、北与东北等方位为最适用，它能使住宅的外立面产生一种凝聚力，并会在家中形成团结的力量。

直长形窗属木型窗。其最适合的方位是东方、南方与东南方，它能使住宅的外立面产生一种向上的速度感，并会在家庭中形成积极向上的氛围。

双弧形或圆形组合的窗户属水型窗。其最适合的方位是北方、东北方与东方，它能使住宅外立面产生一种浪漫的感觉，可以转化、消除不利的方位带来的寒气，为从事艺术工作的人增强灵感。

八角窗或尖形窗户属火型窗。开在住宅中心位置以及南、东北、东南、西北与西南等方位能补旺地运，激发人的斗志，让人对事业充满激情。

正方形或长方形窗属土型窗。开在住宅的南、西南、西、西北与东北等方位能使住宅的外立面产生一种安定、稳重之感，并会在家中形成平稳、踏实的氛围。

宜011 窗户宜向室外的方向打开

窗户的设计可决定气的流通。窗户向外开不但可使大量的气进入室内，且开窗时可使室内浊气外流，因此可加强居住者的气合，增加成就事业的运气。作为住宅的"风水眼"，要确保所有的窗都容易打开。在日常生活中，应该保持每天最少开窗一次，让新鲜空气与光线进入家中。

▲窗户应设计为向室外的开合方式，向外开的窗户可使大量的气进入室内，且开窗时可使室内浊气外流，可加强居住者的气合，增加成就事业的运气。

宜012 窗户开口部宜与墙角无裂缝

家装收工验收时，要注意看窗户开口部与墙角是否有斜向裂缝，裂缝是否持续延伸或扩大。假如裂缝数目少且裂缝很小，则属于正常范围，但如果裂缝持续延伸而且范围扩大，就应及时补救，以免后患无穷。

宜013 安装窗户时要考虑安全因素

居住在首层的人家，在窗户或阳台加装金属护栏时，有两方面的基本要求，一是要美观，二是要考虑安全因素。安全指的是在防止外部入侵的基础上，当室内发生盗贼或火灾时，能给自己的家人留下从窗口逃生的可能，不能完全封死。因为在火灾中，首层住户从窗台和阳台疏散的可能性很大。

宜014 安装窗户宜考虑隔音功能

随着人们生活水平的提高，对居家的私密隔音性要求也越来越高。作为与家居隔音息息相关的窗户在安置的时候要考虑到噪音污染，宜选购隔音效果比较好的装饰材料。

宜015 窗框的颜色宜与方位配合

窗框和墙壁漆成不同颜色，则可将外部景致明显地纳入窗中，形成一幅天然的风景画，能为居住者带来活力和创造力。但选色最好要注意，若能选择与方位配合的颜色，则对宅运便会有益。下面为八个不同方向的窗台配合色：

向正东的窗户宜用黄色、褐色；
向东南的窗户宜用黄色、褐色；
向正南的窗户宜用白色、银色；
向西南的窗户宜用蓝色、黑色；
向正西的窗户宜用绿色、青色；
向西北的窗户宜用绿色、青色；
向正北的窗户宜用红色、粉红；
向东北的窗户宜用蓝色、黑色。

宜016 窗台宜点缀花木和盆景

在窗台上摆放一些花木、盆景会令人赏心悦目，在风水上也有趋吉避邪之功能。人的视线会因停留在这些近景上，而忽略窗外的视线，而阳光和空气的数量和质量也不会受到影响。另外，还可设计一些精致的托架，使花木分为几个层次摆放。例如，窗户的上部挂一盆吊兰，中间用厚玻璃托起浅盆花草，窗台摆放盆景或其他小摆设。这些小点缀恰似点睛之笔，可使窗户生辉不少。

▲窗台摆放花木、盆景会令人赏心悦目，并能起到趋吉避邪之功能。

宜017 窗户宜安装窗帘

无论是为了保护室内的隐私，还是为了遮挡阳光，或是美化居室，窗帘都是不可缺少的。一般而言，窗帘的选择应具备以下条件：阳光充足的窗户宜用质地较厚且颜色较深的窗帘；阳光不足的窗户宜用质地较薄且颜色较浅的窗帘。

窗户风水之宜

宜018 宜按功能区选择窗帘的材料

窗帘的制作材料有棉布、印花布、无纹布、色织提花布、丝绸、锦缎、冰丝、乔其纱、尼龙、涤棉装饰布、质地较厚的丝绒、平绒、灯芯绒等。从布料的装饰效果看，客厅、餐厅可选择图案较大又具优雅特色的布料；卧室窗帘要求质厚，保证私密性及睡眠舒服安逸；书房要求透光性能好的质料，色彩宜淡雅；浴室窗帘应选择遮光好、易洗涤的PVC面料，风格力求简单流畅。

宜019 窗户宜宽敞明亮

空气、光线会影响居住的品质。祈求平安健康的住宅，就要保证宅内有充足的空气和光线，四面封闭无窗或窗户狭小会使室内空气阻滞、光线幽暗、室内潮湿，方位再好也难以平安、健康，所以窗户最好宽敞明亮。

宜020 宜根据空间选择窗帘的图案

窗帘的图案对空间的影响很大。横向的图案可以从视觉上扩大空间的长度；垂直的长条图案可以延展空间的高度。如果房子楼层太矮，不妨利用直条纹的布帘。较小的窗户选择窗帘以图案简单、淡色、细花的为首选。小房间的花型不宜过大，而较大的房间可以适当选些大的花型。窗帘图案的选择也应与装修的风格相一致，如花鸟山水图案的窗帘典雅、古朴，而直线、三角、圆形等几何图案构成的图案则给人一种现代感。

宜021 宜根据外部环境选择窗帘

窗帘的选择与外部环境有很大关系。如窗户正对医院或尖锐的屋角、不吉之物等，而且相距甚近，那便应在窗户安装木制百叶帘，防止煞气进入，并且尽量以少打开为宜。窗帘的使用应有利于住宅内气息的新陈代谢。

▲窗户宽敞明亮，给室内带来了充足的光线和空气，使整个住宅充满明媚的阳光，能给人带来愉悦的心情及积极向上的精神面貌。

▲窗帘宜根据居室的外部环境选择，其使用应有利于住宅内气息的新陈代谢。

宜022 宜依据窗户的方位选窗帘

不同方位的窗户宜根据其不同的特征选用不同的窗帘。百叶帘和垂直帘宜用于东边窗户，它们具有沙一样的质感，并能通过淡雅的色彩和柔和的光线给人产生视觉上的清爽凉意；日夜帘宜用于南窗，因为其强遮光性能遮挡来自南方的强烈光照和高温热能，还能为居室保持良好的隐秘性；而百叶帘、风琴帘、百褶帘、木帘和经过特殊处理的布艺窗帘，都是能为西边窗户将夕照扩散、隔绝紫外线的不错的选择；至于百叶帘、风琴帘、卷帘、布艺窗帘能提供均匀而明亮的光照，宜用于北方的窗户。

宜023 大房间宜选用布窗帘

房间的面积较大，宜选用布窗帘，有助于睡眠和阻挡外界的不良影响。落地的长帘可营造一种恬静而温暖的氛围；在小房间中，最好选用容易让大量光线透过的百叶帘。

宜024 窗帘的长度、宽度宜合适

窗帘的长度一般应比窗台长30厘米，当风吹起窗帘时，房内的情景就不至于显露出来。如果使用落地窗帘，那么窗帘最好高出地面3～5厘米，如果过长，则容易弄脏；如果太短，就不好看。窗帘的宽度应比窗宽出30厘米以上，以便遮得严密。如果窗帘有褶皱，那么窗帘的宽度至少要有两个窗宽，这样才显得好看。

宜025 宜定期清理窗户

在使用效果上，住宅的窗户是房间光线的主要来源。如果窗户比较杂乱、不洁，就可能导致光线不能顺畅地照入房间，也就无法利用阳光对室内进行消毒。在风水上，窗户代表人的眼睛。住宅的窗户是否干净，就代表着人的眼睛是否干净。因为中医认为眼球属火，眼白属木；在身体上，心脏属火，肝脏属木，所以眼睛的健康与否与心脏和肝脏的健康状况又是密切相关的。因而住宅窗户的干净与否，不仅直接关系着眼睛，还关系到人的心脏和肝脏。

宜026 宜靠窗摆放休闲椅

居家休闲时是一天最惬意、最放松的时刻。窗户光线充足，通风良好，将休闲椅摆放在此是最好不过的选择。在摆放时要注意，休闲椅的活动范围要尽量靠近窗边，这样可以使看书、看报、闲聊有一个良好的环境。

▲窗户光线充足，通风良好，将休闲椅摆放在此可给人最惬意的放松时刻。

窗户风水之忌

作为住宅的眼睛，作为个体通往自然和社会人群的纽带，窗户关乎整个住宅的运程。在居家设计中，它的种类、形状、方位、装饰都与住宅的风水息息相关。因此，窗户的设计宜注意一些风水之"忌"，否则就会造成不良的影响。

忌001 房间忌没有窗户

除非是贮藏室，不然房间都应该设置窗户。没有窗户的房间密闭不透风、采光差、毫无生机，于居家不利。

忌002 房间的窗户忌太多

窗户太多会产生很强的气流，而太强的气流不利于居住者的健康，并会损及财运，使家庭问题层出不穷。因此，要避免在同一个方向有三个或三个以上的窗户。

▲住宅的窗户太多，会产生很强的气流，气流过强损及财运，与居家不利。

忌003 窗户忌朝向北方

窗户和门一样，是吸纳阳光和空气进入室内的关键，也是私人生活和外界沟通的通道。家居不宜处在缺乏天然光线的环境下，这样很容易让人心情变得烦闷。北方背光，窗户开在该方位难以采光，故不适宜。

忌004 窗口忌正对大门

大门是气流进入的门户，吉气入宅，就不要轻易让它跑掉。但是，当住宅大门正和窗户相对，吉气就会从这边进那边出，不能停留。因此不可让窗口与门口相对，如果已经出现这样的情况，可以在这个窗户之前，开隔一个房间，用墙壁和大门分隔开。也可以在大门前设置一屏风，分隔窗口及门口。

忌005 窗户忌离隔壁住宅太近

窗户与隔壁的房间要保持一定距离，并且这个距离要尽量地大，这样才有利于采光，同时保护各自的私密空间，否则不利于居家安全。

忌006 窗户忌与附近住宅窗户太近

如果两宅的窗距离不超过十米，便可谓接近了，两窗太近，两家人的运气都会出现反复的现象。如果两宅的窗距离超过十米，在风水上可谓互不相干。不过这只限客厅的窗相对，其他的窗相对则不成问题。

忌007 窗户忌对着大镜或铁镬

我国居住空间很狭窄，住宅窗口对着别家窗口很平常。但如果别家在窗下挂铁镬，就会对自己不利。一般人都认为铁镬可挡煞，但是，被铁镬对着的住宅运气会比较反复，时好时坏。假如对窗的人挂了铁镬，可以落下窗帘，以作化解。也可以在窗前种些植物，一般人认为龙骨是可以化煞的，若买不到龙骨，可以购买黄金葛来代替。

忌008 窗户忌对着吵闹之处

从室内窗户看到隔壁之浴室、寝室、厕所或高耸尖冲之物为不吉。同时因为窗户是噪音入口的地方，故此亦不宜直对消防站、救护站、学校或戏院。古语有言："高物压窗，百病业生，朱雀争鸣，婚破事破。"

忌009 西南方忌开落地窗

西南方向的鬼门方位，不宜开落地窗。如果已经开有落地窗，最好把它改成墙壁，或者把门上的玻璃固定，然后在玻璃外侧种植矮木。

忌010 窗户忌开在篱笆旁、大树下

窗户不宜开在大树下面或者篱笆攀藤的旁边。如果窗户开在篱笆旁、大树下，无疑是给盗贼开了方便之门。风水口诀有云："窗户立于攀藤篱笆旁、大树之下，易有淫邪盗劫。"古人相信窗户开在篱荫树下除了易惹盗贼光顾之外，还易招邪荡之事。

忌011 窗外忌看见晾衣竿

倘若两宅的距离很近，两家窗户都很接近，对方在窗前插上晾衣竿，便会影响本宅家人的健康。但如果两宅之间的距离超过30米，对方插晾衣竿就不会有问题。

忌012 窗外忌有遮拦物

居家窗外如果有太多的铁制护栏，会让人联想到监牢囚室，产生拘束之感。另外，家庭居所的窗外最好不要有大型广告牌，这不仅遮蔽了视线，而且不利于空气的对流。

▲ 窗外适当的翠绿植物，可给居室带来新鲜空气，反之如果窗外出现过多的铁制护栏则不吉。

忌013 窗外忌有霓虹灯

晚上窗户外面的灯光照射进房间里，不吉，这代表有极大且不稳定的磁场进入屋内，造成凶煞。如果命卦缺火，所见到的灯光又没有直接照到屋内，只产生观赏性的视觉效果，可作吉论，但假如命卦忌火，窗外灯光不断闪动，甚至照射进屋内的灯光便是凶煞。这种光线使人的情绪经常处于躁动和不稳定的状态中，人长期受这种光线侵扰，易患神经衰弱。

忌014 窗外忌有乱石

窗外如对着清新翠绿的山，会令人心旷神怡，在风水学上亦会令人身体健康、精神倍加，夫妻感情好，父母子女皆能和睦相处。但窗外山形欠佳，如怪石嶙峋、瘦山无草，或正对山溪之乱石，易导致家庭成员脾气古怪，难与人和睦相处。

忌015 窗户忌设计成"哭"字屋

房子的正面，开了两扇窗户，而两扇窗户却分隔在左右两边，并没有连接在一起，就像一对哭丧的眼睛，这就是窗户的"哭"字格局。它所代表的就是家运败坏，甚至会有令家人哀嚎痛哭的事情发生。化解的方法就是将中间阻隔的墙拆除，形成两个窗子合并的设计，或者是封闭其中的一个窗户，这样自然就破除了"哭"字格局。

忌016 窗户护栏忌过密

窗户的护栏不宜过密。护栏过密，等于排除了危难之时逃生的可能性。二楼以上的窗户护栏过密也不好，这种形似笼牢式的护栏，将使自家运势受阻，难以昌盛。

忌017 两面开窗忌正对

两面正对的墙壁之间同时开窗对于居家也是很不利的，因为这会造成难以藏风聚气的结果，其弊处和"前后通，人财空"的道理是一样的。

忌018 窗户造型忌花哨

窗户由许多不同形状、不同规格的造型组成，过于花哨，就会失去平衡，缺少稳定性且还会给人眼花缭乱的感觉。而且，形状越多，五行相克的机会越大，为住宅风水之大忌。建议只选择一种形状、且规格统一的窗户为好。

▲窗户的造型多样，过于花俏就会失去平衡，而形状越多，五行相克的机会就会越大，容易带来意外的风水问题。

忌019 窗户的视野忌被邻屋挡住

如果窗户的视野被邻居家的屋子挡住，住在里面的人就无法通过大窗看到景物。这种格局会有"卦气不到"的不利影响，即"生气"和"财气"都到不了家中。

忌020 窗外面对的山忌有三尖峰

如果开窗正好对着山，而山上有三个尖峰，这在风水学上称为面对火形山，是不利的格局，可能会招致官灾、是非、车祸或家人伤亡等祸害。

忌021 窗户忌三角形

尖形或三角形的窗户属火型窗，在住宅建筑中比较少见。由于其过于尖锐会蕴藏杀气而不利居住者的生活。此外，属水型的窗户、双弧形或圆形组合的窗户，也不适合家居装修，因此，不要过于追求新奇而将居室的窗户设计成火型或水型，否则对宅运不利。

▲ 三角形的窗户属火型窗户，其形状过于尖锐会蕴藏煞气，不利居住者的生活。

忌022 窗形、窗向忌与五行相冲

窗户的形状、方位如果与五行相冲，会影响家运和财运，下面列出具体化解的办法。

金型窗：开东方为相冲，可用蓝色或红色的窗帘化解。

木型窗：开西方为相冲，可用蓝色或红色的窗帘化解。

水型窗：开南方为相冲，可用绿色、黄色、咖啡色的窗帘化解。

火型窗：开北方为相冲，可用绿色、黄色、灰色的窗帘化解。

土型窗：开住宅的中心位置为相冲，可用浅白色、白色、红色的窗帘化解。

忌023 窗户把手表面忌处理不良

窗户与建筑结构体一定都有边框相连，为了方便开启窗户，都要安装各式把手。窗户把手表面处理不良，容易引起意外擦、刮伤。因此，要选品质优良的窗框，且要注意五金把手的质量，避免无谓的伤害。

忌024 窗户忌缺乏安全性

为了确保住宅的安全以及居住者的健康，窗户绝对不能出现安全隐患，如有破损一定要尽快修复，有裂缝或破了的窗玻璃要尽快更换。破损的窗户无法挡风遮雨，影响居住者的生活和安全。从风水角度来讲，破损的窗户会使居住者弱不禁风，且容易遭小人陷害，还有损财运。另外，窗户破损还容易让居住者心理不适，会带来不利家运的风水。

忌025 窗帘花色忌与装饰风格不一

选择窗帘一定要先对房间做一个整体的规划，窗帘要与房间的装修风格相协调。如果房间属于古典风格，最好选择与家具风格相协调的花色。欧式风格要选择颜色淡雅、肌理丰富的花布，图案可以选择抽象的古典花纹；现代风格的则可以选择清丽的窗帘，色彩图案可以根据季节变化而变化，比如夏天可以选择淡绿色、淡蓝色的兰花、芙蓉花，以及有清新的线条和色彩的窗帘，这样会给人凉爽的感觉；在天气寒冷的冬天则可以选择暖色调的，如粉色、红色的玫瑰或蔷薇图案的窗帘。

忌026 窗户忌向上或向下斜开

窗户忌向上或向下斜开，从风水上说，这对主人的运气和事业都不好，会影响其各方面的发展。

忌027 窗户忌正对直而长的公路

大窗正对长而且直的公路，也是不吉利的。公路在这里作为水的作用环绕于住宅周围，公路上必然有汽车往来行驶，如果那些汽车朝着自家住宅的大窗驶过来，会不吉利。相反，如果那些汽车是向着大窗对面的直路驶去，这又会造成"扯水"之局，经常被"扯水"的住宅，当然难以聚财。故此，大窗不宜正对长而直的公路。

忌028 窗户忌全部透明

透明的玻璃帷幕建筑缺乏私密性，同时也不聚气，能量容易散发出去。居住在四面透明的房间里，即不利于聚气，也不利于健康，因此窗户最好不要全部透明，如果已经如此化解方法就是挂上可以遮挡的窗帘，或贴上玻璃纸。

▲窗户设计成向上或向下斜开，对主人的运气和事业都不利。

▲窗户设计成全部透明，不利于聚气，也缺乏私密性，居住在全部透明的房间里让人缺乏安全感，也不利于健康。

第十四章

阳台风水宜忌

风水其实也是一种对光学的应用,自然界中,光是一切动力的源泉,阳台作为住宅最直接的采光之所,其方位格局及装饰布置与整个住宅的风水息息相关。因此,阳台的空间安排及一切设施除了符合实用要求,在注意安全与卫生的同时,还要注意符合风水之道。

阳台风水之宜

阳台是居住者采纳自然之光,呼吸新鲜空气,进行户外锻炼、纳凉、晾衣服的场所。因此,阳台的布局设计不仅要细心,也要周到。一般而言,阳台的方位以朝向东方或东南方为佳。阳台的装饰也至关重要,不少家庭除了在阳台摆放植物外,还在那里放置各类饰物,这样既有美观的作用,又能增加生机。

宜001 阳台宜清爽整洁

许多人出于习惯,喜欢在阳台堆放杂物、放置洗衣机等,使阳台凌乱不堪、这会破坏阳台的风水,影响家庭的美观、舒适。阳台宜保持整洁清爽,不要堆积杂物。可以在阳台的侧墙上整齐地悬挂富有韵味的陶瓷壁挂、挂盘等装饰品;或把侧墙做成物架的形式,以供放置装饰器物;也可以在光滑素雅的侧墙面上挂置用柴、草、苇、棕、麻等材料做成的编织物。这样布置既增添了生活情趣,又使阳台洁净雅致。

▲少杂物、整洁干净的阳台体现出主人良好的涵养,同时还能带来良好的风水效应。

宜002 阳台的遮阳篷宜讲究质量

遮阳篷要接受仲夏时节阳光的照射和日常风雨的吹打,因此在选择时一定要注重其质量。它不但要有装饰作用,还必须能遮挡风雨。这种遮阳篷可用比较坚实的纺织品做,也可用竹帘、窗帘来制作。形式上应该做成可以上下卷动的或可伸缩的,以便按需要调节阳光照射的面积、部位和角度,也能使阳台一侧的房间免于强烈的照晒,从而形成室内工作、休息的舒适环境。

▲遮阳篷要讲究质量,可用较坚实的纺织品,做成可伸缩转动的。

宜003 阳台宜有顺畅的排水功能

阳台宜有顺畅的排水功能。因为阳台一般是对外敞开的，下雨的时候就会有大量的雨水进来，所以地面装修时要考虑水平倾斜度，保证水能流向排水孔。注意，千万不能让水对着房间流，否则就"泛滥成灾"了。

宜004 阳台宜朝向东方、南方

阳台宜朝向东方，正如古语有言曰"紫气东来"。所谓"紫气"，就是祥瑞之气。祥瑞之气经过阳台进入住宅之内，一家人必定吉祥平安。而且日出东方，太阳一早就能照射进阳台，屋宅变得既光亮又温暖，全家人也因此精神充沛。阳台也宜朝向南方，有道是"熏风南来"，"熏风"和暖宜人，令人陶醉，在风水学上也是极好的。

▲古人云"紫气东来"，将阳台朝向东方，可招来祥瑞之气，另一方面东向阳台可以迎接更多的晨光，可使人朝气蓬勃，充满生机。

宜005 阳台形状宜方正

阳台几乎是一间房子的呼吸道，是直接接触外界的自然空间，若一间屋子的阳台形状方正，摆设整齐，屋子的气流自然变得顺畅，人住在里面也会感到舒适、愉快。相反，若阳台形状歪斜，或是堆放众多杂物，整间房子就会变得窒息凝固，居住在里面的人往往会受到影响，小则容易情绪郁闷，大则攸关事业的起伏，因此买房的时候需要特别注意。

宜006 阳台宜有预留的插孔

阳台宜有预留的插座。如果想在阳台上休闲、读书，或者听音乐、看电视等，那么在装修时就要留好电源插座。

宜007 阳台装修宜强调需要的功能

阳台的改造有着悠久的历史。最早的阳台做过厨房、洗衣房。后来又出现了把阳台作为健身房、花园、茶室的设计。每一种改造方法都有它的缺憾。因此选择阳台装修要强调一种自己最需要的功能，尽可能提高它的利用率。

宜008 阳台宜设计成健身区

现代家居空间有限，阳台因为是露天的，空气新鲜充足，特别适合运动，因此特别适合设计成私人的健身房。可在阳台的地面铺设纯天然材料的地板或地毯，营造出一处宁静的空间。日常的时候抛开令人烦恼的工作、郁闷的心情，

在阳台将整个身心放松下来，并在此摆放一台迷你音响，配上一副哑铃、一个拉力器，一边听音乐，一边做一些简单的运动，既愉悦了心情又锻炼了身体。

宜009 改建阳台宜注意安全

有些人为了要把室内的实用面积扩大，往往把阳台进行改建，将客厅向外推移，使阳台成为室内的一部分。这样能使客厅变得更宽大明亮，但必须注意要保证楼宇结构安全。由于阳台是突出房外的部位，承重力有限。因此，在改建时，要仔细测算，并且不要把包括大柜、沙发及假山等重物，摆放在阳台，因为这些高大沉重的物品会让阳台负荷过重，从而威胁到楼宇结构的安全。阳台改建后，把较轻的物品摆放在那里，则既不影响楼宇安全，同时还可保持阳台原来的空旷。

宜010 阳台宜设计成小书房

用玻璃和木材把阳台封闭成居家小书房也是一个较理想的布置。窗外的绿叶仿佛伸手可及，好像马上就会浸入居室。自然与居室就这样在阳台这个小小的空间相交融，营造出一种不错的读书与学习的气氛。为了节约空间，家装设计时可将书桌、书架和文件柜设计得小巧别致，这样既为户主提供了完善的实用功能，又不多占空间。

宜011 书房变阳台要注意保暖

阳台变书房，关键要注意保暖。深更半夜在阳台上看书写字，最怕的是壁凉地寒，损害健康，因此阳台窗户一定要密封好。装修时要先检查原有的窗户，封闭不严的要加密封条，封闭性差的，最好加一层塑钢窗。有了双层玻璃窗，阳台的温度才能得到保障。

▲ 改建阳台时要确保楼宇的安全，因为阳台的承重能力有限，故不宜放置过重物品，改建后应保持原有的空旷。

▲ 安置在阳台的书房一定要密封好，才能保障书房的温度。

宜012 宜在阳台上横置晒衣竿

为了方便晾晒衣物，阳台上方挑梁吊钩上适宜横置晒衣竿，也可伸出阳台设置晒衣架。现在市场上有一种手动式升降晒衣架，使用牵引绳控制高度，既可晾挂衣物，又不影响人在阳台上活动，比较方便。

宜013 阳台上宜选择合适的家具

阳台要选择合适的家具。小巧玲珑的家具能满足阳台上的需求，又不会占太多空间，尤其是那些可以折叠和自由组合的家具，使用起来比较有弹性，不用的时候收起来，会让阳台宽敞些。木质家具可选用柚木，这样可以防止木材因膨胀或疏松而脆裂。用铝或经烤漆及防水处理的合金材质制成的家具，能承受户外的风吹日晒雨淋。此外，一个能够摇摆的躺椅或一个藤编的书报架都是阳台上颇具韵味的扮靓家具。

▲ 阳台应摆放大小适宜的家居，既不占用太多的空间，又能方便居家生活。

宜014 阳台宜做儿童游戏室

将阳台设计成儿童游戏室也是一个不错的想法。在阳台一侧搭一微型假山，在阳台中央置一跷跷板或装一秋千。有条件的还可配以木马童车或电动玩具等器材，孩子在此既能尽情游玩，锻炼身体，还能专注地摆弄玩具，使孩子不用父母陪伴就可嬉戏于"儿童乐园"之中，让他们在健康快乐中成长。

宜015 阳台上宜铺黑白的鹅卵石

在阳台上铺黑白的鹅卵石，是家居风水中利用空间造景的最有效的一招。如果阳台的鹅卵石与园林中最常见的荷花、翠竹相映成趣，我们理想中的世外桃源就生成了。设想在阳台上创造这么一个"微缩景观"，并与客厅墙上的中国古典仕女图相呼应，浓浓的中国情韵便充满整个居室，能让每个来此的人都感受自然生机与活力。

宜016 茶桌宜提升阳台的韵味

阳台作为休闲区，把游山玩水时带回来的各具特色的小饰品挂于侧墙上，再放上藤艺茶桌，都可以提升阳台的韵味。这个自然清新的环境虽然并不复杂，却为你今后的生活提供了一个单独的区域，提供了一个新的场景。

宜017 阳台的化煞物头宜向外

阳台往往是化解屋外煞气的第一道防线，故在那里摆放风水化煞物甚为有效，如石狮、石龙、麒麟、石龟、铜龟等，在摆放这些化煞物的时候要注意化煞物的头部宜向外，但石龟、铜龟除外。

宜018 阳台宜摆放吉祥物

现代不少家庭都在阳台放置各类饰物，除了可以美化阳台外，也起到生旺化煞的功效，但一定要以利己又不伤人为原则。一般来说，有石狮、铜龟、石龟、麒麟、石龙等几种温和的吉祥物即可，不宜滥用。

▲阳台摆放吉祥物，既可美化环境又能起到生旺化煞之效。

宜019 阳台宜摆石狮

如果阳台面对气势压过本宅的建筑物，例如大型银行、办公大楼等；或者正对阴气较重建筑物，如寺庙、道观、医院、殡仪馆、坟场等；或面对大片阴森丛林、形状丑恶的山岗等自然环境，则可以在阳台的两旁摆放一对石狮加以化解。石狮具有阳刚之气，阳台摆放石狮可镇宅保安宁。当摆放时，要注意将狮子头朝外。

▲石狮具有阳刚之气，在阳台摆放一对石狮子可化解各种外来煞气，还能镇宅保安宁，摆放时要将狮子头朝外。

宜020 阳台宜摆麒麟

麒麟因其重礼、守信，所以被视为仁兽。麒麟外形独特，共有四种特征：鹿头、龙身、牛尾、马蹄。中国自古有"麒麟送子"的说法，求子心切的人家，可在阳台上摆放一对麒麟，以期能早得"麟儿"。

▲麒麟是四灵兽之一，阳台摆放麒麟可以给家庭带来吉祥福气。

宜021 阳台向水宜摆石龙

向海或向水的阳台，可以摆放一对石龙。水势旺财，放置石龙可以引财入室。但如果户主的生肖属狗，因为辰戌相冲，便不宜在阳台摆放石龙，可用石龟或麒麟来代替。这两种瑞兽均喜水，同样能带旺财运，且又能避开与生肖中的相冲相克。放置这一类吉祥物，头部都要向着户外。

宜023 阳台环境宜利于植物生长

现在大多数的阳台都由水泥筑成，吸热能力强，其环境过于干燥，不大利于植物的生长。为了使植物更好地生长，可在阳台地面铺一层沙土或垫上两层草袋，每天给沙土上洒一次水，让其始终保持湿润的状态。炎热的夏天还可以在阳台上设置支架，挂上窗帘遮挡过强的阳光。

▲在向水的阳台放置石龙，水势旺财，龙见水而生，可以带旺财气。

▲阳台铺上一层沙石，每天洒上一次水，可以保持湿润的状态，利于植物的生长。

宜022 宜在阳台上种植花草

阳台适当地进行绿化，既能美化生活空间环境，又能有助于改善室内空间的小气候。盆栽花草，能把生活点缀得更美，可将其置于阳台栏板上，但应注意安全，要加设护栏，以免花盆坠落伤人。也可设置垂直的绳索、塑料管线等，种植葡萄、爬山虎等具有攀缘性能的植物，一方面美化了阳台，另一方面又可在盛夏季节起到遮挡阳光的作用。

宜024 阳台生旺植物宜叶大干粗

倘若屋外形势甚佳，山明水秀，山环水抱，便应尽量在阳台摆放生旺植物来增添旺气。从风水学上说，那些干粗叶大的常绿植物如巴西铁树、橡胶树、万年青、棕竹、摇钱树、发财树等均属于生旺植物，这类植物愈粗壮愈苍绿则愈佳。而且在阳台上摆放植物，还可以美化室内环境，缓解视觉疲劳和精神压力。此外，阳台植物还可以调节室内空间的湿度，净化室内空气，对居住者的健康极其有利。

宜025 宜根据方位选择阳台植物

因为阳台的朝向不同，其自然光照条件也有很大的差异，而光照条件和适宜生长的植物种类密切相关。一般来说，光照不是很充足时，只适合摆放喜阴的植物。南面阳台的光照充足，空气流通好，光照比较强烈，适宜选择耐旱和喜光的植物，最适合的是仙人掌，其次有月季、米兰、海棠、茉莉、扶桑、石榴、爬山虎、金银花等喜光植物；朝东的阳台宜种植山茶、杜鹃、文竹、君子兰等半阴植物；朝北的阳台宜种植万年青、兰花等喜阴的植物。

宜027 阳台宜有照明设施

阳台上如果没有照明设施，一到夜晚阳台就黑暗一片，很不方便，所以应在阳台上装一盏阳台灯。如果阳台门与阳台窗之间有间墙，可以装置一盏壁灯，安装高度宜距地面1.8～2米。灯具材料最好选用不怕日晒雨淋的玻璃灯具。如果门与窗之间无间墙，可以在上一层阳台板底上装一支吸顶灯。另外，阳台还可以安装吊灯、地灯、草坪灯、壁灯，只要注意灯的防水和防火功能就可以了。由于阳台灯只供休息时照明，故不必太亮，灯的开关应装置在室内。

▲南面的阳台光线充足，空气流通也好，光照比较强烈，适宜选择耐旱和喜光的植物。

▲阳台需要安装照明设施，灯具可以不必太亮，最好选用不怕日晒雨淋的材料，开关应该装置在室内。

宜026 阳台化煞植物宜粗壮多刺

倘若屋外形式不佳，有尖角冲射、马路直冲或反弓路等形煞包围威胁，则须在阳台摆放化煞植物来化解。这些化煞植物有一个特点就是多刺，例如仙人掌、勒杜鹃、玉麒麟、龙骨、玫瑰等。

阳台风水之忌

阳台若朝向北方会使冬季寒风入室，影响人的情绪，使人容易生病；阳台若正对大门就形成"穿心煞"，不能藏风纳气也不利家人健康；阳台若做成杂物间就会浪费了居室良好的空间。作为居室采光的重要场所，阳台这个小空间在方位的选择和装饰布置也有各种风水禁忌。把握好这些禁忌才能真正打造出具有良好风水的阳台。

忌001 阳台忌正对住宅大门

阳台不宜正对居室的大门，否则就形成了风水学上的"穿心煞"，气流穿堂而过，不利健康。从日常生活考虑，如果住宅大门与阳台相对，则每当大门敞开时，外面的人就可以一眼看到阳台，居室内的情况将一览无余，不利于保护家庭隐私。其化解的方法有：大门和阳台之间安放一个柜子；大门入口处放置鱼缸或屏风；阳台种植盆栽或爬藤类植物，将阳台与大门阻隔；长期拉上窗帘。

▲阳台正对居室的大门形成了风水学上的"穿心煞"，气流穿堂而过，不利于健康及保护居家隐私。

忌002 阳台忌朝向北方、西方

阳台若朝向北方，最大的缺点是冬季寒风入室，会影响人的情绪，若是再加上保暖设备不足，就极容易使人生病。阳台朝向西方则更不妥，这样的住宅每日均受太阳西晒，热气到夜晚仍未能消散，全家健康都会受到影响。

忌003 阳台忌正对厨房

阳台忌与厨房直通。阳台是纳气之口，如果阳台正对厨房，风就容易从阳台吹进厨房，厨房忌气流拂动，所以不宜。化解方法：做一个花架种满爬藤植物或放置盆栽，使其内外隔绝。阳台落地门的帘子尽量拉上，或是在阳台和厨房之间的动线上，以不影响居住者行动为原则，做柜子或屏风遮掩。

忌004 阳台忌封闭

阳台不宜封闭。从表面上看，封闭阳台扩大了住宅实用面积，有利于挡住尘埃和污物进入室内，甚至还能起到防盗作用。但实际上这种做法却是因小失大，风水上是"关闭了纳气之门"，对人体健康极为不利。因为，封闭的阳台影响了采光，阳光不能直接照射房间，不利于室内杀菌。

忌005 镂空阳台忌"膝下虚空"

镂空阳台装修装饰成"膝下虚空"的风水，是居家装修装饰的大忌。这与落地玻璃做阳台一样，他人在户外可以轻易地看到户内人的膝部以下，这将会导致家宅的隐私全无，不利家运。

忌006 阳台忌用玻璃做外墙

有些人喜欢用落地玻璃作为阳台的外墙，认为这样外景较佳，却不知这是居住风水中"膝下虚空"之局。这种格局会导致钱财外泄，不利家运，应尽量避免。如果无法避免，宜摆放矮柜或植物来填补空间，这样既美观，又符合风水之道。

▲落地玻璃作为阳台的外墙会导致钱财外泄，不利于家运，应尽量避免。

忌007 阳台与客厅间忌有横梁

一般房屋的建筑结构，阳台与客厅之间都会有一条横梁，有些居室经改建后阳台和客厅两者会合二为一，这条横梁就会显得突兀，有碍观瞻，于风水上也不利。处理的办法是用假天花填平，将横梁巧妙地遮掩起来。另外，横梁底下不宜摆放福禄寿三星等吉祥物，以免运气受损。

忌008 忌随意在阳台加建附加建筑

不宜在阳台随意加建附加建筑。如果你在阳台加建附加建筑体，那么需要注意以下问题：考虑本地风力的级数，建筑体的坚固度要达到当地的防风要求；附加建筑体上不宜有自由移动或者固定不牢的物体；在台风地区，在阳台装置大型的附加建筑时，应把结构体直接与阳台柱体钢筋部直接焊实。

忌009 阳台忌设计成储物区

居家装修装饰时不可把阳台设计成储物区，否则就是浪费了家居最好的有用空间，而且还会给居家的生活环境造成不利于人居的风水因素。其实阳台只要经过完美的布置就能做成一个小花园、休闲区等，成为家庭生活重要的一部分。

忌010 小阳台忌设置成餐厅

空间过小的阳台不宜设置成餐厅。阳台做成餐厅，在阳台上吃饭，必是居室面积小且不得已而为之，所以装修时就要尽可能在阳台上留出足够的空间，不仅满足家人用餐需要，还要考虑有亲朋好友造访而加座添人的情况。将阳台设置为餐厅要少放家具，同时设计时要防磕碰。

忌011 忌用砖等重物填平阳台地面

阳台地面在填平时一定要慎重，绝不能用水泥砂浆或砖等厚重材料直接填平，这样会加重阳台载荷，容易发生危险。最好是不填阳台地面，如非要填平，可采用轻体泡沫砖，尽量减轻阳台载荷。

忌012 阳台风格忌与室内反差太大

家庭阳台装修装饰忌"室内室外两重天"，即阳台的装修装饰风格与室内反差太大。宜根据实际情况和阳台条件去装修装饰及陈设阳台风水环境，应排除与室内装饰不般配或显得不伦不类的装修。

▲阳台的装修装饰应根据整个住宅的环境进行设计，宜协调一致，不宜反差太大。

忌013 忌拆除居室和阳台间的墙

在装修阳台时一定要注意，居室和阳台之间的这道墙是绝对不能拆除的。在建筑中，这道短墙被称做"配重墙"，起支撑阳台的作用。如果将其拆除，就会严重影响阳台的安全性，甚至会造成阳台的坍塌。

忌014 阳台忌使用反光的材料

阳台装修装饰中在材质的选用上，应减少使用人工的、反光的材料，像瓷片、条形砖等，因为这类材料花纹单一，枯燥乏味，还有冰冷的感觉，通常与室内的材料格格不入。可以考虑选用纯天然材料，让阳台与户外的环境融为一体，例如未磨光的天然石，包括毛石板岩、火烧石等。

忌015 前阳台忌堆放杂物

住宅的前阳台也是大门的入口，同样是纳气的重要通道，如果大门开在侧边的墙，前阳台就成为客厅落地门窗之外的空间，地位更显著。因此，前阳台不宜堆积杂物，而要保持清爽洁净。

忌016 阳台忌使用笨重大家具

阳台不适宜摆放笨重的大家具，因为笨重的大家具会阻碍视线，而且考虑到阳台的承重限度，这也不利于安全。此外，由于阳台空间相对狭小，从安全原则来说放置在阳台上的家具的桌角或椅子边需圆润。如果是开放式阳台，阳台家具特别要考虑到防水和抗晒性能，以保证其使用寿命。

忌017 阳台晒衣服忌吊高

如在前阳台晾衣服称之为"明堂见水落泪",因为湿的衣服往上吊会滴水。在风水上有"门帘落水"一说,有哭到泪流尽的意思。这种滴水局如果侵犯到双亲位或小孩位,都会造成体弱多病。所以,我们在阳台晾衣时千万不能吊高。就算已经脱过水,不会滴水,那风一吹就"飘扬如手巾",也有擦眼泪的意思。所以一般在风水学上不主张在阳台把衣物吊高,要晾则可与阳台的护栏同高。

忌018 阳台的水忌流向房间

阳台地面装修时有必要考虑到水的流向问题,阳台上一定要有一个顺畅的下水通道,千万别让水对着自己的房间流。如果阳台的水流向自己房间,居住者容易被投资机会所诱惑,但又不能考虑周全,最后易出现自己的钱财被冻结的情况。

▲ 阳台装修的时候要考虑到水的流向的问题,不宜让水对着自己的房间流,阳台的水流向房间,容易使居住者被投机机会诱惑,使财运受阻。

忌019 晾衣架的承重忌超限

晾衣是阳台的最主要用途之一。尤其是在潮湿的南方,衣服不挂在阳台上晒干的话,有可能发霉。但要注意的是在购买晾衣架的时候要考虑晾衣架的承重度,晾衣架要足够坚固,其钢绳要足够牢固,在安装的时候应尽量将摇把安装在小孩子接触不到的高度,晾衣时要注意衣架的承重限制,以免超载造成意外。

忌020 阳台神柜忌受风吹雨打

阳台空旷而少遮挡,因此很容易受大自然变化的影响。神柜摆放在那里,宜背风向阳,要安排妥当,否则难免日晒雨淋,这对被供奉的神当然会有影响。特别是那些面向正北或西北的阳台,因冬天西北风及北风强烈,往往会把神台的香炉灰吹得四散飞扬,那便大为不妙。除了要防风之外,神柜还要注意防雨,如果神柜经常被雨水沾湿,那亦绝对不妥。即使只单独把天官供奉在阳台,亦须慎防风雨。

忌021 阳台的神台上方忌挂衣服

有不少家庭为了避免香烛把家里熏得烟雾弥漫,或为了让神吸纳周围的生气而把神柜摆放在阳台上。而大多家庭习惯在阳台晒晾衣服,倘若在那里摆放神柜,便很容易出现衣服高高挂在神台之上的情况。倘若在神台之上的是女性内裤,那便更会亵渎神灵,所以要把神台摆放在一边,而把晒晾衣服的衣架移至另一边,务求神台之上不会被衣服遮挡。

忌022 阳台的吉祥物忌伤害他人

阳台放置各类饰物，要以"利己不伤人"为原则。铜龟是具有阴柔性质的物件，擅长以柔克刚，又是逢凶化吉的象征，但使用时一定要符合风水学的"宜化不宜斗"的原则。还要注意的是不管是用铜龟还是石龟护宅，两龟的头部必须相对才能达到效果。如果摆放的方向不妥，就会对邻近的住宅不利，可能导致邻里纠纷。

忌023 肖鸡者阳台忌摆石鹰

倘若户主的生肖属鸡，为避免相冲，不宜摆放石鹰。在户主生肖非鸡的情况下，如果住宅周围高楼林立，自家屋宅如鸡立鹤群，从阳台向外望好似陷于重重包围，不见出路，此即落入风水上所说的困局。居住其间的人容易屈居人下、仰人鼻息，很难脱颖而出。此时可在阳台栏杆上摆放一只昂首向天、展翅高飞的石鹰，鹰头注意向外，双翼切勿下垂，即能收到化解的效果。

▲ 户主的生肖属鸡的话，在阳台摆放石鹰容易引发相冲相克的不良现象。

忌024 阳台植物忌出现安全隐患

阳台是家庭种植花草的地方，盆栽植物可置于阳台栏板上，但要注意一定不能出现安全隐患。在阳台上浇水、施肥、喷药时，要考虑到邻居家的阳台，尽量不要影响邻居。向上爬和向下垂的植物长势过强时，要注意及时修剪，以免影响到邻居家的采光。摆放在阳台上的花盆应该固定好，以免坠落伤害到楼下过往的行人。要在阳台加设护栏，以免花盆坠落伤人。

忌025 阳台植物忌随意浇水

不宜随意给植物浇水。浇花用的水要保持清洁，水中不可乱投杂物，也不可乱掺其他溶液、废水。常见浇水失败的原因有：盆土不见干；浇半截水，也就是浇水不透，水分只湿润了盆土表层或上层，上湿而下干；冷水刺激；盆土干冻。

忌026 忌忽视阳台植物的害虫

盆栽植物上存在害虫，不仅会影响美观，还会造成居住者心理上的不适，并且于卫生不利。常见的植物害虫有蚜虫、介壳虫、红蜘蛛和天牛等。初发蚜虫时，可及时摘除虫叶，以达到防治蚜虫的目的，而介壳虫与红蜘蛛都可用喷药的方法防治。

忌027 阳台照明忌太暗或太亮

阳台照明的好坏直接关系到在阳台赏月的舒适程度，如果太暗，不利于家人活动。太亮，又会影响夜晚赏景。因此，阳台的照明光线宜柔和。

忌028 阳台忌面对天斩煞

所谓天斩煞，是指两幢高楼之间的一条狭窄空隙，因为方如用刀半空劈成两半，故此称为天斩煞。倘若房屋面对天斩煞，往往有血光之灾，遇有这种情况，可在阳台的两旁摆放一对铜龟来化解天斩煞。

忌029 阳台忌面对反弓路

城市的街道有弯有直，倘若从阳台外望，看见屋前的街道弯曲，而弯角直冲向阳台，类似一张弓对着住宅张开欲射，这就是街道反弓的格局，主凶，必须用铜龟来化解。

忌030 阳台忌面对街道直冲

倘若从阳台外望，看前面有街道直冲，仿如猛虎迎面直扑而来，主家中破财，是风水中大凶的格局。

这直冲而来的街道，短则为祸不大，但愈长愈凶；若车辆不多则无妨，但行走的车辆愈多便愈具杀伤力。倘若迎面直冲而来的是高路，则除了要在阳台的两旁摆放一对龟之外，并且还悬挂一个凸镜，以策万全。

忌031 阳台忌面对锯齿形建筑物

现在有些欧陆风格的住宅，为了增加室内空间和采光纳风，多加有大型凸窗，所以外墙便容易成很多尖角，看起来便似一排尖锐的锯齿，如果阳台面对着这类锯齿形的建筑物，则必须用铜龟化解。

忌032 阳台忌面对尖角冲射

中国的传统观念里，素来喜圆润，而对于尖角特别敏感，视为避忌之一；风水学亦有尖角冲射主不吉之说，因为这会导致家口不宜，病痛频繁。一般常见的尖角，大多是邻近楼宇的尖锐屋角，这些直冲过来的尖角，愈尖便愈凶，愈近便愈险。倘若阳台前面有尖角冲射，则必须设法化解。化解方法是在阳台上放一对铜龟。

第十五章

庭院风水宜忌

如果屋宅是一个人的躯体，那么庭院就像是一个人的衣服裙带，给"人以保护、温暖和美化作用。庭院自古以来就是我国屋宅中非常重要的部分，古人一直非常注重庭院的风水。好的庭院设计善于通过巧妙组合，让其中的建筑、山、水、花、木能够自然和谐地糅合在一起，其中一山一水、一草一木都能营造出深远的意境，使人徜徉其中能够得到心灵的陶冶和美的享受。

庭院风水之宜

建造、设计一个庭院的首要问题，就是为其选择一个最适当的方位。合适的风水能形成一个上佳的气场，对居住者的人生、事业都有很大的帮助。在布置庭院时还宜遵循一些其他的风水之道，总之，对庭院进行布置时要精巧构思，才能营造出良好的庭院景观。

宜001 庭院宜设在住宅最佳气场

庭院要选择一个最适当的方位，如果庭院设在合适的位置就会形成最佳气场，这对居住者的人生、事业都有很大的帮助。如果庭院建在不当的位置上，并且配有不适当的建筑设施，就会形成一个不良的气场，给生活带来不和谐的气氛。

▲设置在最合适方位的庭院能形成最佳的气场，不仅美化了环境，还能给居住者带来良好的风水效应，对居住者的人生和事业都有很大的帮助。

宜002 庭院布局装饰宜因地制宜

如果在狭窄的庭院里用很大的石头做装饰，或是挖一口大水池，又或是种很多大树，会给人喧宾夺主的感觉。而如果在宽敞的庭院放置很多小道具作为装饰，则会给人留下繁杂琐碎、缺乏大气的不良印象，因此，要根据庭院面积的大小，因地制宜地合理设计，力求舒服、美观、大小适中、有亲切感。

▲根据庭院具体面积的大小，设置大小适当的水池和石块，有一种和谐平衡之美。

宜003 庭院宜与房子的大小配合

庭院虽然重要，但是也要和房子的大小配合。房子很小，而庭院却很大，就会产生不协调的感觉，出现这种情况就要根据环境再进行设计。看起来舒服、美观、有亲切感才是理想的庭院。

宜004 庭院假山宜设在吉方位

假山是庭院的一部分，所以布局时宜从全局考虑。假山宜设置在吉方位，以下是设置假山的四个吉方位。

西方：设假山为吉方位，如能配合树木，防止日晒则更加吉祥；

西北方：设假山为大吉，但是一定要配上树木才会家运兴隆；

北方：设假山为吉相，就算此方位地势高一点也可以，种植一些树木会使其更加美观，但树木不要太靠近房子；

东北方：设置假山为吉相。此方设置高耸、屹立的假山会给家宅带来稳定感，使人有不屈不挠的骨气。假山做高一点比较好，这意味着宅主财产稳定、家庭团结以及有好的继承人。

▲假山是庭院尤为重要的一部分，将其放置在吉方位为宜。

宜005 庭院设计宜考虑目的和用途

设计庭院的时候宜根据功能需要对其进行布局设计。一般可考虑将庭院设计成观赏型庭院、儿童游乐场、菜蔬种植区、果园、休憩处和户外娱乐区等。观赏型庭院，如日式庭院，能够使人心情平和；果园或菜园的经济利用价值极大，同时也具有良好的风水效应；而建成户外的休闲娱乐区也是一个不错的选择，可以在此享受一家团圆的乐趣；建成高尔夫球场则可以锻炼人的身体，同时还能促进家人之间的关系。

宜006 庭院中宜设置水体

《黄帝宅经》曰："宅以泉水为血脉。"在构成庭院风水的元素中，水是最重要的元素之一。水既能滋养生命、提升活力、招引财气、启迪智慧，还有观赏价值和环保价值。水系在布局时，要以柔和的曲线朝住宅前面流淌，而不是向着其他方向流去，否则就会令家庭出现财气外泄的情况。庭院中的水体可以按水池、水池、喷泉等多种形式设计。

▲水能滋养生命、提升活力、招引财气、启迪智慧，庭院中设有水体就像给住宅注入了血脉，能养人怡情。

宜007 庭院水体宜设计成圆形

水池、游泳池、喷泉等庭院水体的形状宜设计成类似于圆形的形状，这种格局能藏风纳气。若水池、游泳池、喷泉设计成圆形，四面水浅，并要向住宅建筑物的方向微微倾斜（圆方朝前），如此设计，方能够藏风聚气，增加居住者的好运气，有发偏财的引导力，还能给居住空间带来清新感和舒适感。

宜008 东南面水池宜为流水形

东南面的水池应为流水形，这一方位的水池不应建成死水形的。与东方一样，东南方能源充足，生机盎然，水池里的水以流水为佳，这样可以更好地吸收大自然的能量，并转为方位气为人所用。东南方的各个方位上吉凶也不尽相同，如辰方位，从风水上说算小吉，可使家庭充满和谐的气氛。如果是经商者，在此设水池，生意会不错。而东南方的中央方位，即巽方位内的水池会对家中的女性不利，会使其性格暴躁。东南方最为凶相的是巳方位。

宜009 西北面水池宜远离住宅

西北面的水池应远离住宅。西北面的水池在风水上是吉相的，不过要注意的是，这一方位同样不能用死水池，也应建成流水形。而且无论选此方位的哪个子方位，都宜让水池离住宅远一些。

宜010 庭院水池宜位于吉方位

现代家居庭院中，水池极富鲜活意义，是水体设置的首选。选址时要注意，宜将水池置于以下吉方位。

东方：这一方为最具朝气，是吉相。如果再配上流速缓慢的小河，会更吉利。

东南方：和东方一样，设置水池即是吉相。如增小河的话，流速也要缓慢一点。

西方：西方为兑，水池也是兑，在易学上，兑就是泽的卦。因此在西方设置水池就会带来柔和、明朗、生机盎然的喜悦。设置时应注意水池不要有阳光反射，否则不吉。

西北方：也是吉相。水池要经常清洁，否则吉意会减少。石头的摆设要注意美观，才能产生稳定的情绪和活力。

▲ 庭院的水池应当设置在吉方位，除了东方、东南方、西方，西北方也是吉相。

宜011 庭院宜有活水

"问渠哪得清如许，为有源头活水来。"泳池、水池中央的喷泉，或者人工瀑布，都是家居中的活水，均有助于活跃家居气流，避免财气停滞，并且能够有效抵消住宅受路冲、反弓路的煞气影响，喷泉里如安装向上的灯光，更可强化效果。另外，瀑布或者喷泉的活水发出的声音，亲切而自然，也能对人生产生积极的影响，"润万物者莫润乎水"，流水至柔而善，可轻易流过路径上各处的障碍，而涓涓细流的汩汩之声很具抚慰性，有助于令住户渡过漫长人生路里的崎岖坎坷。

有助于消减现代家居中各类电器用品产生的辐射和静电。同时，植物也可通过光合作用，释放出氧气，为居所提供新鲜的空气。而许多植物因其特殊质地和功能，更具有灵性，对人类生活细心呵护，对家庭具有保护作用，亦称为住宅的守护神。

宜013 庭院宜适当铺设石块

石块是庭院中的点缀品，在庭院中适当铺设一些石块对增添庭院的景致有很大的作用。庭院中适当铺设山石，或是以石块或卵石铺路，这样都可以增加自然气息。

▲庭院中喷泉的活水发出的声音，亲切而自然，也能对人生产生积极的影响。

▲庭院中以石块铺路，可以增添庭院的景致，增加自然气息。

宜012 庭院宜种植健康植物

植物有着非常特殊的功能，是庭院最重要的装饰物之一。植物通常都具有非常旺盛的生命力，种植大量健康的植物，会创造一个清新、充满活力的环境。

宜014 宜根据家人需要选庭院植物

庭院植物的种植要考虑家庭成员的需要。如上班族的两口之家，由于无暇养护花草，庭院中适宜种植树木或宿根花卉。有孩子的家庭，庭院中宜有草坪，或种植一些色彩艳丽的花草和球根花卉，营造缤纷的儿童乐园。如果家中有喜欢搞养护管理的家庭成员，就可以种植四季时令花草，将庭院营造成一个观赏性极高的花园。

▲庭院的植物宜根据家庭成员的需要来选择，家中有喜欢园艺及养护管理的人员可种植四季时令花草，将庭院造成优美的园子。

宜015 庭院宜种植寓意美好的花卉

中国传统名花不但有着优美的造型，还被人们赋予丰富的文化蕴涵。在庭院种植花卉，不但可以净化空气、抑制噪音、美化环境，还可以陶冶情操、修身养性。以下的花卉形态优美而富有文化意味，适宜种栽在庭院。

梅花：傲雪怒放，群芳领袖，代表情操高尚，忠贞高洁。

牡丹：花中之王，国色天香，代表富贵荣华，吉祥如意。

菊花：千姿百态，花开深秋，代表超凡脱俗，高风亮节。

兰花：花中君子，幽香清远，代表品质高洁，空谷佳人。

月季：色彩艳丽，芳香蓊郁，代表四季平安，月月火红。

杜鹃：花大色艳，五彩夺目，代表锦绣山河，前程万里。

茶花：树形美观，姿色俱佳，代表英雄之花，健康如意。

荷花：色泽清丽，翠盖佳人，代表家庭和睦，夫妻恩爱。

桂花：芬芳扑鼻，香气逼人，代表香飘万里，荣华富贵。

水仙：凌波仙子，冰清玉洁，代表金盏银台，幸福吉祥。

宜016 庭院影壁宜与大门相互陪衬

有的屋宅面积广阔，设有庭院。这些庭院通常宜设置玄关影壁。影壁与大门相互陪衬、相互烘托，在宅院入口处起着烘云托月、画龙点睛的作用。由于院落玄关的影壁有遮掩作用，给院内家小日常安坐聚首及家庭活动增添了私密性，这从家居风水角度来说亦是吉兆。

宜017 庭院影壁墙面宜有装饰

庭院玄关影壁墙面宜讲究装饰。可以利用石雕、砖雕、彩画等来装饰影壁墙面。徽州民间信仰鬼走直路且脚不着地，因此影壁能挡鬼避邪、遮风收气。徽州稍大一些的古建筑房屋都设有影壁。

宜018 庭院围墙宜与房屋保持距离

围墙与房屋保持一定距离，既能保证足够的通风采光，又利于房屋内部的空气流通和干燥，这是相当有益处的布局。

宜019 庭院围墙的高度宜适中

在设计的时候，庭院的围墙与住宅一定要和谐、对称。围墙的高度不宜太低或者太高，围墙太低，缺乏安全感，但如果过高也不妥。其实围墙的主要作用只是在于对界限的标志划分，真正防范小偷的设施在玄关和门户。围墙过高反而会挡住外面的视线，使偷窃的行径不易被发现。另外，从房屋外部看，围墙与住宅应该是浑然一体的。过高的围墙不仅影响美观，而且会显得主人气度不够，缺乏修养。高度适中的围墙，可以让外面的人隐约看到里面的庭院景观、房屋结构和窗户样式，更能给人留下美好的印象。

宜020 院门大小宜与住宅面积协调

庭院院门的大小宜与住宅的面积相协调。如果住宅的地基很大，而院门很小的话，就会让人觉得居者寒酸软弱；如果住宅的面积很小，而院门却很阔大的话，人们会觉得居者是个爱慕虚荣、自吹自擂的人，所以院门的大小应该与住宅面积大小保持平衡。

宜021 庭院植物宜定期打理

庭院至少要三个星期打理一次，如果庭院因为植物枝叶长得太茂密而显得凌乱的话，反而会招致坏风水。如果无法常常整理，那看到有枯叶或残花的时候应该赶快将其剪掉或除掉，因为所有腐坏的、没有生气绿意的东西，都会释放出负面的能量，对我们的家运及健康都会造成莫大的伤害。而且不同的植物的生长周期，需要的温度也各不相同，应根据季节变换进行相应的调整。

▲庭院的围墙高度适中，与住宅协调一致，既安全又美观，还能体现主人的涵养。

▲庭院的植物定期整理修剪，没有枯叶残花，看起来干净美观，可带来好气场。

庭院风水之忌

庭院的风水与厅房卫浴同等重要，尤其是庭院中各种水体以及花草树木，理当引起足够重视。如果庭院里的水体及花草树木布置不当，就会对庭院的使用功能以及家人的健康和生活造成不良影响。因此，布置庭院之时一定要避开一些不利于风水的做法。

忌001 大房子的庭院忌太小

建筑要力求和谐，这不仅是美学上的观点，同时也是基于安全上的考虑。大房子的庭院不宜太小。首先，如果房子大庭院小，整个住宅就会显得不协调，有碍美观；其次，这种格局不利于防火。如果房子很大又很密集，而庭院狭窄，这样一旦发生火灾，火势就很快蔓延，一发不可收拾。

忌002 庭院宅前忌设两个水池

在庭院的宅前位置安置两个水池、泳池之类的水体，或是两个看似连接实则分离的水池，这会和整座住宅形成一个"哭"字形，在风水学上是不吉利的。

忌003 庭院水池忌设在东北、北等

庭院水池不宜设在东北方、北方以及西南方。因为水池设置在东北方的话会有水气停滞的现象，从而危害健康。另外，水是不安定的物质，其性质和山相反，水池设在东北方会减少山的好运，这样可能导致居住者半身不遂、步行困难，患高血压、恶性肿瘤或溃疡等疾病。水池如果设在北方，则蕴含洪涝和淹死

人的恶意。而水池也不宜设在西南方，因为这属凶方，水池设于此处会使家庭不和，家人事业衰退，且对健康不利。另外水池设在南面，吉凶相参。从风水上来看，南面的日照太强，池内的水还来不及吸收能量便被蒸发了，所以水池不宜设在此，但是，如果水池配合整个形局，便可起到名利双收的作用。

▲水是不安定的物质，水池设在东北方会有水汽停滞的现象，会减少山的好运，可能给居住者招致各种疾病。

忌004 忌庭院西面的水池面积大

西面的水池不宜大。西方，从五行来说属金生水的方位，特别适合水。但此方位不宜修筑大水池，应修小一些，使之"细水长流"。

忌005 庭院假山忌设在东、东南等

东方不宜设置假山，否则会给居住者的学业、事业带来障碍；东南方和东方一样，如果在此设置假山则属凶相，会令家人在人际交往上遭遇障碍、挫折；假山设在南方也是凶相，这意味着家人的才智、能力会被山压着，无法发挥出来；西南方属凶方，也不宜设置假山。

▲假山设置在东方，易使居住者学业、事业受阻；设在南方也不吉，会使家人才智、能力受到压抑，无法发挥。

忌006 小庭院忌设泳池

小庭院不宜设置游泳池。有的住所庭院不大，却有一个游泳池，这是不太吉利的，这样会显得整个后宅是空的，没有依靠，在风水上是不足取的。

忌007 泳池忌设在屋后

泳池不宜设在屋后。自古以来，风水学认为，负阴抱阳、背山面水是吉相。所以屋后不能有水，如果住宅的后面多了一个游泳池，就好比背水一战，是不太吉利的。

忌008 泳池忌设在中庭

住宅的中心应该是重要之处，是不宜被污染的。在住所的中庭修筑游泳池，是不太合适的。因为如果游泳池设在庭院的中心，会因游泳池的湿气而导致财气跑光。泳池的最佳方位是东部、东南部，但不宜接近大门，以免水汽进入屋宅使其潮湿。

▲庭院泳池的最佳方位是在住宅的东部或东南部不接近大门的位置。

忌009 庭院水体忌成手臂抱水盆形

喷水池、游泳池、水池的外形不能设计成形如一条手臂抱住一个水盆的形状，这种设计在风水学上为不吉。

忌010 庭院水体忌成"汤胸孤曜形"

喷水池、游泳池、水池不宜设计成长沟深水形，这种格局在设计上称为"汤胸孤曜形"。这种水池的设计水深不见底，对家中有小孩的家庭来说很危险。且这种形状会使水质不易清洁，容易积聚秽气，使人易患肺部的疾病，正如古书所谓的"深水痨病，代代少亡，溺水而死。"

忌011 庭院水体忌成葫芦形

喷水池、游泳池、水池也不宜设计成葫芦形。"葫芦"在风水学上为"医"，如若我们将喷水池、游泳池、水池设计成葫芦形，那将会给居住者带来不幸的命运，易使居者患病常上医院。此设计适合医生、打卦算命的人。

忌012 庭院水体忌成"匾牵金形"

喷水池、游泳池、水池的形状不宜设计成"匾牵金形"。这种形式的设计会使居住者状态波动大，不宜安居乐业，故此设计只适合从事变动大的行业者。

忌013 庭院水体忌成"上弦月形"

喷水池、游泳池、水池的设计不宜呈"上弦月形"，这种设计在风水学上称之为"反弓金形"，而弧形正好又对着居住者的家庭，则会使居住者家庭关系不和，财运不佳。

忌014 庭院水体形状忌有尖角

若住宅前喷水池、游泳池、水池外形有尖角，不利于家人安全，而这尖角要是正对大门也是不吉利的，因为尖角多有煞气。

忌015 庭院水体忌干枯

庭院中的水体切忌干枯。若家中设有水池的，水池至少要八分满；有游泳池的，也不要让游泳池水干，除非你把游泳池上面盖起来。游泳池没有水，叫做瓦陷煞，古人认为这会对家里的幼者不利。

忌016 庭院忌有长石挡路

如果庭院的石头中混有奇异的怪石，如形状像人或像动物等，特别是如果大门有长石挡路，均会给人的心理造成阴影。从风水学的角度说，这象征着家运受阻，宜尽快移开。

忌017 庭院正中忌有大石头

庭院前院正中不要有大石头，在风水学上，庭院正中有大石头会使居者腹中有暗疾，易患肿瘤，小孩容易变坏。另外，庭院宜少放乱石秽物等，也不要放石磨或石臼之物，否则会影响家人的身体健康及事业。

忌018 庭院中忌铺设过多石块

传统的风水学上认为，铺设过多石块会使庭院的泥土气息消失。因为石块是阴柔的物体，充斥着阴气，从而使住户的阳气受损。烈日下曝晒后的石块会保留相当大的热量，而且吸收的热量不易散失，即使在夜间也仍然燥热异常。在冬季，石块则会吸收空气中的暖气，会使周围更加寒冷。而下雨天，石块则阻碍水分蒸发，加重住宅的阴湿之气。而在实际生活中，太多的石块也影响走路，易硌脚或扭伤。因此，石块不应铺设或摆设太多，以美观而又不影响日常生活为原则。

▲庭院中铺设的石块过多会使自然的泥土气息消失，还会使庭院中的阴气过重。

忌019 庭院中忌有河流穿越

在古代，很多城镇都有沟渠河川流经。根据阳宅堪舆学，如果将河流引进家中，属不吉之兆。因为河水免不了泛滥，会威胁住宅安全。而且，一般水流流经之地多为地势低洼之所，这些地方大多隐藏着危机。

忌020 庭院忌种植有毒植物

花草树木是庭院的"活物"，栽种恰当的植物可以让庭院充满旺盛生命力，营造出一个清新、充满活力的环境。枝叶繁茂的树木，怡人的花草，可让空气中的阴离子增多，能调节人的神经系统，促进血液循环，增强人体免疫力和机体活力。但是像藿香蓟，洋绣球，杜鹃花，凤凰木等花草虽然形态上赏心悦目却含有毒素或有毒的生物碱，不能栽种，以免影响身体健康。

以下四种植物也不宜栽种在庭院，或者即使栽种在庭院中也不宜亲近。

夜来香：夜来香晚间会散播大量强烈刺激嗅觉的微粒，对高血压和心脏病患者危害很大。

松柏类花卉：松柏类花卉散发油香，会令人感到恶心。

夹竹桃：夹竹桃的花朵有毒性，花香容易使人昏睡、智力降低。

郁金香：郁金香的花有毒碱，接触过多毛发容易脱落。

▲藿香蓟、洋绣球、杜鹃花、凤凰木，这四种植物都含有毒性或有毒生物碱，都不宜种栽，否则会影响人的身体健康。

庭院风水之忌

忌021 庭院忌有倾斜树

如果庭院里有倾斜树，说明住宅所受的阳光有特定的角度，树木的生长重心总在一个固定方向，一旦时间久了树干可能不能支撑树枝，容易倒塌砸到住户。因此，一旦庭院出现倾斜的树木，宜及时采取相关措施处理。

忌022 庭院中忌有大树

从字面上讲，木在围墙内为"困"字，一些树木比如说大树栽种在庭院容易形成"困"字局，如果家庭出现"困"的格局，则不吉。如果树木栽种不当就会对庭院的使用功能以及人的生活和健康造成不良影响。一般而言，庭院里不适宜栽种大树，但可以种些高度有限的小树，或种一些花草，以美化环境。

▲ 树木栽种不当就会对庭院的使用功能以及人的生活和健康造成不良影响，在庭院中种植大树容易形成"困"字局，如果家庭出现"困"的格局，则不吉。

忌023 庭院忌栽植松、柏、桑、梨

古语有言"桑松柳梨柏，不进府王宅"，因此，庭院或小区忌讳种植松、柏、桑、梨。因为"桑"与"丧"，"梨"与"离"同音不吉。庭院中即使是结出最好吃的桑葚，其树也不会受到主人的青睐，至于清口爽心的梨，其树也不适合栽种在前后庭院。松柏则一般是种栽在古墓坟场或道路两旁，栽种在庭院中也不吉。

忌024 庭院中有刺的盆栽忌靠门边

一般庭院中仙人掌等有刺的植物不宜离门太近，这种植物有挡煞作用但必须放到远离门户的地方，否则会适得其反。

忌025 庭院中的树木忌立于门窗前

门窗是住宅主要的纳气之口，树木不宜立于门窗前。树木立于门窗前不利人进出，不利空气流通，还容易把阳光挡住，容易滋生蚊虫，不利于屋主健康。

忌026 庭院门前的通道忌随意铺设

庭院门前的通道不宜随意铺设，应注意其中的风水讲究。如宜利用树篱把庭院和门前通道划分清楚；通道两旁最好种植树木；通道不宜设有水池；通道两旁若设假山流水，高度不宜太高；通道不宜铺设太宽。

忌027 庭院围墙忌贴近房屋

如果房子和围墙之间的距离过于狭窄，会给人强烈的压迫感，还会导致居住者日渐穷困，事业也会随之走下坡路。如果因庭院空间不够，至少要在墙下方的基底处留出约20厘米的距离，这样既可以改善通风和采光效果，也能给狭小庭院里的花草留出一点小空间。

▲围墙与房子之间的距离太过狭窄可能导致居住者日渐贫穷，其事业也会走下坡路。

忌028 庭院围墙忌模仿寺庙

庭院不可模仿寺庙，尤其是院墙和大门，千万不要铺琉璃瓦，垒大屋檐。从风水上讲，寺庙的装饰、布置，其实都是一种威德，既让人有威严的感觉，又体现出了博大宽厚的德行与慈悲。如果没有那么大的威德，就肯定镇不住那样的布置、那样的格局。如果非要模仿、照搬，到头来只会折损福寿。最关键的是那样的环境和普通人身上的信息是不协调的，甚至是冲突的。所以不宜让那样的环境损害、刺激自己。

忌029 庭院围墙忌用石头装饰

庭院的围墙最好不要用石头来装饰。传统的说法认为，石头会聚集阴气，而阴气久积不散，会让人得病的，譬如最常见的妇女病、风湿性关节炎等。此外，阴气重的人，也会经常遇到一些小麻烦，总之就是不怎么顺利。有人则认为院墙不用石头的真正原因，并不是什么阴气的聚散，而是出于人和环境之间的对应关系。石头的特点就是坚硬，选择外表为石头的房子，这样的人可能就会把自己的内心包裹得比较严，防卫意识比较强，总是怕受到别人的伤害，所以到哪里都是一副冷面孔，轻易不肯和别人接近。

忌030 庭院围墙忌前宽后窄

庭院围墙不能形成前面宽大而后面窄尖的三角形，这会使人感到压力很大，让人心情不愉快。同时，围墙也不可前面尖锐而后面宽大。围墙前窄后宽，被称为"退田笔"，会让人生意受损，事业停滞，钱财不进反出，财运越来越差。

忌031 庭院围墙忌一高一低

围墙宜保持平衡，不宜一高一低。围墙一高一低造成不平衡的意向，看起来会不太美观，不符合中国传统"四平八稳"的观念。而且不平衡的围墙还会对健康造成不利影响，任何病都是不平衡导致的，所以围墙一高一低对屋主的身体状况会有影响。

忌032 庭院门忌正对屋门

有庭院、有围墙的人家,屋门不应该正对着庭院门。风水学上讲究"曲则有情",直来直去的正对属于不吉的布局,这意味着屋里藏不住东西。而门户在风水上被认为是人钱包的口袋,院门好像是第一层口袋,屋门就是第二层,如果两门相对,就等于两层的口袋封在一起了,钱财自然就很容易倾囊而出,这就意味着居住者缺乏算计、不知节俭。

忌033 庭院围墙上忌开窗户

在住宅庭院的围墙上开窗户,风水上称为"朱雀开口",这种格局会造成不良的风水效应,会令居住者惹是生非,麻烦不断,不吉。另外,围墙不宜筑得太高,特别是不宜加装铁丝网、尖锐的碎玻璃等,否则就给人一种住在监狱里的感觉。

忌034 庭院影壁或屏风忌形成围堵

庭院影壁是玄关的一部分,在风水上讲究导气,使得户外之气不能直冲厅堂或卧室,否则不吉。因此,玄关影壁和屏风忌封闭。影壁不论设在门外或门内,忌无挡风、遮蔽视线的作用;忌形成围堵风水之忌,让庭院陷入闭塞;忌毫无意义的风水造景,其图案不宜恐怖或抽象。

忌035 庭院红色花忌伸出墙外

很多人都喜欢在庭院、阳台种植花草树木以达到美化环境的效果。这时要注意,如果植物开的是红色的花朵,就要经常修剪,避免红色的花往墙外或阳台外伸出去,犯了出墙花的煞。这种煞气容易导致住在屋内的人,男性风流,女性红杏出墙,感情纠纷不断。如果是藤蔓型植物,则还会导致小人多贵人少。

只要定期地修枝剪叶,不要让其爬出墙外。不要栽种爬藤类植物,特别是不要种九重葛,会导致烂桃花几率高。

▲庭院的围墙上有窗户,俗称"朱雀开口",此格局不吉,会令居住者惹是生非,麻烦不断。

▲庭院内的红色花朵长出围墙或围栏,就是犯了"出墙花"的煞。

忌036 院门外忌电线杆、屋角冲射

庭院大门外面不可有电线杆，如果庭院门外对着电线杆，容易使屋主眼睛受到伤害或者患高血压。也不可有屋角冲射，若是院门被屋角冲射，主人会破财，甚至会患高血压或带来血光之灾。

忌037 庭院忌种植藤蔓植物

房屋的墙壁布满了藤蔓，可能是因为屋主希望藤蔓能帮忙挡住太阳光照射，使得房屋减热，所以故意用藤蔓攀上房屋墙面。但是这样做的结果是房子外墙满布藤类植物，像被包裹住一样，就形成了"批萝煞"。房子若被爬藤植物盖住，则会因为植物要抓住墙壁而在墙面凿出斑驳裂缝，导致屋内渗水，破坏屋宅，屋内也会因湿气太重而感到阴凉。这些都会影响居住者的精神状况，有引发心肌梗死之类疾病的可能。从风水上看来，此煞气还会让住在里面的人官司缠身、精神散乱。

遇到这种情况，要立刻将屋外的爬藤植物去除，若发现房屋有裂痕，应尽快修补，不宜拖延。

▲ 房子外墙被藤类植物包裹，就形成了"批萝煞"。

忌038 住宅内外忌有"邪风树"

有时主人疏于清洁，顶楼、阳台、庭院等尘土累积较多，一些花草树木的种子就随着风力或鸟的传播被撒到这些尘土之中，借由这一丁点土壤就勃然生长，有的甚至附着在屋侧墙壁的细缝里。不管是长在屋顶、阳台或屋子围墙的植物，全都称为"邪风树"。虽然我们会感叹生命的顽强，但这种情况在风水上是不好的象征。有邪风树的人家，患脑血管疾病可能性较大，同时也容易精神错乱，甚至变成疯子。

一栋房屋的墙壁、屋顶会长些杂草或树木，是因为年久失修、无心管理，只要认真把屋宅修葺一番，把邪风树去除，就能保佑家宅平安，好运滚滚来。

▲ 长在屋顶、阳台或屋子侧边外墙的植物，全都称为"邪风树"。

忌039 庭院中忌有"分家树"

如果屋宅院内树的树干从靠根部之处就分岔成两根以上的枝干，这就是"分家树"，会形成"分家煞"。顾名思义，此煞气会导致家破人亡，夫妻离异、兄弟不和，

是极为不好的风水格局。

如果遇到这种树，应立即将此树移除，可补种桂树、枣树、石榴等有利屋宅风水的植物，屋内亦可悬挂葫芦保家人平安。

▲屋宅内树的树干从靠根部之处就分盆成两根以上的枝干，这就是"分家树"。

忌040 庭院中忌有"忤逆树"

屋宅院内若有树，其枝干都朝着屋外的方向生长，这就是"忤逆树"，象征着屋宅内成员个性比较叛逆，喜欢在外漂泊，

▲屋宅内枝干都朝着屋外的方向生长的树，就是"忤逆树"。

对待长辈不够孝顺。在沿海等风大的地区经常会看到"忤逆树"，仔细观察，会发现海口人的个性较为强硬叛逆，也不喜欢待在家里，大多会出外谋生。

化解之道：可将此树移除，改种万年青、橡皮树等促进家庭和睦的植物，并在屋内悬挂葫芦，使家运旺盛。

忌041 忌种植的树木太多，盖住屋顶

若屋宅旁边的树枝叶茂密，并遮到了屋顶，看起来就像屋子被泰山压顶般，这就犯了"倾家树"煞。树枝或树叶盖住屋顶，就会造成室内光线不够，容易潮湿，对家人的健康有不好的影响，精神方面可能有异常倾向，风水上也多有家道中落的不良影响。坟墓也是一样，上方不可被树荫遮蔽，不然家运就会败坏，还会危及子孙。

化解的最根本的办法就是修剪枝叶，使其不遮挡房屋，保证屋内光线明亮。

▲树枝叶茂密，遮到了屋顶，就是犯了"倾家树"煞。

忌042 庭院中植物忌"弯腰驼背"

树干弯曲如老人弯腰驼背的样子，这会让家庭成员也跟着弯腰驼背。如果家里的老人无端端地变成了驼背，可以观察一下，是否庭院中种植有"佝偻树"。

当树木弯曲时，可以用支架固定住树木，让其能向上生长。若无效，可以试着移走此树。

忌043 忌让树木形成"拱合树"

"拱合树"就像夫妻树一般，两棵独立的树在上方的树荫彼此相连。拱合树很不好，有道是"宅木成拱，家无老翁"，当家里的树木交抱成拱门，家中的长辈会早死，只剩下年轻人，会让这户人家变成二门孤寡。所以，平时要勤修剪庭院中树木的枝叶，破除此煞。另外在屋内放铜制葫芦香炉，可化煞挡灾，对居住者健康有益。

忌044 庭院中忌有"蛊风树"

蛊风，指的就是有个洞横穿过树干，只要风稍大，就会开始呼呼作响，彷佛有人在那边吹着气。有"蛊风树"的人家，家里容易发生灵异事件，或是有肠胃方面的疾病。有这种树能移走或砍除为佳。

忌045 屋宅中忌出现"逆天树"

这种树煞通常是因为屋子还没盖之前就有棵树了，结果盖屋时没移走或砍掉这棵树，直接就盖了房子把它围在里面。这从外面看起来很滑稽，树好像是直接从屋顶冒出来的样子。

"逆天树"很不好，会造成家道中落。如果是在屋顶的空中花园种树，树木后来长得过于高大也很不理想。

如果屋宅中出现这种树，能移走或砍除为佳。或者调整围墙，将树隔离于房屋以外。

▲ "拱合树"是两棵独立的树在上方的树荫彼此相连。

▲ "逆天树"是指被房屋包围，树盖高于屋顶的树。

忌046 庭院中忌种植多棵大树

这种房屋因为在院子里种了很多棵大树，加上树叶茂密显得阴气沉沉，客厅、卧房都被树叶给挡住光线，会造成阴气过重，容易造成家里的人有阴症发生。阴症就是一些奇奇怪怪的毛病，久医不愈，老是在吃药，也不见好转。还容易造成住家运势无常，常有莫名其妙的怪事发生。

如果有这种问题，建议将树木都砍掉，不然至少要修掉很多枝叶才行。

地方清扫干净，粉饰一新后做好除湿防菌的工作。

▲霉煞容易出现在阴暗或潮湿的地方。

忌048 庭院中忌有"盗贼树"

若庭院有树，且所有的枝干都朝着屋宅的方向生长，这在风水上是不好的象征。此树形像外人入室盗窃一样，可能会发生引狼入室的情形，比如说不小心引来小偷、使外人有机可乘霸占家产。此外，此煞气对夫妻感情也有不利影响，容易出现外人来家中诱拐妻女的情况，婚外情几率也会提升。

遇到盗贼树应尽快修剪树枝，使树形恢复笔直、挺拔的姿态。

▲院子里的树过多过大，也是一种煞气。

忌047 庭院忌阴暗潮湿形成霉煞

霉煞是一种先兆，不只庭院，家中的任何位置都可能出现霉菌，客厅、厨房、卧室、浴室都不例外。本来，霉菌容易出现在阴暗或潮湿的地方，并无任何异常，但在风水上，霉菌也是由于清洁等问题才会产生，不加以清除会影响居住者的运势，家中成员可能遭遇破财、生病、伤亡的事件。

改善的方法，最好就是尽快将发霉的

▲盗贼树是指屋宅附近的树，所有的枝干都朝着屋宅的方向生长。

忌049 庭院中忌栽种"刽子手"

"刽子手"指的是桃树。因为桃花、桃枝、桃实都是血红色的，妖魔鬼怪都愿意在桃树上住，所以不适合栽种在院里。也有一种说法是桃树主逃荒要饭的。这是因"桃"与"逃"谐音的缘故。民间还有"门前一株桃，讨气讨不了"的说法，也是与谐音有关的。

忌050 忌有植物挡住明堂

如果屋前庭院种树，枝叶茂密到将明堂挡住，导致从屋内看不到户外景色，只能看到一整片树荫，这就称为"暗堂煞"。明堂阴暗，会导致屋主视力不好、眼盲、前途黯淡。

化解之道：修剪树枝，使明堂宽广，屋宅内光线充足。如果有财力，可将明堂大大休整一番，将树木去除，改种绿草和观赏花卉，这会大大改善屋宅风水。

忌051 庭院忌形成"招阴树煞"

有的古宅有独立的小庭院，里面树木林立，杂草丛生，形成阴冷的景象。在阳光普照的时候，许多的鬼魅由于要避开阳光，经常会躲在叶片较大的树林当中，例如：芭蕉树、槟榔树、柳树或竹林等。久而久之，这种终日不见阳光的阴凉环境，很容易变成邪灵的聚集地，这样的格局就是"招阴树煞"。家中遭遇此煞气，会给家运带去不利影响，家人的健康也会不良。

可以将这些招阴的树砍除。如果不能砍除，那么也应用竹篱笆将其与屋宅隔离，用以缓冲煞气。将红线绑在树木上也是不错的化煞方法，红线可以使阴转阳，鬼魅无处躲藏。另外，也可以借由密宗铜制的九宫八卦咒牌做过香祈福的设置，即可化解此煞气。

▲ 屋前庭院种树，枝叶茂密到将明堂挡住，就是"暗堂煞"。

▲ 大叶树林形成的终日不见阳光的阴凉环境，让住家容易犯"招阴树煞"。

忌052 栽种庭院植物忌不合五行

植物之间以及万物之间，都存在"场"。在场的作用下，各物体的微粒子能够互相影响，互相转移变化。"铜器不存金，存金金不纯"的谚语，来自民间的经验总结。金存在铜器中，时间久了，则金不纯，而铜器却含金了。动、植物化石，也非温度、气压所致，而是岩石气场所生。人体与植物都存在粒子场。植物间的场的强弱取决于生克制化状况。完全可以用中国的五行理念调整生克制化关系。用植物的五行来布场，不仅考虑观赏性，而且具有功能性。可调整环境，调整情怀，颐养身体。如临水的园林建筑，配置"黑色"（低明度）的植物，用以调节人体的肾部，如松柏、蒲桃、旱莲等。而用于调节心脏和神经的植物，可选五行中属火的红色系列植物、花卉，如火石榴、木棉、象牙红、枫、红桑、红铁、红草、红背桂等。调节肺部的植物，可用五行中属金的白色系列的植物，即树皮白、花白或叶白的植物，如白千层、柠檬桉、九里香、白兰、络石、白睡莲、冰水花等。而调节肝部的植物，可用五行中属木的绿色系列植物，如绿牡丹、绿月季及大量的绿色林木。调节脾胃的植物，可用五行中属土的黄色系列植物，如灵霄花、黄素馨、金桂、金菊、黄钟花、黄玫瑰等。所以庭院中植物要合五行，不可随意种植。

忌053 窗前忌有树

窗外的婆娑树影和斑驳的光影会带给居住者清爽的心情，但要注意的是，树不宜太贴近窗子，否则会招致阴湿之气，不利于居住者身体健康。一般来说，窗前之树要离开2米以上。住宅与树要形成一个友好的关系。古人说："树向宅则吉，背宅则凶"。如果一棵树是在与住宅争生存的空间，那么它必定与住宅形成背离之势，而相反，如果树与宅是友好的，则二者互相"拥护"。树为住宅遮荫挡风，对住宅的建筑质量以及居住者的健康都有帮助。

第十六章

车库风水宜忌

现代生活中,汽车已成为人们最主要的代步工具,拥有私家车已不再是梦想。随着有车族越来越多,如何保养爱车成为越来越多人的困扰。为了使爱车避免曝露在外遭受雨淋日晒,人们选择修建车库,这样会对车起到较好的保养作用。但车库却具有很强的诱发吉凶的风水特性,因此其设计、装修、布置需要十分慎重。

车库风水之宜

车库建立在东北方能够为住宅招来旺气，为防意外和空气污染，车库应该保持通风透气，颜色柔和简洁的车库能够使人心情舒畅。在设置车库时应当留心这些方面，采取一些有利于风水的布局装饰法，这样才能使自己的爱车得到良好的保养，并能避免不必要的意外。

宜001 车库宜设在东北方

车库最好是布置在东北方，这样有利带入八运（依"三元九运"推算，2004年甲申～2023年癸卯这二十年为"下元八运"）旺气，亦建议车库大门及旁边围墙适当镂空以便接入东北当旺旺气。

▲东北方设置车库，能够带进八运旺气，大吉，属好风水格局。

宜002 车库宜设在山星二黑等处

结合玄空飞星吉凶来论，车库宜在山星二黑、一白、六白、七赤、八白之方，忌九紫、五黄之位。至于山、向二星15、25、23、35、99、79、57、45组合，具有血光、横死等不良之兆，此方之位皆不宜。

宜003 车库宜为长方形

从风水学上说，车库的格局最好是长方形，从节约车库面积的角度考虑，长方形也是比较经济实惠的。车库不宜有太多的尖角，尖角过多不仅浪费了空间，而且在车子进入车库时，容易因碰到尖角而损害车子。此外，长方形与大部分车型是吻合的，因此车子可以自由地进出。

▲从节约车库面积的角度考虑，长方形的车库最为经济实惠，从行车安全的角度来说，长方形车库与车型吻合，能够减少意外事故的发生。

宜004 车库宜有明亮的照明

车库需要明亮的照明，这样才能方便车子进出车库。尤其是在晚上使用车库时，仅仅凭借车子自身的照明是不够的，因此应该在车库中设置明亮的日光灯（最好是两盏）。在车库中设置明亮的日光灯，还能刺激昏昏欲睡的夜间驾车人的视觉神经，使其能清醒一些，从而使汽车顺利地进出车库。

宜005 车库的设置宜考虑汽车高度

车库的设置和选择要考虑汽车的高度。现在家庭一般使用比较实用的车型，这些车高度通常在1~2米之间。因此在设置或选择车库时，应该格外留心，尤其是对于那些车身高度较高的汽车来，车库的高度要足够高。

宜006 车库的颜色宜柔和、简洁

很多人并不会考虑对车库进行装饰，认为那是没有意义的劳动。其实不然，如果对车库进行一下简单的装饰也是大有好处的。比如就颜色而言，车库的颜色宜柔和、简洁。如果将车库的墙壁刷上简洁的白色涂料，就能使你每次进入车库都会因为看见它柔和的色彩而心情舒畅。

▲ 车库的门或墙壁涂上简洁的白色涂料，每次行车进出见到都会心情舒畅。

宜007 车库宜通风良好

车库宜保持良好的通风。车库如果没有良好的通风条件，无疑就是一个密闭的空间。万一人由于某种原因而被困在车库中，就会有生命危险，如果被困时间较长，生命的安全就越受到威胁。即使没有发生意外情况，汽车发动时所产生的尾气和汽油蒸气，对人的身体也是有害的。如果车库的通风条件很差，这些有害的气体就会滞留在车库中，造成车库中的空气污染，最终危害到车主。因此，在设置车库的时候要注意使其通风透气。最好每天定期让车库的门敞开着，这样能最有效地更换车库中被污染的空气。如果没有足够的时间使车库的门保持敞开，可以在车库中放置一个排风扇。

▲ 车库的门上方设有小窗户，可使车库通风良好，这样才会舒适安全。

宜008 车库位置宜避开各种冲煞

现代的车库就相当于古代的车马、轿夫之位，代表家门荣贵，非富即豪，绝非普通百姓人家。车库有地面车库与地下车库之分。设置地面车库时应避开垃圾站、井盖、地下管道（尤其是污水管道）等为吉。同时，要避开路冲、门角冲和尖冲等煞气，以利车辆平安。地下车库则宜避开上下厕所、垃圾站、污水站等位置和各式冲煞，以利车辆安全。如果家庭没有车库，选择临时停车位时也要选择开阔、平坦、植物茂盛处，避开下水井、垃圾站、楼尖、门冲和路冲处为宜。

宜009 车库内车头宜朝向家宅方向

将车停入车库时，车头应尽可能朝向住宅的方向，这样象征着马首是瞻，回龙顾主。此外，从环保角度来说，汽车开动时会排出一氧化碳、亚硫酸等有害气体，车头朝向屋内，车尾朝外，也有利于有毒气体的排出，对居住者的健康有利。

▲汽车停放在车库内时，车头宜朝向自家的方向。

车库风水之忌

随着人们的生活水平越来越高，有车族也越来越多，然而却有很多人不知道，汽车也会带来很多的困扰，其停放的车库是具有很强诱发吉凶的风水特性的，因此对其装修布置设计不可忽视。装修设计车库时要避免车库风水的一些禁忌，才能避免招致不必要的麻烦。

忌001 车库忌不讲究方位乱置

车库具有较强的诱发吉凶的风水特征，因此切忌不讲究方位乱设置。在设置车库时宜注意：如果车库的坐向为"亥壬、癸丑、寅甲、乙辰、巳丙、丁未、申庚、辛戌"，易招交通事故，务必避开；车库不宜设在主人房或老总办公室的正下方，这样不利健康、不利财；设置车库时宜避开冲克业主的生肖和命格；摩托车属震卦之象，停车位应尽量避开住宅西方的申位。

▲ 车库具有较强的诱发吉凶的风水特性，设置车库时宜避开冲克业主的生肖和命格，切忌不讲究方位乱设置。

忌002 车库忌设在正南方

从易理上来讲，汽车符合乾卦之象，静态时其五行为六白金。乾卦的"八宫煞"在午位，因为南方五行属火，午火克乾金，不吉。所以车库、停车场不宜设在正南方，车门也不宜在此位，宜西、西南、东北、西北之方。

▲ 车库设在西方，是吉利的方位，宜注意的是车库不宜设在正南方，因为车静时属金，南方属火，车库在南易形成"火克金"之局，不吉。

忌003 车库忌设在地下室

现在大型的独栋建筑或别墅都设有车库。但是应该注意的是车库不宜设在屋子的地下室，尤忌车库的通风口与屋内相通。因为汽车排出的废气对人体有害，流到屋内不利于居住者健康。

忌004 车库忌在卧室下方

车库切不可设置于卧室下方。因为车库每天都有车辆出入，这会影响卧室底部的气流，导致磁场不稳定，对人的运势就会产生干扰，这就是风水上的"脚底穿心煞"。如果卧室下面是车库，就容易产生足下空虚之感，使人缺乏根基，难以和地气相通。这样对人的心理也有不良的影响，在潜意识中有脚底不稳，提心吊胆的感觉。

容易使人做事反反复复，效率低下或因意外而失财。同时也容易导致夫妻失和，家庭不睦等。遇到这样的情况，宜尽量另选一室作为卧室，而将此房间作为储藏室等不常用之所。不过由于主要是较低的楼层容易受到车库的影响，比如二楼直接位于车库之上，因此影响自然巨大。四楼、五楼以上，与车库相隔甚远，下面又有其他楼层阻挡，这就大可不必担忧了。

忌005 车库内水龙头忌对向门口

水象征着财富，风水学中有一句话叫做"要迎水、不要送水"，"迎水"就是迎财，车库内风水同样如此，因此车库内部的洗车用水龙头不可对向车门方向，这样家水外流，就容易使家庭流失钱财。

第十七章

风水吉祥物宜忌

中国风水吉祥物的历史源远流长，其种类、质地、花式繁多。吉祥物有的发音吉祥，有的形状吉祥，有的所代表的意义吉祥。按其类型分，有动物、植物、器物、神人、符图等；按其功效分，有驱邪化煞吉祥物、吉祥长寿吉祥物、平安纳福吉祥物、招财改运吉祥物、求学升职吉祥物、富贵婚恋吉祥物、健康添丁吉祥物等。吉祥物在生活中能够发挥很大的积极作用，它能使人积极向上、精力充沛，也可给人安慰和鼓舞，从而让人获得信心和力量，往往能起到四两拨千斤的作用。吉祥物还能改善视觉、调节心理，让人精神愉悦、态度积极，对人生和未来充满希望。

风水吉祥物之宜

摆设吉祥物的目的很多，总体来说，就是要使人的气场向好的方向发展，使人们的生活、工作、学习更加顺利，永保身体健康、平安吉祥，家庭和睦，婚姻美满。很多人希望能够通过摆设或者随身佩戴吉祥物来转运，但是吉祥物的摆设在风水上有着很多的讲究，因此宜对各种吉祥物的功用及适用的原则了解清楚，方能达到其应有的效果。

宜001 房屋缺地气宜置天机四神兽

一般位于高层的楼房都无法接地气。如果要解决高层楼房不接地气的风水问题，可以在居室内放置天机四神兽。四方之神指的是青龙、白虎、朱雀、玄武，源于古代二十八星宿的传说。天机四神兽是我们传统中最为悠久和灵验的四大守护之神，能够镇宅、护家、安定运气，且对主人运气的反复、失眠、神经衰弱有奇特的效果，对婚姻、事业及财运都有一定的促进作用，亦可化解房子形状的怪异，如房屋缺乏地气或者缺角等。安放时要注意，一般可在住宅的正东放青龙，正西放白虎，正南放朱雀，正北放玄武。

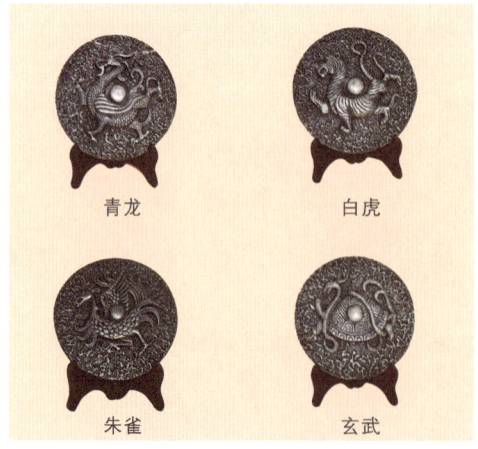
▲青龙、白虎、朱雀、玄武，四神兽能够镇宅护家。

宜002 宜置台式镜化解房屋缺角

房屋若遇到"缺角"，而呈现出凹入的部分，运势则会变差。安放台式镜可解决房屋东北角、西北角、吉祥位置缺角等风水问题。台式八卦镜的直径约32厘米，由纯桃木所制，是专门为化解房屋缺角的而设计的吉祥物。另外台式镜还可以化解外部环境的各种风水煞。

▲台式镜可化解房屋缺角等风水问题。

宜003 兽头宜置于卫浴间

如果卫浴间占据吉位就会带来煞气，不利家运，这时可用兽头化解。兽头直径约26厘米，纯桃木材料制作，其头顶有两角，怒目圆睁，形象十分威猛，有驱邪、化煞、除污之功效，为卫浴间专用的吉祥物法器。

宜004 宜用桃木剑辟邪化煞

镇宅桃木剑最大的长度约98厘米，由纯桃木人工加工而成，做工精致，经过正规的开光处理，其采用传统的雕琢工艺，经手工精心雕刻、打磨而成，外形设计上独具匠心，融入传统文化与现代艺术相结合的吉祥图案。桃木剑具有收藏价值，也被人们视为馈赠亲友、居家收藏之工艺珍品。桃木剑可解决大门正对门、路、墙角等风水问题，另可化解窗户正对烟囱、水塔、大厦、加油站、寺庙等不良建筑物的冲煞。家宅、店铺遇有邪祟之事、发生过血光的房间、离丧葬场所较近或家中有病人长期不愈、又诊断不明，适合在大门两边挂桃木剑辟邪，可将其挂在正对大门的客厅墙壁上，或者挂在正对窗户的墙壁上。

▲桃木剑可辟邪化煞。

宜005 宜用水晶七星阵改运

水晶七星阵是激活住宅和工作场所的"中心能量"，是增强运势的传统风水手法。水晶七星阵中包含了铜制、太极、八卦、七星阵、水晶、如意等各种良性能量，用其来调节气场能量，改运化煞的能量更强。在北京紫禁城里，皇帝玉座上方的天花板上有太极的设计，这个太极是由称为七个水晶所构成的，被称为七星阵。传说如果是昏庸无能的皇帝来管理国家政治，水晶座上的水晶就会从天花板上坠落摔坏；反之，如果是有能力的皇帝坐这个水晶座，七星阵就会从头上放射出强烈的能量，给皇帝增添能力。一般建议公司负责人，经理和主任等有职权的人士使用水晶七星阵。

▲水晶七星阵能调节气场能量。

宜006 房屋缺角宜置泰山石敢当

"石敢当"，亦名"泰山石敢当""石将军""石神"等，四川人称之为"吞口"，是我国民间常见的一种建筑风俗。通常是在家宅的大门或外墙边、街道巷口、桥道要冲、城门渡口等处立一块石碑，也有嵌进建筑物的，碑上刻有"石敢当"三个字。旧时人们认为其作用有三：一是辟邪，二是镇鬼，三是祛除不祥之气。在山东一带，还传说这块石碑有"能暮夜至人家医病"的神通，所以又称其为"石大夫"。如果房屋出现缺角的现象，使用以

风水吉祥物之宜

朱砂书写的"泰山石敢当",即可化解。安放"泰山石敢当"时要注意,泰山石要用干净的清水清洗,让它自然晾干,并将其摆放在正对着缺角的地方,摆放的时间以早上9点以后为好。

▲泰山石敢当能辟邪、镇鬼,祛除不祥之气。

宜007 宜使用八卦凹镜化煞

凹镜的作用是"聚集"。当大门出现地气逸走或吉物远离住宅时,可利用凹镜收聚之。凹镜可收纳、改变不良形状的气场。八卦凹镜是专用化煞、避煞的风水用具。镜子的周围是由二十四山向、先天八卦、河洛九星、二十四节气组成,正对形煞悬挂,可收纳、改变直冲煞、枪煞、角煞、尖角煞、廉贞煞等,也可化解直冲大门的下行楼梯。如自己家门口的楼梯向下,为泄气的局势、主钱财难聚,则可在门口挂凹镜把财气收回来。

宜008 八卦凸镜宜置室外

八卦凸镜是专用来挡煞避煞的风水工具,可反射煞气。镜子的周围由二十四山向、先天八卦、河洛九星、二十四节气组成。如果在窗外发现对面有化煞工具对着本宅,或者住宅面临各种形煞如:冲煞、枪煞、角煞、尖角煞、火形煞、穿心煞、开口煞、廉贞煞等,则可摆放此法器,其作用为将对方煞气反射回去,使自己不至于受到不良煞气的影响。此镜应摆放在室外,以化解所有室外不良形状的物体所产生的不良气息,而不宜放在室内,也不可照到人及放在门前,否则会给家人造成伤害。另外,八卦凸镜也可化解直冲大门的上行楼梯。

▲八卦凸镜可化煞。

宜009 宜用水晶吊坠化解压梁

现在的公寓及住宅多见"梁",挡梁的角落容易给空间带来许多风水上的问题,特别是在睡床、饭桌以及煤气炉上方的梁对健康有很大的负面影响。最好的解决办法是将其从下方移开,如果实在无法移开的话,就要使用水晶吊坠来化解。因为水晶吊坠的上部是多切面水晶球,水晶能够缓和光的作用,使从梁上照下来的具有攻击性的煞气变得柔和,并使其在广阔的范围里扩散。本来水晶吊坠应该是在梁的两端各挂一个,从而在整个空间里制造出八卦的阵势,但如果条件不允许,在梁的中央挂一个水晶吊坠也可以起到一定的化解作用。

▲水晶吊坠可化解横梁压顶。

宜010 宜用狮子牌化解墙角之煞

狮子牌同狮子饰物一样，具有化煞挡灾、镇宅、吉祥、抵御攻击的功效，当因某种原因无法摆放狮子时，可以用狮子牌来代替。与虎不同，狮子不会给他人带来坏的影响，可以轻松地在家里和办公场所使用。如果房屋面对着墙角和面对着对面的房屋边角之处无法摆放狮子，而此处有煞气的话，可挂狮子牌来化解。此外，狮子牌对化解电梯的不吉利气场也很有效，只需将狮子牌悬挂在门口即可。另外，在室内之刑害、绝命位置，可放置此铜狮子以减轻破坏力。如宅内有属水之人，放此铜狮则更佳，因金生水，可旺财。

▲狮子牌有化煞挡灾、镇宅、增吉、抵御攻击的功效。

宜011 宜用铜锣净化气场

有些住宅长年没有人居住，可能会有些不吉的气场，尤其是一些经常有异常声响的场地，宜使用铜锣来净化气场，驱散邪气。铜锣的响声可以传递到很远的地方，锣声所到之处，周围的气场都可以得到净化，古代的为官者鸣锣开道即为此意。

宜012 狮头吊坠宜挂在正门

狮头吊坠又称为"开运吉祥辟邪狮子头"，俗称"狮头吊坠"，具有防止邪气进入，保持良好的风水环境的作用。当住宅周围的环境进行风水调整后，在正门挂上狮头吊坠，可有效地防止邪气进入。如果将狮头吊坠挂在东北方和西南方，可保持良好的风水环境。但要注意，狮头吊坠每年要更换一次。

宜013 宜悬吊镜球化解煞气

镜球具有反射、扩散气场之功效。在房间的角落或阴暗的地方悬吊镜球，能反射、弹开那些不吉之气，提高气的流动性。另外，将镜球悬吊在良气流通的地方，可以将良气循环散送到整个房间。

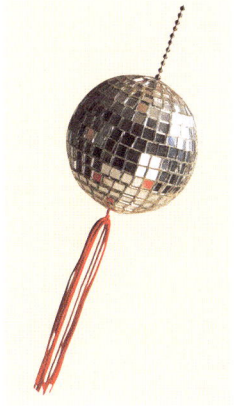

▲镜球可反射、弹开不吉之气。

宜014 宜设屏风阻隔不良气场

屏风有阻隔秽气、阻挡不良气场、缓解视觉疲劳之功效。安装屏风既不用大幅度改变居家格局，又可化解风水问题。如大门直冲阳台、卫浴间、炉灶或者冲床等，都宜安装屏风来化解。屏风最好是选用木质的屏风，从五行来分析，竹屏风和纸屏风都属于木质屏风。塑料和金属材质的屏风效果则比较差，尤其是金属的屏风，其本身的磁场就不稳定，而且也会干扰到人体的磁场，建议少用。

▲ 屏风可化解风水问题，缓解视觉疲劳。

宜015 厨房和次卧凶位宜放平安瓶

平安瓶直径约为28厘米，纯桃木所制。如果出现事业动荡不安，是非较多，遇事受阻的情况，可用平安瓶化解。平安瓶若使用得当，还有招财、利婚姻、开运之功效。平安瓶专为厨房和次卧室设计，可解决厨房位于凶位、大门正对厨房以及厕所正对厨房所引起的健康问题。另外，如果次卧（主要是老人房或儿童房）位于凶位或者风水不佳，也可用平安瓶来化解。一般可将其正对厨房或者次卧室门安放。

▲ 平安瓶有招财、利婚姻、开运之功效。

宜016 宜挂阴阳八卦吊坠驱邪化煞

阴阳八卦吊坠饰物有退散、化解邪气和煞气的效力。八卦吊坠饰物可以使令自己感觉厌恶的事物远离。八卦吊坠中象征阴阳的太极有将凶转换为吉，催生新事物的作用，可以使自己持有的能力进一步激发，使现状趋向好转。因此宜用其来驱邪化煞。阴阳八卦吊坠可以装饰在室内、车内等地方，尤其在气场容易减少或低落的地方效果更为显著。

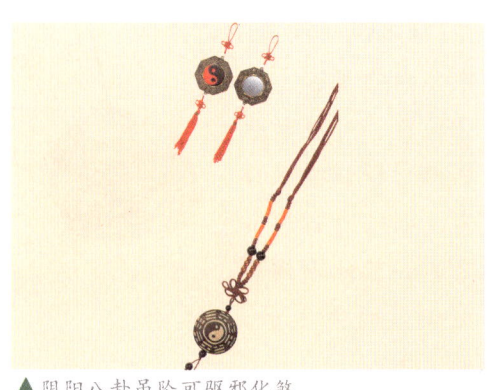
▲ 阴阳八卦吊坠可驱邪化煞。

宜017 宜用风水葫芦化煞转运

风水葫芦象征化煞转运、吉祥。风水里经常在葫芦的下面铺垫上铜制的古钱或八卦，使其变成"八卦化煞转运葫芦"，可以除去所有自己厌恶的东西。它可以阻止财气化散，其"止泄耗财气"的用法是非常有名的。风水葫芦是用五行属金的铜制成的，铜有化煞转运的作用，加之葫芦有收煞的作用，可使其化煞效果倍增。女性如果在葫芦中放入红水晶和水晶玉等十宝，并在房间焚香的话，就可以使自身性情更加温柔。因为据说红水晶可以带来异性缘和良缘，而水晶玉可以促使目的达成，因而有此效果。再有，在铜葫芦中放入与目的相配合的色彩的花，也是一种开运的方法。

▲风水葫芦有转运化煞之效。

宜018 八卦平面镜宜置屋外

八卦平面镜有反射作用，可以用来遮挡由户外不良之建筑形状所产生的煞气，如尖角煞等。在门前、床前悬挂平面镜，可将火形煞、穿心煞等反射回去。八卦平面镜适宜放在屋外，忌放在室内正对人照射，否则会给人带来伤害。

宜019 青龙宜置于左边或东方

龙是中国古代传说中镇守东、南、西、北四个方位的神兽（青龙、朱雀、白虎、玄武）之一，有辟邪、镇宅之功效。在中国，龙的地位极高，被奉为神物，至高无上，也是皇帝的象征。龙是东方的代表，五行中是属木的，因青色是属木的，故此有左青龙、右白虎的说法。青龙来源于二十八星宿中的东方七宿角、亢、氐、房、心、尾、箕，古人把它们想象成为龙的形象，因其位于东方，按阴阳五行给五方配色之说，东方色青，故名"青龙"。人可以轻松从龙身上获得能量，青龙、金龙、红龙等虽名为龙，但如果收藏不对即名为蛇，甚至比蛇更凶狠，会伤到人，一定要注意。青龙是东方之神，所以，在安放时，宜设在左方或东方。将青龙摆放在客厅的左边，可保家庭平安。

▲青龙是东方之神，可保家庭平安。

宜020 摆放龙饰物数量宜为1、2、9

龙饰物摆设的数量并无什么限制，一般以摆放一条、两条或九条为宜。若是九条龙，则应有一条龙在中央作为主角，否则就成群龙无首的混乱局面，象征家宅不宁。倘若要用有龙的图画来装饰，最好用金色的镜框来镶画边，若是将此图挂在北方则更有锦上添花之妙。

宜021 宜用虎饰物镇宅辟邪

虎为百兽之王，是勇气和胆魄的象征。虎是阳兽，代表着阳刚之气，白虎也象征着秋季和西方，它可以镇祟辟邪，保佑安宁。另一方面，在家族群体里，虎又是重情重义的动物。在家庭中的大门、客厅等公共场所放置此物，具有改善父母与子女以及夫妻的关系之功效。但是要注意的是虎是喜好孤独的动物，习惯独自行动的生活方式，因此虎是会危害人际关系的物品，在办公场所摆放不宜。

▲白虎是西方之神，可镇祟辟邪，保佑安宁。

宜022 朱雀宜置于正南方

若家中口舌是非较多，则可以在正南方安放朱雀来化解，但是必须注意，摆放朱雀的高度不可高过主人的身高。（凤凰在中国，是一种代表幸福的灵物，它的原形有很多种，如锦鸡、孔雀、鹰鹫、鸽、燕子等，又有说是佛教的大鹏金翅鸟所变。神话中的凤凰有鸡的脑袋、燕子的下巴、蛇的颈、鱼的尾。凤有五个品种，是以颜色来分的：红是凤、青是鸾鸟、白是天鹅、另有黄和紫的凤凰，可称为朱雀或玄鸟。朱雀是四灵之一，它是出自星宿的，是南方七宿的总称：井、鬼、柳、星、张、翼、轸。朱为赤色，南方属火，所以它有从火里重生的特性，和西方的不死鸟一样，故又叫火凤凰。）

▲朱雀是南方之神，能带来祥瑞之气。

宜023 玄武宜摆在屋宅后方或北方

风水有言："左青龙、右白虎、前朱雀、后玄武。"玄武又称北方之神，所以在安放玄武时，宜设在后方或北方。（玄武是由龟和蛇组合而成的一种灵物。玄武的本意是玄冥，武和冥古音是相通的。武，是黑色的意思；冥，就是阴的意思。玄冥起初是对龟卜的形容，龟背是黑色的，龟卜就是请龟到冥间去询问案带回来，然后以卜兆的形式显示给世人。因此，最早的玄武就是指占卜。以后，玄冥的含义不断地扩大。龟生活在江河湖海，因而玄冥就成了水神；乌龟长寿，玄冥又成了长生不老的象征；最初的冥间在北方，殷商的甲骨占卜即"其卜必北向"，所以玄冥又成了北方神。）

宜024 龙龟宜放在使用者的左边

龙龟是瑞兽的一种，象征吉祥，可挡灾化煞。龙龟的用法比较复杂，风水学中有"要快发，斗三煞"之说，故龙龟要恰当地放置在三煞位或水气重的地方才有效。龙龟在位时能化解口舌之争、加强人缘。龙龟最适宜摆放在左方以招吉贵。而且，青龙向来都是护持着主位的守护神兽，所以在自己的左方放上龙龟，便等于有贵人来守护着自己。

宜025 铜双狮宜用朱砂点睛开光

如果说老虎是百兽之王，那么狮子可谓是万兽之尊了。狮子有镇宅化煞的作用，可抵挡任何煞气。狮子除有挡煞的一面，它还能给人带来名誉、地位和权力，很多富商和达官贵人都喜欢把狮子摆放在屋内。但是要注意的是摆放铜双狮一定要注意摆放的方位和朝向，最重要的是在摆放前要用朱砂水点睛开光，这样才会有灵气，然后才会起到作用，如不点睛，就发挥不了作用。

宜026 宜摆双狮镇宅

虎为百兽之王，而狮子却被喻为万兽之王，勇不可当，威震四方。故此自古以来，中国人都习惯在大门的两旁摆放一对石狮，用来震宅辟邪。只要把狮子放在门口，一切的邪魔妖怪都不敢入屋肆虐。另外，狮子又可以带给人名誉，地位，将其摆放在屋内，也作瑞兽看。

宜027 宜用铜龟化解天斩煞

龟甲形似凸面镜，又像似描绘出的弧线，被认为具有可以弹击、打散房屋中滋生的不吉之气的能量。铜龟还可以化解天斩煞、路冲煞、劈面煞，在这些形煞迎面的地方，摆放铜龟效果极佳，其中化煞效果最好的就是天斩煞。天斩煞是指从本身的居所向外望，可见到前方有两座大厦靠得很近，致使两座大厦中间形成一道中空的缝隙，风从中穿过，形成的一股煞气。在阳台或窗户上摆放一对铜制的龟即可以化解天斩煞，但在放置的时候要注意使两只龟的头部相对。

▲ 铜龟能化解天斩煞。

宜028 狮子宜放置在西北方

家中狮子宜放置在西北方。一是因为狮子是从西域传入中国的，北方是它最熟悉、最活跃的方位，可以占得地利。二是因为乾卦居西北方，五行属金，故此狮子在西北方，便最能发挥它的功效。

宜029 宜使用巴西水晶簇防辐射

巴西水晶簇最大直径约23厘米,为天然白晶簇,又称晶王,是所有水晶能量的综合体,可向四面八方放射,有辟邪、挡煞的功效。巴西水晶簇可随时补充能量,可自动化解负面能量,将其摆放在计算机周围,可以减少辐射。

▲巴西水晶簇可挡煞、减少辐射。

宜030 宜使用东海水晶簇防辐射

东海水晶簇是所有水晶能量的综合体,向四面八方放射,可辟邪挡煞,也可随时补充能量,具有自动化解负能量的功效。将其摆放在计算机上或周围,可以减轻其辐射量,比巴西水晶簇的能量稍小一些,是常用电脑者最好的风水物品。

▲东海水晶簇是水晶能量综合体,可减轻电脑辐射量。

宜031 宜置天然葫芦祛病强身

在中国传统的开运吉祥物中,葫芦具有辟邪、除厄纳福、增进财运等神奇功效。因为葫芦的瓶口小、瓶身大,易入难出,可用来化病去煞,行医者用之更佳。相传葫芦为神仙的法宝,有葫芦作法器者,皆能治病救人,起死回生。因此,葫芦最适合医生、体弱易病者使用。

宜032 宜用钟馗驱邪

钟馗为捉鬼第一大将,民间常以钟馗的画像作为辟邪、驱妖的神物。摆放钟馗有避开小人、保家安康、驱赶邪气的功效。历代钟馗的画像大多面目狰狞、可怖,一手持利剑,一手抓按妖怪。一般将钟馗放在门后,以祛除众鬼,引福临门。

宜033 宜用心经镇宅

心经即刻制了佛教经文的陶板,具有镇宅、辟邪及净化心灵、安神定气的作用,可以将其摆放在佛坛上,代替你向佛祖念颂心经。此物需用专门的台架放置以便竖立摆放,尽量将其放置在房屋的吉方或清净的场所。

▲心经能镇宅、辟邪、净化心灵、安神定气。

宜034 宜摆放揭玉之龙求开运吉祥

龙，是中华民族最为古老的图腾，华夏子孙皆是"龙子龙孙"，自称为"龙的传人"。古人把龙分为四类：天龙代表天的更新力量，神龙能够兴云布雨，地龙掌管地上的泉水和水源，护藏龙看守着天下的宝藏。龙是我国古代传说中的神异动物，龙文化在中国文化中占据着极其重要的地位。属龙之人把龙视为自己生命中最重要的吉祥物，拿着玉的龙会给人带来好运。揭玉之龙象征着好运长伴、开运吉祥。如果想开运、改运、吉祥，可在办公室、居家空间为摆放揭玉之龙。

▲揭玉之龙象征着好运长伴、开运吉祥。

宜035 宜摆放玉佛增添吉祥

弥勒佛在佛教中被称为未来世佛，有着最慈悲的胸怀，最无边的法力，能帮助世人渡过苦难。弥勒佛以大肚、大笑为典型特征，有"大肚能容天下难容之事，笑天下可笑之人"之说，代表了人们向往宽容、和善、幸福的愿望。玉佛是和阗玉摆件、把件、挂件常用的传统题材，一般将其摆放在大堂或客厅等公共区域，象征吉祥、觉者、知者、觉悟真理。

宜036 麒麟宜置于玄关

麒麟是四灵兽之一，集龙头、鹿角、狮眼、虎背、熊腰、蛇鳞、马蹄、猪尾于一身，公为麒，母为麟。麒麟是吉祥物之首，能够消灾解难、趋吉避凶、镇宅避煞、催财升官；与龙神、凤神、龟神一起并称为四灵兽。将麒麟摆放在居家有招福、辟邪、利生男丁之功效。麒麟具有很强的"镇宅"作用，可以安定周围的气，被广泛应用以消解收入不稳、家庭不和、生意不佳、人际关系不好、夫妻关系不和等问题；也可以平息、镇定日常生活中的琐碎问题。如果将麒麟摆放在屋外，往往会受到诸多限制，但如果将其摆在玄关面向大门之处，则同样可以起到护宅的作用。

▲麒麟是吉祥物之首，有招福、辟邪、利生男丁之功效。

宜037 居家空间宜放置"如意吉祥"

如意是我国传统的吉祥物，有木质、玉质等不同材质，可以用做居家摆设、礼品或者收藏之用，如意是一支曲形而头部特别大的物件，取其"吉祥如意"和"祈福纳祥"的意思。如意吉祥为凤凰立于如

意玉上，凤凰代表吉祥和太平。人们常常送如意给老人，表示祝他"事事如意"。有些图画上画一个大吉、一支如意，合并为"吉祥如意"，象征做什么事都能够如愿以偿。"如意吉祥"吉祥物一般摆放在居家空间，祝福人们如愿以偿。

▲ 如意吉祥代表吉祥太平、万事如意。

宜038 宜戴虎眼石手链强健身体

虎眼石情侣手链最大直径约1厘米，为天然虎眼石，虎眼石手链可坚定信念，积聚财富；还能激发人的勇气，带来信心，使人勇敢，改善胆小懦弱的个性。虎眼石手链也可加强生命力，适合体弱多病或大病初愈的人使用。戴上虎眼石手链，还可以使人做事能贯彻始终，做人能坚守原则。

▲ 虎眼石手链可坚定信念，积聚财富。

宜039 "明堂聚水"宜摆吉祥象

大象以善于吸水而驰名。水为财，凡居家门窗见海、水池、河流等水者，均称之为"明堂聚水"；此类住宅如在家中摆放一铜大象，则大财小财均为已所纳。另外，象的体大力壮，性情温和，知恩必报，与人一样有羞耻感，曾被称为兽中德者；凡表示吉利祥瑞，都可用大象的形象来代替。大象禀性驯良，放在宅中表示吉祥如意。

▲ 大象放在宅中表示吉祥如意。

宜040 宜置"龙凤呈祥"增强祥瑞

"龙凤呈祥"象征高贵、华丽、祥瑞、喜庆。在中国传统的吉祥图案中，"龙凤呈祥"是很好看的一种。在画面上，龙、凤各居一半，龙是升龙，张口旋身，回首望凤；凤是翔凤，展翅翘尾，举目眺龙，周围瑞云朵朵，一派祥和之气。龙有喜水、好飞、通天、善变、灵异、征瑞、兆祸、示威等神性。凤有喜火、向阳、秉德、兆瑞、崇高、尚洁、示美、喻情等神性。神性的互补和对应，使龙和凤走到了一起：一个是众兽之君，一个是百鸟之王；一个

变化飞腾而灵异,一个高雅美善而祥瑞;两者之间的美好的互助合作关系建立起来,便"龙飞凤舞""龙凤呈祥"了。龙能降雨,寓意丰收,又象征皇权;凤凰风姿绰约形象高贵,是人们心目中吉祥幸福的化身。家中放置"龙凤呈祥"的图案会带来祥瑞之气。

▲龙凤呈祥象征高贵、华丽、祥瑞、喜庆。

宜041 宜使用持龙珠的龙增强能量

龙文化在中国文化中占据着极其重要的地位。传说龙珠有神奇的力量,而持龙珠的龙法力无边,因此家中放置持龙珠的龙或者佩戴持龙珠的龙均可轻松地从龙的身上获得能量。

宜042 新年宜挂中国结

中国结象征喜庆、吉祥。传说中国结是由一个和尚在闲暇之余用一根绳编出一个整结,然后串上名贵的佛饰品,再安上编出"王"字的穗,流传至今。"结"字是一个表示力量、和谐和充满情感的字眼,有结合、结交、结缘、团结、结果,永结同心之意。"结"与"吉"谐音,"吉"有着丰富多彩的内容,福、禄、寿、喜、财、安、康无一不属于吉的范畴。"吉"是人类追求的永恒主题,"结"字则给人一种团圆、亲密、温馨的美感。

宜043 肖兔、猪、羊者宜使用玉兔

兔为瑞兽,寿命很长,民间有谚云:"蛇盘兔,必定富"。玉兔是由白玉手工雕刻制成,象征美丽、温顺、祥瑞。兔子温柔乖巧,玉兔更是美丽聪颖。属相为兔的朋友,玉兔就是自己的吉物。如有玉兔在旁,则可事事顺意、遇难呈祥。一般可在办公桌的青龙位(左上角)上摆放玉兔,或在身上佩戴玉兔吊坠。

▲持龙珠的龙法力无边,可增强能量。

▲玉兔美丽聪颖,是属兔之人自己的吉祥物。

宜044 久病者家中宜摆放羊饰物

羊象征健康、和平和祥瑞，有祛病减灾及增加偏财之功效。过去，有人将羊头悬在门上，据说能避灾祸，除盗贼；羊还是子女孝顺长辈的标志，因为羊羔吃奶时是跪在母亲跟前的。古时"羊"字与"祥"字通，"吉祥"多写成"吉羊"，因此羊本身也成为吉祥物。古时又有"羊"通"阳"的说法。人们曾从文字上解释羊与阳的关系，认为羊字形阳气在上，举头若高望之状，故通阳；有的还从羊的习性上来解释羊与阳的相通之处，羊能啮草，鸡啄五谷，故悬此二物可助阳气。若家中有长期病患者或旧病难除者，可将此物摆放在床头，左右各一只，对健康必有帮助。

▲羊是和平吉祥之物。

宜045 三羊开泰宜置于公司门口

三羊开泰象征大吉大利。"三阳"依照字面来分析，可解释为三个太阳，朝阳启明，其台光荧；正阳中天，其台宣朗；夕阳辉照，其台腾射，均含勃勃生机之意。"泰"是卦名，乾上坤下，天地交而万物通也。开泰以"求财"来卜，就是大开财路。三羊开泰适合放于公司，主要作用是聚财求财。最佳的安放位置是将其正对公司门口和办公桌，将羊头朝外即可。

宜046 老人卧室宜挂长寿桃木剑

长寿桃木剑最大直径约为88厘米，纯桃木人工加工而成。长寿桃木剑是一款专门为老人设计的桃木剑，天然桃木加上长寿花纹，既可驱邪，又有延年益寿之功效。一般可将其挂在老人卧室，对着床位挂在墙上，可以起到强身健体的作用，如果老人有疾病，挂长寿桃木剑有助于帮助病人恢复健康。

▲长寿桃木剑可帮助人恢复健康。

宜047 年长者宜使用寿比南山笔筒

寿比南山笔筒最大直径约为20厘米，天然绿檀香木景致雕件，是专为老人家设计的天然雕刻品，象征延年益寿、寿比南山。"福"与"寿"是对老年人最好的祝愿。年长的朋友们使用寿比南山笔筒，可经常得到儿女们对自己的祝福，也能为自己增寿添福之功效。

宜048 求健康、吉利宜佩戴翡翠

现代科学证明，翡翠中含有特定的微量元素，经常佩戴有益于人体健康。翡翠亦是吉利的饰物，特别是老年人求身体健康，求儿孙吉祥都宜佩戴翡翠。大吉大利翡翠最大直径约为5厘米，天然缅甸翡翠，大吉大利翡翠是老人专用饰品，一般可随身佩戴，保佑儿孙吉祥、喜庆、大吉大利，自己也会健康长寿。

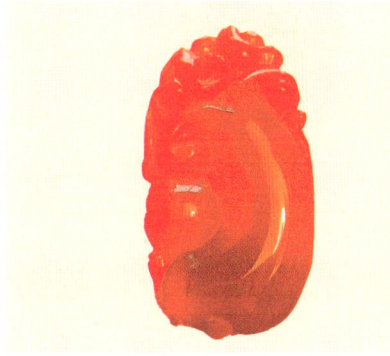

▲ 翡翠随身佩戴可佑儿孙吉祥、使自己健康长寿。

宜049 年长者的居室宜置寿桃

寿桃象征延年益寿、保健长寿、常被作为贺寿佳礼。传说天上王母娘娘的桃园里种的仙桃，三千年开一次花，三千年结一次果，吃一枚就可延年益寿，因此，人们称此桃为寿桃。年长者的房间摆放寿桃有添寿、增福之功效。

宜050 宜用石龟化解"火性"外煞

中国人一直相信龟隐藏着天地间的秘密。龟是一种水生动物，其腹背皆有坚甲，与龙、凤、麒麟并称为"四灵"。龟甲形似凸面镜，又像似描绘出的弧线，被认为具有可以弹击、打散房屋中滋生的不吉之气的能量。龟可以化解多种外煞，如果住宅面对的是火性的外煞，如大烟囱、加油站、红色楼宇等，可摆放属性为水的石龟来化解。

▲ 石龟可化解多种外煞。

宜051 政府人员宜用紫檀松竹笔筒

"松"象征着长寿，"竹"则是高洁的象征，松竹结合，寓意光明磊落。因此，紫檀松竹笔筒象征着正直、清廉、高洁，适合在政府机关单位工作的人员使用，将此笔筒摆在书桌或办公桌上，有平安、长寿之吉意。

宜052 年长男士宜使用寿星笔筒

寿星又称南极仙翁，经常以一个慈祥老翁的形象出现。在各种吉祥图案中，南极仙翁身材不高、弯背弓腰，一手拄着龙头拐杖，一手托着仙桃，慈眉悦目，笑逐颜开，白须飘逸，长过腰际，最突出的是他有一个凸长的大脑门儿。寿星为天上的神仙，不属佛、菩萨类。寿星代表着生命，人们向他献祭，祈求他赐予健康、长寿。寿星笔筒可以增加智慧，让人思维敏捷，给人带来良好的工作效率和学习效果。年长的男士用此笔筒效果更佳，此物件一般可摆放书房或办公室的书桌上。

宜054 宜置绿檀弥勒笔筒获好心情

绿檀弥勒笔筒为精致笔筒，象征开心、常乐，弥勒佛为和合笑佛，将其摆在书桌或办公桌上，会给人在学习和工作之余带来宽心、常乐、自得的好心情。

▲ 寿星笔筒有长寿之吉气，能增加智慧。

▲ 绿檀弥勒笔筒象征开心、常乐。

宜053 宜用龟形饰品化解倾斜天花

风水中认为倾斜的天花板会打乱空间环境，不宜。如果在这样的天花板下生活，不仅空气不流通，而且容易使居住者发生口舌之争，使人无法生活舒适愉快。如要修整从顶棚或天花板上滋生的不吉之气，可以使用龟形饰品。龟形饰品可直接放在天花板下，也可直接在地板上放置几只。

宜055 书房宜放置松鹤笔筒

松鹤笔筒象征长寿、文雅、博学。鹤给人的感觉是仙风道骨，被称为"一品鸟"，地位仅次于凤凰。鹤在中国的文化中占有很重要的地位，它跟仙道和人的精神品格有着密切的关系。据说，鹤寿无量，与龟一样被视为长寿之王，后世常以"鹤寿""鹤龄""鹤算"作为常用的祝寿之词。将此笔筒摆放在书桌或办公桌上，可以令人文思泉涌，淡泊名利。作家以及艺术创作者使用此笔筒，还有助于增强创作灵感。

宜056 宜置八仙过海增添吉祥长寿

八仙过海，各显神通。八仙是由民间传说中道教的八位仙人所组成的群体，他们是铁拐李、汉钟离、张果老、何仙姑、蓝采和、吕洞宾、韩湘子、曹

▲ 龟形饰品能化解倾斜天花板的煞气。

国舅。在这八仙当中，男女老幼、富贵贫贱、文庄粗野，各种角色都有。其中，老则张果老，少则蓝采和，洒如韩湘子，将则汉钟离，书生则吕洞宾，贵则曹国舅，病则李铁拐，妇女为何仙姑。八仙均为神仙中的"散仙"，专门惩恶扬善，济世扶贫。"八仙庆寿"与"八仙过海"是最流传的八仙故事。八仙是一组最佳组合，八仙所用的物件被称为"暗八仙"，亦称"八宝"。此八宝常入于吉祥图案中，有祝颂长寿的吉祥意义。

▲ 八仙过海有祝颂长寿的吉祥意义。

宜057 宜摆如意观音保平安

观音就是观世音菩萨，是人们普遍崇拜的佛。观音从印度传入中国时为男身，后被中国人改造为女身。按照佛教的观点：佛无所谓男身还是女身，由男变女，正体现了佛无处不在的真谛。佛教认为观世音菩萨大慈大悲，以各种化身救苦救难，有求必应。观音为菩萨中是最具灵感力的菩萨，大慈大悲、救苦救难，保世人平安、万事顺心。如意观音适于摆放在客厅，可以避开一切不如意的事物。

宜058 护身符宜开光使用

开光，又称开光明、开眼、开明、开眼供养。也就是说新佛像、佛画完成后要置于佛殿、佛室，举行替佛开眼的仪式。在佛教中，只有经过开光后，佛像才不再是原来的木雕石塑，而是具有宗教意义上的神圣性以及法力，受到佛教徒的顶礼膜拜。随身佩戴的护身符，一定要正确开光后，才能保平安、护健康。开光护身符的最大高度约8厘米，与信用卡的大小差不多，镀金双面，经佛家高僧的开光处理。此符可随身佩戴，经正确开光后，佛祖会随身守护以保平安健康。使用时可将其放置于钱包、手提包内，与银行卡同放。

▲ 开光护身符可保平安健康。

宜059 汽车内宜挂紫金葫芦

紫金葫芦的最大直径约为8厘米，经桃木人工加工制成，由熏黑技术处理，招财、纳福、辟邪葫芦，可保出入平安，一帆风顺，是司机朋友们的必备物品。一般可将其挂于汽车内，以辟邪保平安。

宜060 宜置西方三圣佛添健康聪明

西方三圣佛为佛教中的南无阿弥陀佛、南无观世音菩萨和南无大势至菩萨。南无阿弥陀佛位居三圣的中间，主要迎接有功德之人去西天极乐世界；南无观世音菩萨救苦救难；南无大势至菩萨主管教化众人积德行善，惩奸除恶。西方三圣佛都有无量的法力，贡奉者能得智慧、避劫难，一般可以将其摆放在书房和客厅。读书的儿童或者是办公室的上班族使用也会有不错的效果。

▲西方三圣佛有无量的法力。

宜061 八卦眼球玛瑙宜置于车内

玛瑙据说是距今约2000～2500年的远古时代从天而降的"神仙故石"，是从我国西藏传至世界各地的。眼球玛瑙不但具有最强的防御力，还具有保护主人的作用。从古代开始它就作为防御邪气和邪恶的神石被人们所使用。而八卦眼球玛瑙的形状像睁大了的眼球一样，象征"神、真理、睿智"，可以看通事物的本质现象。八卦眼球玛瑙里面的"太极八卦"可以保护环境并使其安定。作为风水手法之一，将眼球玛瑙吊在自己最在意的地方，可以防御邪气入侵。有时，人们还使用它抚摩身体以吸走身体里的不吉之物。八卦眼球玛瑙可以像护身符一样佩戴，更适宜将其挂在车内，这样可以辟邪、保平安，起到防止发生交通事故的功效。

宜062 招福吊坠数量宜含"3"

人们常常用吊坠来提升运气。在观叶植物、招财进宝树以及中国开运竹上吊招福吊坠都可以招来好运。吊坠的数量是有讲究的，"3"这个数字在风水中表示"咸卦"，"咸"指阴阳相互感应并相互吸收的意思，表示万事均可顺利进行。在插有铁线的漂亮的树枝上吊31个银柳吊坠，再插入四神花瓶，就叫做"招福树31吊坠"。

▲招福吊坠可以招来好运。

宜063 女性宜佩戴白玉佛

白玉佛由白脂玉制成，佛也就是弥勒佛，即未来之佛，能带给人们福气、祥和之气，以祈盼美好的明天。白玉佛还能够祛病消灾，保平安吉祥，使好运常伴。男戴观音女戴佛，是取其阴阳调和、两性平衡之意。女子随身佩戴白玉佛，可随身护佑；小孩佩戴白玉佛，可令其健康成长。

宜064 宜戴"心中有福"保平安

"心中有福"的造型是两个蝙蝠中间有一个可以转的轮,代表双福临门。小孩子随身佩戴"心中有福"最灵,可避免病、灾,保平安多福。

▲ 心中有福可避免病、灾,保平安多福。

宜065 公共空间宜置滴水观音

观音像的种类有很多种,其中滴水观音象征避灾解难,有求必应,平安吉祥、如意,滴水观音左手有宝球,右手持宝瓶,喻为"有求必应",可洒福气于人间,可将其摆放在客厅、办公室、大堂内等公共空间。

▲ 滴水观音象征避灾解难,有求必应。

宜066 宜置风水花瓶保平安

装饰有风水四神图案的花瓶,只需用来装饰房间,就可以起到招徕幸福的作用,这不失为一种行之有效而又简单易行的风水手法。风水花瓶一般放置在家中家族成员聚集的休息场所。

▲ 风水花瓶可招徕幸福。

宜067 男性宜佩戴白玉观音

玉文化中的观音是经过几千年来劳动人民的提炼,以佛教中的观音大士与道教中的王母娘娘形象相融合,形成现在我们所见到的女身形态。白玉观音最大直径约为4厘米,由白玉雕琢而成。男子随身佩戴,可随身护佑。古时候经商、赶考的都是男子,常年出门在外,最要紧的就是平安。因此,男子多佩戴观音。观音可保平安,同时人们也希望在其保护之下,生活顺利、事业顺心、身体健康、万事如意。

宜068 常出差人士宜戴红玉佛与观音

经常出差的朋友适宜佩戴红玉佛与观音，因其有挡灾、保平安的功效。除此之外，红玉佛和观音还有祛病的功效，身体健康状况较差的朋友也可佩戴。

▲红玉佛有挡灾、祛病的功效。

宜069 宜挂铜铃保平安

铜铃为圆形，形状圆润。铜铃是最常用的吉祥用品，一般适合挂在门、窗和汽车内。将铜铃挂在门的把手上，可防止家人意外碰撞、摔伤或被硬器刺伤。铜铃挂在汽车驾驶室内，象征趋吉避凶，有助于避开意外事故的发生。

▲铜铃能趋吉避凶。

宜070 花瓶宜放置在房屋吉位

花瓶的"瓶"与平安的"平"同音，象征平安。在家中摆放花瓶可保家人平安，聚集富贵。花瓶宜放置在房屋的吉位上，或者摆放在客厅的东北角、西北角，主要寓意为吉祥平安。

▲花瓶摆放在家中可聚集富贵，保平安。

宜071 宜戴玉佩护身辟邪

玉为佩饰的一种，在我国古代，佩饰主要是指悬挂在腰带上的饰品。玉佩既有一定的装饰效果，又有辟邪、保平安的作用。佩戴一款与自己生肖吉祥物相匹配的玉佩，可起到护身、辟邪的作用。一般来说鼠牛相配，虎猪相配，兔狗相配，龙鸡相配，蛇猴相配，马羊相配，如果能结合自己的贵人生肖相配则最佳，但因各人的出生年份不同，其贵人生肖也不相同。

▲玉佩可起到护身、辟邪的作用。

宜072 大肚佛宜摆放在公共空间

大肚佛大腹便便，长耳、笑眼、姿态动人，笑意醉人。大肚能容天下难容之事，佛脸尽笑天下可笑之人，象征安乐自在。大肚佛可摆放在大堂或客厅等公共空间，促进住宅紫气东来、财源广进，可保全家富贵、平安，还可使人心情愉快，忘掉忧愁之事。

▲大肚佛可保全家平安富贵，使人心情愉快。

宜073 宜挂六字真言大葫芦求平安

六字真言大葫芦由桃木人工加工所制，六字真言大葫芦可为行车辟邪，保出入平安，一帆风顺，是司机朋友们的必备物品，一般只要将其挂于汽车内部即可。

宜074 宜用水晶球改运

水晶早在一亿年至八千万年前就已经孕育而成。水晶属二氧化硅类，石英水晶体含有对人体有益的化学元素：矽、铁、钛等。西方国家的人们早已感受到它的神秘力量。古罗马时代就开始流行运用水晶的神秘力量为人们改善风水和财气等。水晶物体所发出的七色光可以开发每个人的"七能中心"，可以改变人的运程。由于水晶的表面光滑，加之其物理性质本身都具有转动旋转的功能，配合适当的摆放地点就可以起到改变运程的功效。因此，在人的运气比较差的时候，使用水晶球能起到调节和改良运程的作用。

▲水晶球能调节和改良运程。

宜075 女士宜使用富贵牡丹笔筒

牡丹表示大富大贵，兼有早生贵子的含义，富贵牡丹笔筒一般可安放在办公桌或书桌上。因为牡丹透露着雍容华贵的高雅品位，适合高贵的女士使用。

▲富贵牡丹笔筒寓意大富大贵、早生贵子。

风水吉祥物之宜

宜076 宜挂五帝钱开运保平安

五帝钱指的是清朝五代盛世皇帝（顺治、康熙、雍正、乾隆、嘉庆）时期所铸造的铜币，此时期的铜币在五行中属金性，具有招财开运、辟邪、保平安等作用。在国势强盛时期所铸之钱，再加上几百年的使用，灵气特别旺，带在身边可消灾解难，加强财运。五帝钱还是化解五黄煞和二黑病星的最佳法器之一，将六个五帝钱与风铃一齐挂于家宅五黄位或二黑病星位，可保家宅平安。而将五帝钱放于家庭保险柜或抽屉内具有招聚财气之功效；随身佩戴则能增强五行金运，流年不利可改运，还能增强健康旺气，利于恢复健康。

新装修的住房、办公室、店铺等场所宜挂五帝钱，既有招财进宝之功效，又能驱赶不良气场。如果是新购买的车，挂上五帝钱，则有逢凶化吉之功效，特别是购买的二手车宜使用五帝钱。

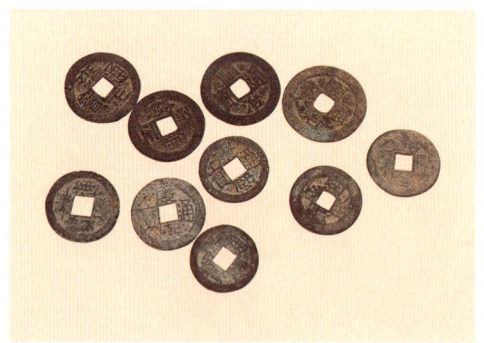
▲五帝钱能开运、招聚财气。

宜077 宜用山海镇平面镜提运

镶在镜框中的山海镇平面镜，集齐了所有开运的要素，如招财进宝、福禄寿、镇宅、招贵人等。它有调整风水、平衡财运、营造人气，调和神佛、幸福人生、驱散邪气、镇家宅、平衡阴阳的功能。将它装饰在大厅、起居室、办公室等地可以提升运气，增强人际关系。

宜078 绿檀辟邪宜置于客厅

相传辟邪为龙的儿子。龙生九子，其中麒麟、青龙、辟邪是最有出息的三个儿子，三子所到之处，百恶消散。相传辟邪喜食金银财宝，只吃不拉，故有招财、聚财、辟邪、恶小人是非的功效。而绿檀则是檀木的一种，具有天然的香气。绿檀辟邪则象征吉祥、辟邪、如意、财源滚滚。将绿檀辟邪摆放于客厅，可保家宅平安，为家庭招来滚滚财运。绿檀辟邪也可摆放在店铺的门旁，以招揽更多的客户。摆在收银台上，可增加营业额。

▲绿檀辟邪能招财保平安。

宜079 宜用八白玉改运

白玉象征吉祥、正气。八白玉是由八块白玉组成，所谓"八白共发"，有助于增添财运、事业运和人际关系运。当家道衰退或公司运气不济时将八白玉装饰在居家或公司的大门或入口处，有利于运气上升。如果家居不洁，将一串八白玉挂在大门后，可消除污秽，因八白玉有正气浩然之意，所以能够转化衰气。当人际关系不好或身体状况差时，宜将其常佩戴在身上。夜归人士将八白玉佩戴在身上，自会百事吉祥。许多人当运时大富大贵，失运时一落千丈。失运时的化解方法之一即在旺气位安放八白玉，但旺气位每年有变，所以要留意改变八白玉的位置。

▲八白玉可改运除污秽。

宜080 宜用桃木中国结辟邪招财

桃木辟邪传说在我国民间有着深厚的基础，是中国传统的文化风俗。桃木还可以提升运气，是化解不规则户型的专用吉祥物，可解决房子朝向不是正南正北，形状怪异，房屋缺角等引起的运气反复问题。桃木中国结由纯桃木制作而成，雕刻成元宝形状，其底部拴上中国结，意味着招财进宝。将桃木中国结在客厅正对着大门处放置，可增加财气。

宜081 艺体生宜使用玉竹笔筒

玉竹笔筒专门针对艺术类、体育类专业的学生及从事艺体类事业的人士设计，寓意多方面发展，有助于增加知识和智慧。可将其安放于办公桌、书桌、床柜等位置。

宜082 宜置久久有余笔筒招财

久久有余笔筒造型精致，是助运招财笔筒，该笔筒由九只红色的金鱼组成，意义为久久有余，代表着家运昌盛，事业兴旺。久久有余笔筒适用于所有人士，其主要是放于办公桌上，能够给人带来财运，令事业发展顺利。

▲桃木中国结能辟邪、招财进宝。

▲久久有余笔筒吉祥招财。

宜083 佛教信仰者宜使用佛手笔筒

佛手原本是一种形状奇怪的果实，其形如拳如掌，犹如张开的手指，所以俗称"佛手"。初时人们将这种果实摆放在家中作为装饰，它能发出一种香味，持久不散。吉祥图案中喜画"一盆水仙加一只佛手"，象征"学仙学佛"，现今很多的玉器都雕成这个形状，随身佩戴，借此代表"佛陀"保护。佛手笔筒为精致摆件，助运笔筒，佛手笔筒能够给人带来良好的人际关系。一般可将其安放在办公桌、书桌上，适合佛教徒、佛教信仰人士使用。

宜084 宜用蓝色水晶球开运、助运

蓝色水晶球为合成水晶，含有相当份量的水晶成分。蓝色水晶球为"助运之晶"，能帮助人生活、事业更上一层楼，使生意红火，家庭幸福。蓝色水晶珠内蕴含着巨大能量，尤其是事业、家庭及有一定经济基础和实力的人士应用最佳。蓝色水晶球一般可安放在居家公共空间内或者办公桌上。

宜085 宜使用水胆玛瑙改运

水胆玛瑙为天然水胆玛瑙。水胆玛瑙是随身改运、助运的宝石。玛瑙内含有一定的水分，非常难得和珍贵，对于改善运程、调节运气、保平安、促进婚姻都有很好作用，也是一款非常罕见和漂亮的随身饰品。一般可随身携带或放置在公文包、手提包内，女士使用效果尤佳。

宜086 宜戴天竺菩提念珠保平安

天竺菩提念珠来自印度天然的天竺菩提念珠子，由手工串连加工而成，经佛家高僧开光处理。佩戴时间越长，就越有灵气，长期佩戴可转运、辟邪、保平安。使用时不宜藏于右手而仅用于左手，具体结合各种手印使用。

宜087 商业空间宜置白水晶球

天然白水晶球为天然白水晶制成。天然白水晶球堪称"改运之晶""水晶之王"。白水晶能使人头脑清醒，可以减少金额计算的错误及损失，因此商店的收银台适宜摆放白水晶球。

▲蓝色水晶球为"助运之晶"。

▲天然白水晶球堪称"改运之晶""水晶之王"。

宜088 宜戴六道木念珠保平安

六道木天然念珠的珠子最大直径约25毫米，由五台山天然六道木所制，经佛家高僧开光处理。六道木念珠只有五台山才出产，每颗念珠上都有天然形成的六道印，颜色赭红，色泽深沉，花纹别致，为佛教圣地特产，可保平安、纳福气。

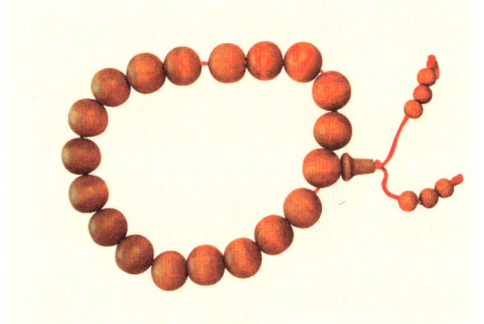
▲六道木天然念珠可保平安、纳福气。

宜089 宜使用福袋保健康、平安

福袋的最大高度约4厘米，为信用卡的二分之一大小，经佛家高僧开光处理。福袋内装有经文、宝石、檀香粒、古钱、粗盐等，象征智慧、驱邪、招财、结缘等。福袋可随身携带，也可放置于车内或挂在床头，将其挂在床头，可保健康、平安。如果小孩使用，可令小孩健康成长。

▲福袋可保健康、平安。

宜090 上班族或生意人宜置招财佛

小金万珠站立招财佛最大直径约9厘米，由金万珠陶瓷精心烤制而成，经佛家高僧开光处理，有招财等功效。上班族或公务员将其放置在办公桌上，做生意的人将其摆放在收银台上，可招财进宝，升职加薪，平安健康、事事如意。但摆放的时候切不可正对厨房、厕所。

▲小金万珠站立招财佛有招财等功效。

宜091 宜用八卦盘调节气场

八卦盘直径约为33厘米，工艺古朴，为木胎，中间为太极图。外八卦可贴锡片，用镶嵌与彩绘相结合的方法进行装饰，历经数十道工序打磨而成。具有防潮、防腐、耐高温、不变形的特点。八卦盘还具有调节气场的作用，可使家庭和睦，小孩上进，主人平安，财运亨通。

宜092 欲添丁添福宜使用石榴

石榴原名安石榴，征多子多福。据史载，约在公元二世纪，石榴产在当时隶属于中国王朝的西域之地安国和石国（今乌兹别克的布哈拉和塔什干）。汉代张骞出使西域时，才将其引入内地。古人认为儿孙满堂为福，而石榴则有"榴开百子"的含义。从求子的角度来说，使用石榴吉祥物是理想的选择。

▲石榴可添丁添福。

宜093 宜置开运竹开运

开运竹又叫富贵竹，象征开运、平安。主材为百合科、龙血树属的富贵竹，可取富贵竹的茎秆为主材。将开运竹剪切成不等长的茎段，然后将这些茎段按内长外短、逐层递减的方式排列，捆扎成三、五、七层宝塔状而成开运竹。它造型玲珑，

▲开运竹带来富贵吉祥。

既富有竹韵，又充满生机，并寓有富贵吉祥的含义。上班族在文昌的位置用净水养一盆开运竹，有助于步步高升，开运竹对于升学考试者也有很好的催运作用。但要注意的是养的植物要绿叶繁茂，生命力旺盛，才会有利，否则会造成负面影响。

宜094 宜用五福圆盘化煞求福

五福圆盘是由五只蝙蝠相连而成，通常被称为"五福临门"。它意味着人生的五种福（五福：长寿、富贵、康宁、好德、善终）也是所有的福都聚集到自己的门口，象征招财纳福。五福是中国人所追求的幸福境界。蝙蝠不仅具有求福的作用，而且还有其他值得期待的效果，它有强大的化煞能力。例如，当天花板上有横梁突出时，为了化解房梁上的压迫感，可以在房梁上吊一两个蝙蝠吊坠，注意，此时便可不用五福圆盘。

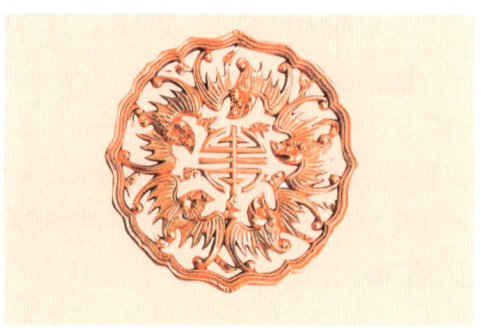
▲五福圆盘能为家庭招财纳福。

宜095 宜置福禄寿三星添福添寿

俗话说："人间福禄寿，天上三吉星。"三星的形象和蔼慈祥，所以使人觉得可亲可近，民间百姓都亲切地称他们为"三星老儿"，赋予他们非凡的神

性和独特的人格魅力。"福星"手抱小儿，象征有子万事足的福气；"禄星"身穿华贵朝服，手抱玉如意，象征加官晋爵，增财添禄；"寿星"手捧寿桃，面露幸福祥和的笑容，象征安康长寿。福禄寿三星象征着多福避难、吉星高照、福大财多、寿命长。将其放置在客厅，可增添福气、财运、寿元。

▲福禄寿三星可添福气、财运、寿元。

宜096 公司招财宜置小双龙

聚财小双龙直径约为35厘米，纯桃木所制，为公司聚财专用的吉祥物法器。小双龙可解决公司付出多劳动多，而收入少、不稳定、步步难行等问题。适宜将其安放在总负责人的办公室，正对总负责人的座位。

▲聚财小双龙能为公司招财。

宜097 公司聚财宜置大双龙

聚财大双龙直径约为38厘米，重8千克，由纯桃木所制，专为写字楼、办公楼、行政职务部门、资产在一千万元以内的中小型公司专业设计。大双龙主要用于集团公司和行政职务等场合来藏风聚气、会聚人气。人气就是财气，可致事业腾达、财源滚滚，业务节节高升。适宜将其安放在公司单位的大厅内，以正对大门为好。

宜098 宜用神龙戏水改善气场

神龙戏水直径约110～130厘米，重35千克，由纯桃木所制，是较大的吉祥物法器。神龙戏水适用于集团公司、工厂、厂矿、商场、星级宾馆、酒店、娱乐场等大型建筑物或企业单位。神龙戏水能够通过化解戾气、会聚人气来改善气场，从而确保平安，使生意兴隆。神龙戏水为特制专供，应在专业人士的指导下安放。神龙戏水是在所有的能量气场中影响力最大的，制作开光需要一个多月，能令公司、商业场所等时来运转、路路畅通。

▲神龙戏水能改善气场。

宜099 宜置财帛星君招财

财帛星君是中国最常见的财神之一，大江南北各地均可供奉，因为是天上之神，必须开光才有效。可将其对着主卧室大门安放，切勿正对大门。文财神的摆放宜面向屋内，这样才可以"引财入屋"，增添家庭的财运。

▲财帛星君能增添家庭的财运。

宜100 餐饮行业宜置五爷

五爷是鲜为人知的是中国土地总财神，是专管餐厅、饭店、宾馆、土、木、花、果等行业的财神。这些行业的场所摆放五爷能够财运亨通。

▲五爷可使财运亨通。

宜101 宜置赵公明招财

赵公明属于长江以北的中国北方多供奉的武财神，是所封正神之一，必须经过开光才有灵气。一般宜对着大门安放，请勿正对主卧室大门。

宜102 宜置关公招财

关公属于长江以南的南方多供奉的财神，也是港台必须供奉的财神，南方供奉特灵，开光有效。适宜对着大门安放，请勿正对主卧室大门，南北武财神勿同时安放。

宜103 宜戴催财貔貅催财

据古书记载，貔貅是一种猛兽，为古代五大瑞兽之一（龙、凤、龟、麒麟、貔貅），称为招财神兽。貔貅曾为华夏族的图腾，传说帮助炎黄二帝作战有功，被赐封为"天禄兽"，即天赐福禄之意。貔貅专为帝王守护财宝，也是皇室的象征，称为"帝宝"。又因貔貅专食猛兽邪灵，故又称"辟邪"，中国古代风水学者认为貔貅是转祸为祥的吉瑞之兽。貔貅身无鳞、脚无毛、神态威武，为上好的摆设吉祥物。貔貅由于外貌凶猛，有镇宅辟邪的作用。将已开光的貔貅安放在家中，可令家中的运势转好、好运加强、赶走邪气，有镇宅之功效。除此之外，貔貅还有趋财旺财的作用，适宜随身佩戴，特别适合偏财或推销行业者选用，对收入浮动者会带来很好的效应。相对于其他招财物，貔貅助偏财之效力更大，对正财也有帮助。一般制造貔貅的材质有金属、木材、玉石几种，其中又以玉制的貔貅催财力量最强。有一点要留意，对于品行不好的人，貔貅未必有催财之力，这是由灵兽的特性所致。

▲催财貔貅有催财功效。

宜104 上班族宜戴如意翡翠

翡翠在矿物学上称硬玉，为一种辉石类矿物集合体。翡翠一般呈致密块状，变斑晶到纤维状结构，在光线照射下具星点状或片状闪光，俗称翠性。如意翡翠最大直径约5厘米，为天然缅甸翡翠。如意翡翠，吉祥如意，能够带来财气和财运，并且"元宝举手可得"。可将其随身佩戴，适于上班族佩戴。

▲如意翡翠可招致财运。

宜105 宜使用黄金球招财

黄金球实为黄水晶，硬度为七，极为稀有，以橘黄色的为上品。其能量的震动频率影响人类的太阳穴神经丛，属理智体。黄金球的最大直径约10厘米，为合成水晶，含有大量的水晶成分。黄金球意为"招财之晶"，主财富，能够招来财运，是快速招财的宝石之一。

宜106 神像前宜放置开光招财杯

开光招财杯最大高度约6厘米，为精致铜器。开光招财杯是佛家常用聚财法器之一，宜放财神、如来、观音神像前。放神像之前，建议餐馆、商店使用，以5只为好。

宜107 脑力劳动者宜使用紫色宝鼎

紫色宝鼎最大直径约24厘米，为合成水晶，有相当分量的水晶成分，紫色宝鼎意为"紫气东来"，有强大的催财作用，对事业、财运不顺者有很大的帮助。脑力劳动者如IT行业、作家、科学家及学生使用紫色宝鼎有很好的积极作用。因为本吉祥物双球成鼎，可使能量倍增，提高工作效率。

▲紫色宝鼎有强大的催财作用。

宜108 宜戴聚宝盆手链招财

聚宝盆手链每颗最大直径约12毫米，为天然的水晶珠，聚宝盆手链能量强大，能强化个人的体能及潜能；增强胆识，加强一个人的信心及果断力，带给人勇气和积极的进取心，令人显示出权威，有助于领导人命令的贯彻与执行。另外，聚宝盆手链能强力聚财，给人带来很好的财运，是生意场上不可或缺的伙伴。

宜109 收银台宜置"财源广进"

"财源广进"是一款意义非常好的笔筒，有很高的文化品位，能够招徕好运，带来财运。可将其安放在办公桌、书桌、收银台、会计桌上，最适合收银台摆放。

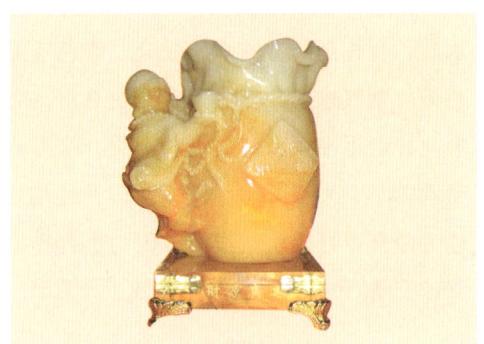
▲财源广进最能招徕财运。

宜110 宜置飞马踏燕招财添福

飞马踏燕直径约28厘米，为原始纯铜制成，是一款非常精致漂亮的仿古品。飞马踏燕挖掘出来不经过深加工，保留了原始地气和磁场能量。经过正规开光，以及道家符咒文化处理。

飞马踏燕的招财能量巨大，如果办公空间、居家空间想增添财富、招徕福气，可摆放此吉祥物。

▲飞马踏燕招财能量巨大。

宜111 商业空间宜使用开光元宝

开光元宝为佛家常用聚财法器之一，宜摆放在财神、如来、观音等神像旁边。一般建议餐馆、商店、商铺使用，数量以4只或8只为好。

▲开光元宝是常用聚财法器。

宜112 餐饮招财宜置"见龙在田"

见龙在田直径约22厘米，为原始纯铜，挖掘出来后不经过深加工，可保留原始地气和磁场能量。

"见龙在田"为餐饮宾馆招财专用，也可放置于与田地相关的行业，如蔬菜瓜果、花草植被、木类家具等。可将其安放在卧室、书桌、老板桌以及写字台的左边。

▲ 见龙在田有利于餐饮招财。

宜113 书桌、办公桌宜置招财鼠

招财鼠的最大高度约13厘米，为天然汉白玉手工雕刻品、经开光道教文化特殊处理。鼠为十二生肖之首，聪明异常，并且是招财守财的专家。如果鼠用天然玉石雕刻而成，招财的效果更佳。招财鼠适合放置在书桌、办公桌上。

▲ 招财鼠是招财守财专家。

宜114 商铺宜置吐钱玉蟾

吐钱玉蟾并非普通的蟾蜍，与其它四条腿的蟾蜍不同的是，它只有三只脚，另外它还会吐钱。将吐钱玉蟾摆放在商铺或公司里，能带来喜庆和财运。摆放时通常将其放置于前台的左边，头朝内摆放。

▲ 吐钱玉蟾能带来喜庆和财运。

宜115 收银台宜置纳福一桶金

纳福一桶金的最大直径约22厘米，为精致摆件，经开光道教文化特殊处理。纳福一桶金可摆放在商业公司、宾馆、商店等盈利性企业的开门处，将其放于收银台、钱柜附近，可招财进宝。

▲ 纳福一桶金可招财进宝。

宜116 宜摆放弥勒佛招财

招财弥勒佛的神态安乐、自在、和蔼、安详地拉着装满金银财宝的布袋，送财上门。招财弥勒佛象征招财、安乐、财源滚滚、团结和睦。店铺、办公室、客厅摆放招财弥勒佛，可促进安乐、和谐、自在的家庭气氛，同时还能招财进宝。

▲招财弥勒佛送财上门。

宜117 招财进宝石放置前宜先清洗

招财进宝石直径约15厘米，为天然泰山石所制。天然的泰山石，辅以红色朱砂书写的"招财进宝"，在摆放前宜先用清水清洗，然后，将其放置在公司门口或负责人的办公桌上，能够为公司招财进宝，使公司负责人的地位稳如泰山。

宜118 宜摆放布袋和尚招财

布袋和尚似乎是难以登大雅之堂，但在民间却很看重它。历史上有一个禅宗方僧，常常背着一个大布袋到处化缘，乞求布施，人称其为布袋和尚；他死后人们又多次看到过他，于是人们认为他是弥勒佛的化身。所以在很多的地方，很多家庭在布袋里常放些大米，不能让他空着。布袋和尚象征招财、平安。相传布袋和尚的布袋内装满了金银财宝，用以救济穷人、布施四方，所有善良的人遇到他，都能得到金银财宝。因此，在家中摆放布袋和尚，总意味着好运要临到家中。

▲布袋和尚象征招财、平安。

宜119 求和睦宜置紫檀象

象的性格至忠至厚十分温驯，能够接纳所有的人。紫檀象象征招福、纳财。因此，向往和睦、具备团队精神的人摆放紫檀象则会招来好运。紫檀象适合摆放在客厅、办公区，如果摆放在老总的办公室内，会令其管理有方，不易出错。

▲紫檀象象征招福、纳财。

宜120 宜挂风水竹箫增强运势

风水竹箫象征家庭好运、生意兴隆，竹箫的关节一节比一节变得粗壮，可以带来"步步高升"的开运效果。将风水竹箫的细端向上挂在墙壁上，可以使家庭运势和生意运程更进一步。

宜121 商铺、收银台宜置金蟾

金蟾象征招财、旺财、聚财、财禄满贯。此款摆件雕刻得非常细致，三条腿的蟾蜍趴在金钱币上，口中也含着金币。特别是金蟾的眼睛经朱砂开光，活灵活现，栩栩如生，仿佛金蟾有了生命力，颇具功力。"三脚金蟾"寓意财源滚滚，事事如意，其最大的功效就是招财，因此，将其摆放在办公桌、收银台、商铺最佳，能够使生意兴隆，财源滚滚而来。

▲金蟾摆商铺使生意兴隆。

宜122 宜用风水罗盘扭转宅运

风水罗盘，又名罗盘、罗经、罗庚、罗经盘等，是风水专业人士在堪舆风水时用于立极与定向的测量必备工具之一。罗盘的最主要的组成部分有天池（也就是指南针）、天心十道（架于外盘上的红十字线尼龙绳）、内盘（刻绘有一圈圈黑底金字的铜板圆盘，整个圆盘可来回转动，习惯上一圈叫做一层）。对于宅运不佳的家庭，将罗盘摆放在神台后或客厅靠墙壁的中间，则有转运之效，摆放时宜按照上南下北摆放。

宜123 宜戴年年有余玉佩保平安

"鱼"与"余"谐音，象征着富贵。鱼跟雁一样，可作为书信的代名词。古人为秘传信息，将绢帛写信而装在鱼腹中，这样的以鱼传信称为"鱼传尺素"。唐宋时，达官显贵皆身佩以镀金制作的信符，称为"鱼符"，以明贵贱。玉有辟邪、保平安之功效，适宜个人佩戴，可保平安、富贵。而年年有余玉佩则兼有辟邪、保平安、带来富贵之功效。财务工作者、业务人员、生意人佩戴此玉佩则效果最佳。

▲年年有余玉佩可辟邪、保平安，带来富贵。

宜124 宜置雄鸡旺家运

鸡能驱凶，也能致吉，在语源上有以"鸡"谐音为"吉"的意思。雄鸡有五德：文、武、勇、仁、信。雄鸡头顶红冠，文也；脚踩斗距，武也；见敌能斗，勇也；找到食物能召唤其它鸡去吃，仁也；守信按时报告时辰，信也。雄鸡善斗，目能辟邪，所以常被作为辟邪的吉祥物。雄鸡能旺家运，令家庭祥和。一般可将雄鸡安置于大门入口处，或放在屋中桃花位。雄鸡的头向大门，可旺家运，使得家庭祥和，也可将其摆放在办公桌上。

宜125 宜置松竹梅招财

松树四季常青，象征长寿。"竹"与"祝"同音，喻祝福。"梅"与"眉"同音，暗含"喜上眉梢"之意。松竹梅象征招财，聚集人气，适宜摆放在店铺的门旁或者收银台上，以便招揽更多的人气和顾客。

▲松竹梅象征招财，聚集人气。

宜126 客厅宜放金鱼缸催财

金鱼缸金鱼，亦称"金鲫鱼"，属鲤科，是由鲫鱼演化而成的观赏鱼类，种类甚多。鱼的形象作为装饰纹样，早已见于原始社会的彩陶盆上。商周时期的玉佩、青铜器上亦多有鱼形。鱼与"余"同音，隐喻富裕、有余。"山主贵，

水主财"，鱼缸有很强的催财作用，但切记一定要将其放在旺气位才行，建议客厅或办公室摆放鱼缸。

宜127 宜置旺财狗招财

传说阴山有天狗，状如狸，白首。秦襄公时，有天狗曾来到白鹿原的狗枷堡，凡是有贼出现，天狗就大吠护堡，整个狗枷堡因此平安无事。有一句俗语说："狗来富。"在门或入口的附近可以摆放铜制犬饰物，面朝外放置，把守门口。狗站在财宝上，前脚滚动着圆筒，比喻利滚利、一本万利。不能养狗的公寓或商业住宅的住家门口特别适宜摆放此物。这不仅保平安还特别象征能旺财。

▲旺财狗旺财保平安。

宜128 招财宜置五路财神

五路神又指路头神、行神。人们祈求出门时东西南北中五路皆得财，所以五路神又称路神。他们五位分别为赵玄坛赵公明、招宝天尊萧升、纳珍天尊曹宝、招财使者陈九公、利市仙官姚少司。五路财神是民间吉庆年画中常见的形象，在江南一

带供奉最盛。五路财神专施金银财宝、迎祥纳福。五路财神都把钱财往聚宝盆里放，寓意财源广进。因此，家中放置五路财神能够招来财运。

▲ 五路财神寓意财源广进。

宜129 经商者的办公区宜置仰鼻象

大象禀性驯良，将其放置在家中表示吉祥如意。仰鼻象象征着招财、送财、财源广进。如将大象放在室内财气最盛的地方，则全家人都会受惠，可放置于经商者的办公区或书房。

▲ 仰鼻象象征着招财、送财、财源广进。

宜130 公共空间宜置风水球

风水球是由大理石磨制而成的催财吉祥物。底盘（柱）装水，用水泵抽水向上喷射而冲动上面的石球，使石球长期转动，象征财源滚滚。风水球可分为微小型、小型、中小型、中型、中大型、大型、特大型等，品种和式样繁多。一般将其摆放在居空公共空间、办公空间或公共场所。

宜131 窗口或大门宜放古钱或元宝

铜钱是古时候使用的钱币，可作为旺财之用，现在流行使用的是五帝铜钱。元宝也代表着钱财，亦属招财之物。古钱与元宝多一对并用，一般用法有两种：一是将一对金元宝放在全屋最大的窗口上或窗台的左右角，意为把窗外之财吸纳进来；二是将其放在大门入屋斜角的角落，此处地方藏风聚气，亦是财位。

宜132 居家宜置风水轮

风水轮是居家风水布局必备的旺财物，风水轮的滚动会带动流水，促使空间气场的流动。水代表财，流动的水代表财源滚滚。将风水轮摆设在家中得当的位置，能起到时来运转、财源滚滚的风水布局功效。

▲ 风水轮可转运，招来滚滚财源。

宜133 宗教信仰者宜用摆财纳福

"白菜"与"摆财"谐音，并且形状招人喜欢。摆财纳福最大高度约15厘米，精致摆件，为水晶底座，一般为有宗教信仰的人士使用。可将其安放于书房或办公室的办公桌、书桌之上。同时文学爱好者、文化工作者、老师、文秘、财务工作者都可使用，有利于增添文化氛围和文采。

▲摆财纳福有利于增添文化氛围和文采。

幸福，可抵御外来不吉之气的冲击，同时也具有招财之功效。大象吸水最厉害，一般可摆放在门口或屋顶上。如果将大象朝着财位摆放，又正好碰见有水的话，那么水即是财，大象可为住宅吸财，是发大财的风水布局。将其摆放在客厅、办公区，特别是老总的办公室，可以使其管理有方，事业越做越大。

▲招财象象征着吉祥、平安、幸福。

宜134 宜置金翅鸟招财

金翅鸟是法力无边的护法神，传说龙的神通虽然很广，但是碰到金翅鸟，就神通全无，只等金翅鸟来食。招财金翅鸟的加持、聚财效果比龙族的招财瑞兽（如辟邪、天禄）更为厉害，堪称招财第一神兽。住宅、商业空间、办公场所均可摆放金翅鸟招财。

宜135 客厅、办公区宜放置招财象

大象是现代人家庭中很好的吉祥装饰品，可抵挡外面不吉之气的冲煞。"象"谐音"祥"，象征着吉祥、平安、

宜136 红色与黄色穗坠宜按方位放

在风水上使用不同颜色的穗坠能够召唤幸福，招来财运，红色和黄色穗坠就是一种简单易行的开运手法。红色是与东方相符合的颜色，将红色穗坠吊在房间东侧，可使房间的能量活化，使人身心健康；黄色是可提高西侧方位金运的基本颜色，将黄色穗坠吊在西侧可以使财产聚集，从而提升金运。

▲红色与黄色穗坠是常用的开运饰物。

宜137 领导人宜用招财猪仔

猪仔谐音为"主宰"，是权力的象征，象征着心宽体胖，管理自如，不费心费神，但却大权在握。招财猪仔适合摆放在管理人士的办公桌上，尤其适合摆放在公司主要负责人的办公桌、书桌上，可增强管理能力、领导能力以及组织能力。

▲ 招财猪仔是权力的象征。

宜138 "姜太公钓鱼"宜放置在书房

提起姜太公钓鱼，几乎男女老少都知道他的钓法与众不同，并充满了传奇色彩。人们都说他钓鱼时用的是直钩，不仅不用鱼饵，而且不放在水里，还背对着钓鱼的地方。姜太公钓鱼象征用特殊的方法来工作，最后获得成功。可将姜太公钓鱼摆放在办公室或书房里，以便获得知己、获得成功。

宜139 宜置风水马调整家庭关系

十二生肖中"马"有着强健不息的气度。在风水学上并不将马分为吉兽或凶兽，因为其气数无法轻易地被掌握与控制，但是大部分的人还是将马视为封官晋爵的吉祥动物，所以对于风水马的运用就应具体问题具体分析了。马的本性豪放不羁，所以摆设风水马会让人精神振作，且能带动财运的流转，使事业更加顺利。在风水中，使用马的饰物可调整父母与子女之间的关系，并使之正常化。

▲ 风水马能带动财运的流转。

宜140 雌雄双狮宜放置在门口

狮子是百兽之王，可避小人、躲是非。狮子不仅可以防御邪气，而且拥有招财的最高能力，是用以祈愿生意兴隆的最适合的风水动物，适宜将其摆放在大门、客厅、办公室。而雌雄狮摆放在门口最为吉祥，同时摆放狮子时，狮头要朝外，并按照雄左雌右的顺序摆放，这是由阴阳五行中"左青龙男，右白虎女"的规定而来的，象征吉祥、平安、纳福、驱邪、避小人。

▲ 雌雄双狮镇宅保平安。

宜141 宜置达摩尊者教化向善

达摩尊者即达摩多罗，为佛教十八罗汉中的第十八位，是中国佛教禅宗的第一传人。达摩尊者象征诸恶莫取、众善奉行。在办公室的门口、大堂或住宅的客厅摆放达摩尊者，有弘扬善德、教化众人向善的功效，让人明了"善有善果"而多积德行善。

▲达摩尊者让人多积德行善。

宜142 宜置欢乐佛改善员工关系

欢乐佛最能体察人间疾苦，所到之处都会带来欢乐与和睦。欢乐佛象征团结、友爱、和睦、向上，对公司或家庭有凝聚力，有调整员工勾心斗角的作用，一般可摆放在公共区域。

宜143 大钱币宜放在客厅对大门处

大钱币直径约为45厘米，由纯桃木制造，为家庭聚财专用的吉祥物法器，适宜安放在客厅正对大门处，解决家庭收入日益减少不稳定、破财、钱财流失问题。

宜144 宜放置三条龙增强气场能量

由各种颜色铸成的龙，因外形小巧玲珑，故可以轻松随意地装饰在家庭和办公场所里。金色的龙、三色的龙、茶色的龙主要是为了增加气场能量，能够为主人带来好运和财运，同时龙也有避小人的作用。

▲三条龙可增强气场能量。

宜145 职场人士宜使用"金饭碗"

我们常说的"金饭碗"是形容一种稳定的工作和固定的收入。金饭碗象征招财、工作稳定、衣食无忧。"金饭碗"里盛满金元宝，寓意吉祥，适合职场人士使用，可以保其工作稳定，收入平稳上升。

▲"金饭碗"象征工作稳定、衣食无忧。

宜146 招财开运宜置跑马

跑马既可以招来财气，又有助于加强事业的好运，使前程似锦。经常出差公干或奔走于两地的人士，适宜选用跑马摆放在写字台或家中的财位上，取"马到成功"之意。

如果希望增强财运的话，就一定要使用"发金水晶"。许愿龙象征开运、招财，可让人心想事成。在需要许愿时最好将许愿龙放置在进入房间的右侧位置，就像对待自己饲养的宠物一样温柔细致地照顾它，需要每日将一杯洁净的水放在它的身边。这样的话，龙就会活跃在你的左右，给你带来所期望的运气。

▲跑马可使前程似锦。

▲许愿龙可让人心想事成。

宜147 宜使用水晶龙提升文昌运

水晶可以激发龙本身已有的优异能量并附加新的功效，使得水晶龙的能量成倍增长。在学习用的书桌右侧靠里的地方摆放这样一个饰物，既可增强学习时的注意力，又可提升学习能力。参加考试的当日，将此水晶放入衣服口袋中去应试，会有不俗的效果，此水晶龙多与九层文昌塔组合使用。

宜148 许愿龙宜放置在房间的右侧

许愿龙一共携带有3个龙珠。它们分别是：情绪低落消沉时可以令人精神振奋的"金属龙珠"，用于特别许愿的"水晶龙珠"，提高恋爱运的"粉红水晶龙珠"。

宜149 宜使用水晶龙提升恋爱运

如果想要提高自己的恋爱运的话，建议将持有粉红水晶的水晶龙摆放在自己的房间里，它一定会让你遇到心仪的对象，并与他（她）建立起如你所期待的恋爱关系。

▲水晶龙可提升恋爱运。

宜150 宜摆放大鹏展翅催功名

大鹏展翅象征鹏程万里、名利双收，同时也象征一飞冲天、一鸣惊人。大鹏展翅一般可摆放在办公桌和书桌上，有催功名、旺学业、利名声的作用。

▲大鹏展翅能催功名、旺学业、利名声。

宜151 学生求学业宜戴知了

知了最大直径约4厘米，为白玉精致项链，经开光道教文化特殊处理。"知了"象征"知晓"，适宜学生随身佩戴，多为父母向上学孩子请的，也是唯一一款专门帮助学生提升学业的随身吉祥物。

▲知了可帮助学生提升学业。

宜152 宜置九龙笔筒求升职

九龙笔筒最大高度约16厘米，为玉石底座精致摆件，助运笔筒，经开光道教文化特殊处理。九龙笔筒宜安放在办公桌或者书桌上，主要是针对文化法律类行政部门、政府部门，以升职为主要工作目的的职业使用最灵。但生肖为狗、兔者不适合使用摆放龙的吉祥物，以免引起不良的冲克。

宜153 宜置节节高笔筒求升职

节节高笔筒最大高度约16厘米，为精致摆件，助运笔筒，经开光道教文化特殊处理。

节节高笔筒适用于以升职为主要工作目的，或者希望能有升职机会的人群使用。专业设计为"连升三级"，并且是"双福临门"，适合升职政府公务员使用。安放在办公桌或者书桌上，所有的"非老板"工作人员都可以适用。

▲节节高笔筒有助升职。

宜154 上班族、学生宜用腾龙一角

腾龙一角最宜刚刚创业的人和将要考学、晋升的人士使用，象征出人头地、大展宏图、独占鳌头，适合上班人士、学生使用。

宜155 十八罗汉宜置于书房

十八罗汉神态各异，各自都有不凡的来历，一般用于求福、祈福，象征吃苦耐劳、终成正果。十八罗汉适宜放置于书房，能够使人安心学习，若放置于客厅做装饰用，则比较漂亮美观。

▲十八罗汉象征吃苦耐劳、终成正果。

宜156 宜置"一路荣华"求富贵

芙蓉花亦称木芙蓉，蓉与荣同音，花与华古时通用，鹭为白鹭，与路同音。本吉祥物一朵芙蓉与鹭一起，意为"一路荣华"。"一路荣华"象征永远荣华、富贵，适合摆放在办公场所或经营店铺内。"一路荣华"寓意行人此去将交上好运，荣华富贵享之不尽。

宜157 宜摆放鲤鱼跳龙门催功名

明代李时珍的《本草纲目》里记载："鲤为诸鱼之长。形状可爱，能神变，常飞跃江湖"。因此，鲤鱼跳龙门，常作为古时平民通过科举而高升的比喻，被视为幸运的象征。跳龙门寓意事业有成和梦想的实现，"鱼"还有吉庆有余、年年有余的蕴涵。可摆放在学生、想当官者、想晋升的人的书房或办公桌，有利学业、催功名之功效。

▲鲤鱼跳龙门有利学业、催功名之功效。

宜158 紫檀骆驼宜置于左边

紫檀骆驼象征精力充沛，不怕困难、拼搏向上、走向成功。紫檀骆驼最宜处在创业阶段的企业和学生使用，一般可摆放在书房、学生卧室、办公室内。在摆放时也要注意，要摆放在左边，左边属于喜庆吉祥位置。

宜159 流通类公司宜置一帆风顺

一帆风顺最大高度约19厘米,为精致摆件,经开光道教文化特殊处理。适宜安放在办公桌或者书桌、接待室、会议室等处,比较美观大方,尤其适用于交通运输及航海航空等部门和行业,适宜以流通为主要目的的职业。专业人士强力推荐流通类单位公司放置于会议室,尤其是接待室摆放最为适宜。

▲一帆风顺适宜以流通为主要目的的职业。

宜160 宜置文昌塔加强文昌运

文昌塔可增添学习氛围,提高学习和工作效率。一般摆放在办公室区域或书桌上,象征意义:步步高升、聪明智慧。所谓文昌是指支配文人命运的方位,叫做"文曲星"的星宿,自家大门的方位不同,文曲星的方位也就不同,这个方位就叫"文昌方位"。文昌塔的能量可以给做计划、创造等研究工作的人给予强力支持,所以建议想成为董事长、总经理、创业家以及从事技术开发、文学、艺术等创造性工作的人们使用文昌塔;另外接受种种考试的学生们为了提高考试成绩,也可将其放在自己的书桌上和水晶龙一起使用,效果会更加明显。

▲文昌塔可使人步步高升、聪明智慧。

宜161 宜置苏武牧羊提升意志力

苏武奉汉武帝之命出使匈奴被扣,坚贞不屈,曾被放逐到冰天雪地的北海。但因其坚持不懈的精神而受到世人的尊敬。苏武牧羊宜放置于办公室或商业场所内,象征坚贞不屈,可以提升办事人员的意志力,坚持不懈,获得成功。

▲苏武牧羊可提升人的意志力。

宜162 求功名宜置官上加官

官上加官的形状为一只打鸣的公鸡。公鸡因其不凡的身世和高贵的美德而倍受人们重视,是人间辟邪的吉祥之物。公鸡鸣叫表示"功名",雄鸡鸡冠高耸、火红,表示显贵。因此,将一只有漂亮鸡冠的雄鸡作为赠礼,可祝贺对方能够获得官职,用来表示"官上加官"。

宜163 求升职宜置鲁班尺

鲁班尺,亦作"鲁般尺",为建造房屋时所使用的测量工具,类似现在工匠所用的曲尺。鲁班尺相传为春秋鲁国公鲁班所作,后经风水界加入八个字,以丈量屋宅吉凶,并称之为"门公尺"。其八个字分别是"财""病""离""义""官""劫""害""本"。在每一个字底下,又区分为四个小字,来区分其吉凶的意义。鲁班尺有助升职之功效。

宜164 宜摆放水晶柱开发智力

水晶柱可凝聚空间能量,使之集中于一点以加强思维,亦可作为文昌塔的一种来使用。水晶有增强能量,开发智力等功效。如果将其摆放在书房中常见到的地方,可加强主人的读书缘;将其摆放在办公室的四角,则会使人做事头脑灵活;若将其放在床头,则可加强在睡眠前的阅读兴趣;将之放在儿童房,还可增强小朋友的记忆力。

▲水晶柱能增强能量、开发智力。

宜165 步步高升宜摆放在书房

持水晶的龙站在玉和铜钱上,代表"高",旁边摆放三颗花生,代表"升"。步步高升一般摆放在办公室或书房,可使人升职加薪、步步高升、生意兴隆。

▲步步高升使升职加薪、生意兴隆。

宜166 百鸟朝凤宜摆放在公共区域

"凤"是指凤凰,古代传说中的鸟王。百鸟朝凤是一个祥和盛世的美好境界,令人向往,在古时候喻指君主圣明而天下依附,后也比喻德高望重众望所归者。"百鸟朝凤"后来常被用于刺绣、挂画、菜名中。百鸟朝凤一般摆放在家庭的公共区域,可化解家庭矛盾,促进家庭和睦。

▲百鸟朝凤可化解家庭矛盾,促进家庭和睦。

宜167 宜置吉祥猴催官运

古时人们普遍认为猴为吉祥物。由于"猴"与"侯"谐音，在许多图画中，猴的形象有着"封侯"的意思。如一只猴子爬在枫树上挂印，取"封侯挂印"之意；一只猴子骑在马背上，取"马上封侯"之意；两只猴子坐在一棵松树上，或一只猴子骑在另一只猴的背上，取"辈辈封侯"之意。吉祥猴象征吉祥、高升，将吉祥猴摆在适当的位置，能带来吉祥和运气；同时，齐天大圣亦为猴圣，有斩妖、除魔之神效。

▲吉祥猴象征吉祥、高升。

宜168 卧龙砚台宜置于书房

卧龙砚台象征聪明、智慧，表示龙腾虎跃，下笔如行云流水。将卧龙砚台摆放在书房，可激发人的上进心和灵感，使人才思敏捷，智慧倍增。

宜169 维持夫妻感情宜置龙凤镜

青铜八卦龙凤镜直径约30厘米，纯桃木所制，为夫妻感情专用的吉祥物系列法器。龙凤镜可维持夫妻感情，使之和好如初，可防止家庭感情出现危机、婚外情，也可确保家庭和睦，不被第三者打扰。适合放于主卧室床头。

宜170 求姻缘宜置久久百合笔筒

久久百合笔筒最大直径约18厘米，为精致摆件，助运笔筒，经开光道教文化特殊处理。久久百合笔筒针对夫妻感情设计，有和好如初、百年好合之意，笔筒内放置两人的合影照片，效果更佳。可将其安放于办公桌、书桌、床柜上。一般推荐女士送男士，安放男士办公桌使用为佳。

▲久久百合笔筒有和好如初、百年好合之意。

宜171 巩固爱情宜戴砗磲龙凤配

砗磲龙凤配的最大直径约4厘米，为天然砗磲精致项链，经开光道教文化特殊处理。砗磲被佛教认为是世界上最洁白的贝壳，同时也被认为是世界上最坚硬的贝壳，象征爱情的纯洁和牢靠，永固感情，是难得的珍贵贝壳之一。砗磲龙凤配宜男女分开佩戴，是专为情侣夫妻设计的吉祥物，护佑情意永久相亲相爱，可随身佩戴。对情侣、夫妻非常适合，最好女方送男方。

宜172 如意玉瓶宜置于客厅、卧室

如意玉瓶最大高度约25厘米，为汗白玉瓶体、桃木底座、精致摆件，经开光道教文化特殊处理。如意玉瓶家庭使用为好，可致使合家欢乐，情意融融，主要是协助夫妻感情使用。在卧室床头摆放如意玉瓶，会增进夫妻感情，在客厅摆放如意玉瓶，能促进家庭和睦，吉祥如意。

▲ 如意玉瓶可使合家欢乐，情意融融。

宜173 表达爱意宜赠心连心

心连心最大直径约3厘米，为天然玉精致项链，经开光道教文化特殊处理。心连心是一款情侣扣，心连心，心中有心，也是表达爱意和真心相连的标志，可随身佩戴。适于情侣佩戴，推荐赠送给对方。

▲ 心连心是表达爱意和真心相连的标志。

宜174 宜置桃花斩化解桃花劫

桃花斩最大长度约88厘米，纯桃木人工加工，做工精细，经正规开光处理。桃花斩专斩第三者，如果家庭出现第三者破坏夫妻感情，就适合将桃花斩挂在有外遇者床头的墙上，一般正对其头部，既能斩除第三者，也不会伤害到本人的运程。与桃木八卦龙凤镜配合使用效果更佳。

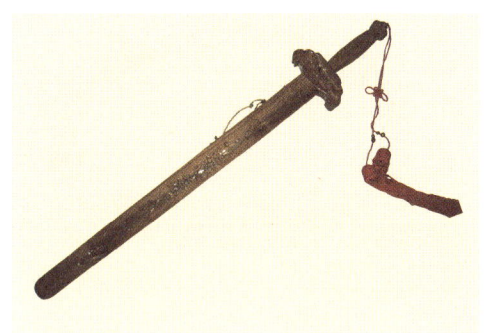
▲ 桃花斩可破解外遇。

宜175 新婚者宜置花好月圆

花好月圆最大直径约30厘米，为桃木底座精致摆件，经开光道教文化特殊处理。花好月圆代表夫妻甜甜美美、团团圆圆，最适合新婚者摆放在新房。可安放于书桌、客桌、梳妆台等处。

宜176 卧室宜置粉红宝鼎

粉红宝鼎最大直径约为24厘米，为合成水晶，含有相当分量的水晶成分，经开光道教文化特殊处理。粉红宝鼎主要是放于卧室桃花位，作催桃花之用，并且能够改善人际关系。单身青年男女或者感情、婚姻不顺利者都可以摆放。

宜177 宜戴芙蓉玉手镯美容

芙蓉玉手镯最大直径约12厘米，为粉红色天然芙蓉玉，经开光道教文化特殊处理。芙蓉玉手镯适于女子佩戴，天然成分中有美容保颜之功效，美观大方，世代相传，越戴越灵。可随身佩戴，少年女子使用效果极佳。

▲芙蓉玉手镯有美容保颜之功效。

宜178 宜置天然粉水晶球增爱情运

天然粉水晶球最大的直径约9厘米，为粉色天然水晶，经开光道教文化特殊处理。水晶球为"爱情之晶"、"异性缘之石"。粉色是姻缘色，主爱情，也称爱情石。粉对晶极具爱的神力，它能改善您的爱情运气，可促进婚姻美满，使得能量更强力量更大。婚姻不顺者、单身者、无恋人者都可摆放天然粉水晶球。

宜179 宜戴金发晶手链招偏财

金发晶手链每颗最大直径约10毫米，天然金发晶水晶，经开光道教文化特殊处理。金发晶手链适于偏财运的人士佩戴，主要适于从事娱乐、休闲等工作机动性较大、工作时间较自由的非坐班人员；可帮助缺乏行动力、优柔寡断的人提高勇气，耳根软的人士佩戴可坚定立场。特别适合夜间工作并出入各种杂气、病气场所的人士使用，对胃、肠、肝、胆、皮肤都有益。

宜180 事业型情侣宜戴绿幽灵手链

绿幽灵情侣手链每颗最大直径约10毫米，为天然绿幽灵水晶，经开光道教文化特殊处理。事业型情侣或夫妻佩戴绿幽灵手链最佳，夫妻同时佩戴同一种晶体会使得效果倍增，夫妻同心同德、天长地久，还可扩展事业，主招正财，即因辛勤努力而累积的财富。对于个人事业，不论是攻或守，皆有极大帮助，财富自然积聚起来。

▲绿幽灵情侣手链可使夫妻同心同德、天长地久。

宜181 宜戴红纹石手链提升气质

红纹石手链每颗最大直径约9毫米，为天然红纹石，经开光道教文化特殊处理。红纹石手链象征坚强的爱情，可激发人的深层内在美，提升个人气质，突显动人美貌，令爱情甜蜜、家庭幸福、美满，适合于已有对象的人佩戴，可增加其信心。另外，红纹石手链对心肺、免疫淋巴系统、胸腺功能都有一定帮助。

宜182 宜戴月光石手链减肥

月光石手链最大直径约9毫米，为天然月光石，经开光道教文化特殊处理。月光石手链可减肥瘦身，使人青春靓丽，相应人体七轮中的顶轮，可使人心灵平静、和谐纯洁。具有集中精神、提高注意力的功效，可将体内之病气从脚底排出，使人头脑清醒、精神爽朗，并可攻破不良的气流、净化全身，使人体恢复健康，促进减肥瘦身。

▲月光石手链可破不良的气流，净化全身。

宜183 客厅宜摆放花开富贵

牡丹乃花中皇后，极有富贵之相，是富贵的象征。凤凰则寓意着吉祥和太平。花开富贵象征富贵、吉祥、万事如意、水到渠成。花开富贵适宜摆在客厅，可显得主人的气度不凡、家庭吉祥如意，也可摆放在办公室、商业空间等公共空间。

宜184 想要富贵吉祥宜置人生富贵

人生富贵外形为精雕的人参，线条流畅、栩栩如生；顶部雕刻的一颗颗樱桃显得晶莹剔透、鲜艳饱满、圆润自然；一棵雍容华贵的牡丹层次分明，花瓣鲜艳，如同真的一般，令人爱慕不已。一只只精美的玉如意好似生根发芽般，一直伸到了作品的背面，连下面是几颗小巧的花生也显得恰到好处。"人参"谐音"人生"，旁边花开表示富贵，喻示人生富贵。牡丹乃花中皇后，是富贵的象征。这些东西结合在一起，真是富贵非常。

▲人生富贵喻示人生富贵非凡

宜185 宜戴粉玉髓手链美容养颜

粉玉髓女士专用手链，最大直径每颗约10毫米，天然玉髓，经开光道教文化特殊处理。粉玉髓堪称"女士之宝"，是每个漂亮女人不可缺少的美容养颜之宝石。粉玉象征温柔的恋情、浪漫的相遇和爱的觉醒，可令爱情时刻保持动力，处于恋爱幸福之中。

宜186 宜置金鸡化解桃花劫

因金鸡食虫和报晓,所以常被人作为驱邪的吉祥物,还能避免偏桃花,防桃花劫。针对坏的异性或令你讨厌的性骚扰对象。此法器宜放在大门对冲之处,例如屏风可摆设于架上,以禁绝外来桃花的影响。若夫妻感情不太和睦,可将之放在配偶的衣柜内,一般用一对,在衣柜暗角左右各置一个。

▲金鸡可化解桃花劫。

宜187 宜戴紫黄晶手链调和关系

紫黄晶女士手链每颗最大直径约10毫米,为天然紫黄晶,经开光道教文化特殊处理。紫黄晶手链是最佳的调和石,颜色高贵,代表浪漫、姻缘。手链结合了浪漫的紫色宇宙光与富贵吉祥的金黄色财运光,最适合调和婆媳、夫妻、朋友、同事、上下级之间的摩擦。

▲紫黄晶手链代表浪漫、姻缘。

宜188 新婚宜置鸳鸯

从古到今,鸳鸯都是爱情美满的象征。鸳鸯象征恩爱、幸福、美满。鸳鸯是形影不离的,雄左雌右,此鸟传说若然丧偶,配偶者终身不再匹配。所以古人称其为匹鸟。鸳鸯一般摆放在主卧室、新婚洞房里,能增进感情、令夫妻恩爱,很多人都送鸳鸯吉祥物给新婚夫妇。

▲鸳鸯象征恩爱、幸福、美满。

宜189 宜置和合二仙促进合作

和合二仙的外形为一仙手持一枝荷花,一仙手捧一只竹盒。"荷盒"即为合作的意思。和合二仙可用于促进婚姻,增强夫妻感情,还可以令工作、事业上的合作更加顺利、愉快。和合二仙可摆放在主卧室,也可摆放在办公室。

▲和合二仙可促进婚姻,增强夫妻感情。

宜190 卧室宜置紫檀鸾凤

鸾凤为传说中的仙鸟，日日相伴、永不分开，如有一方死亡，另一方也会殉情；但一定要找到对方的尸身才会殉情，否则会一直苦苦等候，寻找下去。紫檀鸾凤置于卧室、新房最佳，可促进夫妻和合、白头偕老、忠贞不渝，代表爱情的忠贞、纯洁。

▲紫檀鸾凤代表爱情的忠贞、纯洁。

宜191 宜置天长地久助姻缘

据说鸳鸯白天成对游弋，夜晚雌雄翼相合、颈相交，若其偶死，则永不再配。莲实、莲子，比喻连生贵子。天长地久一般可摆放在主卧室、洞房，可增进夫妻感情。

▲天长地久可增进夫妻感情。

宜192 卧房、书房宜置龙凤笔筒

龙凤皆为中国古代最为吉祥的象征，有"龙凤呈祥"之美称。龙凤笔筒适合摆放在卧室和书房，最适合向往和平、美好、对爱情忠贞不渝的夫妻选用。

宜193 女性领导人士宜置牡丹

牡丹高贵，适合女性领导人士使用，有一人之下，万人之上的高贵气势。一般可摆放在客厅、书房和办公室里，象征富贵、出人头地。

宜194 情侣、夫妻宜佩戴龙凤佩

龙凤佩最大直径约4厘米，为天然玉石精致项链，经开光道教文化特殊处理。龙凤佩宜男女分开佩戴，是为情侣或夫妻设计的随身佩戴的吉祥物。可以护佑爱情永恒，使之始终恩爱如初。

宜195 肖鼠者宜用龙、猴、牛吉祥物

生肖为鼠的人，他的三合及六合瑞物为龙、猴、牛，所以在佩戴方面，宜选用以这三种动物造型为主的吉祥物。

▲鼠

宜196 肖牛者宜戴蛇、鸡、鼠吉祥物

生肖属牛的人，他的三合及六合瑞物为蛇、鸡及老鼠，所以在佩戴方面，宜选用以这三种动物造型为主的吉祥物。

▲牛

宜197 肖虎者宜戴马、狗、猪吉祥物

生肖属虎的人，他的三合及六合瑞物为马、狗及猪，所以在佩戴方面，宜选用以这三种动物造型为主的吉祥物。

▲虎

宜198 肖兔者宜戴猪、狗、羊吉祥物

生肖属兔的人，他的三合及六合瑞物为猪、羊及狗，所以在佩戴方面，宜选用以这三种动物造型为主的吉祥物。

▲兔

宜199 肖龙者宜戴鼠、猴、牛吉祥物

生肖属龙的人，他的三合及六合瑞物为鼠、猴、牛，所以在佩戴方面，宜选用以这三种动物造型为主的吉祥物。

▲龙

宜200 肖蛇者宜戴鸡、牛吉祥物

生肖属蛇的人，适合的佩戴，是他们的生肖贵人。他的三合及六合瑞物为鸡、牛，所以在佩戴方面，宜选用以这三种动物造型为主的吉祥物。

▲ 蛇

宜201 肖马者宜戴虎、狗、羊吉祥物

生肖属马的人，他的三合及六合瑞物为虎、狗、羊。所以在佩戴方面，五轮金牌抑或玉佩，都以这几种动物造型为主，是他们的生肖贵人。

▲ 马

宜202 肖羊者宜戴兔、马、猪吉祥物

生肖属羊的人，他的三合及六合瑞物为兔、马、猪是他们的生肖贵人，所以在佩戴方面，宜选用以这三种动物造型为主的吉祥物。

▲ 羊

宜203 肖猴者宜戴鼠、龙、蛇吉祥物

生肖属猴的人，他的三合及六合瑞物为鼠、龙及蛇，所以在佩戴方面，宜选用以这三种动物造型为主的吉祥物。

▲ 猴

宜204 肖鸡者宜戴蛇、龙、牛吉祥物

生肖属鸡的人，他的三合及六合瑞物为蛇、牛、龙，所以在佩戴方面，宜选用以这三种动物造型为主的吉祥物。

▲鸡

宜206 肖猪者宜戴兔、虎、羊吉祥物

生肖属猪的人，他的三合及六合瑞物为兔、羊及老虎，所以在佩戴方面，宜选用以这三种动物造型为主的吉祥物。

▲猪

宜205 肖狗者宜戴虎、马、兔吉祥物

生肖属狗的人，他的三合及六合瑞物为老虎、马及兔，所以在佩戴方面，宜选用以这三种动物造型为主的吉祥物。

▲狗

风水吉祥物之忌

人们放置吉祥物,都是为了达到美观、吉祥、化煞、招财等作用。如果对吉祥物的功用及禁忌不熟悉,随意使用的话,不但难以招来好运,还会惹来是非。吉祥物的摆放有诸多禁忌,一般将其摆放在室内,其距离人活动的场所愈近,效果愈佳。而化煞物品一般则摆放在室外,对准室外不良形状的物体的方向。

忌001 天机四神兽忌独个摆放

四神兽最忌单个摆放,一般是四个一套,须同时摆放在四个方位;如果只摆白虎则会带来血光之灾,只摆朱雀会带来口舌是非,只有四个全部摆放才能够相互平衡制约,起到化煞、增吉的作用。

▲天机四神兽能起化煞、增吉的作用。

忌002 桃木剑忌挂在金属物品下方

桃木剑属于纯木制品,在五行生克中,金克木,因此桃木剑不可与金属类物品齐放,更不可放置于金属类物品的正上方或正下方。另外,桃木剑不可放置于婴幼儿卧室,也不宜摆放在床头。

忌003 兽头忌置用餐、休息场所

兽头不可以放置于卧室、厨房、客厅、餐厅等空间。因为兽头属于猛兽,只用于驱邪、化煞、除污,如果将其放于人们用餐、休息之地,则会给家人带来不利因素。另外,摆放兽头的时候注意其下方不能有金属类物品,以免引起不良风水。

▲兽头可驱邪、化煞、除污。

忌004 台式镜忌摆放过高

台式镜的摆放高度不可超过主人身高,台式镜摆放太高则会起不到预期的作用。另外镜子必须有承托物做支撑,不可悬空摆放,将其放置于桌面或阳台均可。

忌005 泰山石敢当忌被架空

泰山石宜摆放在地面上以接收地气，而不宜被架空。有的人喜欢将泰山石放在一张大供桌上以示尊敬，但是石头下面若被架空，则不能接地气，这是必须避免的。另外，"泰山石敢当"几个字一般要朝外，同时不宜正对着卧室和厨房门，以免带来不良的冲煞。

▲泰山石敢当不宜被架空。

忌006 八字忌水者忌用水晶七星阵

纯天然的水晶七星阵能量巨大，但八字命理中忌水者不宜使用。因为水晶在五行中属水，如果八字忌水者使用，会给自身带来不利的运势，如果要用水晶七星阵建议在周易专家的指导下使用。

忌007 八卦凸镜忌置门前

八卦凸镜不可放置在门前。大门是家人经常出入的地方，常受到气场的直冲。八卦凸镜是反射煞气的工具，放置在门前会经常照着家人，易将煞气反射给家人，给家人造成伤害。

忌008 八卦凹镜忌对着污秽地悬挂

八卦凹镜在使用上要注意不可以对着污秽之地，因为这些凹凸八卦镜都有聚气或散气的作用，尤其是凹镜的作用主要是聚气，其应该要聚吸一些吉祥之气。如果对着污秽之气则会吸纳秽气，会产生不利的影响。

▲八卦凹镜不可对着污秽之地。

忌009 狮子牌忌挂在卧室

狮子牌最好不要挂在卧室。挂于卧室尤其是正对床头的话就会带来很不好的影响，这样容易使屋主身体虚弱，精神不集中，严重的还会引发血光之灾。

▲狮子牌不宜挂在卧室。

忌010 水晶吊坠忌正对床头

水晶吊坠能够克制一些风水问题，但在使用上也要注意，不可以正对床头，否则，容易引起其他一些风水问题，带来不好的煞气。

忌011 铜锣忌常挂家中

在人气比较旺的地方居住，经常听到铜锣声会使得家庭成员多病，造成家庭人丁稀少。而于楼下经常听到锣声则会形成声煞，所以铜锣不宜经常挂于家中，可将其收藏在隐秘之处。

忌012 镜球忌置于桌面

有人喜欢在镜球下面给加上一个底座，将其放置在桌面上，以示尊重。其实最好还是将镜球悬吊起来，这样才能够起到较好的作用。

忌013 狮头吊坠忌挂正东、东南方

开运吉祥辟邪狮子头比较忌讳正东方和东南方，要避免挂在这两个方位，以免带来不良冲煞。

忌014 屏风忌设置过高

屏风的高度不可太高，最好不要超过一般人站立时的高度，以能遮挡人的视线且不高过人的身高为宜。太高的屏风重心不稳，反而容易给人以压迫感，在无形中会造成使用者的心理负担。

忌015 平安瓶下方忌放金属物

平安瓶为纯桃木制品，五行属木。一般来说平安瓶在摆放时，其下方不可有金属类物品，以免形成金克木的格局，使得平安瓶起不到相应的作用。最好将其放置于厨房，因厨房属火，而"木生火"，这样可起到吉祥平安的健康功效。

忌016 铜葫芦忌置凶位

葫芦是风水上的一个法宝，在使用上根据其质地的不同，具体用法也不一样。葫芦有木制品、铜制品、水晶制品等等，从而得出的用法各异。一般的铜葫芦适合放在东南、正东、正北、正南各方向，但是这几个方位又要根据其吉凶位安放，一般来说，应选择在左手边安放。

▲ 开运吉祥辟邪狮子头忌讳正东方和东南方

▲ 铜葫芦一般在左手边安放

忌017 阴阳八卦吊坠忌挂婴儿房

带有阴阳八卦的饰物一般不可放于三岁以内的婴儿卧室，或者婴儿推车内。因为婴儿太小，其所受到的负面影响也会比较大。

忌018 镇宅双狮忌单独使用

室内摆放狮子一定要成对，一雌一雄这样配搭成双才好。请注意一定要分清雌雄，并且左右不可倒置。倘若其中有一只破裂，便应立刻更换一对全新的狮子；如果只更换一只狮子，将剩余的一只留在原处，便会失去驱邪化煞的功效。

忌019 龙饰物忌摆放在干旱的地方

龙遇水则生，倘若将其摆放在干旱的地方，则会有"龙游浅水遭虾戏"之虑。故此若不是将其放在屋内有水之处，便要将其向着屋外的河流或大海。所以若家中有龙形的装饰品，宜摆放在有水之处，比如鱼缸的左右两旁，这样甚为适宜，可收生旺效果。

▲ 龙饰物宜摆放在有水之处。

忌020 龙忌对着卧室摆放

龙是吉祥的动物，摆放在家中可以趋邪化煞，但因其甚为威猛，故此不宜对着卧室摆放。特别是那些张牙舞爪或有红色眼睛的龙，绝对不适宜对着儿童房或是睡床，因为这样不但会令小孩在心理上受惊，而且在风水上也不吉，尤其是对生肖属狗的小孩最为不利。

▲ 龙不宜对着卧室摆放。

忌021 卧室忌放置虎饰物

虎具有安定家庭成员关系的作用，还可以平衡龙的能量。但是虎主刑杀，在卧室及个人房间里应避免摆放虎这样的猛兽，否则会带来不良的煞气。

▲ 虎避免放置在卧室。

忌022 朱雀忌单独摆放

由于朱雀为四神兽之一，经过开光后，最好是四神兽成套使用，除了正南方，其他方位都不宜单独摆放。

▲朱雀不宜单独摆放。

忌023 八卦平面镜忌挂得太多

八卦平面镜不宜挂得太多，一个方位只能挂一个，整个居室不能超过三个，否则会给家运带来不利的影响。

忌024 玄武忌单独使用

玄武为四神兽之一，经过开光的四神兽可成套使用。除了正北方可以单独摆放玄武，其他方位都不适合安放，宜谨慎使用。

▲玄武除了正北方外都不可单独摆放。

忌025 龙龟头忌朝卧房

龙龟有招贵人之功效，应头向外摆放，切勿向着卧房放置。生肖为狗、兔、龙者与龟不合，不宜在家养龟或者放置龟类摆件。

▲龙龟不可头向着卧房放置。

忌026 狮头忌朝向屋内

狮子属于猛兽，因此狮子的头部要朝向屋外，切勿向着屋内。狮头向外，这样才可以阻止屋外不良事物的进入。所以凡是狮子，不管是石狮还是铜狮均是头部向外。倘若是狮头向着屋内，那便非但不能辟邪，还很有可能带来不良冲煞，甚至给居住者带来血光之灾。

▲狮子的头部要朝向屋外。

忌027 肖狗、兔、龙者忌摆放铜龟

铜龟对于化解一些住宅的形煞具有非常显著的效果，但是要注意的是有几种属相放龟并不合适，如肖狗、兔、龙者。这三个生肖属相的屋主都不宜在家养龟或者放置龟类摆件，否则会发生不利的属相冲克问题。

忌028 水晶簇忌放置在房间凶位

巴西水晶簇和东海水晶簇在摆放上都比较讲究。一般是将其摆在财位和吉位。在其他方位上摆放，也可以起到化煞、补缺角等功效，但是一般要在专业人士的指导下摆放，切忌摆在房间凶位，以免带来诸多风水问题。

忌029 钟馗忌放置在卧室

钟馗属于驱邪之神物，在用法上讲究比较多。在使用上要注意不可将其摆放在卧室，也不可正对卧室门挂放，最好在专业人士的指导下安放。

▲钟馗是驱鬼逐邪之神物。

忌030 麒麟的头忌向屋内摆放

用麒麟催财，可放一对于财位；化解三煞，则可放三只于三煞方，放时头向门外或窗外，其功能更强，宅主财运必佳，男女皆旺。但如果将麒麟头向着屋内，则其发挥的能量会降低。

▲麒麟能催财化煞。

忌031 天然葫芦忌放置在凶位

天然葫芦是风水上的法宝，有木制、铜制品、水晶制品等，在使用上根据其质地的不同，具体用法也不一样。例如一般木葫芦适合放在东南、正东、正北、正南，但是这几个方位又要根据其吉凶位来安放，一般来说适宜放置在左方。

▲天然葫芦可辟邪、除厄纳福、增进财运。

忌032 肖狗、兔者忌摆放揭玉之龙

根据不同生肖的属性冲克，生肖为狗和兔的人，不适合摆放龙类制品，否则会带来不良的运势。

忌033 肖龙、鸡、鼠者忌使用玉兔

根据属相的相生相冲，属龙、鸡、鼠者与兔相冲，所以属相为龙、鸡、鼠者不可使用玉兔。

忌034 学生忌戴虎眼石手链

虎眼石手链可促进异性缘，是催桃花的手链。此手链不适合学生使用，容易导致其分心，精神不集中，学习成绩下降等不利影响。

忌035 玉佛忌放置在污秽之地

玉佛为清洁之物，不可常放于厕所等污秽之地。特别是有些开过光的玉佛，不可以携带洗澡或沐浴，否则会亵渎圣物，招徕不好的运势。

忌036 如意吉祥忌摆放方位不当

"如意吉祥"的摆放方位切忌与其材质的属性相冲。一般木制品的"如意吉祥"不要摆放在房间的西方、西北方位；金属类的不要摆放在正东、东南；玉的如意不要摆放在正北方、正东方、东南方。现代"如意吉祥"的多为玉制，用其他的材料制成的如意很少。

忌037 卧室忌放置心经

心经这类佛教圣物比较忌讳的是放在卧室，因为佛像、佛经等佛用品一般都不可以放于卧室，若是将其放置卧室则易使其遭受亵渎。

忌038 金属材质的象忌置在正南方

在象的质地方面，金属类材料制成的象不宜安放在正南方。木类象则比较常见，可以将其设置在正北、正东、东南方，又因为象属水，水木相生，有利财运。

▲玉佛象征吉祥、觉者、知者、觉悟真理。

▲金属材质的象不宜安放在正南方。

忌039 肖狗、兔者忌使用龙饰物

从生肖的属性相生相克的关系来看，生肖属狗、属兔者不宜使用龙饰物，其他的一些生肖都可以使用。由于龙怕西方，所以尽量不要把龙摆放在卧室的西方。

▲生肖属狗、属兔者不宜使用龙饰物。

忌040 搬新房忌用旧的中国结

中国结在使用时有个较重要的忌讳，如果搬了新家新房，则不宜在新房使用旧的中国结。因为旧的中国结会带来旧的气场，所以原来用过的中国结最好是不用，换用新的为宜。

▲中国结象征喜庆、吉祥。

忌041 龙凤呈祥忌放置在右方

龙凤呈祥在摆放上要注意，风水学上有"左青龙右白虎"之说，故不宜将其放置在右边。客厅、卧室、书桌的右边也不适宜放置，而左边是最理想的放置方位。

忌042 肖鼠、狗、牛者忌摆三羊开泰

"三羊"的意思即招来吉利之谓，可以带来好运。从生肖的冲克来分析，属鼠、狗和牛的人不适合摆放羊的摆件，鼠与羊是相害，牛与羊是相冲；除了这几个属相外，其他的都可以摆放，所以肖鼠、狗、牛者不宜摆放三羊开泰，而与羊最佳相合的是猪和兔。

忌043 肖鼠、牛者忌摆放羊

属鼠与属牛者不适合摆放羊的摆件，因为鼠与羊是相害，牛与羊是相冲；除了这几个属相外，其他的都可以摆放，与羊的最佳组合是属猪和属兔的。

▲属鼠与属牛者不宜摆放羊的摆件。

忌044 寿比南山笔筒忌置于金属桌

寿比南山笔筒为绿檀香木景致摆件，从五行上来说是属于木。根据五行生克，金克木，所以该笔筒一般不建议摆放在金属桌面或金属器具内，最好将其放置于普通的木制书桌上。

▲ 寿比南山笔筒有增寿添福之功效。

忌045 长寿桃木剑忌正对人的头部

桃木剑可以起到驱邪化煞的作用，但是切忌将剑正对人的头部摆放，也不宜挂在床的正上方，因为剑属于利器，正对人的头部或挂在床的上方都会造成不利的气场。另外，根据五行生克原理，天然雕刻的桃木剑不要放到金属器具里保存，以免造成"金克木"之局，还要注意，剑身不要挂得超过人头高。

忌046 翡翠忌近污秽场所

经过开光的翡翠是吉祥之物，平时存放宜远离污秽场所。不带的时候不宜挂在卫生间里，应将其存放在木制盒内，妥善收藏好。

忌047 儿童房忌放寿桃

寿桃不宜放置在儿童房中。因为儿童天真无邪，将寿桃放在儿童房，没有任何意义。将寿桃放置在儿童房中会使孩子对成长产生恐惧感，且可能让孩子的心理年龄与实际年龄不符。

▲ 寿桃不宜放在儿童房。

忌048 肖狗、兔、龙者忌摆放龟

有几种属相的人不适合摆放龟的饰物，即狗、兔、龙的属相，属于这三个生肖的人都不宜在家养龟或者放置龟类摆件，否则会带来不好的运势。

▲ 狗、兔、龙的属相者不宜摆放龟的饰物。

忌049 紫檀松竹笔筒忌置于右边

紫檀松竹笔筒属于祥瑞之物，一般可将紫檀松竹笔筒摆放在左边，因左边属于喜庆吉祥的位置。右边属于虎位，是比较凶的，建议不要放在右边，以免引起不良的冲煞。

▲ 紫檀松竹笔筒有平安、长寿之吉意。

忌050 小孩子忌使用松鹤笔筒

松鹤笔筒不适合孩子使用，一般不宜摆放在孩子学习的书桌上。因为小孩子充满朝气，应该具有积极活泼的心态，若是小孩子使用松鹤笔筒则容易导致其思维迟钝，学习退步。

▲ 松鹤笔筒象征长寿、文雅、博学。

忌051 基督徒忌用绿檀弥勒笔筒

绿檀弥勒笔筒一般摆放在左边，因左边属于喜庆吉祥位置。基督教信徒应尽量避免摆放与佛、菩萨有关的工艺品。

忌052 年轻人忌使用寿星笔筒

寿星笔筒一般不建议年轻人使用，年轻人使用该笔筒容易导致做事缓慢、不干脆，这会对年轻人的性格产生不利的影响。

忌053 八仙过海忌放置在右边

八仙属于祥瑞之物，能给人带来祥瑞福气。建议将八仙过海摆放在左边，因为左边属于喜庆吉祥的位置。一般来讲，右边属凶位，如将八仙过海放在此位置，难免会招来不好的煞气。

忌054 观音忌放置在污秽之地

不管是如意观音还是滴水观音都不可常放于卫生间等污秽之地，放置之处也要及时清理，保持良好的卫生，以免亵渎神物。

▲ 观音不可放在污秽之地。

忌055 护身符忌放置于污秽之地

开光物品具有一定的灵性，不可浸水，也不可以放于卫浴间等污秽之地。在不佩戴的时候要放在有阳光的地方，不宜放进抽屉等没有阳光的地方。

忌055 招福吊坠忌挂在金属物品上

根据五行生克，金克木，所以木质的招福吊坠不可挂在铁门铁窗铁挂钩上。一般将招福吊坠挂在植物上或木制品家具上为佳。

忌056 紫金葫芦忌与金属挂件同用

紫金葫芦在使用时要注意，不可与其他金属类的车挂饰同时使用。因为五行属性中金克木，而紫金葫芦是木制品，如果与金属类挂件同时使用，会受其克制，其先天功能和开光后的各种作用均不能得到正常发挥。

▲ 紫金葫芦可辟邪保平安。

忌058 西方三圣佛忌摆放过低

西方三圣佛在摆放的高度上，至少要超过人的头顶。不可将其摆放得太低，以高过主人的身高为好。

忌059 八卦眼球玛瑙忌与八字相克

普通的玛瑙在使用上没有太多的禁忌，但能量比较大的八卦眼球玛瑙在选择颜色上要注意与主人的八字相配合，如选择的颜色与使用者八字的颜色相克，则不宜使用。

▲ 八卦眼球玛瑙可辟邪、保平安。

忌060 白玉佛忌放置于污秽之地

佛为清洁之物，不可常放于厕所等污秽之地。有些经过开光的佛像不可以携带洗澡或沐浴，以免亵渎神物，影响其吉祥效果。

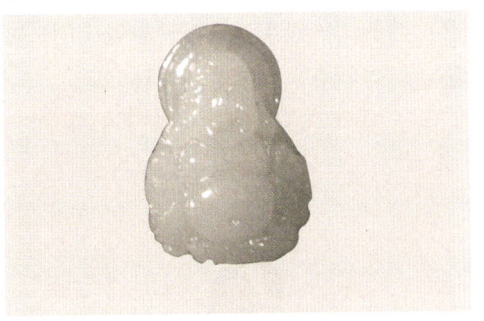
▲ 白玉佛能祛病消灾，保平安吉祥。

忌061 风水花瓶忌放置在房间凶位

风水花瓶有四神图案，在摆放时要求比较多，应该按照要求正确安放，切不可将其安放于房间的凶位，以免引起不良的风水问题。

▲ 风水花瓶不可安放于房间的凶位。

忌062 "心中有福"忌放于污秽之地

"心中有福"为吉祥之物，不可常放于厕所等污秽之地，有些经过开光的还不可以携带洗澡或沐浴，以免亵渎神物。

忌063 铜铃忌放置在门口或卧室

虽然铜铃能够为居家带来吉祥，它的化煞作用很大，但是其有些位置是不适合摆放的，一般来说，铜铃忌置于门口或卧室，否则会带来不良的气场。

▲ 铜铃为居家带来吉祥。

忌064 花瓶忌放置于桃花位

在家中摆放花瓶代表家人平安，但千万要注意的是花瓶不能摆放在桃花位上，否则花瓶会变成招惹桃花的物品。

▲ 花瓶不能摆放在桃花位。

忌065 女士忌使用白玉观音

男戴观音女戴佛，是取其阴阳调和、两性平衡之意。如果使用不当，不但发挥不了效果，而且还会导致阴阳不调，给身体带来不利因素。

▲ 白玉观音适合男士佩戴。

忌066 忌所戴玉佩与自己属相相冲

在选择、佩戴玉佩饰物时要注意，不可以随意佩戴生肖。生肖要按照六合来分，根据鼠牛相配，虎猪相配，兔狗相配，龙鸡相配，蛇猴相配，马羊相配的原则相配，而不宜乱配。

忌067 六字真言葫芦忌与金属同用

六字真言大葫芦的主要作用表现在"护禄"上，所以比较怕刀，不要将其和刀剑类金属品同时摆放，另外也不宜将其放于金属器具内。

▲ 六字真言大葫芦可为行车辟邪，保出入平安。

忌068 大肚佛忌摆放太低

大肚佛在摆放的高度上不可摆放太低，一般以高过主人的身高，超过人的头顶为宜。

▲ 大肚佛不可摆放太低。

忌069 水晶球颜色忌与八字相冲

水晶在使用上约束比较多，主要是要结合个人的八字来分析，看佩戴者适合什么颜色的水晶。要注意的是不宜佩戴与自身八字相冲的颜色的水晶，因为这样的话水晶的效果就不能发挥出来。一般来说使用各种水晶都没有坏的作用，只是如果使用不当就起不到作用。

忌070 男士忌使用富贵牡丹笔筒

因为牡丹的品质及文化意蕴都是与女性有关，故男士不大适合使用富贵牡丹笔筒，如果男士在书房的书桌或办公桌上摆放富贵牡丹笔筒容易引起桃花劫。

忌071 五帝钱忌挂于木火方

因为五帝钱五行属金，而金克木、火克金；所以五帝钱在悬挂时要注意尽量别挂在正东、东南、正南等方位。因为这些方位在五行上属于木火类，与金属都有冲突，如要在这些方位悬挂五帝钱最好要有专业人士的指导。

▲ 使用五帝钱最好要有专业人士的指导。

风水吉祥物之忌

忌072 山海镇平面镜忌向污秽之地

山海镇属于吉祥之物，在使用时不可以正对厕所或厨房等污秽之地，最好是正对大门，这样才能够带来好运。

▲山海镇有开运之功效。

忌073 八白玉忌与使用者八字相冲

八白玉的正确摆放要根据风水原则来做，一般情况下要在专业人士的具体指导下依据自身的八字及生肖属性来选用八白玉，不可与八字相冲。

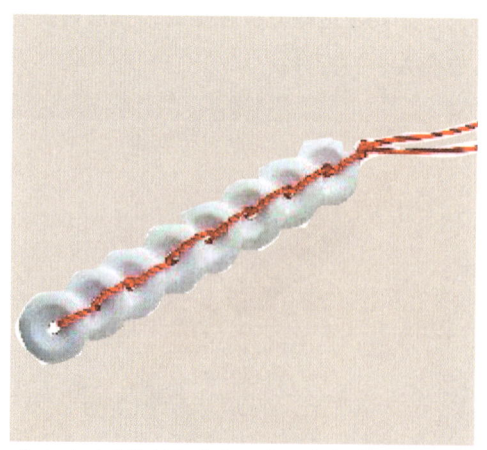
▲八白玉宜依据自身的八字及生肖属性来选用。

忌074 厕所忌挂桃木中国结

桃木中国结不适合挂在厕所的墙上，也不适合正对厕所门挂放。另外，桃木类的中国结经过开光挂在一个固定位置后，就不要轻易去移动。

忌075 绿檀辟邪忌摆放在卧室

绿檀辟邪招财能力很强，但是最好不要摆放在卧室或儿童房内。因为辟邪是向外招财的，对内则会造成财气散失，也会产生一定的煞气。

忌076 学生忌使用久久有余笔筒

久久有余笔筒不适合放置在小孩或学生的学习桌上，如果学生使用该笔筒会不利于他们学习和完成作业，容易使其精力分散，注意力不集中。

忌077 玉竹笔筒忌置于金属桌面

玉竹笔筒不适合放于金属桌面上或金属器具内。因金克木，而竹筒属木，将笔筒置于金属桌面上就不能发挥其作用。

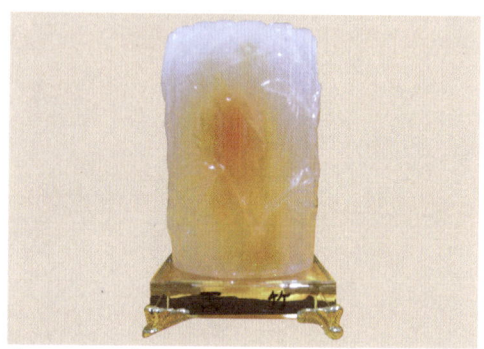
▲玉竹笔筒有助于增加知识和智慧。

忌078 佛手笔筒忌放置在右边

宗教信仰类笔筒，如佛手笔筒，在摆放上主要是看方位。右边为白虎位，佛手笔筒不适宜放在右边，以免带来不良的冲煞。

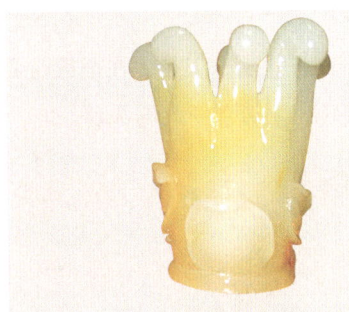
▲ 佛手笔筒能给人带来良好的人际关系。

忌079 蓝色水晶球忌放置在西方

蓝色水晶球在安放上要注意方位问题，一般将其放置在东方、东南方会非常有利，最好不要将其摆放在家庭的西边或西北方。

忌080 水胆玛瑙忌暴露于外

水胆玛瑙是非常难得的珍贵吉祥物，它喜阴不喜阳，因此尽量不要将其暴露在外面，应该将其放在包里、盒子里收藏好。

▲ 水胆玛瑙是改运、助运的宝石。

忌081 白色水晶球忌放置在右边

白色水晶球适宜摆放在吉祥的位置，应将其摆放在房屋的吉方位上，或者放在居室的左边，因左边为青龙方，主喜庆。相反，不宜将其放置于右边白虎方，否则容易带来不好的煞气。

忌082 忌用右手拿天然念珠

念珠的禁忌主要反映在使用和摆放上，在使用时不可用右手拿，平时在不用的时候也要恭敬一些，以免亵渎神物。使用时也不宜戴在右手，只能戴在左手上。

忌083 招财佛附近忌放置武财神

招财佛象征平安如意，招财进宝。切不可与关公、赵公明等主生杀的财神放置在一起，否则会引起不良的风水效果。

忌084 忌用右手拿天竺菩提念珠

天竺菩提念珠也不宜用右手拿，因为右手要做各种结手印。同样，对于天竺菩提念珠，平时如果不用的时候也要恭敬一些，以免亵渎神物。

▲ 天竺菩提念珠可转运、辟邪、保平安

忌085 肖鼠者忌使用福袋

福袋的使用禁忌主要表现在生肖上，因福袋与鼠相克，所以属鼠者不宜使用。

忌086 八卦盘忌放置于卧室

八卦盘是风水的基本用品之一，虽然作用很大，但还是要在专业人士的指导下安放。一般来说，八卦盘宜置于公共区域或屋外，不宜悬挂于卧室或正对着人，否则会产生不好的气场。

▲八卦盘具有调节气场的作用。

忌087 家中忌有枯萎的富贵竹

富贵竹不管是在家里、还是在公司摆放都非常吉祥，但是有些已经枯萎或死掉的富贵竹就不要摆放，要及时扔掉，否则会给运程带来不良的影响。

▲枯萎的富贵竹宜扔掉。

忌088 石榴忌接近金属物品

石榴五行属木，金克木，所以石榴在摆放时注意不要安放在金属类桌面或器具内，而放于木制桌面上最佳。

忌089 福禄寿三星忌低于人的头顶

福禄寿三星也属于天神，在摆放时要高过人的头顶，不可低于人的头顶。

▲福禄寿三星摆放时不可低于人头。

忌090 五福圆盘蝙蝠的头忌朝房外

在蝙蝠的摆放上应该注意，蝙蝠的头一定要朝向自己家，而不宜头朝向房外，也就是说蝙蝠是往自己家里飞，而不是从自己家飞到外边去，这样才能招福吉祥。

忌091 聚财小双龙忌随意置放

一般来说聚财小双龙要放于总负责人的办公室，或公司大门口正对大门，才能起到招财的功效，放于其他部门均无招财、改运的效果。

忌092 神龙戏水忌放置在凶位

神龙戏水只适合放于公司或酒店的大门口，正对大门，其他地方均不利于摆放，尤其不宜摆放在建筑物的凶方。

忌093 赵公明忌与文财神一起摆放

赵公明适宜放于门口，不适合放于客厅，也不可正对卧室，更不可与文财神和观音佛像一起摆放。

▲赵公明是武财神。

忌094 五爷忌正对门安放

五爷不适合正对门安放，一般放于客厅供奉比较合适，五爷的摆放高度要高于一般人的身高，五爷宜与专配香炉一起供奉。

▲五爷是中国土地总财神。

忌095 文财神忌对着卫浴间或鱼缸

文财神不宜正对厕所或鱼缸，否则引财入屋后，又会见财化水。

忌096 聚财大双龙忌随意置放

聚财大双龙跟聚财小双龙一样，一般放于总负责人的办公室内，或置于公司大门口正对大门，放于其他部门均不能起到功效。

▲聚财大双龙宜放于总负责人的办公室。

忌097 从事水产业者忌用紫色宝鼎

紫色宝鼎宜根据使用者的八字和五行来分析，并有选择性地摆放。要注意水产行业、海鲜类行业不适合放置此吉祥物，否则会有冲克。

忌098 关公忌正对卧室

关公宜放于门口，不适合放于客厅，也不可正对卧室摆放，不可与文财神以及观音佛像一起。

忌099 貔貅忌三只同放

一般来讲放置貔貅以成双最好，单个也可以，但比较忌讳在同一个地方放置三只貔貅，这样不但起不到招财的作用，还会带来不好的运势。

▲貔貅最好成双。

忌100 学生忌戴如意翡翠

一般来说，在读书期间的学生，不适合使用如意翡翠等招财类摆件和饰物。

忌101 学生忌使用黄金球

学生要以学习为主，而黄金球是招财的吉祥物，处于读书期的学生，不适合使用黄金球，以免分散注意力，影响学习成绩。

▲黄金球是招财的吉祥物。

忌102 居家空间忌放置开光招财杯

开光招财杯适合商业空间使用，招财效果甚佳；但如果居家空间使用，效果则并不理想，反而会带来不好的运势。

▲开光招财杯适合商业空间使用。

忌103 居家空间忌使用开光元宝

有一些人在家里摆放开光元宝，效果并不太好，反而会带来不好的运势，因此家里不太合适摆放此物。

忌104 学生忌戴聚宝盆手链

一般来说，处于读书期的学生，不适合使用聚宝盆手链类等招财饰品。

▲聚宝盆手链能强力聚财。

忌105 肖羊、兔、马者忌置招财鼠

在十二生肖里，羊、兔、马与鼠相冲，因此生肖为羊、兔、马的人不适合摆放招财鼠，否则会带来不良的冲克。

▲生肖为羊、兔、马的人不宜放置招财鼠。

忌106 私密空间忌摆放招财进宝石

卧室、儿童房、书房不适合摆放招财进宝石，因为招财吉祥物一般摆放在商业空间或者居家公共空间，私密空间不宜摆放，否则会带来不好的运势。

▲招财进宝石可招财进宝。

忌107 学生书房忌放置"财源广进"

正处于读书阶段的学生应当将精神全副集中在学习上，心态不宜太过浮躁。学生书房不宜放置"财源广进"等跟招财相关的吉祥物，否则容易使其精神不集中，使其心思浮躁，不利于学习。

忌108 肖狗、兔者忌使用见龙在田

"见龙在田"的使用禁忌主要体现在生肖的冲克上，生肖为狗、兔的人与龙不合，建议不要摆放"见龙在田"，否则会有不好的冲克。

忌109 吐钱玉蟾的头忌朝向门外

商铺摆放蟾蜍，要头向铺内，不宜向铺门，也不宜朝向窗户。如果玉蟾的头朝向屋外或者朝向窗户，则象征着其所吐之钱皆流向屋外，造成钱财外流的破财之局。

▲吐钱玉蟾不宜头朝向屋外。

风水吉祥物之忌

忌110 忌使用做工粗糙的飞马踏燕

飞马踏燕的仿古品在做工上会有很大出入,做工粗糙、质量不好的飞马踏燕最好不要使用。否则,不但不能招财,反而会降低财运。

忌111 金蟾的头忌向门外

在商铺摆放蟾蜍,除了玉蟾要头向商铺内,既不宜向着门外,也不宜向着窗外。金蟾也是如此。否则所招的钱财会流向屋外。

忌112 布袋和尚忌摆放过低

布袋和尚在摆放的高度上要超过人的头顶,不可摆放得太低,以高过主人的身高为好。

忌113 弥勒佛忌摆放过低

弥勒佛在摆放的高度上要超过人的头顶,不可摆放得太低,以高过主人的身高为好。

忌114 紫檀象忌与刀剑放在一起

"象"与"祥"谐音,在摆放象时不要和刀枪剑等带有凶煞之气的金属物品一同摆放,紫檀象也不适合与武财神一齐摆放。

忌115 学生忌放置纳福一桶金

在学生卧室和书房内摆放纳福一桶金,这样不但没有任何效果,甚至还会带来不好的运势。

忌116 红色家具上忌挂玉佩

因为玉与红色五行相克,所以一般不建议将玉挂在红色的家具上,否则会令玉失去功能,无法起作用。

忌117 风水竹箫忌靠近金属物品

因竹箫在五行上属木,而金克木,所以在摆放时要注意不要将风水竹箫接近金属类物品将其或者放进白色容器内,最好将其放在红色陶瓷容器内。

▲ 弥勒佛不宜摆放过低。

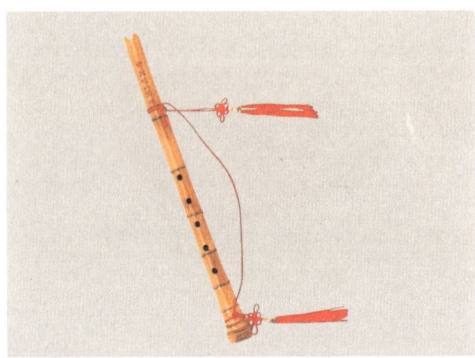

▲ 竹箫象征家庭好运、生意兴隆。

忌118 风水罗盘忌放置在磁体旁

罗盘在使用上应注意，不可以将其与磁铁、磁体等放在一起，也不可将其放在电视机、电脑等有磁场的电器旁边，否则会破坏罗盘的精确度和准确性。

▲风水罗盘有转运之效。

忌119 肖鸡龙牛羊者忌摆放狗类饰物

根据五行生克原理，在十二生肖中，属鸡、龙、牛、羊的四生肖者都不适合放置狗类饰品，否则会引起冲克的不良效果。

忌120 肖狗、兔者忌使用雄鸡

从生肖的禁忌来说，属狗、兔的人不适合摆放雄鸡，因属相相冲。

▲雄鸡可旺家运，使得家庭祥和。

忌121 鱼缸忌放置在凶位

鱼缸的风水讲究比较多，一定要将其放于旺位，不宜放置在凶位。因为鱼缸有水，有催动气场的作用，如果放在凶位，就会催动凶气，给人带来不利因素。

▲鱼缸宜摆放在吉方位。

忌122 仰鼻象忌与刀剑类物品同放

象为良善之物，忌于凶煞之物放在一起。因此，仰鼻象不可与刀、剑、枪等武器类物品一起摆放，否则会有不良的冲克效应。

▲仰鼻象不可与刀、剑、枪一起摆放。

忌123 松竹梅忌靠近金属物品

松竹梅最好贴近陶瓷类物品，而不适合将其放在金属类物品上，并且不适合放于红色桌面上。

忌124 五路财神忌过高

建议在摆放五路财神时要高过人的头顶，并且不可以与观音、武财神等一起摆放，否则会影响招财效果，还会产生不好的冲克。

忌125 风水轮忌放置在凶位

一般来说在门口的正中轴线摆放风水轮比较合适，凶位不适合摆放风水轮，因为风水轮的转动会催动凶气。

忌126 风水球忌放置在凶位

风水球的摆放要求比较多，一般来说在门口的正中轴线摆放得比较多，其他地方摆放宜慎重，尤其不要摆在凶位。因为风水珠会不停转动，如摆在凶位则催动了凶的能量。

忌127 摆财纳福忌置于金属桌面上

摆财纳福不适合放于金属类桌面上，也不可与刀剑武器类工艺品同时摆放，否则容易产生不良的冲克。

忌128 金翅鸟的头忌朝内

摆放金翅鸟时应注意头朝外、不可朝内，否则象征将家里的钱财招到外面。一般将其摆放在门口，放于门口正中间，但是不应使其正对门口，而应该斜放，这样容易招偏财。

忌129 红黄穗坠忌与白色物品同置

红色和黄色穗坠不可与白色物品放在一起，也不适合摆放在正西、西北方向，否则起不到应有的作用。

忌130 古钱或元宝忌放在凶位

古钱与元宝适宜放在财位和吉位，忌讳放于凶位。如果自己无法确认方位，最好在专业人士的指导下安放。

▲ 风水球可催财吉祥物。

▲ 古钱与元宝适宜放在财位和吉位。

忌131 招财象忌与武器同置

由于冲煞的关系，招财象不可与刀、枪等武器类物品一起摆放，否则会引起不良的冲克，也会使其失去应有的功效。

▲ 招财象不宜与利器一同摆放。

忌132 姜太公钓鱼忌放置在右边

建议将姜太公钓鱼笔筒摆放在左边，因为左边属于喜庆吉祥的位置。右边是为白虎方，属凶方，故不宜将其放在右边，否则会带来不良的风水。

▲ 姜太公钓鱼笔筒象征遇到知己获得成功。

忌133 肖牛、鼠者忌放置风水马

生肖属牛、属鼠者不适合摆放马类摆件和雕刻品，否则会带来不良的冲克。

忌134 儿童房忌放置招财猪仔

招财猪仔不适合放于孩子休息学习的卧室，也不适合放在公司财务室。

忌135 卧室及书房忌摆放雌雄狮

狮子有超强的防御能力，雌雄一对的狮子一般摆放在入口，可抵御任何邪气，防止入侵，但一般来讲，狮子不宜摆在卧室和书房内。因为狮子是凶猛的，宜对外不宜对内。

忌136 欢乐佛忌摆放位置过低

欢乐佛在摆放的高度上，不可摆放得太低，至少要超过人的头顶，以高过主人的身高为好。

▲ 欢乐佛象征团结、友爱、和睦、向上。

忌137 达摩尊者忌摆放位置过低

达摩尊者在摆放的高度上，不可摆放得太低，至少要超过人的头顶，以高过主人身高为宜。

▲达摩尊者不宜摆放过低。

忌138 属狗者忌使用龙饰品

金色的龙、三色的龙、茶色的龙可令人轻松地从龙身上获得能量，但属狗者不可使用。

忌139 大钱币忌放置在厕所和厨房

一般来说大钱币不适宜直接挂在厕所和厨房中，否则会使其失去功效。

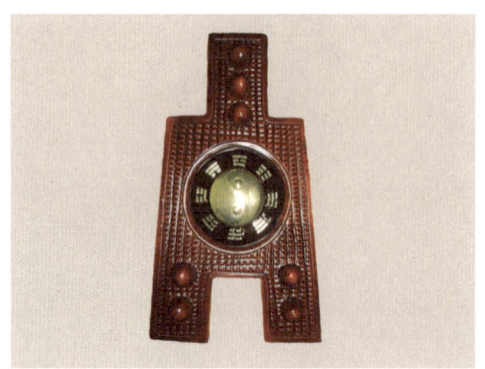
▲大钱币为家庭聚财专用的吉祥物。

忌140 肖狗、兔者忌摆放许愿龙

根据生肖生克的原理，属狗、兔生肖者不适合摆放龙类制品，也不适合放带有龙图片的装饰品。

▲许愿龙不宜肖狗、兔者使用。

忌141 肖马、牛、鼠者忌摆放跑马

根据生肖的属相相冲，属马、牛、鼠的人不可摆放跑马，否则会有不良的冲克。

忌142 肖狗、兔者忌置持水晶的龙

根据生肖的冲克，属狗、兔者与龙相克，所以这两个生肖不适合摆放龙类制品，也不适合摆放带有龙图片的装饰品。

忌143 金饭碗忌放置在右边

"金饭碗"摆放在左边，左边属于喜庆吉祥位置，右边是属凶位，所以不要将其放在右边，以免引起不好的冲煞。

忌144 肖龙、狗、兔者忌置腾龙一角

腾龙一角一般可摆放在书桌、办公桌上，有催功名，旺学业，利名声的效果。但是属龙、狗、兔三生肖者不适合摆放龙的饰品，也不适合放置带有龙图片的装饰品。

▲腾龙一角有催功名，旺学业，利名声之效。

忌145 大鹏展翅忌置于右边

建议将大鹏展翅摆放在左边。因左边属于喜庆吉祥的位置，而右边是比较凶的，不要放在右边，以免引起不良的冲煞。

▲大鹏展翅不宜放在右边。

忌146 年长者忌使用鲤鱼跳龙门

鲤鱼跳龙门为利学业、催功名的吉祥物。年长者最好是安享晚年，不要再为功名所累，如果整天对着鲤鱼跳龙门这类吉祥物，会产生心理上的压力，使人整天闷闷不乐。

▲鲤鱼跳龙门利学业、催功名。

忌147 九龙笔筒忌置于公共区域

邮局、银行、收银台等公共区域不宜选用九龙笔筒。如果使用的人太多，龙的吉祥效应无法发挥，便会影响到每个人。

▲九龙笔筒有助于升职。

忌148 知了忌三个一起使用

在进行知了的搭配时，应该注意知了的数量。将一个或两个知了摆在一起都可以，但是要注意不要同时摆放三个知了，同时摆放三个则效果不佳。

忌149 一帆风顺忌置于右边

建议将一帆风顺摆放在左边，左边属于喜庆吉祥位置，右边是比较凶的，不要放在右边，会有不利的冲煞。

忌150 节节高笔筒忌置于右边

一般建议将节节高笔筒摆放在左边，左边属于喜庆吉祥的位置，右边是比较凶的，不要放在右边，以免引起不良的冲煞。

忌151 年长者忌使用紫檀骆驼

骆驼背上有山峰，似笔架，背藏养分和水分，可以多天不吃不喝，精力充沛，能经受艰苦环境的考验。专业人士建议年长者不要使用紫檀骆驼，因为骆驼会令老人感到心力疲惫。

忌152 文昌塔忌置于右边

古代中国的道教寺院在建九层文昌塔前都要先选定好文昌方位，而诸多的文人墨客都要在塔里学习研究、著书立撰。文昌方位是精神集中的地方，是专为做学问而设立的方位。如果实在难以将书房设在文昌方位的话，可以在自己的桌子上放一座风水文昌塔。但是建议将文昌塔摆放在左边，左边属于喜庆吉祥位置，右边是比较凶的，不要放在右边，以免引起不好的煞气。

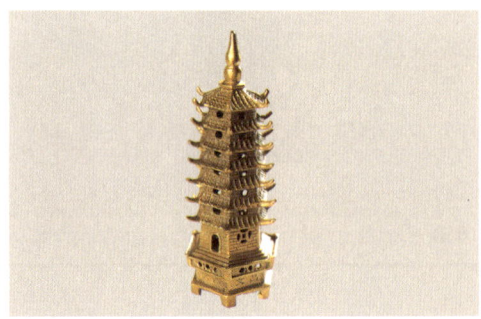
▲文昌塔不宜摆放在右边。

忌153 肖狗、兔者忌置官上加官

虽然官上加官象征升官和功名，但从生肖的属性生克来看，肖狗、兔者与鸡相克，所以这两个生肖不适合摆放官上加官。

▲紫檀骆驼象征精力充沛，最终走向成功。

▲官上加官象征升官和功名。

忌154 苏武牧羊忌置于右边

建议将苏武牧羊摆放在左边，因左边属于喜庆吉祥的位置。右边是比较凶的，不要放在右边，以免引起不良的冲煞。

忌155 肖猪、虎、蛇者忌置猴饰品

从生肖的属性生克来看，生肖为猪、虎、蛇的人与猴相冲，所以这三个生肖不适合摆放猴饰品。

忌156 肖狗、兔、鸡者忌戴百鸟朝凤

百鸟朝凤这款吉祥物需要注意的是，在生肖搭配上，属狗、属兔、属鸡生肖者摆放佩戴皆不利，其余各生肖都比较合适。

忌157 一路荣华忌与金属放在一起

一路荣华最好与陶瓷、木制品放在一起，不适合与金属类物品放在一起，并且不适合与红色物品一起使用。

▲一路荣华象征永远荣华、富贵。

忌158 属狗者忌用卧龙砚台

在十二生肖中，因肖狗者与龙是相冲的，因此属狗的人士不适宜使用卧龙砚台。

忌159 鲁班尺忌置阴暗之地

鲁班尺不要在阴暗的地方摆放或保存，会招致阴湿之气的侵扰，致使效用全无。

▲鲁班尺有助升职。

忌160 步步高升忌置于右边

建议将步步高升摆放在左边。左边属于喜庆吉祥的位置，右边是比较凶的，不要将步步高升放在右边，以免引起不好的煞气。

▲步步高升不宜摆放在右边

风水吉祥物之忌

忌161 十八罗汉忌置于卧室

一般不建议在卧室内摆放十八罗汉，因其摆放在卧室的效果不太好，对佛也不恭敬。

忌162 龙凤镜忌置于污秽之地

青铜八卦龙凤镜只适合挂于主卧室，挂于其他地方则不太好，尤其不宜挂于厕所等污秽之地。

▲ 青铜八卦龙凤镜不宜挂于污秽之地。

忌163 花好月圆忌置于右边

建议将花好月圆摆放在左边，左边属于喜庆吉祥位置。右边是比较凶的，不要放在右边，以免引起不好的煞气。

忌164 学生忌使用久久百合笔筒

求姻缘是成年人的事，学生的职责就是读书、学习，如果使用此款笔筒，易出现早恋现象，不利学习。专业人士建议将久久百合笔筒摆放在左边，不要放在右边，以免引起不好的煞气。

忌165 桃花斩忌置于容器内

桃花斩最好是挂在墙上，不要放进容器内，也不宜太靠近金属类物品，否则会影响其作用的发挥。

忌166 如意玉瓶忌置于办公空间

如意玉瓶是专门为家庭设计的维系家庭和睦、夫妻感情的专用吉祥法器，不宜摆放在办公空间；商业空间也不宜摆放。如果在这些地方已经摆放了如意玉瓶，并且是放在右边，则很容易犯冲煞。

忌167 砗磲龙凤配忌男女反戴

在佩戴吉祥物时讲究男戴龙，女戴凤，千万不要戴错了，否则毫无效用，甚至会引起不良效果。

▲ 花好月圆代表甜甜美美、团团圆圆。

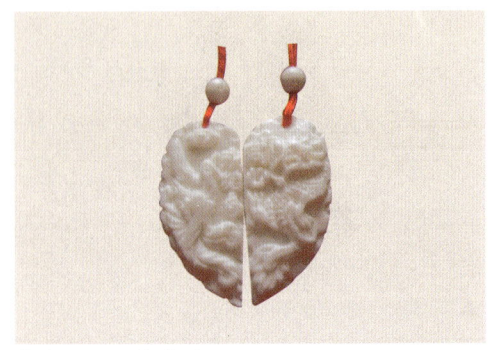

▲ 龙凤配不宜戴错。

忌168 芙蓉玉手镯忌戴在右手

芙蓉玉手镯适合戴左手，不适合戴右手，因右边白虎方，会带来煞气。

忌169 已婚者忌用天然粉水晶球

天然粉水晶球忌讳已经结婚者和有固定情侣者使用，不适合将其摆放在桃花位。一般可将其摆放在进门或者床的左边，作为改善人际关系之用。

▲ 天然粉水晶球不宜摆放在桃花位。

忌170 学生忌戴金发晶手链

金发晶手链为可招偏财、催桃花的手链，不适合学生佩戴，容易导致分心、精神不集中、学习成绩下降。

▲ 金发晶手链可招偏财、催桃花。

忌171 学生忌戴心连心

心连心不适合学生孩子佩戴，只适合情侣、夫妻佩戴，学生佩戴会导致早恋，精力不集中，学习成绩下降。

忌172 紫黄晶手链忌戴在右手

紫黄晶手链可令人脑筋灵活、增强创意、加强财运。但要注意黄晶手链适合戴左手，不适合戴右手，因右边属于白虎方，会带来煞气。

忌173 孩子忌戴绿幽灵手链

绿幽灵手链可促进异性缘，为催桃花、催财运的手链，不适合孩子佩戴。

忌174 学生忌用粉红宝鼎

粉红宝鼎有强力的催桃花效果，双球成鼎，能量倍增，极具爱情能量，能够为个人带来很好的异性缘，并且对于女士的美容养颜有很好作用，是一款专门为催桃花设计的吉祥物。正因为如此，学生不宜使用，以免出现早恋现象。

▲ 粉红宝鼎能为个人带来异性缘。

忌175 学生忌戴红纹石手链

红纹石手链护肝养颜，拥有最精纯的粉红能量，可增进异性缘，为催桃花的手链，不适合学生佩戴，容易导致分心、精神不集中、学习成绩下降。

▲红纹石手链能护肝养颜。

忌176 未成年人忌戴月光石手链

未成年人处在长身体的时期，不宜戴月光石手链，否则会影响正常的成长发育。

忌177 粉玉髓手链忌戴右手

粉玉髓手链适合戴左手，不适合戴右手，因右边为白虎方，会带来不好的煞气。

▲粉玉髓手链可令爱情时刻保持动力。

忌178 鸳鸯忌单个摆放

雌雄鸳鸯是形影不离的，一般出现在吉祥图画或饰品里，多成对出现的，忌单个独立摆放。

忌179 人生富贵忌靠近金属物品

人生富贵最好与陶瓷类、木质类物品一起摆放，不适合将其与金属物品同放，并且不适合放在红色容器内。

忌180 肖狗、兔者忌置金鸡

根据生肖的相生相克，肖狗、兔者与鸡属相相克，所以这两个生肖不宜置鸡的吉祥物。

忌181 花开富贵忌与金属物品同用

花开富贵为木质品，在五行生克中，木与金是相克的，所以不宜将其摆放在金属物品旁边；更不宜放在金属桌面上，否则起不到作用，甚至会带来不利的影响。

▲花开富贵不宜放在金属桌面上。

忌182 肖鼠者忌使用马吉祥物

生肖属鼠的人，他的相冲凶物为马，所以不宜使用、佩戴这种动物造形的吉祥物。

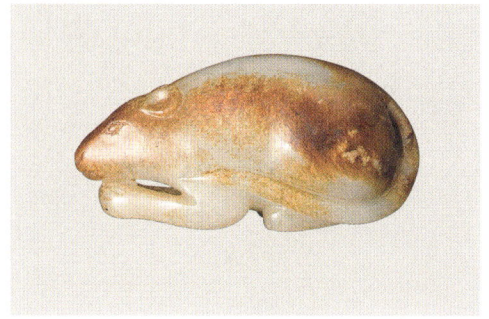
▲ 鼠

忌183 肖牛者忌戴羊吉祥物

生肖属牛的人，他的相冲凶物为羊，所以不宜使用、佩戴这种动物造形的吉祥物。

▲ 牛

忌184 肖虎者忌戴猴吉祥物

生肖属虎的人，他的相冲凶物为猴，所以不宜使用、佩戴这种动物造形的吉祥物。

忌185 肖兔者忌戴鸡吉祥物

生肖属兔的人，他的相冲凶物为鸡，所以不宜使用、佩戴这种动物造形的吉祥物。

▲ 兔

忌186 肖龙者忌戴狗吉祥物

生肖属龙的人，他的相冲凶物为狗，所以不宜使用、佩戴这种动物造形的吉祥物。

▲ 龙

忌187 肖蛇者忌戴猪吉祥物

生肖属蛇的人，他的相冲凶物为猪，所以不宜使用、佩戴这种动物造形的吉祥物。

忌188 肖马者忌戴鼠吉祥物

生肖属马的人，他的相冲凶物为老鼠，所以不宜使用、佩戴这种动物造形的吉祥物。

▲ 马

忌189 肖羊者忌戴牛吉祥物

生肖属羊的人，他的相冲凶物为牛，所以不宜使用、佩戴这种动物造形的吉祥物。

▲ 羊

忌190 肖猴者忌戴虎吉祥物

生肖属猴的人，他的相冲凶物为老虎，所以不宜使用、佩戴这种动物造形的吉祥物。

忌191 肖鸡者忌戴兔吉祥物

生肖属鸡的人，他的相冲凶物为兔子，所以不宜使用、佩戴这种动物造形的吉祥物。

▲ 鸡

忌192 肖狗者忌戴龙吉祥物

生肖属狗的人，他的相冲凶物为龙，所以不宜使用、佩戴这种动物造形的吉祥物。

▲ 狗

忌193 肖猪者忌戴蛇吉祥物

生肖属猪的人，他的相冲凶物为蛇，所以不宜使用、佩戴这种动物造形的吉祥物。

附 录

这部分内容是对"居家风水宜忌"的一个补充。"风水名词注解"是为了帮助我们更轻松地获取本书中的知识;"居家吉方位图解"是一个非常重要的内容,从整本书中总结出来并以图文示之,作一个强调;"风水宜忌小故事"则是以故事的形式,让居家风水宜忌生活化,让我们在生活中学会运用本书的知识。

附录一：风水名词注解

风水是一种由实践积累起来的经验所形成的人居环境选择、优化的实用技术，是一种由中国古人的唯物唯心学术混杂而形成的学派。风水内容博大精深，要想真正了解风水，必须先要弄清楚一些风水名词的基本意义。

01.风水学

国有国运，城有城运。要保持一个国家或城市和谐稳定的发展，就必须有一个可供依靠、执行的法则。要保证住宅环境良好，居住在其中的人生活得安定幸福，也需要一个好的"居住法则"。

从古至今，中国人一直把安居乐业作为人生的头等大事来对待，中国先民在选择居住环境的实践过程中，逐渐积累了许多的经验，于是产生了指导人们从生存需要出发，结合传统文化意识，对居住环境进行选择、安排与处理，协调人与自然关系的系统化的学问。它教会人们如何寻找适合生存的环境，指导人们如何去选择住宅的位置、朝向，以及室内的装潢布置，并期望好的风水给我们的生活带来便利与好运，让我们丰衣足食、事业顺利、财运旺盛、子孙兴旺……

风水学起源于《周易》，由于《周易》晦涩难懂，因此很多人认为风水学太过神秘。实则不然，风水学其实并不神秘。历史上最早给风水下定义的是东晋的郭璞，他在《葬经》里阐述："气乘风则散，界水则止，古人聚之使不散，行之使有止，故谓之风水。风水之法，得水为上，藏风次之。"意思是说，"风"就是天时，是宇宙星体运动产生的风，也就是流动的空气；"水"就是地利，是大地的血脉，万物生长的依靠。这就是"风水"定义的最早起源，同时，也对风水进行了概括，即通过视察地貌、山向水流以定居地凶吉的一种方式与准则。天文学、地理学和人体科学就是中国风水学的三大科学支柱。天文、地理学和人体科学是中国风水学的三大科学支柱。天、地、人合一是中国风水学的最高原则。

风水学的历史相当久远，早在中国最早的文学总集《诗经》里就有先民相地的记载，如《大雅·公刘》讲述了公刘率领周朝先民迁居幽地时，其中多次提及公刘登高行远，勘察广原京峕，草泽流泉。这说明至少在周代就有了相土尝水等风水实践，不过初步的临场校察地理风水的理论是在汉代才形成的。中国古代科学家仰观天文，俯察地理，近取诸身，远取诸物，经上下五千年的实践、研究、归纳和感悟，才形成了著称于世的东方科学——中国风水学。应该说，风水学的形成，是华夏文明进步的标志，风水学的逐步建立和完善，是华夏文化高度发展和成熟完善的结果。

02. 罗盘

罗盘是理气宗的操作工具，主要由位于盘中央的磁针和一系列同心圆圈组成，每一个圆圈都代表着中国古人对于宇宙大系统中某一个层次信息的理解。

风水师探寻吉地，除靠眼睛观察外，还要使用一些工具，其中最主要的是罗盘，被尊奉为"罗经"，取包罗万象、经纬天地之义。

罗盘分为天盘与地盘两部分，天圆地方，天盘嵌在地盘当中，中有轴可以自由转动。从各种风水书上所载及实物来看，风水罗盘的型制很多，简单的只有二三层，复杂的有多至四十余层者。据专家研究，罗盘可以按制造地域划分为沿海和内地两大式，前者如福建之漳州、广东之兴宁，后者如江苏之苏州、安徽之休宁等。下面以休宁所制的罗盘为例，略作介绍。

第一层是天池，即太极。磁针居于中，红头指向南方，黑头指向北方。风水家认为，太极化生万物。

第二层是先天八卦（多数罗盘为后天八卦）。

第三层是九星，有两种说法。唐代杨筠松的"九星"指的是贪狼星、巨门星、禄存星、文曲星、武曲星、廉贞星、破军星、左辅星、右弼星；宋代的"九星"指太阳星、太阴星、金水星、木星、天财星、天罡星、孤曜星、燥火星、扫荡星。九星与二十四山向、五行相配合，组成艮丙贪狼木、巽辛巨门土、乾甲禄存土、坤乙辅弼木、坎辰申癸破军金、兑丁巳丙武曲金、离壬寅戌文曲水、震庚亥未廉贞火。

第四层是天星，共有二十四个。风水家认为二十四天星下映二十四位，星有美恶，故地有吉凶。

第五层是地纪二十四位，即二十四向，这是内盘，又称正针。二十四位上应天时二十四节气，下行地中二十四山方。在风水术中，二十四向用来定山向、辨水向。盘中指数如指某节气，则生气临在其对应的一方。

第六层是二十四节气。

第七层是七十二穿山，分布于二十四位之下。穿山即穿定来龙，搞清了来龙属何干支，才可辨别吉凶。

第八层是分金，在正针二十四山之下，每山各设五位，合为一百二十，用以避免孤虚龟甲。

第九层是中盘人极二十四位，又称中针人盘，子午对准内盘的壬子和丙午之间，处于二十四山方位向右错开半路，指向北极子午。风水家认为中针上关天星厘度气运进退，下关山川分野地脉赖否。

第十层与第八层相同，但稍有错开。

第十一层是透地六十龙。风水家认为，透加管吹灰，气由窍出。五气行之地，发生万物。地有吉气，土随而起。气透于地中，气雄则地随之而高坐，气弱则地随之而平状，气清则地随之而秀美，气浊则地随之而凶恶。

第十二层是口诀，配合透地六十龙解释吉凶。

第十三层是十二次。

第十四层是十二分野。

第十五层是外盘缝针，子午对准内盘的子癸、午丁之间，处于二十四山方位向左错开半路，指向臬影子午。

第十六层与第八层相同，但稍有错开。

第十七层与第十一层相同，但稍有错开。

第十八层是宿度五行。

第十九层是周天宿度，即二十八宿。

以上介绍的是一个十九层罗盘的情况，至于三十余圈、四十作圈的罗盘，又加上八煞黄泉、八路四路黄泉、阴阳龙、劫煞取用、透地奇门、秘授正针二百四十分数、纳音五行、登明十二将等等名目，不要说局外人看起来目迷神眩，就是一般的风水师也未必弄得明白。如果将风水罗盘简化一下，其基本框架不外乎三盘三针：即内盘正针，起指南针的作用，所指方向为磁极子午；人盘中针，指向北极子午；外盘缝针，指向臬影子午，与正针之间形成磁偏角，用以确定正南方向。其余层次，或多或少，都是微调辅佐的数据，且其功用在风水中说法不同。

罗盘使用的关键是看针，根据天池内磁针的晃动情况判断吉凶。风水家归纳出"罗盘八奇"：一搪，惧也，浮而不定，不归中线，说明地下有古板古器；二兑，突也，针横水面，不归子午，其下必有金属矿质或铁器；三欺，诈也，以磁石引之，针转而不稳；四探，击投也，落针而半沉半浮，上不浮面，下不沉底，或一头沉一头浮；五沉，没也，说明地下有铜器；六遂，不顺也，针浮而乱动；七侧，不正也，偏东偏西，不归中线；八正，收藏中线。前七种情况均不吉，只不过第八种针归中线为吉。风水师如果格水的方向，就用罗盘（托盘）正中的红线（有的用白线）指定水口交合之处，再转动圆罗盘，使磁针与天池海底线平行，再看红线在圆盘上指的是什么字，就可以根据风水理论推定方位之吉凶，若方向不合适，就调整罗盘，直到吉为止。穴位、建房屋等，都采用相同方式。

03.指南针

指南针是中国古人最早发明的，是中国古代四大发明之一。指南针的发展经历了漫长的历史阶段，在不同阶段有不同的形式和名称。它最早的名称叫做司南。

中国古籍中很早就有关于司南的记载，如公元前四世纪的《鬼谷子·谋篇》就记载道："郑子取玉，必载司南，为其不惑也。"在公元前三世纪的《韩非子》中，也有与司南相关的记述："……故先王立司南，以端朝夕"。这些史料表明，远在战国时期，中国古人就已发现了磁石具有吸铁和指极的特性，并且发明了指示方向的仪器。

随着指南技术的进一步发展，中国古人又发明了更方便的指南仪器——罗盘。最早有关罗盘的记载出现在南宋曾三异所著的《因话录》中。当时的罗盘是水罗盘，磁针横串着灯草浮在水面上。到了明嘉靖年间(公元1522—1566年)，又出现了旱罗盘。旱罗盘以钉子支在磁针的重心处，并且使指点的摩擦阻力十分小，磁针可以自由转动。由于磁针有了固定支点，就不会像放在水面那样到处游荡。因此旱罗盘比

水罗盘更适用于航海。旱罗盘的使用西方比中国要早。最早的罗盘只有"南北"两极，其后又加进"东西"，遂成"东南西北"四大方位。为了使用起来更加方便，人们又在"东南西北"的基础之上再细划了八个方位，成为十二个方位。

04.鲁班尺

鲁班尺，亦作"鲁般尺"，为建造房宅时所用的测量工具，类似今工匠所用的曲尺。相传为春秋鲁国公输班所作，后经风水界加入八个字，以丈量房宅吉凶，并呼之为"门公尺"。其八个字分别是："财"、"病"、"离"、"义"、"官"、"劫"、"害"、"本"，在每一个字底下，又区分为四小字，来区分吉凶意义。其八个字及附带的小标格分别代表的吉凶含义如下：

（1）财：吉，指钱财、才能。

①财德：指在财、德善、功德方面有表现。②宝库：可得或储藏珍贵物品。③六合：合和美满。六合为天地四方。④迎福：迎接福。福为幸福、利益。

（2）病：代表凶。指伤灾病患及不利等。

①退财：损财、破财之意。②公事：多指因公家的事如贪污受贿及案件官司等。③牢执：指牢狱之灾。④孤寡：指有孤独寡居的行为。

（3）离：代表凶，指六亲离散分开。

①长库：古有监狱之说。②劫财：破耗及耗损财。③官鬼：指有官煞引起之事。④失脱：物品失落、人离散之意。

（4）义：代表吉。指符合正义及道德规范，或有募捐行善等行为。

①添丁：古时生男孩叫添丁。②益利：增加了财资利禄。③贵子：日后能显贵的子嗣。④大吉：吉祥吉利。

（5）官：代表吉，指有官运。

①顺科：顺利通过考试而获中。②横财：意外之财。③进益：收益进益。④富贵：有财有势。

（6）劫：代表凶，意指遭抢夺、胁迫。

①死别：即永别。②退口：指有孝服之事。③离乡：背井离乡。④财失：财物损失或丢失。

（7）害：代表凶，祸患之意。

①灾至：灾殃祸患到。②死绝：死得干干净净。③病临：疾病来临。④口舌：争执争吵。

（8）本：代表吉，事物的本位或本体。

①财至：即财到。②登科：考试被录取。③进宝：招财进宝。④兴旺：兴盛旺盛。

鲁班尺产生不久即融合了丁兰尺，后又融入寸、厘米。是度量、矫正的重要工具。由于其特殊的功能，在风水文化、建筑文化中表现最为广泛。

鲁班尺有阴尺、阳尺之分，使用时按上阳、下阴使用。阳尺乃指用于阳宅的测量，如企业写字楼、民居等建筑物，家具、门口、房间等都会出现尺寸的吉凶变化，量时红色为吉，黑色为凶。阴尺的使用，从丁（即第三寸处）起计，古人意天一寸地一寸（留二），祠堂、庙、陵墓牌坊、墓碑、石人石马、公仔、纪念堂等，也是红色为吉尺黑色为凶尺。

05. 太极

"太极"是《易经·系辞传》首先提出的哲学概念,又称太一、大一。大即太,太,至高无上的意思;一,整体或绝对唯一的意思。"极"的本义是房屋的最高处,这里引申为至高的东西。

《周易·系辞传》:"易有太极,是生两仪,两仪生四象,四象生八卦。"这是《系辞传》对"易"的宇宙生成图式及"易"的制作过程的描述,即说明太极是天地万物的本原,由太极产生天地阴阳,天地阴阳产生四象即四时,四时又产生出天、地、雷、风、火、水、山、泽八种自然物(以八卦为象征)。太极是一种阴阳未分的原始混沌状态。

《王注》:"夫有必始于无,故太极生两仪也。太极者,无称之称。"以太极为"无",体现了王弼"贵无"的哲学思想。

周敦颐《太极图说》:"无极而太极,太极动而生阳,动极而静,静而生阴,静极复动。一动一静,互为其根。""五行——阴阳也,阴阳——太极也,太极本无极也。"认为阴阳五行均自太极而来,并制定了"太极(无极)——二气——五行——万物"的宇宙生成图式。

06. 八卦

亦称"经卦"、"单卦"或"八纯卦",是《周易》中的八种基本符号。由最基本的构成单位"—"阳爻和"--"阴爻组成卦形,每一卦各有卦名,即乾、震、坎、艮、坤、巽、离、兑。每一卦各由三爻组成,故又称"三画卦"。《易传》认为,八卦主要象征天、地、雷、风、水、火、山、泽等自然现象,每卦又可象征多种事物。关于八卦的起源,有种种传说和猜测,如:"伏羲作八卦说""男根女阴说""原始文字说""龟卜说""结绳说""竹筹蓍草说""天地说""土圭测影说""日月星象说""宫室建筑说""筮数说"等。八卦的上述排列出于《说卦》。以乾坤为父母卦,各统率三男三女,前四卦为阳卦,后四卦为阴卦。每一卦又叫一宫,每一宫又统帅七卦,各卦中所属之卦,各有自己所处的地位,前五个卦分别称为一世、二世、三世、四世、五世,第六卦称为"游魂",第七卦为"归魂"。八卦象征八类事物,《说卦》云:"乾,健也。坤,顺也。震,动也。巽,入也。坎,陷也。离,丽也。艮,止也。兑,说也。""乾为首,坤为腹,震为足,巽为股,坎为耳,离为目,艮为手,兑为口"。

07. 天干

天干有十个,分别为:甲、乙、丙、丁、戊、己、庚、辛、壬、癸。天干被比喻成树干,十个符号象征着宇宙万物从无到有、从小到大、由盛而衰的全过程。

"甲"是指草木从坚硬中破"甲"而出。

"乙"是指草木开始生长,枝叶柔软弯曲。

"丙"通"炳",指草木好像被太阳带来的光明点燃。

"丁"是指草木成长壮实。

"戊"指草木茂盛繁荣。

"己"通"起"或"纪",指草木奋然而起,继续长大。

"庚"通"更",指秋天收成。

"辛"通"新",指草木成熟后有味道,焕然一新。

"壬"通"妊",指万物处于被孕育的状态中。

"癸"通"揆",指万物萌芽。

古时,天干主要是用于天文历法的观测和命名上。这十种不同状态都和太阳的循环运行有着密切关系,表现出《周易》对自然万物的理解。

08.地支

地支有十二个,分别为:子、丑、寅、卯、辰、巳、午、未、申、酉、戌、亥。地支被比喻成树枝,十二个符号象征着宇宙万物的发展变化过程。

"子"通"孳",指万物从地下开始生长。

"丑"通"纽",指被绳子捆绑而扭曲的状态。

"寅"通"演",指万物开始生长。

"卯"通"冒",指万物破土而出。

"辰"通"伸",指万物生长舒展。

"巳"通"已",指万物已经长成。

"午"通"仵",指阴阳相交的状态。

"未"通"味",指万物成熟后的味道。

"申"指万物成熟后的形体。

"酉"通"就",指万物已经成熟到极致。

"戌"通"灭",指万物消亡。

"亥"通"核",指生物存留的种子。

地支与地球的变化有关,天干地支可搭配出六十个组合,是人们用以纪年的工具,称为"干支纪年"。

09.立向

立向,就是用罗盘来确定住宅的坐与向。立向的目的,是找到合适的方位,使龙、穴、砂、水为我所用,让住宅能够停风聚气。

坐,原义就是坐在椅子上,背所向的方位就是坐,面朝的方位就是向。主向就是要确定坐山的度数,确定了坐山,向山自然也确定了。

通常来说,住宅只有一个坐度可用。坐向改变,或者堂局不正,就会无法接纳生旺砂水。但是,现代住宅因为有宅基形状或政府规划等方面的限制,主房的坐向并不由自己做主,这样的话,就只能通过建造门楼来消砂纳水,一山两向的情况比较常见。

10.三元九运

风水上用九星来代表时间,这九星分别是一白星、二黑星、三碧星、四绿星、五黄星、六白星、七赤星、八白星、九紫星。按规定,一颗星管二十年,此为一运;三颗星一组,共六十年,此为一元;这就是三元九运。其中因为五黄星没有依靠,所以将它掌管的二十年,各分给四绿星和六白星十年。

上中下三元组合,共有一百八十年,此为一个正元。古代历法中,每一百八十年就还原一次,即每一百八十年后,纪年方式、节气、闰气、大小月、岁朔等,都和一百八十年前一样。

11. 玄空飞星

玄空飞星是将山向配合元运来看，从而看山水配合室内布局论旺衰吉凶。所谓玄空飞星指的是：一白在坎为贪狼，二黑在坤为巨门，三碧在震为禄存，四绿在巽为文曲，五黄中央为廉贞，六白在乾为武曲，七赤在兑为破军，八白在艮为左辅，九紫在离为右弼。玄空学的实质就是注重元运的旺与衰，以及1~9九个数字的生克制化与命局中的喜忌配合。

12. 时星

时星是九星六种类型之一，时星的推算是最难的。首先和推算值日星一样，先将一年分成两部分，冬至之后到夏至之前，都是顺数；夏至之后到冬至之前，都是逆数。子午卯酉日，冬至后子时时星为一白星，夏至后子时时星为九紫星；辰戌丑未日，冬至后子时时星为四绿星，夏至后子时时星为六白星；寅申巳亥日，冬至后子时时星为七赤星，夏至后子时时星为三碧星。也就是说，冬至到夏至期间，凡是子日的子时，都是一白星为时星，丑时为二黑星，寅时为三碧星，卯时为四绿星，如此类推。而夏至到冬至期间，凡是子日的子时，都是九紫星为时星，丑时为八白星，寅时为七赤星，卯时为六白星，依此类推。

13. 一白星

一白星，是玄空飞星之一，为坎水，叫贪狼星，对应的家庭成员为中男，主管男丁、官贵、文书等事，是九星中的第一吉星。该星生旺时，旺主旺丁旺财，主少年聪慧，文武双全，升官封禄，声震四海。该星衰退时，主败男丁，即容易有桃花劫，容易因酒色破财损家，易患耳病、肾病，甚至性病；女子则容易得子宫癌、乳腺癌，严重时会导致夫妻离异。

14. 二黑星

二黑星，是玄空飞星之一，为坤土，叫巨门星，对应的家庭成员为老母，又叫病符星，主管疾病，是凶星。该星生旺时，主兴家旺业，人贵财丰，但人不聪慧，多为武贵；女子当家时，则主勤劳简朴。该星衰退时，容易招惹官司，招小人暗算，寡妇当家，易患各种疾病，下阴和两腋处最容易生病。

15. 三碧星

三碧星，是玄空飞星之一，为震木，叫禄存星，对应的家庭成员为长男，掌管是非口舌、弄狱，是凶星。该星生旺时，主大发财源，对仕途尤其有利，容易出法官、律师及鬼才。特别旺长房，容易出刑贵和武贵。该星衰退时，容易招惹官刑狱灾，惹来盗贼官司等，易患四肢方面的疾病。

16. 四绿星

四绿星，是玄空飞星之一，为巽木，叫文曲星，对应的家庭成员为长女，主管文化艺术，半凶半吉。该星生旺时，主文贵亨通，容易文章显达，金榜题名，君子加官，平民进财，得贤妻良夫，对考试、

文学创作、学术研究尤其有利。该星衰退时，容易招惹官司，男子酒色败家，女子易淫乱，可能患上肝胆及腰部以下疾病，或发生伤亡、意外事故、自杀等事件。

17.五黄星

五黄星，是玄空飞星之一，叫廉贞星，又叫都天大煞，主管死亡，是最凶险的星。该星位于中宫的时候，就能威崇无比，如同皇帝尽揽四方。该星位于其他宫位时，宜静不宜动，静则能多子多孙，荣华至极；动则容易遭致祸端，轻则灾病，重则死人破财，凶祸连连，官司不停。

18.六白星

六白星，是玄空飞星之一，为乾金，叫武曲星，对应的家庭成员为老父，主管偏财横财，是吉星。该星生旺时，主人丁兴旺，权威显达，升官掌权，富贵荣华。该星衰退时，则容易因赌博倾家荡产，失财失义，有血光之灾，导致孤寡，容易患肺部疾病，且容易致残疾。

19.七赤星

七赤星，是玄空飞星之一，为兑金，叫破军星，对应的家庭成员为少女，主管口舌，是凶星。该星生旺时，主旺才旺丁，对利用口才工作的人极为有利，如歌星、演说家、占卜家，利于在传播通讯业大展拳脚。该星衰退时，则容易遭致口舌是非、盗贼牵连、牢狱横祸、火灾损丁，易患呼吸、口舌及肺部疾病。

20.八白星

八白星，是玄空飞星之一，为艮土，叫左辅星，对应的家庭成员为少男，主管财富，是吉星。该星生旺时，主功名富贵，此时事业有成，功名显达，财源兴旺，置业买房，尤其利于小房。该星衰退时，则容易导致退让田产，失败失义，严重时赌钱破家，容易患手脚、腰脊疾病，易有瘟疫流行。

21.九紫星

九紫星，是玄空飞星之一，为离火，叫右弼星，对应的家庭成员为中女，主管爱情，半凶半吉。该星生旺时，主良好姻缘和桃花运，此时发福最快，富贵荣华，丁财两旺。该星衰退时，容易招致桃花劫，主吐血和同禄，为官罢职，身败名裂，容易患神经、心血管、眼疾等疾病。

22.风水宝地

风水宝地意指一个生气浓盛的地方，包括龙、穴、砂、水、向五大要素。风水宝地通常都是一个山环水抱的环境，北边有绵延不绝的群山，南边有远近相互呼应的山丘，左右两侧有山呈环抱之势进行护卫，中间部分地势宽阔，有弯曲的流水环抱。

其实，风水宝地就是指最适宜人类居住的场所。屋后有靠山是为了阻挡冬季北方吹来的寒风；流水的朝向能接收夏季南面吹来的凉风，还利于灌溉、交

通、养殖；向阳的朝向能有效地吸纳阳光；缓坡阶梯的地势可以有效避免洪涝灾害；周围的植被不仅能保护水土，还能营造良好的小气候。这样的风水宝地，事实上就是指能营造一个有利于人类生存的有机生态环境。

23.藏风

藏风是指穴场（具体指住宅或墓地）四周形局紧密，能卫护穴庭，使住宅或墓地不受外风侵袭而耗散"生气"。经曰"气乘风则散，界水则止。"风水学家认为，生气因水而聚，因风而散。因此要卫护生气，就必须将"风"收藏起来，使"生气"得以流通聚集，形成好的风水。具体来说，就是要使住宅或墓地布局完密，前后左右有山或物品环围，这样才能藏风而不致使生气荡散。根据这个原理，选址时就一定不要选择高垅之地，因为寒风会从上向下降下，而生气最怕的就是风寒，很容易就会被寒风吹散。在对穴场进行布局时，也要从这个原理出发，使穴场四周保证密固，从而使生气避风而凝聚，一旦有空缺，就可能让风荡于室，不仅不能带来吉祥，还可能导致灾祸的产生。若是将穴场地址设在平原之地，生气沉潜于地下，自下上升，就不怕风吹荡散，即使穴场八面无蔽，也无害于生气凝聚。是以藏风主要是针对山区、丘陵的穴场而言的。

24.聚气

聚气是指穴场周围的生气聚集在一起，这是好的风水特征之一。风水学中以气为万物本源，它分化出阴阳，又分出金木水火土五种物质，这些物质的盛衰消长都有不可改变的规律，并且有了祸福。这些祸福都是由气来决定的，若能得好的"气"——生气的庇佑，就能得福避祸。而生气藏于地中，人不能见到，只能根据山川的走向来寻找生气聚集的地方。若将逝者葬在生气聚集的地方，以枯骨之身吸收周围的生气，就能得福。父母骸骨为子孙之本，子孙形体乃父母之枝，本与枝相应，得吉则神灵安、子孙盛。郭璞在《葬经》中关于这一点有详细论述："葬者，乘生气也。夫阴阳之气，噫而为风，升而为云，降而为雨。行乎地中而为生气，行乎地中发而生乎万物。人受体于父母，本骸得气，遗体受荫。盖生者，气之聚凝，结者成骨，死而独留、故葬者，反气内骨，以荫所生之道也。经云：气感而应鬼福及人，是以铜山西崩，灵钟东应，木华于春，栗芽于室。气行乎地中，其行也，因地之势；其聚也，因势之止。丘陇之骨，冈阜之支，气之所随。经曰：气乘风则散，界水则止，古人聚之使不散，行之使有止。"

与生气相对应的是死气，会给人带来灾祸。所以不论是阴宅还是阳宅，都要注意乘生气、避死气。《黄帝宅经》云："每年有十二月，每月有生气死气之位。……正月生气在于癸，死气在午丁；二月生气在丑艮，死气在未坤；三月生在寅甲，死

气在申庚；四月生气在卯乙，死气在酉辛，五月生在辰巽，死气在戌乾；六月生气在巳丙，死气在亥壬；七月生在于丁，死气在子癸，八月生气在未坤，死气在丑艮；九月生气在申庚，死气寅甲；十月生气在酉辛，死气在卯乙；十一月生在戌乾，死气在辰巽；十二月生气在亥壬，死气在巳丙。"这是说，每个月都有生气和死气，具体的方位，则是罗盘上用八卦、天干、地支表示的方位。风水先生看地时，手持罗盘，首先看清本月中生气和死气所在的方位，以生气方位动土为吉，以死气方位动土为凶。

25.生气

气是六合太初之清气，化而生乎天地万物者，乃万物之源。生气即太初清气的形态之一，郭璞《葬经》："葬者，藏也，乘生气也。"注云："生气即一元运行之气，在天则周流六虚，在地则发生万物，天无此则气无以资，地无此则形无以载，故磅礴乎大化，贯通乎品汇，无处无之而无时不运也。"一气化而生阴阳，折而为五行，故亦名阴阳之气、五行之气。《葬经》云："夫阴阳之气，噫而为风，升而为云，降而为雨，行乎地中而为生气。"因其行乎地中，其形不见，故又名内气。风水家认为内气行则万物发生，内气聚如山川融结，故土为气之外体，水为气外形，是以山水之势行，即气脉之行，山水之势止，即气脉之止。山水之奇秀明丽者，乃地中吉气即生气所融结。《葬经》所谓"内气横形，外气止生"即指此意。风水家又认为，人

与父母之身体，皆为生气凝聚而成，子嗣为父母所生，体气有相通之处。父母亡后，葬之于灵气聚集之地，则父母之形体不仅不腐，反可受气，父母之本骸得气，其遗留之体——子嗣则以体气相通之故而能感受生旺之真气。《葬经》云："经曰：气感而应，鬼福及人。"注曰："形穴既就，则山川之灵秀，造化之精英，凝结融会于其中矣。苟盗其精英，窃其灵秀，以父母遗骨葬于融合之地，由是子孙之心寄托于此。以人心之灵合山川之灵，故降神孕秀，以钟于生息之源，而其富贵、贫贱、寿夭、贤愚、靡不修系，至于形貌之妍丑，并皆自象山川之美恶。故嵩岳生申，尼丘孕孔，岂偶然哉？"因此所谓葬事，即以父母之体葬于山川灵秀一生气凝聚之所，以期己身及子嗣感应其生气受福。是以风水之事，举凡寻龙脉、察形势、觅星峰、辨水源、测方位、定穴场、倒仗放棺究深浅，诸如此类，其最终目的，即是求乘生气。

26.形势

形势，指龙脉与结穴之处的势态与形状。郭璞在《葬经》中说："千尺为势，百尺为形。"注曰："千尺言其远，招一枝山之来势也。百尺言其近，指一穴地之成形。"择穴的主要目的，是葬时乘以生气，而生气无形，唯有考其形然后可得。《葬经》原文说："夫气行地中，其行也，因地之势，其聚也，因势之止。善葬者源其起，乘其止。"因此，尽管气有升沉聚散、变幻莫测，行于龙脉亦行踪飘忽、委蛇东西或为南北。但其始发之时，必有势可寻，

得势则得其来去。又因山之形色，缘气而生，因而，形即气的外在形态。缪希雍在《难解二十四篇》中说道："气者，形之微；形者，气之着。气隐而难知，形显而易见。"《葬经》亦云："形止气蓄，化生万物为上地也。"因此，察势辨势，形是望气寻穴的关键。杨筠松之《疑龙经》有云："真踪入穴有形势，形势真时寻穴易，若不识形穴难寻，左右高低如何针。"

由此可见，形与势二者不可或缺。

27.起伏

地势的高低落差叫做起伏，风水学认为"起"是指星峰高出山之外，"伏"是指龙脉隐于土地之中。龙有起伏才表示这条龙是生活、有精神的，若没有起、伏，就是"呆块"——顽蠢的死龙。《葬经》说："葬乘生气。""气"贵于"生"；生者，活也，龙脉有起伏才是活的，才有藏风聚气，界水止气的形势。

28.青龙

青龙，本为东方七宿角、亢、氐、房、心、尾、箕之生象。

《礼记·曲礼上》中说道："左青龙而右白虎。"青龙在此用以指军队阵势之左方队伍。堪舆家用以指穴场左方之山形。郭璞之《葬经》有云："夫葬以左为青龙。"青龙亦指阳宅左方之流水。《阳宅十书》上说："凡宅左有流水谓之青龙。"风水学家认为：青龙之山，应该明净舒展、蜿蜒柔顺，其势略高于白虎，与白虎相互呼应，左环右绕，拱护明堂。郭璞在《葬经》中说道："青龙蜿蜒。"蜿蜒既是说山之回曲缠绕，也是指龙之偎护抱持，在山言蜿蜒，在人则言婉娩、婉娈，意谓青龙之于明堂，当如贤女之相夫主，明丽娴婉，柔顺和美，相从相随。故经注曰："左山恬软、宽净、展掌，而情意婉顺也。若欹反倔强，突兀僵硬，则非所谓蜿蜒也。"欹反倔强"，言其突兀高耸、反背明堂为不详之象。"二十六怕"所谓"龙怕凶顽"，"十不葬"所谓"十不葬龙虎尖头'，即是指此。

穴左若无青龙，为"左右皆空"，是十贱之地，葬之主家人不吉，失夫寡居，衣食生愁。有青龙而无拱持之态，似欲飞去，亦为贱穴。阳宅方地，若朝东面有内凹缺口，风水术认为是"青龙开口"，为福禄吉地，筑宅而居，人丁兴旺，财喜神至。

清代高僧彻莹和尚在《地理直指原真·审砂论》中说道："如青龙首有山水来者，必是顺龙翻身逆结，一定青龙砂生来先到堂，当立旺向或墓向之穴，盖青龙乃是顺水之砂，若逆龙见之，反作进神。"《葬经》中说道："逆龙若见顺水砂，久远富贵家。"

29.白虎

白虎，本为西方七宿奎、娄、胃、昴、毕、参、嘴之生象。《礼记·曲礼上》上说："行前朱雀而后玄武，左青龙而右有白虎"。又云："前南后北，左东右西，朱雀、玄武、青龙、白虎，四方宿名也。"风水术用白虎来指穴山右方之地形。郭璞在《葬经》中说道："经曰：地有四势，气从八方，故葬者以左为青龙，右有白

虎……"白虎也用来指阳宅右边的大道。《阳宅十书》中说道："凡宅，右有长道谓之白虎。"风水术认为，白虎应该低缓俯伏，其势当较青龙更为柔顺，与青龙相互呼应，左回右抱，拱护明堂之生气。郭璞的《葬经》所谓"白虎驯俯"者是也。《明堂经》云："白虎弯弯，光净土山，鲲如卧角，圆如合环。具此形乃得其真。半低半昂，头高尾藏，有缺有陷，折腰断梁，虎有此形，凶祸灾殃。"此皆言白虎之于穴场，当如右卫护明主，忠诚臣伏，以托主势，若凶露峥嵘，是心怀异谋，于主不利，残缺破损，亦显卫护无力。"十不葬"所谓"十不葬龙虎尖头"；"十富"所谓"三富降龙伏虎"；"十贵"所谓"七贵圆生白虎"；"二十八要"所谓"虎要缠"；"二十六怕"所谓"龙虎怕压穴"、"龙虎怕断腰"、"虎怕窜堂"等，皆为此意。倘若右无白虎，是为左右皆空，十贱之地，主孤寡清贫，衣食生愁。

30.朱雀

朱雀，本为南方七宿井、鬼、柳、星、张、翼、轸之生象。亦称朱鸟。

《史记·天官书》："南宫鸟。朱，赤色，火，为南方五行之象，故名。"堪舆家用以指穴场前方的山水形局。郭璞之《葬经》有云："夫葬以……前为朱雀，后为玄武。"朱雀亦用来指阳宅居室前方的地形。

《三辅黄图·未央宫》有云："青龙、白虎、朱雀、玄武，天之四灵，以正四方，王者制宫阙殿阁取法焉。"风水学家认为，朱雀若为山形，应端庄耸拔且活泼秀丽，

向山含情朝拜而为歌舞。因此《葬经》上说："朱雀翔舞……朱雀不舞者腾去。"注曰："前山耸拔端特，活动秀丽，朝揖而有情也。"又曰："前山反背无情，上正下斜，顺水摆窃，不肯盘旋朝穴，若欲飞腾而去也。"朱雀如是水形，水为地中生气之形应，故亦当屈曲回旋，如百官之朝君王。若斜飞冲激而去，即是凶相。"十贱"所谓"二贱朱雀消索……七贱山飞水走"；"二十八要"所谓"山要环，水要绕"；"二十六怕"所谓"水怕返跳"、"水怕牵牛直射"、"水怕反局倾泻"等，皆是此意。

31.玄武

玄武，本为北方七宿斗、牛、女、虚、危、室、壁之生象。玄武为北方太阴之神，其形为龟蛇之合体。位在北方，因而称玄，身有鳞甲，故而名武。

风水术中指穴场后面的山。《葬经》上说："夫葬以……后为玄武。"玄武也用来指阳宅后面的小山。《阳宅十书》上说："凡宅……后有丘陵谓之玄武。"风水家认为，玄武之山，应该低头俯伏，山势渐向穴场下垂，迎受葬穴。郭璞在《葬经》中说道："玄武垂头。"注曰："垂头言自主峰渐渐而下，如故受人之葬也，受穴之处，浇水不流，置坐可安，始合垂头格也。若注水即倾泻，立足不住，即为斜泻之地。《精华髓》说：'人眠山上人方住，水注堂心穴自安。'亦其义也。"实际上，对玄武的要求，一如青龙、白虎、朱雀，都应朝迎俯伏，环抱有情。廖希雍在《葬经翼·

四兽砂篇》中说道："后有真龙来住，有情作穴，开面降势，方名玄武垂头，"如果昂首他顾，则为无情，为凶地。又若无玄武之山，则前后穿风，气无以聚，为十贱之地。

32.明堂

明堂本为天子理政，百官朝拜之所，举凡朝会、祭祀、庆典、选士诸大典，都在此举行。风水中的明堂，指穴前群山环绕，众水朝谒，生气聚合之场。缪希雍在《葬经翼》中说道："明堂者，穴前水聚处也。"明堂可分为小明堂、中明堂、大明堂，又有内明堂、外明堂之别。凡大富贵之地，必内外明堂俱全。明堂以藏风聚气为要，必须诸水朝拱，即或无朝聚之势，亦须水口关拦，锁结重重。廖踽在《泄天机·明堂入式歌》中说道："明堂贵乎能聚气。散气却非宜。"刘基在《堪舆漫兴》也说道："明堂食邑宜宽广，诸水朝来富可知，更爱湾环并方正，还期交锁及平夷。"明堂之广狭，与龙势相关。龙势远大，堂宜宽广，龙势近前，堂宜小巧。如此方合形势。山谷之内，明堂以宽为好，狭则真气难以生发。然宽以不空旷无当为度，如果垣局关拦依稀渺茫，虽有如无；平洋中，又以狭为佳，宽则生气易为飘散。狭以不逼迫窄陋为限，太狭则如坐井观天，子嗣难为轩昂豁达之人。

明堂宜平坦方正，忌狭长斜泻之形，又忌石山堆阜，多荆棘种植。杨筠松在《撼龙经》中说道："明堂断定无斜泻，横案重重拜舞低……第一宽平始为贵，侧裂倾堆撞射身，急泻奔腾非吉地。"刘基在《堪舆漫兴》中说道："明堂最怕形势长，又怕有枪刺穴场。去水卷帘财自散，观天坐井嗣难昌。"

33.天门

又名天关、上砂，指穴场水流的入口处。《入地眼图说·水口》云："入山寻水口……凡水来处谓之天门，若来不见源流谓之天门开。"凡大龙正身结穴，上砂尤显重要。因为结穴处龙势顿伏，多分枝脚而逆转者少，上砂不密则八风吹穴，生气乘风而散，枝龙结穴，亦须上砂一臂逆转包裹，使穴中不见正龙背处。如此方有融结，是以枝龙非上砂不真。堪舆俗谚云："山管人丁水主财。"水源即是财源，以其源远流长广阔深泓而汇集为贵，故天门以开阔通畅为贵。徐善继《人子须知·砂法》云："天门亦名三门，在法天门欲其开阔……盖穴之左右，不向青龙白虎，但水来边谓之天门……宜开阔通畅。"太窄则外财滚滚而不入。但水又多带神煞，是以天门固欲其开，荡然无制，直射穴场则凶。要以弯环缠绕而不见其源、悠扬畅达而揖穴者为佳。《地理大全·山法全书·卷首》曰："源宜朝抱有情，不宜直射关闭。"

34.地户

亦称五户、地轴、下手、下臀、下砂、下关，指穴场水流的出口处。徐善继《人子须知·砂法》云："地户亦名五户，欲

其闭密。盖穴之左右，不问青龙白虎，水去一边谓之地户，要高嶂紧密，闭塞重叠，引水去方吉。"风水家认为，地户紧密，是真龙结穴的征应。缪希雍《葬经翼·难解二十四问》云："是知枝龙无上砂不真，干龙无下砂不住。"黄炒应《博山篇·论水》云："寻龙门，点穴户，水口密，下砂顾。龙若住，水口狭，若不住，便宽阔。"水气即生气之外在形态，是以下关缠护周密，有捍门华表守御，有罗星曜气遮护，有剑戟旌旗，车马狮象鹅雁鸾凤簇拥者，生气止聚而不泄，必结大贵之地，若下关空旷，则不须寻穴。水气亦是财气之象征，地户周密则财不外泄。《入地眼图说·水口》云："水去处谓之地户，不见水去谓之地户闭。夫水本主财，门开则财来，户闭则财用不绝。"若然全无关拦，水流直去，是财散人亡之象。《地理大全·山法全书·卷首》："去口宜关闭紧密，最怕直去无收。"

35.砂

指龙穴四周的山。砂本为砂粒，风水师在研究和传授风水术时，常以砂堆成龙穴形势之图，故名。砂所指极为广泛，举凡朝迎护卫之山水，都包含在内。徐善继《人子须知·砂法》云："夫砂者，穴之前后左右山也。……前朝、后乐、左龙、右虎、罗城、侍卫、水口诸山，与夫官、鬼、禽、曜、皆谓之砂。"砂又有侍砂、卫砂、护砂、朝砂、迎砂之名。风水家言：两边鹄立，名曰侍砂，能遮恶风，从龙拥抱是朝砂；外御凹风，

内增气势，绕抱穴前是迎砂，面前特立是卫砂。根据风向，又以挡风者为上砂，反之为下砂。穴与砂之间，构成君臣关系，砂要清秀圆润，如后宫之娥婚佳丽；要朝迎揖逊，如殿下之群臣拜伏；要簇拥相从，如君主的龙贲虎卫。又如名将将兵，一呼百应。刘基《堪舆漫兴》云："触结真今将坐营，前后左右拥干兵，一呼百喏真堪爱，此结方知是大成。"又曰："大地还须看护缠，缠护抱穴福无边，漏胎孤露必为假，此理能明值万钱。"砂呈现出一定的形状，风水家以贪狼、廉贞等九星名之，尖圆方正为吉星吉砂，残缺破碎者为凶星凶砂。砂之凶吉预示人的祸福。风水家认为，山厚人肥，山瘦人饥，山清人贵，山破人悲，山归人聚，山走人离，山长人勇，山缩人低，山明人达。山暗人迷，山顺人孝，山逆人忤。砂形好坏，并不全在天然，"横看成岭侧成峰，远近高低各不同。"风水师在选穴位时若能匠心独运，则向背俯仰，全在安排之中，点穴正位与否，亦全赖乎此。

36.穴

本指古人所居的土空。《诗经·绵》："古公父，陶复陶穴，未有家室"。又指古人死后的葬处，《诗经·王风·大车》："谷则异室，死则同穴。"亦可指人身经脉气血行聚之处。《素问·气穴论》："凡三百六十五穴，针之所日行也。"风水术中的穴，或称龙穴，正基于上述三种意义，指生人或死者的居住之地，而其地以得龙

脉生气止聚之处如人身经脉气血聚会之穴位者为佳。缪希雍《葬经翼·察形篇》云："穴者，山水相交，阴阳融聚，情之所钟处也。"徐善继《人子须知·卷首》："穴者，盖犹人身之穴位，取义至精。"与人身穴位不同的是，风水中的穴场更加变幻多体，有高有低有大有肥有瘦。黄妙应《博山篇》云："五龙作穴，横、直、飞、潜、回、穴变多歧。高忽而低，亦低而高，北忽行南，亦东而西。有闪走的，有斜飞的，有背水的，有临岸的。穴有正体，有变体。"依其形状，有窝穴、钳穴、突穴、乳穴。因其在龙脉上的位置多变，依其受气方式的不同又可分为受灾、分受穴、旁受穴。另外，还有真穴、假穴、福穴、贵穴、贫穴、贱穴，其特例，有怪穴，有病穴。各种类别，纷繁复杂。风水家对穴的总体要求是：势大、形正、聚气、威风。《管氏地理指蒙·复向定穴》云："欲其高而不危，欲其低而不没，欲其显而不彰扬暴露，欲其静而不幽囚哑噎，欲其奇而不怪，欲其巧而不劣，欲其正而不冲不兀，欲其辅而不倚不孛，欲其横卧有怀而不挺，欲其蟠抱有蕴而不噎，欲其收拾而不隘不舒，欲其专一而不竞不泄，欲其骑而不卸，欲其怀而不别。"

37.东西四命

命理学依三元九运把人的命卦分为坎、离、震、巽、乾、坤、艮、兑八种。其中坎、离、震、巽等命卦在阳宅学上称为"东四命"，乾、坤、艮、兑则称之为"西四命"。

38.东西四宅

八卦的乾、坎、艮、震、巽、离、坤、兑各有自己的五行属性，乾、兑属金，震、巽属木，坤、艮属土，坎属水，离属火。根据五行的生克原理，它们之间自然形成了两组相生的体系。第一组为水生木、木生火，即是"坎、离、震、巽"，其中震巽居于东方，所以称为"东四宅"。第二组为土生金，即是"乾、兑、坤、艮"，其中乾、兑、坤三卦都居于西方，所以称为"西四宅"。

39.八宅吉、凶方

八宅的八个方位分为四个吉方，四个凶方。四个吉方分别叫生气、延年、天医、伏位；四个凶方分别叫五鬼、六煞、祸害、绝命。

40.生气方

生气方位，对应的是九星中的贪狼星，属木，原方位在东方，是九星中的第一吉星。星主十二慈，能出尊贵之人，催旺官运，利于男性，兴旺人丁。它令人有生气，使人凡事积极向上，且多才多艺，是吉庆和顺的象征。应验日期在干支中有甲、乙、亥、卯、未的年月。

41.延年方

延年方位，对应的是九星中的武曲星，属金，原方位在西北方，是九星的第三吉星。该星主和谐、果断，利于外交，使婚姻早，且夫妻和睦，能人丁兴旺，多福多寿。应验日期在干支中有庚、辛、巳、酉、丑的年月。

42.天医方

天医方位,对应的是九星中的巨门星,属土,原方位在东北方,是九星中的第二吉星。该星主健康,利于女性,能旺财、得贵人扶持、祛病消灾、使人忠厚、包容忍让。应验日期在干支中有戊、己、辰、戌、丑、未的年月。

43.伏位方

伏位方位,对应的是九星中的左辅右弼两星,属木,原方位在东南方,是九星中第四吉星。该星主柔顺平和,慈祥宽容,能使男性重视家庭,全家和睦。应验日期在干支中有甲、乙、亥、卯、未的年月。

44.五鬼方

五鬼方位,对应的是九星中的廉贞星,属火,原方位在南方,是九星中的第二凶星。该星主暴躁,会无事生非,易遭致官司、口舌、疾病、车祸、忤逆、盗贼、火灾、鬼邪等。应验日期在干支中有丙、丁、寅、午、戌的年月。

45.六煞方

六煞方位,对应的是九星中的文曲星,属水,原方位在南方,是九星中的第四凶星。该星主口舌是非,会使人度量狭窄、惊恐失常、婚姻反复、人口不宁,男性容易不务正业,女性容易惹桃花,严重的会遭遇忤逆不孝、遇水灾。应验日期在干支中有壬、癸、亥、子的年月。

46.祸害方

祸害方位,对应的是九星中的禄存星,属土,原方位在西南方,是九星中的第三凶星。该星主目瞎耳聋,使人身体虚弱、意见分歧、信心受损、懒散反叛,进而争斗仇杀、人丁受损、官司缠身、孤寡贫穷。应验日期在干支中有戊、己、辰、戌、丑、未的年月。

47.绝命方

绝命方位,对应的是九星中的破军星,属金,原方位在西方,是九星中的第一凶星。该星主冲突,会导致疑难杂症、刀伤、车祸、焦虑不安、官司、子女缘薄、绝后等。应验日期在干支中有庚、辛、巳、酉、丑的年月。

附录二：居家吉方位图解

怎样的方位才是居家的吉方位？在置业购房时，我们应该怎样避免不利的房子结构和不利于自身发展的方位？以下从门吉方位开始，用图解的方式向大家展示居家各方位的风水好坏。

01.大门吉方位

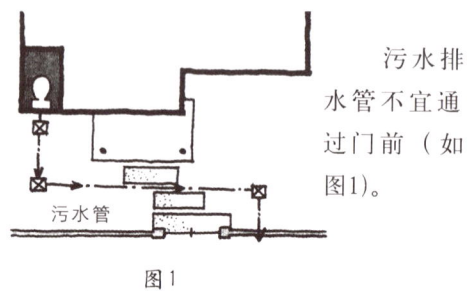

污水排水管不宜通过门前（如图1）。

图1

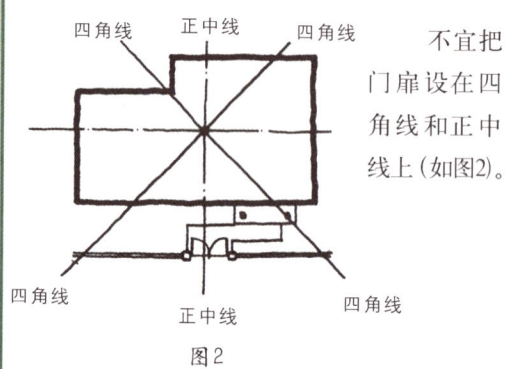

不宜把门扉设在四角线和正中线上（如图2）。

图2

不宜以大型庭石挡住门前通路（如图3）。

图3

大型门楼，应视为另搭盖建筑物（如图4）。

图4

门前通路两旁设假山流水，高度不宜太高（如图5）。

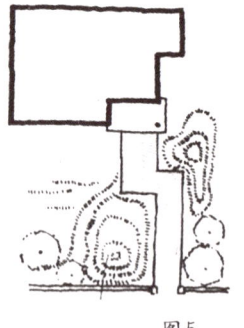

图5

建地比马路高时，大门应设在建地等高的位置（如图6）。

图6

正门与窗户成一直线

打开正门立即可看到房子内部窗户的隔间（如图7），会使气从正门流入后，在未充满整个房子时就立即流走，这和从正门可以看到厨房门的情况相同。这种隔间常见于出租屋和套房。从正门到窗户之间距离越近，这种倾向就越强。

改进之法：在正门对面的窗户或厨房门附近的天花板悬挂水晶球或摆观叶植物（如图8）。借助这个方法，可分散从正门直行而来的气，使之扩散至整个房子中。

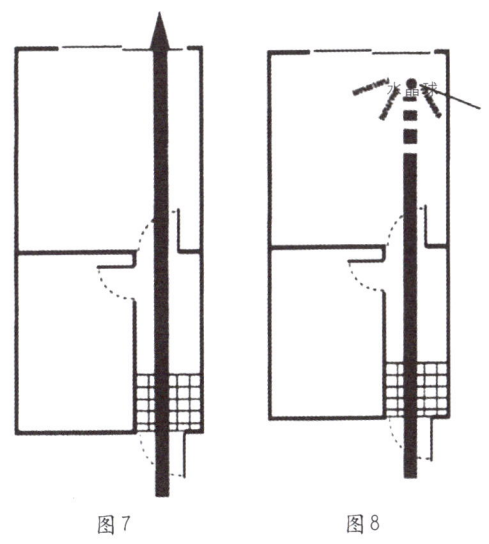

图7　　　　　图8

02.房门吉方位

门不开在墙壁那一侧

如图1所示，门向着房间内侧开，是一般的设计原则。如果门开在墙相反的一侧时，如图2，围绕着居住者的气场，就会受到压缩。

从常识上来考虑，门这种开法，墙和房门之间会显得狭窄，令人觉得拘束。而且，即使打开门也无法看到整个房间，让人萌生不安感，再加上房间中的照明设备被门遮住，使入口变得昏暗。

改进之法：改装门。如果做不到这一点时，可如图3所示，在内侧的墙上安装镜子。借此可以解除入口的拘束感，避免对气场的压迫。

门的旋转法则

间的门也是小的气口。如果按照门的开法来摆设家具的话，会使能量更有效地充满室内。

具体而言，如图4所示，房间的门是向右开时，可由房间的右边起，按照家具的大小顺序向左排列。相反，如图5所示，房间的门是向左开时，可由房间的左边起，按照家具的大小顺序向右排起。这种法则称为"旋转的法则"，最适用于客厅或起居室等比较大的房间。

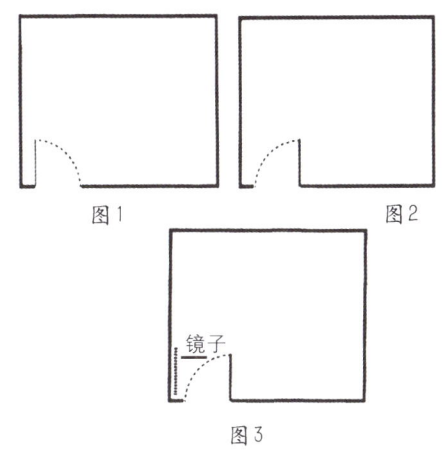

图1　　　　　图2

图3

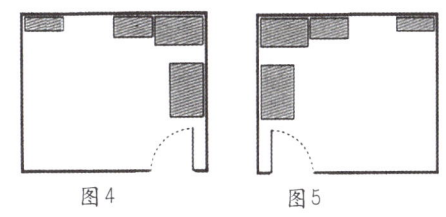

图4　　　　　图5

门与门的接合有明显的偏离

隔着走道的两个门,其接合情况如图6所示时,居住者的气场会受到抑制。由于门的偏离,致使相向房间之间的能量关系遭到中断,两个房间的气无法相互流通,居住者的身体(正确来讲,是身体的气场)就处于微细的"乱气流"之下。

改善的对策是像图7那样,各自在门口对面的墙壁上挂镜子,或贴上自然景观的照片、海报,以创造出象征性的空间。这样做,两个房间就可以产生一种气的交流关系。

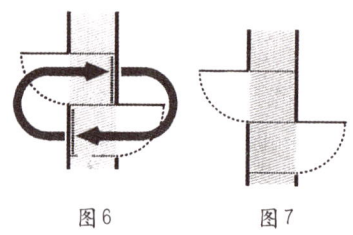

图6　　　　图7

门和门的接合有微妙的偏离

隔着通道相向的两道门,其关系可以说是使居住者的身心形成各种症状的原因。

如图8所示,门与门之间接合情况良好,是没有问题的设计,但仔细一看却有微妙偏离的情况,如图9。两个门的接合情况不良时,很容易使居住者在情绪或健康方面发生障碍,家人关系也会引起纠葛。

而且,在工作上也很容易发生问题。

改进之法:在门框与眼睛同高的位置上(如图10),贴上颜色鲜艳的装饰性邮票或小的照片、装饰品,使其能经常吸引居住者的注意。不过,尽管进行了这样的处置,在这个角的延长线上(对面的房间)也不可摆置床、桌子、沙发等。

03.玄关吉方位

玄关可以看到起居室的隔间

如图1所示,这是玄关和房间的位置关系中最为理想的隔间。一回到家时,如果起居室出现在眼前,内心就会觉得无比的轻松和放心。而且,懒懒地坐在沙发上,一边看电视,一边和家人和乐融融地闲聊,可以解除工作上的紧张和压力。由于家里是安适休息的场所,所以这种隔间对于工作疲累返家的上班族而言,最为理想。

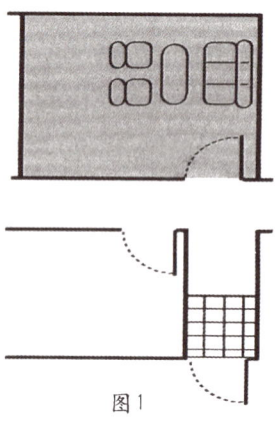

图1

玄关可以看到书房的隔间

如图2所示,这种隔间会提高居住者的向学心、求知欲和工作上的干劲。即使在家中也不会糊里糊涂地过日子,而会将时间花在看书或全心投入于工作

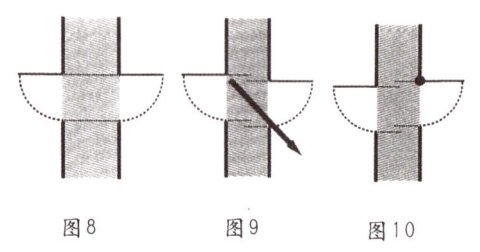

图8　　　图9　　　图10

中，可以说这是适合家中有小孩准备联考的隔间布局。

房子的隔间所创造出来的无意识条件，甚至会影响到我们的生活方式和健康状态，从现代心理学的观点来看，也具有智慧。

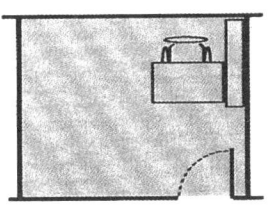

图2

门口鞋柜不宜超过墙面的1/3

如要在大门内外放置鞋柜，其高度只能占墙面的1/3，如图3。皆因墙壁之最上为"天"，中为"人"，下为"地"。鞋子带来灰尘及污秽，故只宜置于"地"之部位。否则，门口玄关部位，污秽不堪，属不吉。

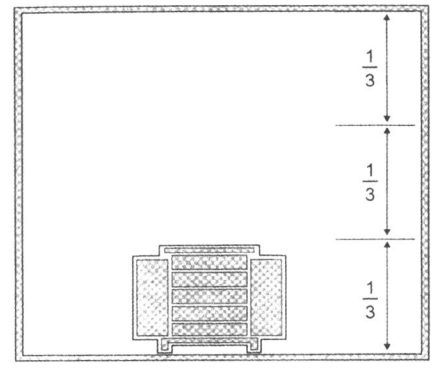

图3

改进之法：移走或更换较低鞋柜。若高鞋柜是固定的无法移走，则柜内的鞋子只可置于低层，高层只可放置其他干净物品。鞋柜应放在门内而非门外。

玄关可以看到厨房的隔间

如图4，住在从玄关可看到厨房的房子或公寓里的人，有一回到家，上衣也不脱立即走向厨房的倾向。打开冰箱往内瞧，寻找东西吃是回家后第一个动作。

平常在家时，也常在厨房或餐厅内度过。

改进之法：在厨房门口加屏风或窗帘，如图5。

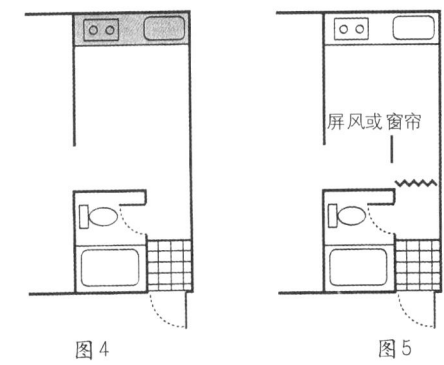

图4　　　　　　　图5

玄关可以看到卧室的隔间

如图6，或许一般人会认为，这是和玄关可以看到起居室的隔间一样，是能令人心情放松的理想隔间。但是，这种隔间因为太过强调轻松的一面，所以让人一回到家就会感到疲劳，而立即需要休息和睡眠。情况严重的话，有欠缺干劲、向上心，陷入暮气沉沉、消极的人生观之虞。

改进之法：可在卧室的门上装面镜子来调整(如图7)。

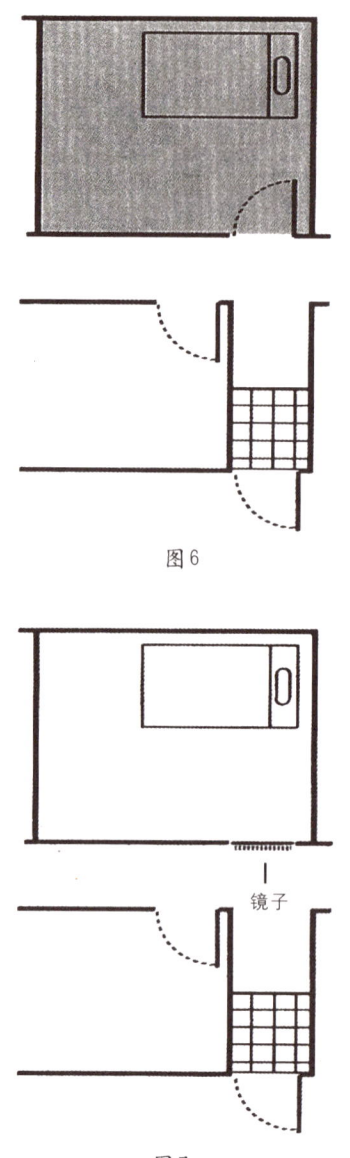

图 6

图 7

可以照到全身的镜子，借此创造出视觉空间感来化解（如图9）。

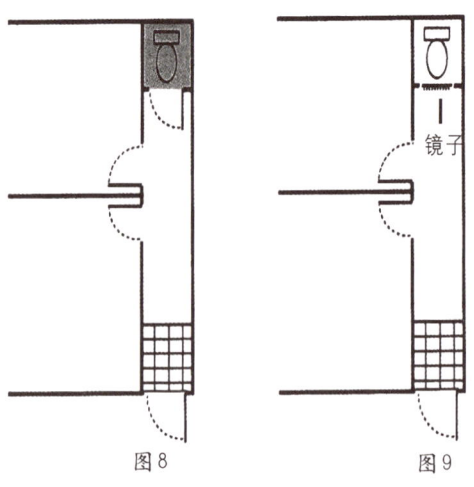

图 8　　　　　图 9

04.客厅吉方位

为了使家中访客增多，应把客厅设在东南方位（如图1）。

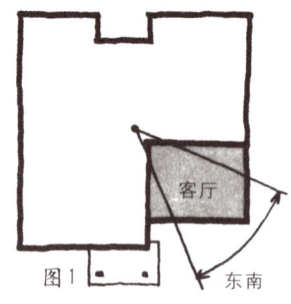

图 1

使用频率较少的客厅，设在东北方位较理想（如图2）。

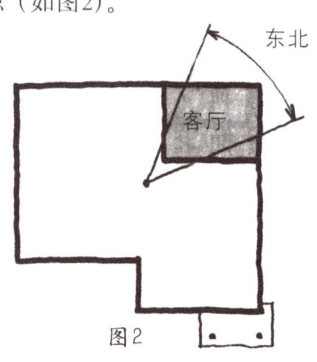

图 2

玄关可以看到厕所的隔间

如图8，住在打开玄关门就可看到厕所的房子或公寓里的人，回家后第一件事就是想上厕所。因为当一进玄关最先看到的是厕所门时，就会在潜意识中唤起人的尿意。

改进之法：可在厕所的门上安装一面

西南方位的客厅不适合用来招待客人（如图3）。

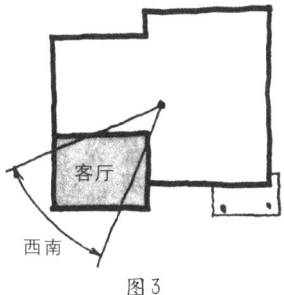

图3

倘若把客厅的一半当作储藏室使用，吉相将减半（如图4）。

图4

客厅的窗户应多摆设盆景较为理想（如图5）。

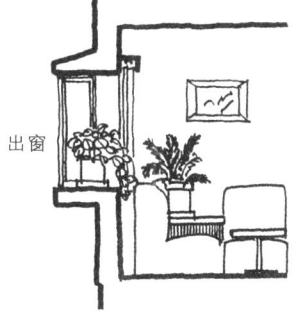

图5

如果将走廊和大厅的延长部分当作客厅使用时，其天花板不可用通透式的（如图6）。

图6

天花板的中间有凹处，吉相会减半（如图7）。

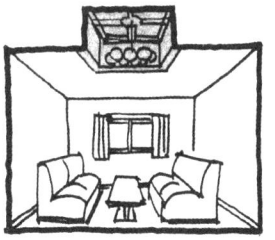

图7

客厅的天花板不宜太低（如图8）。

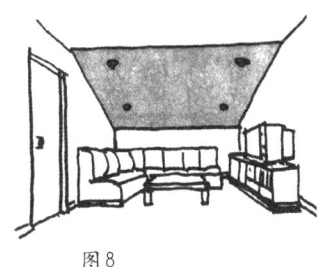

图8

客厅宜方正实用，开扬大气，布局合理，动静分区，作息互不干扰（如图9）。

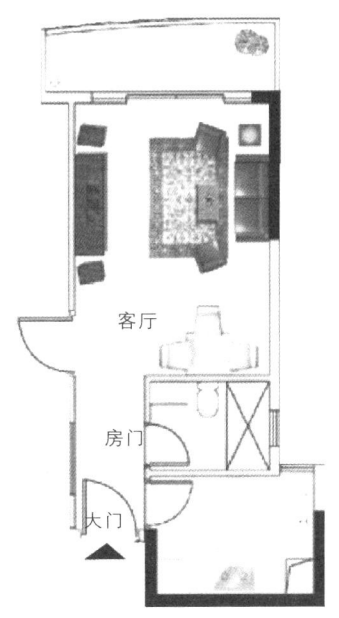

图9

客厅的下方不宜设计成车库（如图10）。

图10

客厅、餐厅主次分明，自然过渡，其乐融融。飘窗、双阳台纳景观于眼底（如图11）。

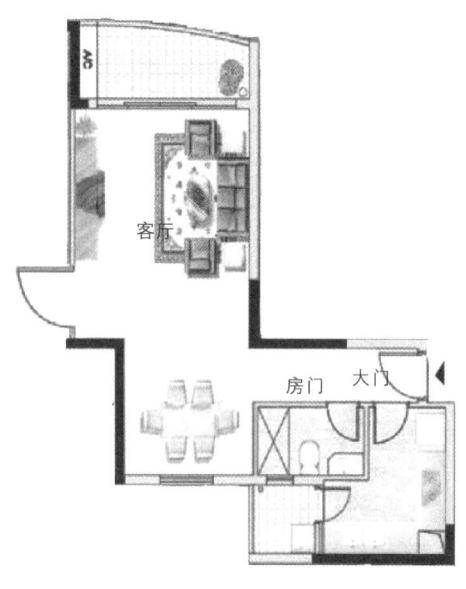

图11

客厅坐北朝南，视野开阔，呈君临之态，可尽览自然风光（如图12）。

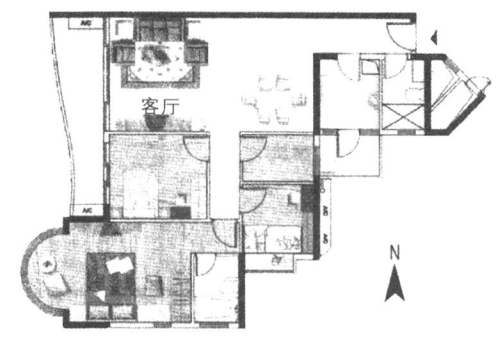

图12

客厅镜子不正对大门

镜子在某些情况下，固然可以避邪，但也会阻挡财气。故镜子不宜正对大门，（如图13）镜子亦不可太大。

改进之法：将镜子移位。若镜子固定嵌在壁上，无法立刻取走，则可贴上海报或壁纸遮掩。

图13

客厅勿隐于屋后

客厅正确的规划应该是一入大门即可到达。若需先经卧室或厨房才能进到客厅，不宜（如图14）。

改进之法：重新规则，客厅应位于入门显要之处。

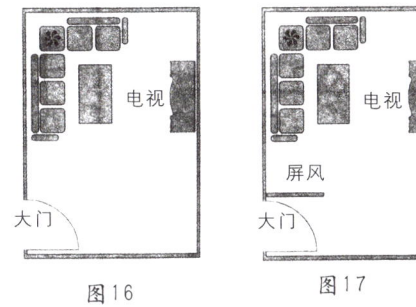

图14

图16　　图17

客厅沙发莫背大门

客厅是住宅的门面，一般公寓住家也兼起居室用。所以，客厅对内为家人休闲聚会之处，对外更具备了接待客人的功能。

客厅内的主要家具有二，一为沙发家具，二为电视及音响等。其摆放以沙发向门为准，如图15；不可背门，如图16。

背门客厅的改进之法：将沙发、电视机移动到正确位置。若背门时，加屏风或设玄关阻隔，如图17。

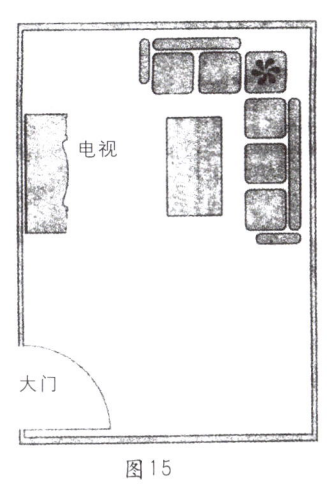

图15

05.餐厅吉方位

餐厅宜在正南方

餐厅自身的方向最好设在正南方，如此一来，在充足日照之下，才有利于家人健康，如图1。

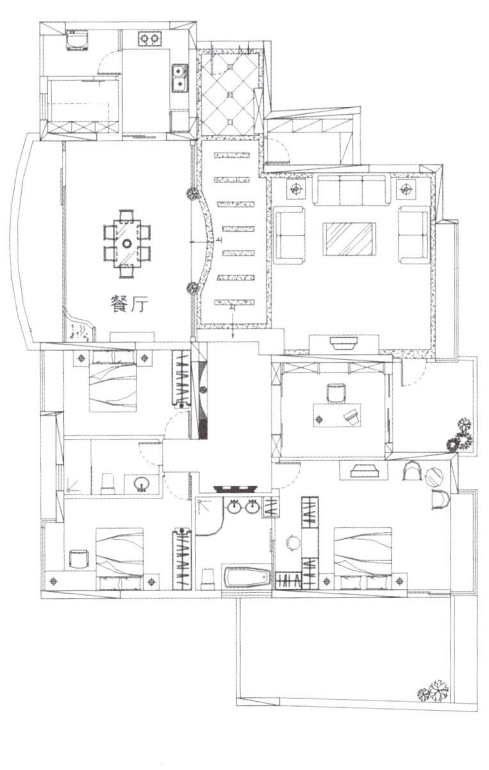

图1

餐厅不宜设在通道

客厅与餐厅之间都有个通道,餐厅不宜设在通道上,如图2。

改进之法:改移餐厅位置,如图3。

餐厅和厨房避免距离过远

餐厅和厨房的位置最好设于邻近,避免距离过远,因为距离远会耗费过多的置餐时间,如图4。

改进之法:重新调整餐厅位置(如图5),将客厅与餐厅位置对调。

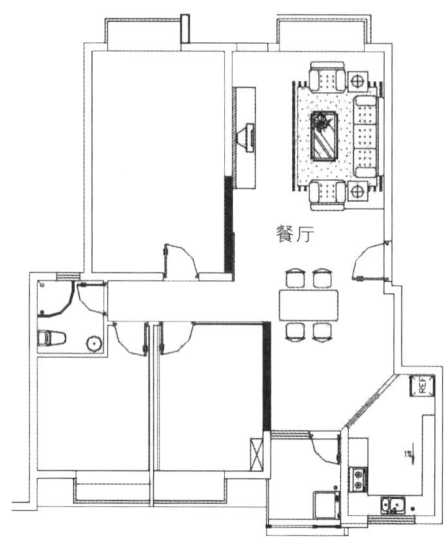

图2

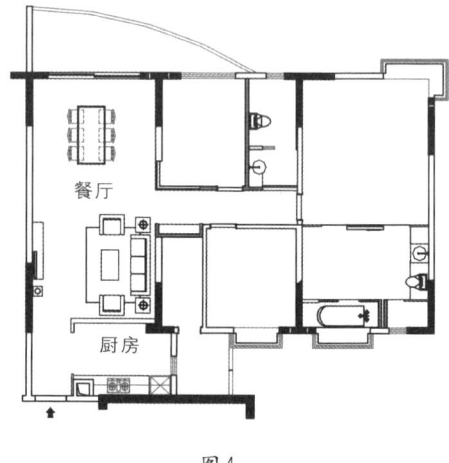

图4

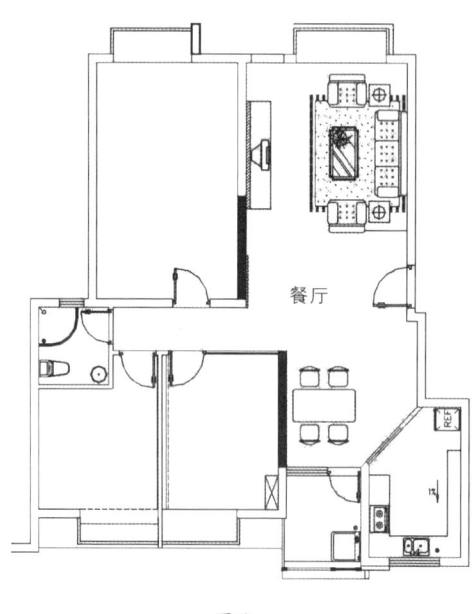

图3

图5

餐桌不可正对大门

大门是纳气的地方,气流较强,所以餐桌不可正对大门,如图6。若真的无法避免,可利用屏风挡住,以免视觉过于通透,如图7。

冰箱宜朝北

若在餐厅内摆放冰箱的话,则冰箱的方位以朝北为佳,不宜朝南,如图8。

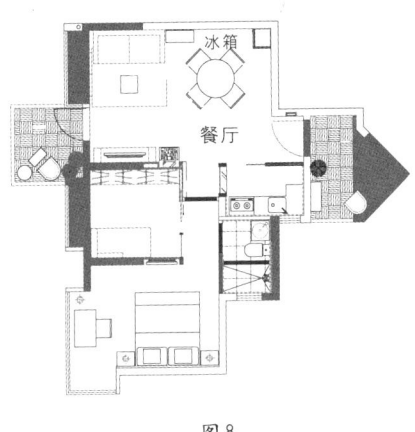

图8

餐厅格局要方正

餐厅和其他房间一样,格局要方正,不可有缺角或凸出的角落。长方形或正方形的格局最佳,也最容易装潢,如图9。

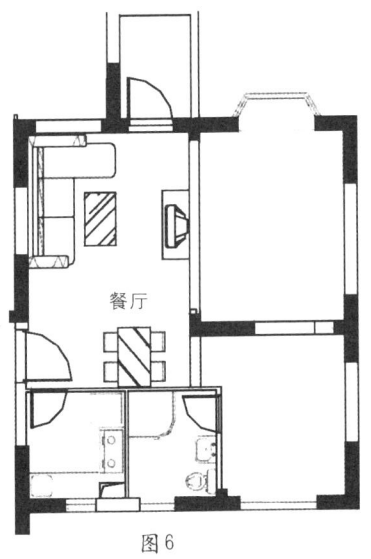

图6

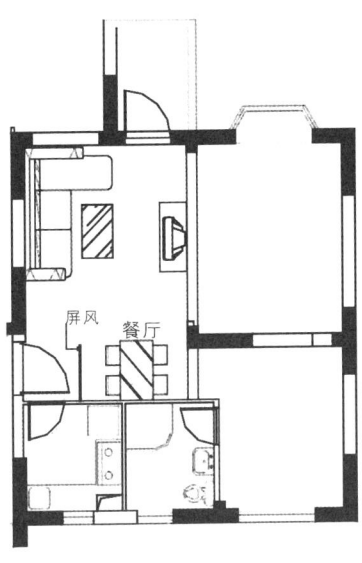

图7

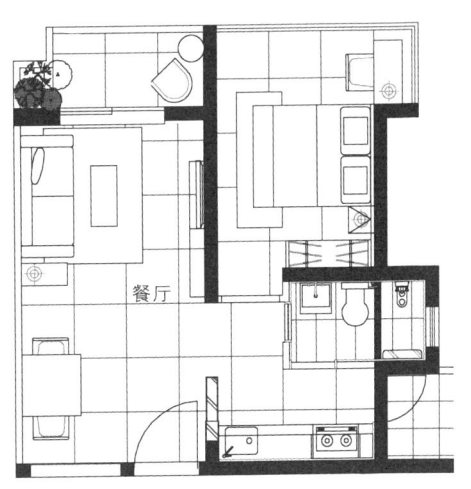

图9

06.卧房吉方位

卧房隔墙并排时,床位不能排成"十"字形(如图1)。

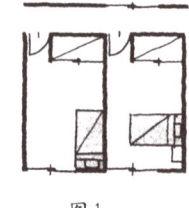

图1

以钢筋水泥做成的房子,应选择通风良好的房间当作卧房(如图2)。

图2

主人的性情较暴躁,应睡在西北方位的卧室(如图3)。

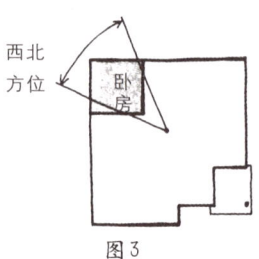

图3

卧房天花板太低,对健康有害(如图4)。

图4

床铺面向北方,较为理想(如图5)。

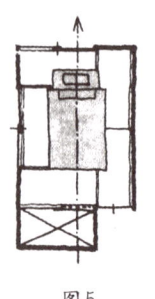

图5

卧房的天花板过分花哨,对性格易产生不良影响(如图6)。

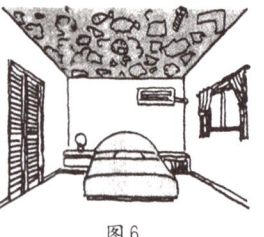

图6

性情较为强悍的主妇,不妨睡在西南方位的卧房(如图7)。

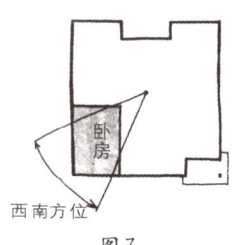

图7

07.儿童房吉方位

位于南方位的儿童房,门扉上方应加设气窗(如图1)。

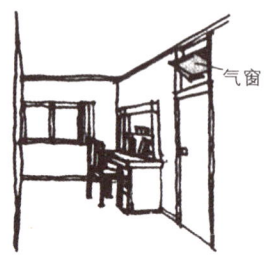

图1

儿童房的吉相方位是东方(如图2)。

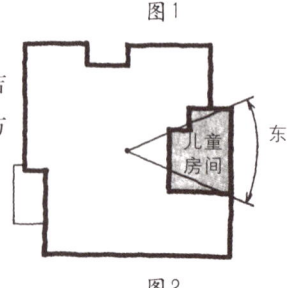

图2

为了使子女学业成绩进步,最好让他朝东睡觉(如图3)。

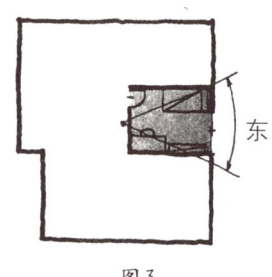

图3

儿童房的桌子最好面对墙壁（如图4）。

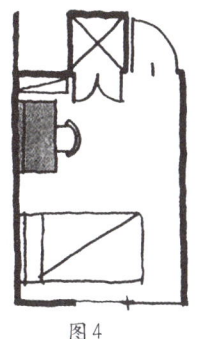

图4

儿童房的下方不宜设置车库（如图5）。

图5

儿童房内的窗户若被树木遮盖的话，会对室内的采光有影响（如图6）。

图6

儿童房天花板的颜色最好采用素色（如图7）。

图7

08.书房吉方位

平常不常用的书房应设在东北方位（如图1）。

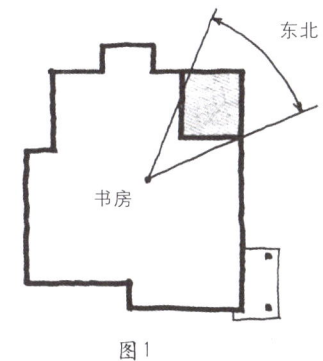

图1

书房中的正中线与四角线上，不能放置暖炉器具（如图2）。

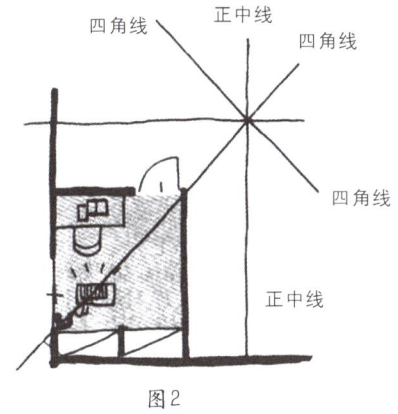

图2

书房的位置应远离马路为宜（如图4）。

书房不宜设在车库上方（如图3）。

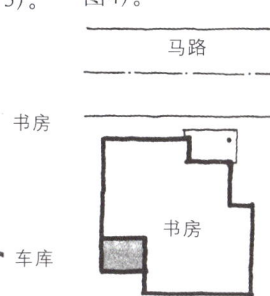

图3　　　　图4

书房内的书桌面对门口为吉（如图5）。

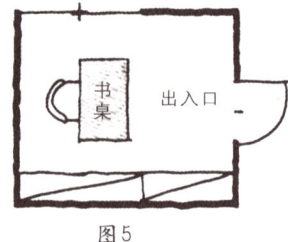

图5

09.厨房吉方位

流理台不宜设在北方（如图1）。

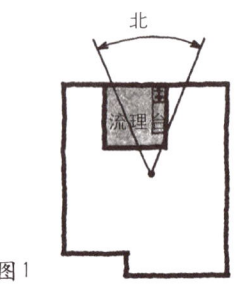

图1

流理台下方的污水槽位置应多加注意（如图2）。

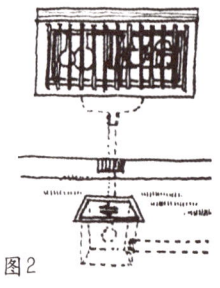

图2

厨房内不宜放置容易腐败的东西（如图3）。

图3

流理台不能设在厨房的正中线与四角线上（如图4）。

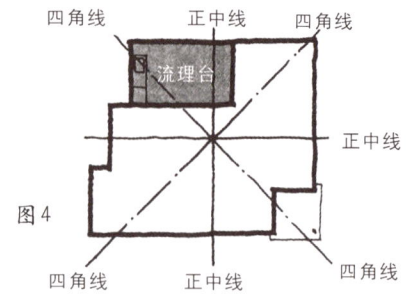

图4

地板下的储藏柜不宜太大（如图5）。

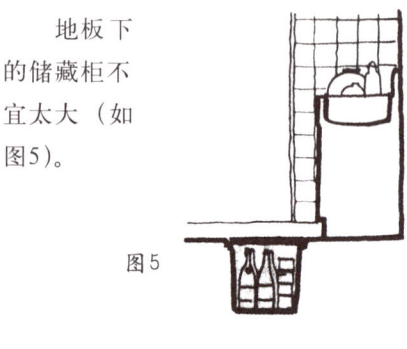

图5

流理台不宜设在西方位（如图6）。

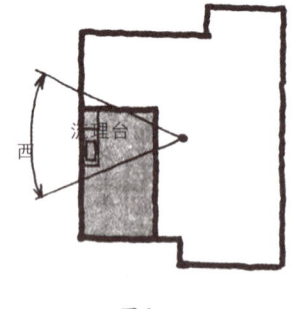

图6

10.卫浴间吉方位

玄关上方不能设置卫浴间（如图1）。

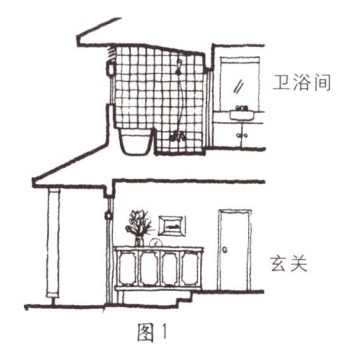

图1

卫浴间外面不宜设有池塘（如图2）。

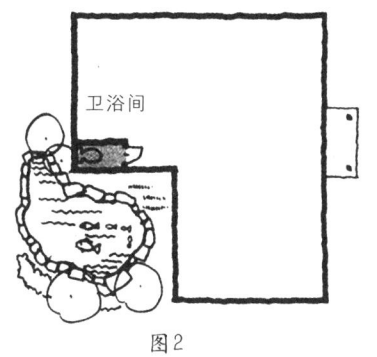

图2

浴缸禁设在正中线或四角线上（如图3）。

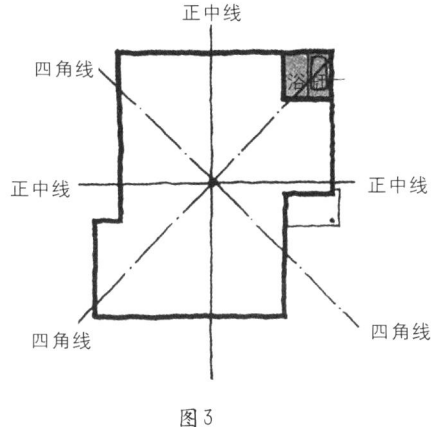

图3

卫浴间不能设在房屋中心（如图4）。

在二楼设卫浴间时，应与一楼的位置相同（如图5）。

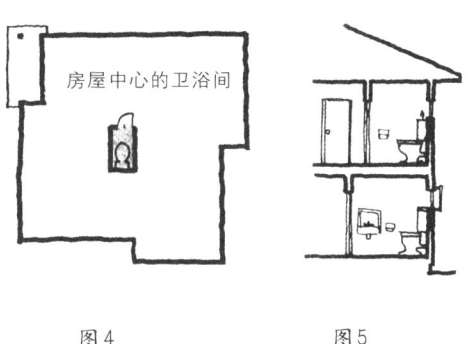

图4　　　　　图5

卫浴间排水管的接头处不可设在四角线或正中线上（如图6）。

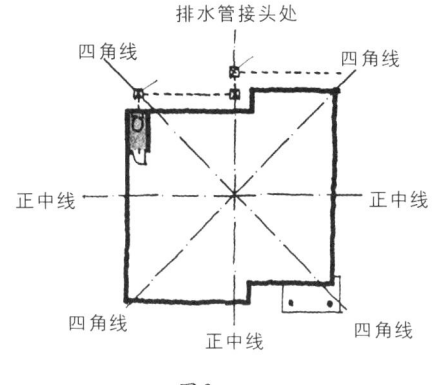

图6

位于北方的卫浴间，若把化粪池设在北方位不好（如图7）。

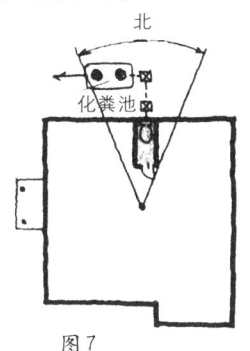

图7

卫浴间的排水管不宜通过玄关前（如图8）。

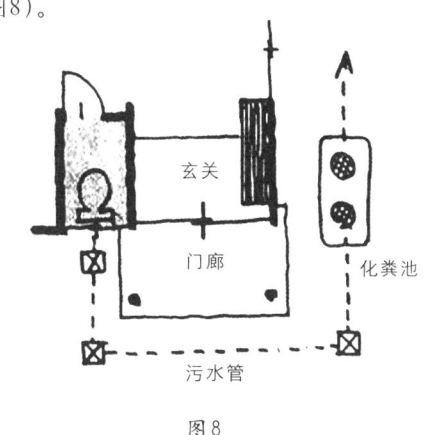

图8

11.过道吉方位

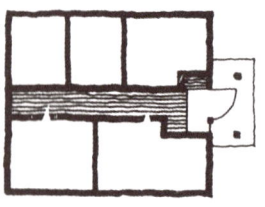

图1

过道不宜将房屋分隔成两半(如图1)。

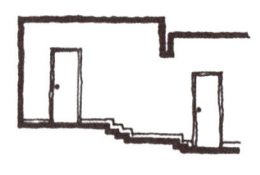

图2

避免过道逐渐升高的格局(如图2)。

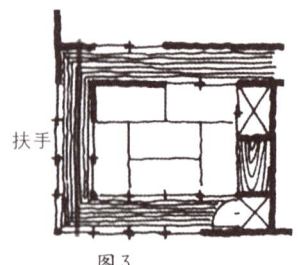

图3

镂空过道应有扶手(如图3)。

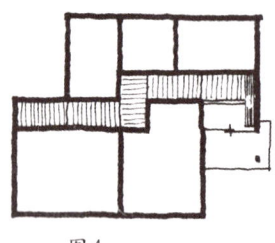

图4

过道不宜铺设榻榻米(如图4)。

图5

过道的宽度最好在1.2米为宜(如图5)。

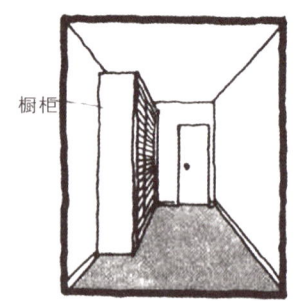

图6

过宽的过道,最好能摆设一些橱柜(如图6)。

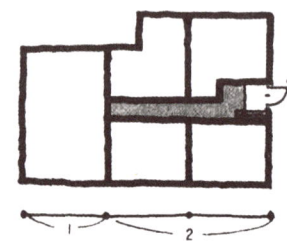

图7

过道长度以房屋深度的2/3以下较理想(如图7)。

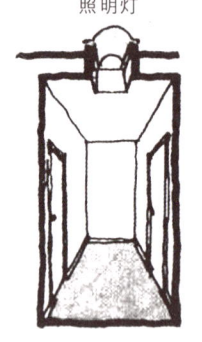

图8

昏暗的过道应加设照明灯(如图8)。

过道的宽度倘若超过1.2米,就视为房屋的延长(如图9)。

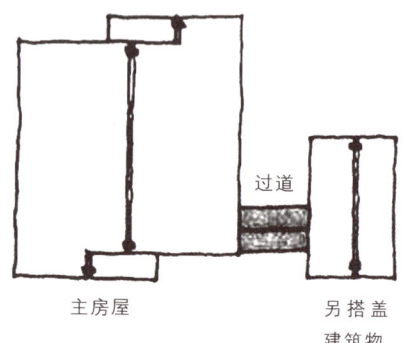

图9

房屋中心有过道，而过道的屋顶是通透式时，视为不吉（如图10）。

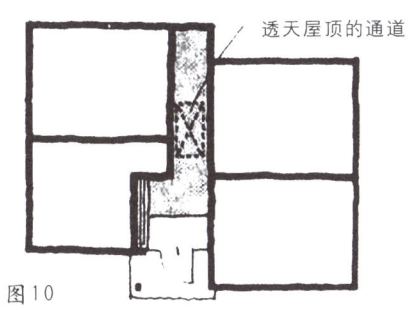

图10

12.楼梯吉方位

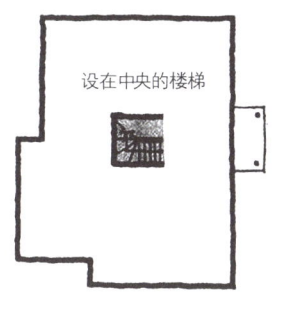

图1

楼梯不能设在房屋中央（如图1）。

图2

家中有老人时，楼梯应设扶手（如图2）。

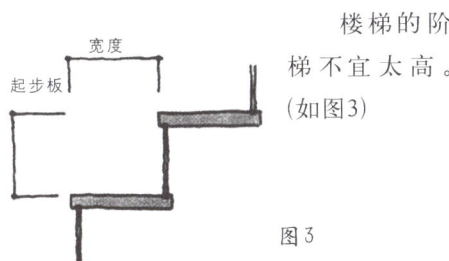

图3

楼梯的阶梯不宜太高。（如图3）

只要楼梯方位安全，即使楼梯下方有厕所也无妨。（如图4）

图4

不宜把财位设在楼梯下方（如图5）。

图5

北方位不宜设楼梯（如图6）。

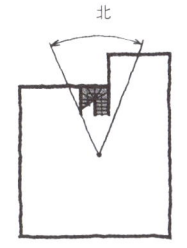

图6

13.阳台吉方位

阳台加盖部分不宜安床

这是一般公寓常见的改建方式。将阳台纳入卧室之内，使之变大。如图1的卧房，斜线部分即打出去的原有阳台。

此时注意，斜线部分不可安床，只可放橱柜或椅子等。床位应在原来的卧房内。

改进之法：如前述，在原有阳台部分不安即可。

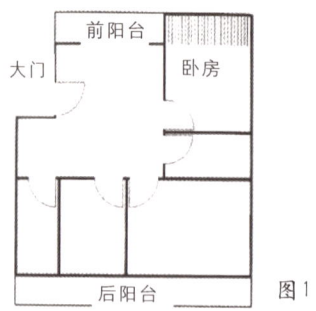

图1

阳台与大门不可成一直线

有些住宅会出现打开大门即可看到阳台门的情况，如图2。这种情况与开门即见窗差不多。

改进之法：在直线上放置屏风或橱柜隔断（如图3）。

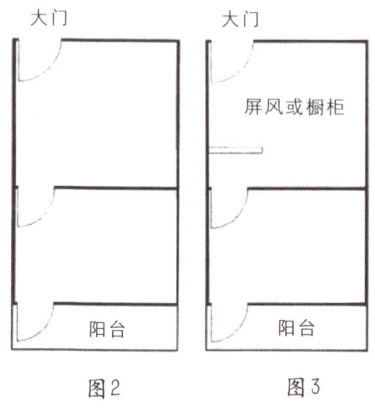

图2　图3

阳台不可全部改建成室内

住家不能没有后门，"门宜常开，户宜常关"，所谓户，乃指家里的后门，作为临时进出及紧急之用。

住家中，后户不得高大过于前门。前门宜置两扇，后户则只可置一扇。住家绝对不可没后门，目前的大厦或公寓住宅，厨房通到后阳台的门即可论为后门（如图4）。

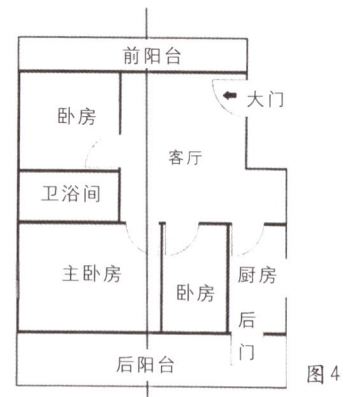

图4

14.庭院吉方位

庭院门前的通道不宜设水池（如图1）。

图1

不宜以大型庭石挡住门前庭院的通道（如图2）。

图2

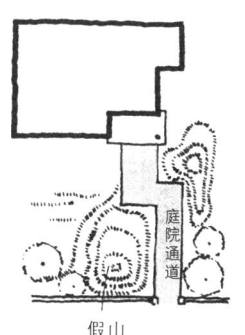

图3

庭院门前通道两旁设假山流水，高度不宜太高（如图3）。

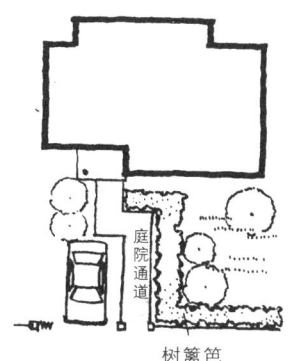

图5

庭院门前通道两旁最好种植树木（如图5）。

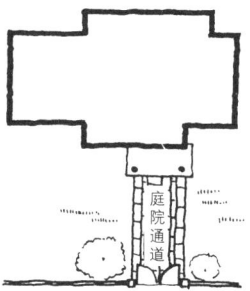

图4

庭院门前的通道不宜铺设太宽（如图4）。

图6

利用树篱把庭院和门前通道划分清楚（如图6）。

附录三：风水宜忌小故事

学习风水的目的是要将之运用于生活中，让我们拥有更舒适的人居环境。以下内容是笔者在平日生活与工作中收集的一些案例，非常贴近生活，可以帮助我们更好地认识居家风水的宜与忌，以便根据自己家庭的实际情况作出调整。

01.鞋柜的高度会影响风水吗

一日，施老太太拖着疲惫的身躯来拜访笔者。寒暄几句后问："是否家内每件摆设都与风水有关。"

笔者回答说："原则上是这样的，只是有些家具对风水的影响甚微，有些家具对风水的影响较强。"

施老太太问："可以各举一例说明一下吗？"

笔者答："如筷子、碗碟，对风水的影响甚微，而睡床、书桌等，对风水的影响则比较强。"

施老太太一脸忧愁地说："我的身体近年来出现了很多毛病，不知道是不是跟家具摆设有关。"于是，她邀请笔者到她家去看看风水。

来到施家门口，发现施宅的门外犯走廊直路相冲，俗称"犯枪煞"，幸好中途有支路疏气，直路相冲已被外来的气化解，与施老太太的身体健康出现问题无关。

待走进门，却发现门口的位置摆放了一个很高的鞋柜。在风水学上，鞋柜的高度不宜超过房屋空间高度的三分之一，因为上为"天才"，中为"人才"，下为"地才"，鞋子是保护脚部的物品，故属于地。

如果鞋柜的高度超过房屋高度的三分之一也没关系，只要"天才、人才"的柜位不摆放曾经穿过的鞋子便不成问题。也可以在鞋柜的上半截只摆放没有穿过的鞋子，因为只有穿过的鞋子才带地气，宜放在"地才"之位。

施老太太家的鞋柜实在太高了，将近有两米高，且上上下下都放满了残旧的鞋子，原来施老太太舍不得将旧的鞋子丢去，所以整个鞋柜都塞满了。

笔者嘱咐施老太太立即把放在天才、人才位置的鞋丢掉或者移位，这样才符合风水的"三才"论。

02.祖先灵位供奉的位置有什么禁忌

笔者收到一封读者的来信。信是一位年轻人写的，他在信中说到他的父亲半年前健康开始日渐衰退，起初是糖尿病、血压低，后来心脏也出现了问题。同时，这位年轻人也提到了他的祖父在年初逝世了，火葬后家人将骨灰放在神位的旁边。也是从那时开始，他父亲的健康就出了问题。

年轻人怀疑父亲的健康出现问题是否与祖父的灵位有关，因为时间太巧合了，

因此年轻人还在来信里附上了图片。从图片上看到，祖父的骨灰就安放在关帝的右方，刚好被关刀劈着，因此祖父坐得不安宁，其灵魂便发出一些不利后人的频率，家人的健康就出现了问题。

笔者就写信回复他，嘱咐他把先人的骨灰改放在关帝的左方（假设你面对关帝，你的左方便是关帝的右方，你的右方则是关帝的左方）。

因为神位左方有青龙方，右方为白虎方。青龙方为吉位，白虎方为凶位。而且关帝的大关刀常摆在右方，所以右方煞气非常强。

笔者回信后约一个月，又收到了那位年轻读者的来信，他告诉笔者自从将祖父的骨灰左移到青龙方后，父亲的身体日渐康复，他非常感激笔者。

事实上，风水学虽然说："阳宅三要；门、房、灶。"但神位也不可忽视，学习风水的朋友要注意这一点。

03.住宅内适合养猫吗

一次，一学生问笔者："老师，我特别喜欢猫，我可以在家养猫吗？会不会触犯风水？"

笔者告诉学生，可以在家中养猫，只要注意一些问题即可。

猫在十二地支中属于"寅"字，因为猫与虎同科，所以可取与虎相合的方位来计算适宜饲养猫的方位。在十二地支中与虎相合的方位有"午"方及"戌"方，其次还有"亥"方。换句话说，对饲养猫有利的方位有东北、正南、西北等方位。大门开在这些方位，一般来说，饲养的猫特别强壮，健康活泼。

另外，如果住宅的大门不是开在这四个方位而又喜欢养猫的话，可以选择在住宅这四个方位放置猫的窝。

至于与猫刑冲的方位有西南、东南两个方位。如果在这两个方位养猫，猫会体弱多病，不接受主人的教导。

猫睡觉的地毡，可以选择黑色、蓝色、青色或绿色，因为猫的五行属木，黑色及蓝色地毡属水，水可生木，故利猫的生长。而青色及绿色的地毡属木，木可助木，也对猫儿的生长有利。红色地毡五行属火，火会泄耗木的元气，而猫属木，所以不宜选用红色地毡供猫休息。

04.住宅内适合养狗吗

昨天，辛大妈带着他的小儿子来拜访笔者，活泼可爱的男孩手里还抱着一只小花狗，笔者不禁向小男孩夸赞他的狗真漂亮。辛大妈一听，说道："大师啊，我正是为这事来的呢，我这小儿子特别喜欢狗，可是我觉得狗很脏，怕冲犯了孩子。您觉得这狗适合在家养吗？"

笔者笑笑说："在家养狗无妨，只是不要犯了禁忌就好。"于是，笔者向辛大妈讲解了在家养狗要注意的一些问题。

狗在十二地支属于"戌"字。而地支与狗相合的有"寅"及"午"，其次还有"卯"。

"戌"于方位在乾方，即是西北方。

"寅"于方位在艮方，即是东北方。

"午"于方位在离方，即是正南方。

"卯"于方位在东方，即是正东方。

以上四个方位便是与狗相合的。如果住宅大门开在这四个方位,饲养的狗都会比较强壮。

在十二地支中,"辰"与狗相冲。"辰"的方位在巽方,即是东南方。如果住宅大门开在东南方,所饲养的狗会比较多病。

如果住宅大门不是开在适宜养狗的四个方位而又必须养狗,可以将狗安放在对狗有利的四个吉方位上。

另外,狗屋是不适宜用金属制造的,因为狗在十二地支中,五行属土,金属制的屋属金,金会泄土,如果以这样的屋供狗休息,它们的健康会每况愈下。

05.光煞怎样化解

那一天,林女士与朋友来拜访笔者,她的朋友说,近一年来,林女士的健康衰退,而刚巧林女士是搬了新家之后才如此,不知是否与风水有关。

林女士虽然不懂得即席绘图,但她的朋友却从手袋中拿出一张图纸,当然这图便是林宅的图,而图中所附的方位指标亦非常清楚。

大厦是坐丑向未,而西南方为天桥的弯位。照理所推,每当晚上,车辆在这弯位行走时,车头灯的灯光必定照射着附近的楼宇。而林女士所居住的层数,与天桥的高度相约,故每辆车驶到天桥的弯道时,灯光便射入林女士家中。这样,林女士便属于犯光煞了。

笔者教她的化解方法有二:

一是在窗门安装一幅厚的窗帘,在晚上便把窗帘落下来;

二是在窗门位挂一个八卦,但不要有镜的一类,否则,镜子光线射回车辆中,这便影响着驾车者的视线,或会因此而招意外了。

过了将近一个多月,笔者碰上林女士的朋友,她说林女士的身体气色比以前好多了。还说林女士也开始对风水产生了兴趣,以后要跟笔者多学习。

06.住宅窗户太多,是吉是凶

有位姓何的同学很好学,经常会问笔者一些日常生活中发现的问题。这天,他又问了一个问题:

"我有位朋友,喜欢让住宅内充满阳光,他在宅内开了很多窗,听说住宅开太多的窗是不好的,是这样吗?"

"窗是采阳气的地方(光线属于阳气),窗太少则阳少阴重,窗太多则阳多阴少,达不到阴阳平衡的效果,且窗太多时,可能会出现几个窗向;这边的窗向着吉气,那边的窗向着凶气,则宅的吉凶便乱了。"

何同学问:"那怎么办,可有化解之法?"

"第一,不要将所有的窗都打开,只要阳光充足,空气流通,打开部分窗已足够;第二,窗太多则光线太强,这时便要利用窗帘来遮挡阳光了;第三,窗帘宜选择类似百叶帘一类,因为它可以调节光暗度。"

07.电饭煲放在何处

在风水学中有一句流行的口诀:"阳宅三要:门、房、灶。"意思是住宅的风水最紧要是大门、房间和灶位。

现今的人们,尤其是在城市中,都已不用建灶,而是使用电饭煲了。安灶看重灶向,电饭煲亦可研究电饭煲的向。有些风水先生是以电饭煲开关的一方为向。

首先我们必须明白电饭煲五行属火。以下是以电饭煲之向作出的吉凶论:

开关向北——北方属水,与火相遇是为"水火既济",吉利之象,主家人平安;

开关向东或东南——此两方属木,与火成木火相生之象,亦属吉利,主家人常得贵人的照护;

开关向东北——此方五行属土,与火相遇,是火土相生之象,是随和中吉之算;

开关向南——南方属火,与电饭煲之火相遇却变成火气太盛,只可作小吉之论;

开关向西或西北——此两方五行属金,与火成相克之象,小凶,主家人运气反复;

开关向西南——作凶论,因西南属土,卦为阴卦,星曜为病符,电饭煲之火把它"生旺"了增加了其凶性,主家人多病。

一般家用电饭煲都不太大,要选个吉方向,应该是轻而易举的事。

08.套装连柜的床好不好

学生小杨受朋友所托问笔者一些有关风水的问题。小杨问:"老师,我朋友即将搬迁,他打算在新屋的睡床摆放一套连柜的床,但是这类套装的床头上方有一个横柜,这样算不算横梁压顶?"

笔者半开玩笑地说:"这算是'横柜压床'吧。"

小杨笑问:"横柜压床?好像还从来没有听过这名词啊!"

笔者说:"横柜压床的意义与横梁压顶是相同的,但所带来的问题比'横梁压顶'的较轻,所以往往被人忽略。如果真的要买这类套床,就只能选择那种柜不会压床头的。"

09.住宅内安装长明灯有什么好处

什么叫做长明灯?简单来说,就是一盏二十四小时都开着的灯,又称为续明灯或无尽灯。自古以来,除夕夜家家户户所点燃的灯火,一点燃,就不能吹灭,直到油尽,自行熄灭,这是一项古老的传统风俗。中国君王陵墓中也会放置长明灯,希望可以犹如生前的宫殿一样灯火辉煌。

在家居装修时,笔者经常被问到在住宅内安装长明灯有什么好处的问题。具体来说,在住宅风水中,黑暗是阴,光亮是阳。在屋内安置长明灯,阳气便借着灯光分散于屋内,宅运会因此而得安稳。

现代的住宅,开门见客厅,而门口位叫做"玄关"的地方通常也较黑暗。在屋内近门口的位置或客厅安装长明灯,当人入屋时,被长明灯的灯照耀,因此人亦沾上了阳气,运气亦会顺利得多呢!

现代小户型卫生间狭小封闭的问题,也可通过安装长明灯的方法来解决。卫生

间因为污秽之气比较多，一般认为是阴气较重的地方，如果因为无法改变客观环境因素，就在墙壁上安装长明灯，利用灯光把阴气驱散，从而增加住宅的旺气

10.门口犯"飞刀煞"会有何问题

一次一位朋友和笔者一起午餐的时候，无意中说起，他家里的物品经常有损毁的现象——电视机在年中坏了，不过已经换了一部新的；厨房的水龙头已修理了两次，但又开始滴水。虽然问题不大，但毕竟惹人烦恼。随后他问道："是不是我家的风水出现了什么问题呢？"

笔者回答说："没有你家的平面图，也没有你的出生资料，看不到你家的风水在哪里出现问题啊。"

他一听这话，便起身取来了纸和笔，画出了他家的平面图。从图看来，大门被一墙角尖冲射。从风水学来说，为犯飞刃煞。

这种格局主家人健康较差及容易擦伤弄损。所以他家的物品有经常损毁需要修理的现象发生。

大门在房子的西南位（申位），而这位朋友生肖属猴，西南偏西位便是生肖属猴的方位，这墙角冲来，先伤肖猴之人，故需要平时注意一些意外的伤害。

谈到化解的方法，笔者告诉他，在门口放一对镇宅玉狮，门楣上方挂一凸面八卦镜，平面镜亦可。镜的作用是将飞刃煞（墙角冲射）反射，故煞气可解，但切记不能挂凹镜！因为凹镜的用途是截然相反的。

11.门楣上挂八卦会对他宅不利吗

"家"所依托的民宅，是每个人最直接的生活空间，应该负有保全庇护的能力。为了增强这种能力，中国民间多回使用一系列的门楣辟邪物来强化住宅的防护力量，营造平安和谐的心理生活环境。

在古代《绘图鲁班经》中记载了12种民宅辟邪物，其中与门楣有关的有瓦将军、兽牌、倒镜等；在近代《中国镇物》中有一张中国镇物一览表，其中提到的有关门楣的辟邪物有桃符、春秋、门神、石敢当、镜子、吞口等，其中最常悬挂的就是八卦。毋庸置疑，在门楣上悬挂这些吉祥辟邪物是对本宅有利的，但是它们对相邻或相对的住宅是否也有利呢，还是说会造成不利呢？

阿琪跟随笔者学习风水，是个非常认真的学生，他研究过很多风水的书籍，亦从不间断地替人看风水来印证从书本上学来的知识。

有天上课时，他问："老师，我勘察不少住宅时，发觉很多住宅都会在门楣挂一个八卦，这会对对面的住宅构成不利的影响吗？"

"不会，因为八卦只是一种宇宙符号，只会化煞，不会构成不利。"

他再问："如果八卦上方再挂三叉或刻画神将骑虎手执神器的一类又如何呢？"

"这便对其他住宅构成不利，因为三叉为尖锐物，神将手执的神器或骑着的白虎也带煞，故这类物品不宜挂于向着其他住宅的方位。"

12.霓虹招牌对住宅有影响吗

有些楼宇的商铺常用霓虹招牌来宣传。而这些招牌往往贴近民居,这些住宅往往连窗也开不得,在风水上来说自然不利。

因为光会造成光煞。当霓虹招牌的灯光太强时,会将房屋照得一片光白,在晚上令人难以入睡。

这些霓虹灯如果在屋的凶方,会导致家人脾气暴躁,更有可能引起火灾。南方属火,如果灯光招牌在南方,则为火太旺,要小心屋内各种容易引起火灾的易燃物品。灯光招牌在西南方亦不好,因为西南为病符位,灯光属于动力(光能便是一种动力了),会加强病符的凶性,主人的身体比较差,多毛病。

如果居住在霓虹招牌附近,化解方法便是在窗门挂较厚的蓝色窗帘或百叶帘,当强烈灯光照射入屋时,只要将窗帘落下,问题便可以解决。

13.窗外看见内衣裤有问题吗

比较旧式的楼宇,露台是向着街的,亦与另一家的露台相通,如果对面住宅将全家人的衣服清洗后再挂在露台,你便会很清楚这家人每天的衣着服装及颜色。

一些男性肯定有些疑问,假设对宅的露台常挂着一些女性内衣裤,是否会影响风水?一位姓沈的中年男士就给笔者给过这样一封信。

很多男性都认为女性的内衣裤是比较邪门的,究竟是何原因呢?全因为女性每月一次的月经来临,如果处理不当,便会弄污内裤,这些是属于污秽的排泄物,污秽属阴,故属于阴气重的地方。

当然他们在露台摆放什么,挂什么,你都不能够阻止,但只要你不将神位(包括天官赐福位)安在露台中,不与此等物件相对,便不会在风水上构成特别的不利。但是如果神位安在露台,经常与别人家的内衣"朝夕相对",那么家人的运气便很差了。

14.大门口挂风铃会招鬼吗

吴太太打电话来了,问笔者:"我们家搬新家了,女儿喜欢风铃,非吵着要在门口挂风铃,可是听说挂风铃会招鬼,这是真的吗?"

也许好多人都听过挂风铃铛会招鬼的传说,但偏偏风铃在风水上又的确可以化解一些土煞。

笔者接到吴太太的电话后先给她介绍了一些关于风铃的事迹。在一些佛教或道教的法事过程之中,那些师傅经常都会用上一种叫"金刚铃"的法器。"金刚铃"是有召请的作用,即是召请神灵或阴灵到坛前来领受益处。法师有功力可以适当地"处理"被召来的神或鬼。但如果由一个普通人去响起金铃,由于他没有法力,天神收不到他的讯息,召神不到反而招了鬼。

同样道理,当风铃被风吹起来时,风吹铃响那种效力也如上述的一般。但其实要计算挂风铃的位置,看它是否在凶位,这里所指的凶位乃家中"六煞之位"。将风铃挂在家中的吉位,则可达到招财进宝之功用。

15.房屋接近地铁站有何问题

程先生为了工作方便,搬到了地铁附近住,搬去后没多久听一个略懂风水的朋友讲房屋接近地铁风水不好,这天,程先生为这事专程来拜访笔者。

笔者告诉他,房屋接近地铁站原是没有什么问题的,但有些重点要注意。

若地铁的路轨从楼底下穿过,这楼宇的风水便较差,这是"地底穿心煞",尤其对居住低层者影响更大,主身体不健康,运气反复。

不过,若宅内的布局合风水,线向合卦运,家人的财运及健康,可保持平稳。但若不懂计算卦运,还是购买高层的为上算。

住宅接近地铁的朋友,要留意神台的位置,万一神台位置不好,而又被"地底穿心煞"影响的话,就会衰上加衰。

16.时钟的颜色与方位怎样配合

时钟是每个家庭必备之物,除了其本身计时之作用外,还可以作为室内的装饰物。张太太家里新装修,首先就想为家添置一个既时尚又实用的时钟,但听说时钟如果设置得不好不仅不利于风水,还可能对家庭造成不好的影响。为了消除这些疑虑,为家讨一个好兆头,张太太特意咨询了笔者。

事实上,张太太的担心不无道理。钟是动的,有转动之意,有去旧迎新之功用,也有反覆变动之效应。《易经》有云:"吉凶悔吝咎生乎动"。故逢有动象的物件都会影响风水。因此,在风水学上,钟的颜色、数量、形状、大小、方位亦须有讲究。

在东方及东南方悬挂或摆放的时钟,应该以绿色、青色为主,开头以方形为吉利。因为这两个方位属木。

在南方悬挂或摆放的时钟,应该以红色、紫色、橙色为主,形状以八角形为吉利。因为这个方位属火。

在西南方及东北方悬挂可摆放的时钟,应该以黄色、啡色为主,形状以方形为吉利。因为这个方位属土。

在西方或西北方悬挂或摆放的时钟,应该以白色、金色为主,形状以圆形吉利。因为这个方位属金。

在北方悬挂或摆放的时钟,应该以蓝色、黑色为主,形状以圆形为吉利。因为这个方位属水。

17.卧房没有房门可以吗

笔者的一位旧同事,妻子一直体弱多病,搬到新居病况更是变本加厉,去了很多大医院吃了很多药都没用。

笔者"好管闲事",到其家中观看风水是否出现问题,到其家,见其卧房床位虽放在适当的位置,但就少了一扇房门。他只用门帘,而且为了避免神台灯的红光透入房间影响睡眠,他的妻子把头睡到床尾去。笔者建议她睡到原来的床头位,门帘改用拉敞式的门。

过了一段时间,朋友告之,太太的病况好了,看医生吃药的次数也大大减少。